iCourse · 教材

冶金物理化学

第二版

东北大学 沈峰满 编著

中国教育出版传媒集团
高等教育出版社 · 北京

内容提要

本书为国家级精品资源共享课“冶金物理化学”的配套教材，由东北大学沈峰满教授编著，内容涵盖冶金热力学和冶金动力学，共8章，包括绪言，溶液热力学，指定过程的Gibbs自由能变化，相图，冶金熔渣，热力学在冶金过程中的应用（Ⅰ），热力学在冶金过程中的应用（Ⅱ），冶金反应动力学基础及应用。全书在结构和案例分析上进行了精心设计，深入浅出，概念明晰，实用性强，突出了学科特点。

本书可供高等学校冶金工程专业及相关专业本科生和研究生使用，也可作为有关科研和工程技术人员的参考用书。

图书在版编目（CIP）数据

冶金物理化学／沈峰满编著．--2版．--北京：高等教育出版社，2023.5

ISBN 978－7－04－059947－3

Ⅰ.①冶…　Ⅱ.①沈…　Ⅲ.①冶金－物理化学　Ⅳ.①TF01

中国国家版本馆CIP数据核字（2023）第024539号

YEJIN WULI HUAXUE

策划编辑　曹　瑛　　责任编辑　曹　瑛　　封面设计　李卫青　　责任绘图　黄云燕
版式设计　徐艳妮　　责任校对　刘娟娟　　责任印制　存　怡

出版发行	高等教育出版社	网　　址	http://www.hep.edu.cn
社　　址	北京市西城区德外大街4号		http://www.hep.com.cn
邮政编码	100120	网上订购	http://www.hepmall.com.cn
印　　刷	中煤（北京）印务有限公司		http://www.hepmall.com
开　　本	787mm×1092mm　1/16		http://www.hepmall.cn
印　　张	22	版　　次	2017年4月第1版
字　　数	500千字		2023年5月第2版
购书热线	010-58581118	印　　次	2023年5月第1次印刷
咨询电话	400-810-0598	定　　价	45.00元

物 料 号　59947-00

第二版前言

《冶金物理化学》自 2017 年 4 月出版以来，历经三次印刷，至今已 5 个春秋有余。5 年来全球科学技术依旧保持突飞猛进的势头、新知识新理论层出不穷，冶金领域也已开启绿色低碳新篇章。日新月异的科技进步对冶金物理化学知识提出了新的需求和探索空间，因此《冶金物理化学》教材内容须与时俱进是大势所趋。

本次修订的宗旨在于：(1) 在原版基础上，增加了 H-C-O 体系质量与化学平衡衡算图和熔盐电化学的内容，前者应用冶金物理化学知识开发新理论，不仅符合新时代的“双碳”战略，也充分展示了冶金物理化学具有超强应用价值的内禀属性，突显了教材的新颖性；后者增强了教材内容的完备性。(2) 借修订之机，进一步提升教材质量。

承蒙广大读者的厚爱和高等教育出版社的鼎力支持，本书得以修订，在此再一次向各位读者和出版部门致以诚挚的谢意！

沈峰满

2022.12.20　于沈阳

第一版前言

为了满足冶金工作者科学研究、生产实践对冶金物理化学知识的需求，笔者集20余载教学经验与科学研究的心得体会，并参考前人的工作，历经4个春秋、5次修改终于完成了本教材的编著工作。

本教材分为冶金热力学及冶金动力学两大部分，涵盖了钢铁冶金（火法）及有色冶金（湿法）过程所需的冶金物理化学基本概念、基本理论、基本方法。冶金热力学以化学反应等温方程式为主线，重点阐明冶金过程热力学中平衡体系等重要概念，解析指定过程等温方程式中$\Delta G^{\ominus}$以及J_p的计算原理及方法，系统地介绍了溶液热力学、溶液模型、冶金熔渣、优势区域图、电化学理论，并以新颖的方式介绍了相图基本知识及其在火法冶金及湿法冶金中的应用。冶金动力学重点介绍了动力学基础理论、反应机理分析方法及几种典型动力学模型建立的相关知识和方法。

本教材力求概念精准、定义严密、强化应用引导、理论联系实际，在教材结构、案例分析上进行了精心设计，深入浅出、概念明晰，理论实用性、案例示范性强，有利于阅读、理解和应用，是面向冶金工程专业本科生和研究生的基础理论教材，也是面向从事冶金和材料科技工作者富有实用性的参考书。

本教材正文由笔者编著，习题由姜鑫选编，豆知识和人物录由郑海燕选编。在教材编写过程中引用了一些国内外科技人员的科研成果，在此致以诚挚的谢意！

由于笔者水平有限，难免在教材内容、格式编排上存在一些疏漏和错误，敬请读者批评指正。

沈峰满

2017.1.10　于沈阳

目　录

第 7 章 热力学在冶金过程中的应用(Ⅱ) ······· 210

第1章　绪　言

冶金物理化学是采用物理化学的基本原理研究各种冶金过程进行的可能性、最大反应限度及生产效率的一门科学。

1.1　冶金物理化学的作用及主要内容

冶金物理化学是以普通化学、高等数学、物理化学等知识为理论基础，结合冶金过程“一高三多”的特点，明晰和掌握冶金理论和技术不可或缺的冶金专业基础课程之一。

1.1.1　冶金物理化学的作用

将物理化学的基本原理和实验方法应用到复杂的冶金过程中，阐明冶金反应的物理化学规律，为控制与强化冶金过程提供理论依据。按金属冶炼工艺，习惯上分为“火法冶金”和“湿法冶金”两大类，其中火法冶金的特点是“一高三多”。

（1）“一高”　冶金过程一般多在 1 000 ℃以上的高温下进行，如火法吹炼铜温度约 1 300 ℃、转炉炼钢温度约 1 600 ℃。

（2）“三多”

① 冶金过程体系一般为“多相”共存，如高炉下部还原过程属于固-液-气相间反应、高炉上部铁矿石的还原及氧化或还原焙烧属于气-固相间反应、钢水凝固过程属于液-固相间反应、钢水二次精炼属于气-液相间反应、铁水脱硫属于渣-铁互不相溶的液-液相间反应等。

② 冶金反应涉及的液相一般为“多组元”，如铁水中除了铁元素还含有 C、Si、Mn、P、S 等元素，构成了多组元单相溶液，在发生反应时各组元之间彼此将产生一定的影响。

③ 同一反应体系中并存多个独立反应，反应之间相互抑制或促进，如以碳为还原剂还原铁矿石时，可能出现以下并存的独立反应：

$$CO+FeO = Fe+CO_2 \tag{1-1}$$

$$CO_2+C = 2CO \tag{1-2}$$

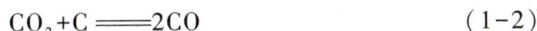

一般而言,体系达到平衡时必须是体系中所有独立反应同时达到平衡状态,此时可以通过任何一个反应计算反应平衡的相关组成,但受生产条件的制约,若某种物质过剩,则达到所谓"平衡"时的所有反应未必一定达到平衡,体系内各物质的组成不一定是所有反应的平衡组成。例如,高炉冶炼条件下,由于体系内"碳量"过剩,体系内的平衡气相组成只依赖于反应(1-2),而反应(1-1)往往无法达到平衡。

另外,冶金过程中经常需要通过选择工艺参数促进或限制某些反应进行。例如,在炼钢过程中为了去除钢液中的某些元素,同时还要保留某些元素,一般通过选择气氛、温度及添加第三种物质的办法,实现预期的目的。如在冶炼奥氏体不锈钢时既要完成脱碳任务又要避免金属铬元素的烧损,就必须选择"去碳保铬"工艺。

总之,在具有"一高三多"特点的冶金过程中,冶金物理化学发挥着巨大的作用,不仅可以从理论上定量给出某单相中多组元之间的相互影响,还可以判断某冶金反应的最大极限及平衡时的组成,以及根据生产要求给出适宜的操作参数或应采取的措施和手段,提出合理的工艺流程。作为冶金工作者,要灵活运用冶金物理化学的理论指导科学研究与生产实践。

由于冶金过程的复杂性,冶金物理化学成为一门较为独立的学科,该学科针对冶金过程的物理化学现象提出一系列理论与方法,因此也称为冶金过程物理化学或冶金原理、高温物理化学等。

应该指出,高温下的宏观或微观测定难度均较大,所以现有的热力学数据存在一定误差,有时需使用外推数据,但科学技术手段的发展也为研究者从宏观、介观到微观研究冶金物理化学提供了越来越多的可能,因此冶金物理化学学科尚处于发展中,尤其是动力学有待今后不断地完善与提升。

冶金过程中存在的冶金物理化学实例有:

(1) 高炉炼铁过程

① 高炉煤气的组成一般为(体积分数):CO 20%~25%,CO_2 17%~22%,N_2约 55%,此外还有少量的 H_2和 CH_4等。由于 CO 具有很高的化学能,所以人们希望 CO 在高炉内能 100%被利用,如用 1 mol CO 还原 1 mol FeO,获得 1 mol Fe。但事实上高炉操作无法使排出煤气中 CO 含量为零,其原因是高炉内部存在化学平衡的极限问题,根据冶金物理化学理论,高炉炉顶排出的煤气中必须存在一定量的 CO,否则无法完成高炉冶炼过程。

② 通常,铁矿石中含有 Fe、Mn、Si、P、S、Ca、Al、Mg 等元素的氧化物或化合物,在高炉条件下,有的元素化合物几乎 100%被还原,有的根本不能被还原。其原因是化合物存在稳定性顺序问题,冶金物理化学理论可以计算出各种化合物的稳定顺序。

③ 对钢铁冶金工艺,去除S、P有害元素的任务分别由高炉炼铁过程(脱S)和转炉炼钢过程(脱P)来完成。这是由炼铁和炼钢过程工艺条件的差异所致,冶金物理化学理论可以给出明晰的解释。

(2) 炼钢过程

① 前已述及在冶炼奥氏体不锈钢过程中应寻求"去碳保铬"的工艺参数,而确定该参数必须依据冶金物理化学理论。

② 对于二次精炼过程的真空脱气,如脱氢、脱氮、脱氧等,同样存在化学平衡问题,决定了极限脱除量。

③ 喷射冶金过程中脱氧剂、脱硫剂等的选择及脱氧、脱硫能力均可应用冶金物理化学理论进行分析和确定。

(3) 炼铜过程　炼铜工艺涉及氧化还原理论及电解等电化学问题,湿法冶金过程中一般应用冶金物理化学的电位-pH图等理论。

1.1.2 冶金物理化学的主要内容

① 冶金热力学的理论基础是建立在传统的热力学三大定律:能量守恒(热力学第一定律)、反应进行的可能性及最大限度(热力学第二定律)、绝对零度不能达到(热力学第三定律)的基础之上,主要体现热力学第二定律在冶金过程中的应用。化学反应等温方程式是冶金热力学的主要分析手段。对于指定过程或化学反应,其Gibbs自由能变化ΔG为

$$\Delta G=\Delta G^{\ominus}+RT\ln J_p \tag{1-3}$$

式中,ΔG为指定过程的Gibbs自由能变化,$J\cdot mol^{-1}$;$\Delta G^{\ominus}$为指定过程中所有参与反应的物质均处于标准状态(简称标准态)时的Gibbs自由能变化,称为标准Gibbs自由能变化,$J\cdot mol^{-1}$;R为摩尔气体常数,$R=8.314\ J\cdot mol^{-1}\cdot K^{-1}$;$T$为热力学温度,K;$J_p$为混合商(量纲为1),如对于如下指定过程:

$$a\mathrm{A(g)}+b\mathrm{B(s)}=\!=\!=d[\mathrm{D}](\mathrm{l})+e(\mathrm{E})(\mathrm{l}) \tag{1-4}$$

$$J_p=\frac{a_{\mathrm{D}}^{d}\cdot a_{\mathrm{E}}^{e}}{\left(\frac{p_{\mathrm{A}}}{p^{\ominus}}\right)^{a}\cdot a_{\mathrm{B}}^{b}} \tag{1-5}$$

式中,p_i为i种气体的分压(i=A),Pa;a_i为i物质的活度(i=B,D,E),量纲一的量;$p^{\ominus}$为标准大气压,$p^{\ominus}=101\ 325$ Pa。

反应式(1-4)中的方括号和圆括号分别表示该物质溶于金属液相和渣相中。

根据指定过程的ΔG数值,判定该过程的自发进行方向:若ΔG(注意不是$\Delta G^{\ominus}$)的值小于零,表明该指定过程为正向自发进行;若ΔG的值大于零,表明该指定过程为自发反向进行;若ΔG的数值等于零,表明该指定过程达到平衡状态,即反应进程达到最大限度。

② 计算 T 温度下的 ΔG 是冶金热力学的主要内容之一,在计算温度 T 下的 ΔG 时涉及计算温度 T 下的 $\Delta G^{\ominus}$ 和混合商 J_p 值,为了获得 J_p 涉及参与反应各组元的活度标准态选择、活度系数及活度计算,以及某些特定条件下的活度计算模型等。

③ 以图的形式直观表达热力学平衡关系的相图对于研究冶金过程的反应机理非常重要,通过相图可以评价某体系在某温度下的平衡组成、估算指定温度下某组分的活度、选择适宜的物系点、考察冶金过程中物相变化等。

④ 针对具体冶金过程存在的物理化学等科学问题,以实例方式介绍冶金物理化学理论的实际应用。

⑤ 有关反应速率(即生产效率)是冶金生产中常遇到的问题,本书将介绍反应宏观动力学的相关内容,阐述某指定过程的反应机理和限制环节的研究方法,有针对性地加快或减缓某指定的反应速率,达到控制生产效率的目的。

◎ 豆知识 1. 热力学第一定律

热力学第一定律是能量守恒定律在热现象领域内的特殊形式,可表述为,能量有各种不同的形式,可以从一种形式转变为另一种形式,从一个物体传递给另一个物体,而在转化和传递中能量的总量保持不变。该定律表明:做功必须消耗相应的能量,因此,不可能制造出不消耗能量却不断对外做功的永动机。

在热力学中,设体系与环境之间交换的热为 Q(吸热为正,放热为负),与环境交换的功为 W(定义:物体对外界做功为负,外界对物体做功为正),则体系热力学能 ΔU 的变化为

$$\Delta U = Q + W$$

若体系从环境吸收微量热 δQ,得到微量功 δW,体系内能相应地变化 $\mathrm{d}U$,则上式表示为

$$\mathrm{d}U = \delta Q + \delta W$$

以上两式是热力学第一定律的数学表达式,物理意义是:体系所吸收的热量 Q 加上环境对其所做的功 W 等于体系内能的增量 ΔU。

◎ 豆知识 2. 热力学第二定律

关于热力学第二定律,1850 年克劳修斯(Clausius)的表述为:不可能把热由低温物体转移到高温物体,而不留下其他变化;次年(1851 年)开尔文(Kelvin)的表述为:不可能从单一热源取热使之完全变为功,而不留下其他变化。热力学第二定律的数学表达式(也称克劳修斯不等式)描述了封闭体系内微小熵变 $\mathrm{d}S$ 与热交换 δQ 及体系温度 T 之间的不等式关系,并根据不等式关系评价体系内过程的可逆性:

$$\mathrm{d}S \geqslant \frac{\delta Q}{T}$$

当 $\mathrm{d}S > \frac{\delta Q}{T}$ 为不可逆过程, $\mathrm{d}S = \frac{\delta Q}{T}$ 为可逆过程。

◎ 豆知识 3. 热力学第三定律

热力学第三定律可表述为：趋近绝对零度时，纯物质完美晶体的熵值可作为零。用数学式表示，$\lim_{T \to 0\,K} S=0$ 或 $S_{0\,K}=0$

► 人物录 1. 克劳修斯

鲁道夫·尤利乌斯·埃马努埃尔·克劳修斯(Rudolf Julius Emanuel Clausius)，德国物理学家和数学家，热力学的主要奠基人之一，1822 年 1 月出生于普鲁士的克斯林(今波兰科沙林)。克劳修斯关于萨迪·卡诺定律(又称卡诺循环)的论述，完善了热理论。1850 年克劳修斯发表重要论文，文中首次明确地提出了热力学第二定律的基本概念，5 年之后(1855 年)克劳修斯又引进了熵的概念。

► 人物录 2. 开尔文

开尔文(Lord Kelvin)，英国物理学家、发明家，1824 年 6 月出生于北爱尔兰。开尔文的科学活动是多方面的，对物理学的贡献主要在电磁学和热力学方面，开尔文将热力学第一定律和热力学第二定律公式化，是热力学的主要奠基者之一。开尔文也是热力学温标(绝对温标)的发明人，被称为热力学之父。1927 年第七届国际计量大会将热力学温标作为最基本的温标。

1.2 冶金物理化学的发展简史

20 世纪 20 年代以来，物理化学理论开始应用于冶金过程，逐渐形成了冶金物理化学学科。回顾冶金物理化学的发展史，可分为以下几个阶段。

1.2.1 萌芽阶段

1920—1932 年，学者们将物理化学理论引入黑色冶金过程中。1920 年，奥伯霍夫(P. Oberhoffer)首次发表了关于钢液中 Mn-O 平衡问题的论文；1925 年，法拉第学会在英国伦敦召开了关于炼钢物理化学学术年会，讨论炼钢过程中的物理化学问题；1926 年，赫蒂(C. H. Herty，1896—1953)在美国发表了论文《平炉炼钢过程中 C、S、Mn 等元素变化规律》，并组建了专门研究平炉冶炼过程问题的科学研究小组。1932 年，申克(R. Schenck)出版了专著“Physical chemistry of steel manufacture processes”，首次提出了冶金物理化学概念，新的学科由此萌发。

► 人物录 3. 奥伯霍夫

保罗·奥伯霍夫(Paul Oberhoffer),冶金专业教授,1882年出生于德国Markirch。奥伯霍夫1920年至1927年任RWTH Aachen University(亚琛工业大学)钢铁冶金系钢铁冶金及铸造研究所所长。1920年和1925年分别发表了"Das Schmiedbare Eisen"(《可锻铸铁》)和"Das Technische Eisen"(《铁技术》)。

► 人物录 4. 赫蒂

查尔斯·霍姆斯·赫蒂(Charles Holmes Herty),美国物理化学家和钢铁冶金学家,1896年10月生于美国佐治亚州。1946年任美国金属学会主席。赫蒂在探明炼钢物理化学原理基础上开发了测定钢水中氧含量的可靠方法,展示了脱氧剂加入钢水中形成非金属夹杂物的结构,赫蒂还对钢渣黏度等进行了深入的研究。

► 人物录 5. 申克

鲁道夫·申克(Rudolph Schenck),德国物理化学家,1870年生于德国哈雷。1920年至1925年任德国大学学会主席,1935年成为名誉教授,一年后担任"国家科学研究院"金属化学主任,1936年到1941年,担任德国物理化学学会主席。出版专著《金属物理化学》。

1.2.2 体系创建阶段

1932—1953年,冶金物理化学体系逐渐建立起来。

(1) 启普曼(J. Chipman,1897—1983) J. Chipman为冶金物理化学学科的创建做出了卓越的贡献。J. Chipman1926年毕业于美国加利福尼亚大学,获得物理学博士,于1932年发表了关于H_2O,CO_2,CO,CH_4自由能的论文,1942年出版了专著《1 600 ℃化学》,1948年发表论文《金属溶液的活度》,是创建"活度"概念的第一人,1951年出版了专著《碱性平炉炼钢》。

(2) C. Wagner(1901—1977) C. Wagner于1952年出版了专著《合金热力学》,在书中提出了活度相互作用系数的概念,使得活度更加理论化;1958年出版了专著《炼钢中动力学问题》,创建了最初的冶金动力学体系。

（3）S. Darken　S. Darken 于 1953 年出版了专著《金属物理化学》，较为系统地论述了“冶金热力学及动力学”问题。

（4）M. Pourbaix（1904—1998）　比利时科学家 M. Pourbaix 在 20 世纪 50 年代提出电位-pH 图，1953 年 Halpern 将之用于湿法冶金，奠定了湿法冶金的热力学基础。

► 人物录 6. 启普曼

启普曼（John Chipman），美国著名冶金学家，冶金过程物理化学学科的主要奠基人之一，1897 年 4 月出生于美国佛罗里达州。1926 年获加利福尼亚大学哲学博士（物理化学）学位，1937 年任麻省理工学院冶金系教授直到 1962 年退休。启普曼在冶金过程物理化学领域里做出了很多开创性的工作，发表科学论文近 200 篇，涉及合金和炉渣活度的测定、冶金熔体中气体和氧化物的分析、高温化学平衡、金属溶液热力学、动力学及凝固机理等。他最早把活度概念引进冶金熔体中，创立了一整套测定高温熔体活度和研究冶金反应化学平衡的实验方法，并解决了与此有关的热力学计算方法问题，从而把冶金工艺操作逐步提高到一门分支学科的理论高度。

► 人物录 7. 瓦格纳

卡尔·瓦格纳（Carl Wilhelm Wagner）德国物理化学家，1901 年 5 月出生于德国莱比锡。瓦格纳致力于固态和液态合金中各组分热力学活度的测量。1929 年，在柏林大学任研究员期间，与华特·肖特基（Walter H. Schottky）共同出版了“Thermodynamik”，至今仍被认为是该领域重要的参考标准。他对固体化学特别是离子晶体缺陷对热力学性质、导电性和离子扩散的作用等进行了开创性的研究，2001 年瓦格纳 100 周年诞辰之际，被授予“固态化学之父”的称号。

► 人物录 8. 肖特基

华特·肖特基（Walter H. Schottky），德国物理学家。1886 年 7 月出生于瑞士苏黎世。肖特基对于早期的电子与离子发射现象理论发展做出了巨大的贡献，1915 年发明了帘栅极真空管（四极管），1919 年发明了五极管，在半导体元件开发上贡献卓越，肖特基发明的二极管奠定了电子科学的基础。

► **人物录 9. 达肯**

劳伦斯·达肯(Lawrence S. Darken),冶金领域物理化学应用的开拓性人物,1909年9月出生于美国纽约布鲁克林区。1930年从汉密尔顿学院毕业,1933年获得耶鲁大学博士学位。1935年至1971年在美国钢铁公司工作。他所建立的达肯方程是研究扩散现象的重要工具。

► **人物录 10. 布拜**

马塞尔·布拜(Marcel Pourbaix),化学家,1904年9月出生于俄罗斯图拉州。1927年毕业于布鲁塞尔大学应用科学学院,并完成了对腐蚀的研究。1939年马塞尔·布拜提交的博士论文中首次将pH与电位用图形表示,即"电位-pH图"。在20世纪50年代出版了专著《电化学平衡》。1951年创办了研究腐蚀现象理论的实验室。1963年布拜编辑的"电化学平衡集",包含了当时已知所有元素的电位-pH图。

► **人物录 11. 哈尔彭**

杰克·哈尔彭(Jack Halpern),化学家,1925年1月生于波兰,1929年移居加拿大并于1962年移居美国。他的研究主要集中在有机化学,特别是均相催化。1974年被选为皇家学会院士。1986年获得美国化学学会的威拉德吉布斯奖,奖励他在有机化学和无机化学的杰出贡献,其后他在《美国化学会志》担任编辑工作。

1.2.3 发展完善阶段

1953年以来,广大的冶金科技工作者致力于冶金热力学及动力学的深入研究,使得冶金热力学及动力学不断发展完善,成为冶金领域的科学研究与生产实践中不可或缺的重要理论工具。

第 2 章　溶液热力学

指定过程的 Gibbs 自由能变化 ΔG 可由化学反应等温方程式计算：

$$\Delta G=\Delta G^{\ominus}+RT\ln J_p \tag{2-1}$$

由于计算式中含有混合商 J_p，然而 J_p 值的计算涉及溶液性质，所以本章主要介绍有关溶液理论。

若把 Au 粉和 Ag 粉各 50 g 混合，并在 1 100 ℃温度下熔化（$T_{\text{Au熔}}$ = 1 063 ℃，$T_{\text{Ag熔}}$ = 960 ℃）得到的高温熔体中 Au 组元的 G、H、S 与纯 Au 相应的热力学数据将出现差异，可见溶液中组元的化学状态有别于纯组元。在计算指定过程的 Gibbs 自由能变化时，如果指定过程中参与反应的组元存在于溶液中，对于溶液中的组元热力学状态量不能直接采用纯物质的数据，否则将产生误差；因此，需要利用溶液热力学描述溶液中组元的热力学量。

2.1　偏摩尔物理量及其性质

2.1.1　偏摩尔物理量

对于具有容量性质且是温度 T、压力 p（$\text{N}\cdot\text{m}^{-2}$）及体系所含各种物质的物质的量 n_i 函数的物理量 Y，如对含有 N 种物质的体系：

$$Y=f(T,p,n_1,n_2,\cdots,n_i,\cdots)\quad i=1,2,3,\cdots,N \tag{2-2}$$

恒温恒压条件下，为了考察溶液的热力学性质随 i 组元浓度的变化，把具有容量性质的物理量 Y 对 i 组元进行偏微分，得

$$Y_i=\left(\frac{\partial Y}{\partial n_i}\right)_{T,p,n_{j\neq i}} \tag{2-3}$$

则称 Y_i 为 i 物质或 i 组元的偏摩尔量（$\text{J}\cdot\text{mol}^{-1}$），其物理意义是：恒温、恒压及除 i 以外其他组元含量不变的条件下，溶液中增加 1 mol i 组元对该溶液的容量性质 Y 增量的贡献。例如，偏摩尔自由能

$$G_i=\left(\frac{\partial G}{\partial n_i}\right)_{T,p,n_{j\neq i}} \tag{2-4}$$

是指溶液中添加 1 mol i 物质对 Gibbs 自由能增量的贡献，称为 i 组元的偏

摩尔自由能，也称为 i 组元的化学势，记为 μ_i（注意：化学势 μ_i 与偏摩尔 Gibbs 自由能 G_i 相等，即 $\mu_i=G_i$），μ_i 越高表明 i 物质的反应能力越强。

同理，定义偏摩尔熵 S_i 和偏摩尔焓 H_i：

$$S_i=\left(\frac{\partial S}{\partial n_i}\right)_{T,p,n_{j\neq i}} \tag{2-5}$$

$$H_i=\left(\frac{\partial H}{\partial n_i}\right)_{T,p,n_{j\neq i}} \tag{2-6}$$

注意：对于偏摩尔量应，

① 只有容量性质的物理量才有偏摩尔量，而强度性质的物理量（如浓度、温度等）没有偏摩尔量。

② 恒温、恒压条件下才存在偏摩尔量，非恒温、恒压时的偏微分均不是偏摩尔量。

◎ 豆知识 4. 强度性质的物理量

强度性质其数值取决于自身的特性，与体系中所含物质的量无关，没有加和性，如温度、压力、摩尔体积、摩尔热容等。

◎ 豆知识 5. 容量性质的物理量

容量性质（也称广度性质）其数值与体系中物质的量成正比，整个体系的某个广度性质的数值是体系中各部分该性质数值的总和，即它们在体系中具有加和性，如体积、质量、Gibbs 自由能、熵、焓等。容量性质 Φ 是温度、压力及溶液中各组分物质的量的函数 $\Phi=\Phi(T,p,n_1,n_2,\cdots,n_i,\cdots)$ 其中 $n_1,n_2,n_3,\cdots,n_i,\cdots$ 分别为体系中各组分物质的量，mol。

2.1.2 偏摩尔物理量的性质

（1）偏摩尔量为强度性质的物理量，是温度、压力及各组元浓度的函数：

$$Y_i=f(T,p,c_{j,j\neq i})$$

（2）凡适用于纯物质的热力学公式，均适用于偏摩尔量。例如，对于纯物质 Gibbs 自由能 G、焓 H、熵 S 之间存在如下关系：

$$G=H-TS \tag{2-7}$$

对于偏摩尔量也存在类似的关系：

$$G_i=H_i-TS_i \tag{2-8}$$

（3）偏摩尔量的特殊性质

① 集合公式

$$Y=\sum n_iY_i \tag{2-9}$$

对于 1 mol 溶液则有

$$Y_m=\sum x_iY_i \tag{2-10}$$

式中，x_i 为 i 物质的摩尔分数。

② Gibbs-Duhem（G-D）公式

恒温、恒压条件下，

$$\sum n_i\mathrm{d}Y_i=0 \tag{2-11}$$

对于 1 mol 溶液则有

$$\sum x_i\mathrm{d}Y_i=0 \tag{2-12}$$

2.2 理想溶液与稀溶液

2.2.1 理想溶液及其热力学特征

2.2.1.1 理想溶液的定义

1887 年，拉乌尔提出了著名的拉乌尔定律，即恒温（$T=T_0$）条件下，

平衡时 i 组元气体的分压 p_i(Pa)与溶液中 i 组元的摩尔分数 x_i 成正比，即

$$p_i = p_i^* x_i \tag{2-13}$$

式中，p_i^* 为纯 i 物质在 T_0 温度下的蒸气压，Pa。

定义理想溶液：恒温条件下，所有组元在全部浓度范围内服从拉乌尔定律的溶液称为理想溶液。

► 人物录 12. 拉乌尔

拉乌尔(François-Marie Raoult)，法国化学家，1830 年 5 月出生于福内桑卫普，1853 年任兰斯中学教师，1862 年成为桑斯大学预科化学教授。1863 年拉乌尔在巴黎大学获得博士学位。他是物理化学的创始者，1887 年拉乌尔发表了拉乌尔定律，由此导出一个计算溶质相对分子质量的方法，并可以解释凝固点降低(或沸点上升)与溶液中溶质粒子数目有关的现象。

◎ 豆知识 6. 拉乌尔定律

1887 年拉乌尔归纳总结以往的实验结果总结出一条经验规律：溶液中溶剂 A 的蒸气压 p_A 等于同一温度下纯溶剂的蒸气压 p_A^* 与溶液中溶剂的摩尔分数 x_A 的乘积。数学表达式为

$$p_A = p_A^* x_A$$

2.2.1.2 理想溶液的热力学特征

1. 化学势

理想溶液中 i 组元的化学势 μ_i

$$\mu_i = \mu_i^* + RT\ln x_i \tag{2-14}$$

式中，μ_i^* 为纯 i 物质的标准化学势，$J \cdot mol^{-1}$。

关于式(2-14)的证明如下：

因为含有气、液两相的体系处于平衡，

$$\mu_i(g) \equiv \mu_i(l) \tag{i}$$

式中，$\mu_i(g)$ 为气相中 i 物质的化学势，$J \cdot mol^{-1}$；$\mu_i(l)$ 为溶液中 i 物质的化学势，$J \cdot mol^{-1}$。

根据热力学公式

$$dG = Vdp - SdT \tag{ii}$$

恒温条件下($dT=0$)，所以

$$dG = Vdp \tag{iii}$$

对于气相，常压下气体可以近似认为是理想气体，因此有

$$V = \frac{nRT}{p} \tag{iv}$$

式(iv)代入式(iii)得

$$dG = Vdp = \frac{nRT}{p}dp$$

积分得

$$G = nRT\ln p + C \tag{v}$$

式中,C 是积分常数。

当 $p=p^{\ominus}$(101 325 Pa)时 $G=G^{\ominus}$,所以常数 $C=G^{\ominus}-nRT\ln p^{\ominus}$,因此式(v)可写为

$$G=nRT\ln\frac{p}{p^{\ominus}}+G^{\ominus} \tag{vi}$$

因为对于 i 气体有 $p=p_i$,当 $n=1$ mol 时

$$G_i=RT\ln\frac{p_i}{p^{\ominus}}+G_i^{\ominus} \tag{vii}$$

根据偏摩尔量定义 $G_i=\mu_i$,$G_i^{\ominus}=\mu_i^{\ominus}$ 并考虑到溶液为理想溶液,即

$$x_i=\frac{p_i}{p_i^*} \tag{viii}$$

式中,p_i^* 为纯 i 物质在温度 T 时的饱和蒸气压,Pa。

式(vii)可写成

$$\begin{aligned}\mu_i&=\mu_i^{\ominus}+RT\ln\left(\frac{p_i}{p^{\ominus}}\cdot\frac{p_i^*}{p_i^*}\right)\\&=\mu_i^{\ominus}+RT\ln\left(\frac{p_i^*}{p^{\ominus}}\right)+RT\ln x_i\end{aligned} \tag{ix}$$

令

$$\mu_i^*=\mu_i^{\ominus}+RT\ln\left(\frac{p_i^*}{p^{\ominus}}\right)$$

则

$$\mu_i=\mu_i^*+RT\ln x_i \tag{x}$$

可见式(x)与式(2-14)相同。

2. 理想溶液的特征

在形成理想溶液时,由于同类粒子及异类粒子之间的相互作用力相同,所以混合后体积不发生变化,混合焓为零,即

$$\Delta H=0 \tag{2-15}$$

$$\Delta V=0 \tag{2-16}$$

3. 混合过程

根据热力学性质,理想溶液中 i 组元的偏摩尔混合熵为

$$\Delta S_i=-R\ln x_i \tag{2-17}$$

由于 $x_i<1$,即 $\Delta S_i>0$,所以形成理想溶液过程是自发进行的。

另外,根据偏摩尔混合自由能

$$\Delta G_i=\mu_i-\mu_i^*=RT\ln x_i \tag{2-18}$$

亦可得出 $\Delta G_i<0$,再次证明混合过程是自发进行的。

4. 关于纯 i 物质的饱和蒸气压 p_i^*

纯 i 物质的蒸气压 p_i^* 是温度的单值函数,当 T 恒定时,p_i^* 唯一。

$$p_i^* = f(T) \qquad (2-19)$$

现实中理想溶液种类很少,只有极少数的溶液可以认为是理想溶液。由金属同位素及化合物组成的溶液,如 $^{54}Fe-^{56}Fe$,$^{54}FeO-^{56}FeO$;同族、同一周期中相邻金属之间形成的溶液,如 Fe-Mn,FeO-MnO;卤族化合物之间形成的二元熔盐溶液,如 $AgCl-PbCl_2$,AgBr-KBr 等,才能近似认为是理想溶液。

2.2.2 稀溶液及其热力学特征

2.2.2.1 稀溶液的定义

溶液中 i 物质浓度趋近于零($x_i \to 0$)时,若与溶液平衡共存的 i 物质蒸气压与 x_i 呈线性关系,则称该溶液为稀溶液。

2.2.2.2 稀溶液的热力学特征

1. 稀溶液溶质 i 服从亨利(Henry)定律

$$p_i = K_H x_i \qquad (2-20)$$

式中,p_i 为 i 物质的蒸气压,Pa;K_H 为亨利常数,对于 A-B 二元溶液,K_H 与 i 物质的含量无关,只是温度的函数。

◎ 豆知识 7. 亨利定律

19 世纪初,亨利(Henry)根据实验结果总结出一条稀溶液规律,即在一定温度下,稀溶液中挥发性溶质在平衡气相的分压与它在平衡液相的组成成正比关系。数学式为 $p_B = k_{x,B} x_B$。式中,p_B 是稀溶液中溶质的蒸气分压;x_B 是溶质的摩尔分数;$k_{x,B}$ 是亨利常数,它与温度及溶剂和溶质的性质有关。

在应用亨利定律时应注意,计算平衡液相组成所依据的溶质分子在液相与在气相应当有相同的结构。

▶ 人物录 13. 亨利

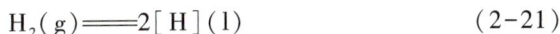

威廉·亨利(William Henry),英国化学家,1774 年 12 月出生在英国曼彻斯特市。1801 年威廉·亨利发表了"Epitome of Chemistry"(《化学提要》)。1804 年亨利给出亨利定律,描写为"在恒定的温度下,压缩空气和空气在水中的溶解度是一样的"。他还曾经说过:"每一种气体对于另一种气体来说,等于是一种真空"。虽然他的这句话当时曾经引起一些科学家的反对,但道尔顿用实验证明了亨利意见的正确性;同时也由此为道尔顿分压定律建立了可靠的基础。亨利关于气体烷烃混合物的研究工作,帮助了道尔顿原子说的迅速推广。由于亨利对气体溶解性的卓越研究,1808 年获得了科普利奖章,1809 年当选皇家学会会员。亨利曾编著两部书:An Epitome of Chemistry in Three Parts(《化学三部曲》,1801 年)和 The Elements of Experimental Chemistry(《实验化学纲要》,1802 年),19 世纪初期风行于英美。

注意:亨利定律的适用范围必须是溶质 i 物质在气相中与溶液中具有相同的存在形态,对于溶解时发生解离反应的物质,如氢气形成溶液时发生解离反应:

$$H_2(g) = 2[H](l) \qquad (2-21)$$

因为气相中的氢分子 H_2 与溶液中氢原子 H 的存在形态不同,故溶液中 H 的热力学行为不遵循亨利定律,而是遵守西华特(Sievert)定律,亦称为平方根定律:

$$[\%H] = K\left(\frac{p_{H_2}}{p^\ominus}\right)^{\frac{1}{2}} \qquad (2-22)$$

式中，[%H]为溶液中 H 浓度，量纲一的量；K 为常数；p_{H_2} 为氢气的分压，Pa；$p^\ominus$ 为标准大气压，$p^\ominus=101\ 325$ Pa。

► **人物录 14. 西华特**

阿道夫·西华特（Adolf Sieverts），德国化学家，1874 年 10 月出生在德国汉堡。因在金属气体溶解度方面的研究而闻名，提出了著名的西华特定律。

◎ **豆知识 8. 西华特定律（Sievert's law）**

若气体溶于金属时在金属中的气体分子结构与在气相中一致，则遵守亨利定律；若气体溶于金属时发生解离或发生其他化学变化，则不遵守亨利定律。研究表明，像 H_2、N_2、O_2 等双原子分子溶于金属时便发生解离，如氮气：

$$\frac{1}{2}N_2(g)=\!=\!=[N]$$

对于这类平衡，由于[N]的浓度非常小，溶液中的氮浓度与气相中氮的分压关系可描述为

$$[\%N]=K\sqrt{\frac{p_{N_2}}{p^\ominus}}$$

式中，[%N]是溶液中 N 的浓度，量纲一；K 是常数；$p^\ominus$ 是标准大气压。

上式称为西华特定律，也称为平方根定律：双原子气体分子在金属中的平衡组成与其平衡气相分压的平方根成正比。

2. 稀溶液的溶剂服从拉乌尔定律（可自行证明）

3. 化学势

稀溶液的溶剂 A 与溶质 i 物质的化学势分别为

溶剂 A：

$$\mu_A=\mu_A^\ominus+RT\ln x_A \tag{2-23}$$

溶质 i：

$$\mu_i=\mu_{i(H)}^\ominus+RT\ln x_i \tag{2-24}$$

式中，$\mu_A^\ominus$、$\mu_{i(H)}^\ominus$ 分别为溶剂 A 以纯物质为标准态和溶质 i 物质以假想纯物质为标准态的标准化学势，$J\cdot mol^{-1}$。

4. 稀溶液饱和溶解度

影响稀溶液的饱和溶解度的因素有压力和温度等。

（1）压力的影响　如果溶液凝固时析出的是溶剂纯 A 物质，因为 $T=T_0$ 条件下体系处于平衡状态，所以析出的 A 物质与溶液中的 A 组元化学势必然相等，即

$$\mu_{A(s)}^*=\mu_{A(l)} \tag{2-25}$$

式中，$\mu_{A(s)}^*$ 为纯固相 A 物质化学势，$J\cdot mol^{-1}$；$\mu_{A(l)}$ 为溶液中 A 物质化学势，$J\cdot mol^{-1}$。

溶液中的 A 物质以纯固相为标准态时，

$$\mu_{A(l)}=\mu_A^*+RT\ln x_A \tag{2-26}$$

对式（2-25）全微分，

$$d\mu_{A(s)}^*=d\mu_{A(l)}$$

即

$$\left(\frac{\partial\mu_{A(s)}^*}{\partial T}\right)_p dT+\left(\frac{\partial\mu_{A(s)}^*}{\partial p}\right)_T dp=\left(\frac{\partial\mu_{A(l)}}{\partial T}\right)_{p,x_A} dT+\left(\frac{\partial\mu_{A(l)}}{\partial p}\right)_{T,x_A} dp+\left(\frac{\partial\mu_{A(l)}}{\partial x_A}\right)_{T,p} dx_A \tag{2-27}$$

应用热力学关系式 $\mu_i=G_i$ 及 $\left(\dfrac{\partial G}{\partial p}\right)_T=V$,得

$$\left(\frac{\partial G_i}{\partial p}\right)_T=V_i=\left(\frac{\partial \mu_i}{\partial p}\right)_T \tag{2-28}$$

又

$$\left(\frac{\partial \mu_{A(l)}}{\partial x_A}\right)_{T,p}=\left(\frac{\partial(\mu_A^*+RT\ln x_A)}{\partial x_A}\right)_{T,p}=\frac{RT}{x_A} \tag{2-29}$$

因为只考虑压力变化,所以必然是恒温,即 $dT=0$。将上述关系式代入式(2-27),得

$$V_{A(s)}^*dp=V_{A(l)}dp+\frac{RT}{x_A}dx_A \tag{2-30}$$

因此 x_A 与压力的关系为

$$\frac{d\ln x_A}{dp}=\frac{V_{A(s)}^*-V_{A(l)}}{RT} \tag{2-31}$$

因为纯 A 物质凝固时体积变化($V_{A(s)}^*-V_{A(l)}=\Delta V_{l\to s}$)较小,即 $\Delta V_{l\to s}\approx 0$,所以压力对稀溶液的饱和溶解度影响较小。

(2) 温度的影响 恒压($dp=0$)条件下 $\left(\dfrac{\partial G}{\partial T}\right)_p=-S$,所以式(2-27)可简化为

$$-S_{A(s)}^*dT=-S_{A(l)}dT+\left(\frac{\partial \mu_{A(l)}}{\partial x_A}\right)_{T,p}dx_A \tag{2-32}$$

将式(2-29)代入式(2-32),并考虑到关系式 $S=\dfrac{H}{T}$,所以式(2-32)可写成

$$-S_{A(s)}^*dT=-S_{A(l)}dT+\frac{RT}{x_A}dx_A$$

即

$$\frac{d\ln x_A}{dT}=\frac{S_{A(l)}-S_{A(s)}^*}{RT}=\frac{\Delta H_{A熔}}{RT^2} \tag{2-33}$$

有时将 $\Delta H_{A熔}$ 记为 $\Delta_{fus}H_A^*$,所以式(2-33)也可以记为

$$\frac{d\ln x_A}{dT}=\frac{\Delta_{fus}H_A^*}{RT^2} \tag{2-34}$$

从式(2-34)可见 $\Delta_{fus}H_A^*$ 越大,温度的影响就越大;反之也可以从液相凝固线的温度变化率定性地判断 $\Delta_{fus}H_A^*$ 的值,液相凝固线的温度变化率越大,则 $\Delta_{fus}H_A^*$ 越大。

5. 稀溶液凝固点降低及应用

(1) 析出物质为纯 A 物质 若溶液析出纯 A 物质,积分式(2-34),得

$$\int_{x_A=1}^{x_A}d\ln x_A=\int_{T_m}^{T}\frac{\Delta_{fus}H_A^*}{RT^2}\,dT \tag{2-35}$$

式中，T_m为纯A物质（溶剂）的凝固点，K；x_A为A物质的摩尔分数，量纲一的量。

所以

$$\ln x_A = \frac{\Delta_{fus}H_A^*}{R}\left(\frac{1}{T_m} - \frac{1}{T}\right) = -\frac{\Delta_{fus}H_A^*}{RT_mT}(T_m - T) \tag{2-36}$$

凝固点降低$\Delta T = (T_m - T)$为

$$\Delta T = T_m - T = -\frac{RT_mT}{\Delta_{fus}H_A^*}\ln x_A \tag{2-37}$$

根据级数展开公式：

$$\ln(1+x) = x - \frac{x^2}{2} + \frac{x^3}{3} - \cdots \tag{2-38}$$

对于二元稀溶液，由于溶质x_B很小，所以有

$$\ln x_A = \ln[1+(-x_B)] = -x_B - \frac{x_B^2}{2} - \frac{x_B^3}{3} - \cdots \approx -x_B \tag{2-39}$$

由于$T \approx T_m$，$T_mT \approx T_m^2$，则式（2-37）可写为

$$\Delta T = \frac{RT_m^2}{\Delta_{fus}H_A^*}x_B \tag{2-40}$$

可见稀溶液的凝固点降低与溶质的含量成正比例关系。因此根据x_B的量可以估计ΔT的值。另外，在x_B一定条件下，可以推断：溶剂A物质的熔化焓（$\Delta_{fus}H_A^*$）越小，ΔT降低越显著。

（2）析出物质为固溶体　若溶液析出固溶体α，因为液相与固溶体α共存，所以对于溶剂A物质有

$$\mu_{A(\alpha)} = \mu_{A(l)} \tag{2-41}$$

对式（2-41）全微分，得

$$\left(\frac{\partial \mu_{A(\alpha)}}{\partial T}\right)_{p,x_{A(\alpha)}} dT + \left(\frac{\partial \mu_{A(\alpha)}}{\partial p}\right)_{T,x_{A(\alpha)}} dp + \left(\frac{\partial \mu_{A(\alpha)}}{\partial x_{A(\alpha)}}\right)_{T,p} dx_{A(\alpha)}$$

$$= \left(\frac{\partial \mu_{A(l)}}{\partial T}\right)_{p,x_{A(l)}} dT + \left(\frac{\partial \mu_{A(l)}}{\partial p}\right)_{T,x_{A(l)}} dp + \left(\frac{\partial \mu_{A(l)}}{\partial x_{A(l)}}\right)_{T,p} dx_{A(l)} \tag{2-42}$$

一般情况下，析出过程为恒压过程，即$dp = 0$，另外，假设固溶体属于固态稀溶液，所以对于固溶体中的溶剂A物质应服从拉乌尔定律，有

$$\mu_A = \mu_A^* + RT\ln x_A \tag{2-43}$$

再次应用热力学关系式$\left(\frac{\partial G}{\partial T}\right)_p = -S$，并将式（2-43）代入式（2-42）：

$$-S_{A(\alpha)}dT + RT\mathrm{d}\ln x_{A(\alpha)} = -S_{A(l)}dT + RT\mathrm{d}\ln x_{A(l)} \tag{2-44}$$

考虑到$S = \frac{H}{T}$，所以

$$\mathrm{d}\ln\frac{x_{A(l)}}{x_{A(\alpha)}} = \frac{S_{A(l)} - S_{A(\alpha)}}{RT}dT$$

$$=\frac{\Delta_{fus}H_{(\alpha\to l)}}{RT^2}dT \quad (2-45)$$

积分

$$\int_{\frac{x_{A(l)}}{x_{A(\alpha)}}=1}^{\frac{x_{A(l)}}{x_{A(\alpha)}}} d\ln\frac{x_{A(l)}}{x_{A(\alpha)}}=\int_{T_m}^{T}\frac{\Delta_{fus}H_{(\alpha\to l)}}{RT^2}dT \quad (2-46)$$

一般说来，$T_m\approx T$，$T_mT\approx T_m^2$，$\Delta_{fus}H_{(\alpha\to l)}\approx\Delta_{fus}H_A^*$。所以积分式(2-46)，得

$$\ln\frac{x_{A(l)}}{x_{A(\alpha)}}=-\frac{\Delta_{fus}H_A^*}{RT_m^2}(T_m-T)=-\frac{\Delta_{fus}H_A^*}{RT_m^2}\Delta T \quad (2-47)$$

因为 $x_{B(l)}$ 和 $x_{B(\alpha)}$ 均较小，并考虑到溶液为二元稀溶液，所以

$$\ln\frac{x_{A(l)}}{x_{A(\alpha)}}=\ln(1-x_{B(l)})-\ln(1-x_{B(\alpha)})$$
$$\approx-[x_{B(l)}-x_{B(\alpha)}] \quad (2-48)$$

即

$$\Delta T=(T_m-T)=\frac{RT_m^2}{\Delta_{fus}H_A^*}[x_{B(l)}-x_{B(\alpha)}] \quad (2-49)$$

式(2-49)就是析出固溶体时溶质浓度对凝固点降低的影响关系式。

(3) 凝固点降低的估算　在钢铁冶金领域，钢液的凝固点对浇铸工艺参数的选取非常重要，因此估算合金钢的凝固点 T_m 具有现实意义。

近似认为合金钢是稀溶液，可使用式(2-40)和式(2-49)凝固点降低计算式估算合金钢的凝固点。

由于冶金溶液浓度一般以质量分数表示，因此需换算为摩尔分数 x_A。

对于二元系，

$$x_B=\frac{\frac{[\%B]}{M_B}}{\frac{[\%B]}{M_B}+\frac{100-[\%B]}{M_A}}=\frac{[\%B]M_A}{[\%B](M_A-M_B)+100M_B} \quad (2-50)$$

在[%B]→0 和 A、B 两种物质摩尔质量相差较小($M_A\approx M_B$)的条件下，

$$x_B\approx\frac{M_A}{100M_B}[\%B] \quad (2-51)$$

对于 Fe 基合金，因为 $M_A=M_{Fe}=55.85$，所以

$$x_B\approx\frac{0.558\ 5}{M_B}[\%B] \quad (2-52)$$

因为 $(T_m)_{Fe}=1\ 535\ ℃=1\ 808\ K$，$\Delta_{fus}H_{Fe}^*=15\ 490\ J\cdot mol^{-1}$，所以

① 若析出纯物质，则由式(2-40)，

$$\Delta T=\frac{RT_m^2}{\Delta_{fus}H_A^*}x_B=\frac{RT_m^2}{\Delta_{fus}H_A^*}\frac{0.558\ 5}{M_B}[\%B]=980\frac{[\%B]}{M_B} \quad (2-53)$$

② 若形成固溶体，则由式(2-49)，得

$$\Delta T=\frac{RT_{m}^{2}}{\Delta_{fus}H_{A}^{*}}\frac{0.5585}{M_{B}}([\%B]-[\%B]_{\alpha})=K\frac{[\%B]}{M_{B}}(1-k) \quad (2-54)$$

式中，

$$K=\frac{RT_{m}^{2}}{\Delta_{fus}H_{A}^{*}}\cdot 0.5585\approx 980 \quad (2-55)$$

$$k=\frac{[\%B]_{\alpha}}{[\%B]} \quad (2-56)$$

设[%B]=1 对应的 ΔT 为 ΔT_B，则式(2-53)、式(2-54)分别可写为

$$\Delta T_{B}=\frac{980}{M_{B}}$$

$$\Delta T_{B}=\frac{980}{M_{B}}(1-k)$$

对于多元微量合金的凝固点估计式为

$$T_{m}=1808-\sum(\Delta T_{B}[\%B]) \quad (2-57)$$

式中，T_m为合金熔点，K。

2.3 真实溶液

2.3.1 真实溶液的特点

若溶液的性质不满足拉乌尔定律，则称该溶液为非理想溶液，亦称为真实溶液。设含有 i 组元溶液与溶液上方 i 组元蒸气压平衡共存(图 2-1)，平衡状态下 i 组元蒸气压 p_i随摩尔分数 x_i的变化如图 2-2 所示。

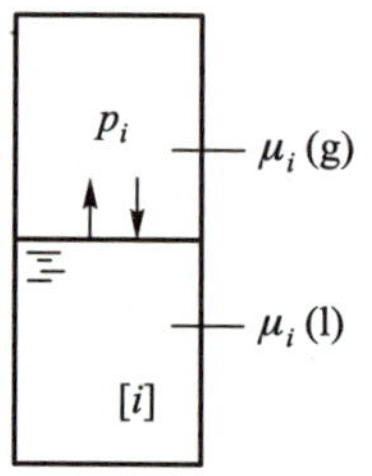

图 2-1 含有 i 组元溶液与溶液上方 i 组元蒸气压平衡共存示意图

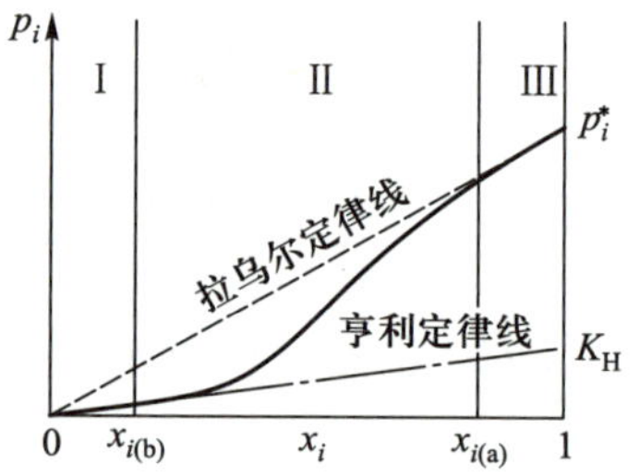

图 2-2 溶液的 i 组元与溶液平衡共存的蒸气压随摩尔分数的变化

从图 2-2 可看出该溶液的特点：

① 当 $x_i<x_{i(b)}$ 时(图中 I 区)，溶液为稀溶液，i 组元服从亨利定律 $p_i=K_Hx_i$；

② 当 $x_i>x_{i(a)}$(图中Ⅲ区)时，i 组元相当于稀溶液的溶剂，服从拉乌尔定律 $p_i=p_i^*x_i$；

③ 当 $x_{i(b)}<x_i<x_{i(a)}$ 时(图中Ⅱ区)，i 组元对于拉乌尔定律和亨利定律均不满足，此范围为真实溶液。

对于 i 组元的平衡蒸气压 p_i 在Ⅰ、Ⅲ区分别由亨利定律和拉乌尔定律描述，那么在Ⅱ区的 p_i 如何描述呢？

2.3.2 活度的概念

如上所述，因为在Ⅲ区 i 组元服从拉乌尔定律，其化学势表达式为

$$\mu_i=\mu_{i(\mathrm{R})}^{\ominus}+RT\ln x_i \tag{2-58}$$

式中，$\mu_{i(\mathrm{R})}^{\ominus}$ 为 i 组元以拉乌尔定律为基础、纯物质为标准态的化学势，$\mathrm{J\cdot mol^{-1}}$；x_i 为摩尔分数，此时 $x_i=\dfrac{p_i}{p_i^*}$。

又因为在Ⅰ区 i 组元服从亨利定律，若 i 组元使用摩尔分数，其化学势表达式为

$$\mu_i=\mu_{i(\mathrm{H})}^{\ominus}+RT\ln x_i \tag{2-59}$$

式中，$\mu_{i(\mathrm{H})}^{\ominus}$ 为 i 组元以亨利定律为基础、假想纯物质为标准态的化学势，$\mathrm{J\cdot mol^{-1}}$；x_i 为摩尔分数，此时 $x_i=\dfrac{p_i}{K_{\mathrm{H}}}$。

若 i 组元使用质量分数时，对于Ⅰ区，其化学势表达式为

$$\mu_i=\mu_{i(\%)}^{\ominus}+RT\ln[\%i] \tag{2-60}$$

式中，$\mu_{i(\%)}^{\ominus}$ 为 i 组元以亨利定律为基础、假想质量分数1%为标准态的化学势，$\mathrm{J\cdot mol^{-1}}$；$[\%i]$ 为质量分数，此时

$$[\%i]=\frac{p_i}{K_{\%}} \tag{2-61}$$

式中，$K_{\%}$ 是亨利定律在质量分数坐标下1%含量对应的亨利直线上的值（参照图2-3）。

关于式(2-58)~式(2-60)的推导，以式(2-58)为例推导过程如下：因为恒温条件下体系处于平衡状态，i 组元化学势处处相等，即

$$\mu_{i(\mathrm{g})}=\mu_{i(\mathrm{l})}=\mu_i \tag{i}$$

对于气相，有

$$\mu_{i(\mathrm{g})}=\mu_{i(\mathrm{g})}^{\ominus}+RT\ln p_i \tag{ii}$$

因为此时处于Ⅲ区，i 组元服从拉乌尔定律，即

$$p_i=p_i^*x_i \tag{iii}$$

代入式(ii)，得

$$\mu_{i(\mathrm{g})}=\mu_{i(\mathrm{g})}^{\ominus}+RT\ln p_i^*+RT\ln x_i \tag{iv}$$

因为 T 恒定，所以

$$\mu_{i(\mathrm{g})}^{\ominus}+RT\ln p_i^*=\text{常数} \tag{v}$$

令 $\mu_{i(\mathrm{R})}^{\ominus}=\mu_{i(\mathrm{g})}^{\ominus}+RT\ln p_i^*$，得

$$\mu_i=\mu_{i(\mathrm{R})}^{\ominus}+RT\ln x_i \tag{vi}$$

可见式(vi)与式(2-58)相同。

比较式(2-58)~式(2-60)，可写成如下通式：

$$\mu_i=\mu_i^{\ominus}+RT\ln a_i \tag{2-62}$$

令

$$a_i = \frac{p_i}{p_i^s} \tag{2-63}$$

式(2-63)就是活度的定义式。式中的 p_i^s 取值与标准态选择有关:

① 若对于 i 组元选取纯物质为标准态,则 $p_i^s = p_i^*$;

② 若对于 i 组元选取假想纯物质为标准态,则 $p_i^s = K_H$;

③ 若对于 i 组元选取假想质量分数 1%为标准态,则 $p_i^s = K_\%$。

注意:

① 虽然不同的标准态选择使得 p_i^s 取值不同,进而导致 a_i 不同,但由于对应的 $\mu_i^\ominus$ 也不同,所以由式(2-62)计算的 μ_i 是相同的。

② 关于 p_i^s 值的确定,理论上可以取任意固定值,但常用只有 p_i^*、K_H、$K_\%$ 三种。

③ 选取标准态是主观行为,选择不同的标准态只是有利于计算,不会对化学势 μ_i 产生任何影响,因为化学势是客观的。

④ 某指定过程中涉及的不同反应物或生成物所选取的标准态形式可以不同。

式(2-62)也适用于Ⅱ区。由于式(2-62)可以同时描述 T 温度条件下Ⅰ、Ⅱ、Ⅲ区中 i 组元的化学势,因此,定义式(2-63)为活度的表达式,活度的物理意义是定量评价溶液的相对蒸气压。活度的引入实现了 $x_i = 0 \sim 1$ 范围(Ⅰ、Ⅱ、Ⅲ区)内任意组成溶液的化学势均可使用相同的表达形式,即

$$\mu_i = \mu_i^s + RT\ln a_i \tag{2-64}$$

注意:

① 式中 μ_i^s 为标准态下化学势,$J \cdot mol^{-1}$;

② 虽然活度定义式 $a_i = \frac{p_i}{p_i^s}$,但由于多种物质的 p_i 较小,测定较困难,所以在计算活度时根据 i 组元选取标准态的不同,多采用以下公式计算:

ⅰ. 若选取 i 组元的标准态为纯物质,则计算活度的表达式为

$$a_i = \gamma_i x_i \tag{2-65}$$

ⅱ. 若选取 i 组元的标准态为假想纯物质,则计算活度的表达式为

$$a_i = f_i x_i \tag{2-66}$$

ⅲ. 若选取 i 组元的标准态为假想质量分数 1%,则计算活度的表达式为

$$a_i = f_i[\%i] \tag{2-67}$$

式(2-65)、式(2-66)、式(2-67)中的 γ_i、f_i 为活度系数,具体定义式参见 2.4 节。

③ 相同标准态条件下,i 组元的活度值越大,意味着 i 组元逸出能力越强或反应能力越强。

④ 选择不同的 p_i^s，则 i 组元的活度值有所不同，但无论选择哪种 p_i^s，均不会影响体系内 i 组元的化学势，即 μ_i 不会因为标准态选择的不同而发生变化。

2.3.3 活度标准态

2.3.3.1 活度标准态的选择

活度标准态 p_i^s 是人为制定的度量 p_i 大小的基准，前已述及，理论上可以根据人们的主观任意指定，但作为活度标准态 p_i^s 必须是定值，如纯物质的蒸气压 p_i^*、亨利常数 K_H、质量分数为 1%对应的亨利常数 $K_{\%}$。

常选用的活度标准态有以下三种。

(1) 选择以纯物质为标准态，即 $p_i^s=p_i^*$，溶液中 i 组元化学势为

$$\mu_i=\mu_i^s+RT\ln\frac{p_i}{p_i^s}=\mu_i^*+RT\ln\frac{p_i}{p_i^*} \tag{2-68}$$

以纯物质为标准态时的活度标记为 a_i^R，前述的式(2-65)记为

$$a_i^R=\gamma_i x_i \tag{2-69}$$

式中，x_i 为摩尔分数，量纲一的量；γ_i 为以纯物质为标准态时 i 组元的活度系数，量纲一的量。

(2) 选择以假想纯物质为标准态，即 $p_i^s=K_H$，溶液中 i 组元化学势为

$$\mu_i=\mu_i^s+RT\ln\frac{p_i}{p_i^s}=\mu_{i(H)}^{\ominus}+RT\ln\frac{p_i}{K_H} \tag{2-70}$$

以假想纯物质为标准态的活度标记为 a_i^H，前述的式(2-66)记为

$$a_i^H=f_i x_i \tag{2-71}$$

式中，x_i 为摩尔分数，量纲一的量；f_i 为以假想纯物质为标准态时 i 组元的活度系数，量纲一的量。

注意：当 $x_i=1$ 时，由于 $p_i\neq K_H$，即 $a_i\neq 1$，可见所谓的标准态不真实存在，因此称为“假想”纯物质。

(3) 选择以假想质量分数 1%为标准态，即 $p_i^s=K_{\%}$，溶液中 i 组元化学势为

$$\mu_i=\mu_i^s+RT\ln\frac{p_i}{p_i^s}=\mu_{i(\%)}^{\ominus}+RT\ln\frac{p_i}{K_{\%}} \tag{2-72}$$

以假想质量分数 1%为标准态时的活度标记为 $a_i^{\%}$，前述的式(2-67)记为

$$a_i^{\%}=f_i[\%i] \tag{2-73}$$

式中，$[\%i]$ 为质量分数，量纲一的量；f_i 为以假想质量分数 1%为标准态时 i 组元的活度系数，与以假想纯物质为标准态时 i 组元的活度系数相同[其证明参见式(2-95)]，量纲一的量。

注意：

① 标准态只是人为主观指定的相对标准，标准状态事实上不一定存

在，只有当活度和活度系数同时为 1 时才是真实的标准状态。因此，溶液中 i 组元的浓度处于指定的标准态浓度时，体系不一定就处于标准状态，如选取假想质量分数 1%标准态时，当[%i]=1 时是否是真实的状态，要视具体情况而分析：若某溶液在[%i]=1 时仍属于稀溶液，服从亨利定律，则此时的“假想质量分数 1%标准态”就真实存在；反之，若某溶液在[%i]=1 时已不属于稀溶液，不服从亨利定律，则此时的“假想质量分数 1%标准态”就不真实存在。因为“假想质量分数 1%标准态”的状态有些体系真实存在，有些体系不真实存在，所以名称上一律称为“假想质量分数 1%标准态”。

② 虽然 a_i^{R}、a_i^{H}、$a_i^{\%}$ 是有区别的，各对应不同的标准态选择，但一般在书写过程中往往简写为 a_i，而不注明具体选择的标准态，因此，在阅读文献或有关资料时，要综合分析判断 a_i 所对应的标准态。

2.3.3.2 不同标准态下活度的换算

在热力学计算过程中，经常遇到不同标准态活度的换算问题，如 a_i^{H} 与 $a_i^{\%}$ 之间的换算。关于不同标准态下活度值的换算，因为恒温、定组成溶液中 i 组元的蒸气压 p_i 为定值，所以针对不同标准态的选择，按活度的定义，p_i 的表达式如下：

① 以纯物质为标准态时，

$$p_i=p_i^{*}a_i^{R} \tag{2-74}$$

② 以假想纯物质为标准态时，

$$p_i=K_{H}a_i^{H} \tag{2-75}$$

③ 以假想质量分数 1%为标准态时，

$$p_i=K_{\%}a_i^{\%} \tag{2-76}$$

因为 $p_i^{*}\neq K_{H}\neq K_{\%}$，所以必有

$$a_i^{R}\neq a_i^{H}\neq a_i^{\%}$$

那么，如何能从已知的一种标准态活度值换算其他任意标准态下的活度呢？

(1) $a_i^{R}\sim a_i^{H}$　因为在全部浓度范围内 $x_i=0\sim1$，由式(2-74)与式(2-75)两式联立得

$$\frac{a_i^{R}}{a_i^{H}}=\frac{K_{H}}{p_i^{*}}=\text{定值} \tag{2-77}$$

以下确定式(2-77)中的定值，由式(2-69)与式(2-71)得

$$\frac{a_i^{R}}{a_i^{H}}=\frac{\gamma_i x_i}{f_i x_i}=\frac{\gamma_i}{f_i} \tag{2-78}$$

因为在 $x_i=0\sim1$ 范围内式(2-78)均成立，所以，令 $x_i\to0$ 使之形成稀溶液，即让 i 组元服从亨利定律，这时有 $\lim\limits_{x_i\to0}f_i=1$，即此时

$$f_i=1 \tag{2-79}$$

所以式(2-78)可写为

$$\frac{a_i^{R}}{a_i^{H}}=\frac{\gamma_i}{f_i}\xrightarrow{x_i\to0}\gamma_i^{\ominus} \tag{2-80}$$

可见，$a_i^R \sim a_i^H$ 之间存在正比例关系，比例系数为 $\gamma_i^\ominus$。

注意：

① $\gamma_i^\ominus$ 的物理意义是对于服从亨利定律的稀溶液，若溶质 i 组元以纯物质为标准态时的活度系数。恒温条件下，在稀溶液浓度范围内 $\gamma_i^\ominus$ 不随 i 组元的浓度发生变化，在数值上等于：

$$\gamma_i^\ominus = \frac{K_H}{p_i^*} \tag{2-81}$$

② 对于式(2-78)，当 x_i 较大时，虽然 $f_i \neq 1$，但由于 γ_i 与 f_i 同比例增减，所以仍然保持二者比值不变，即在 $x_i = 0 \sim 1$ 全浓度范围内，始终有 $\frac{\gamma_i}{f_i} = \gamma_i^\ominus$。

所以 $a_i^R \sim a_i^H$ 换算关系为

$$\frac{a_i^R}{a_i^H} = \gamma_i^\ominus \tag{2-82}$$

③ 对于双原子气体而言，一般不存在 $\gamma_i^\ominus$，这是因为气体在形成溶液时，物质发生了解离反应，此时的气体不遵守亨利定律，而是遵守西华特定律。例如氢气的溶解，反应为

$$H_2 \Longleftrightarrow 2[H] \tag{2-83}$$

设溶液为稀溶液时的平衡常数 K：

$$K = \frac{a_{[H]}^2}{\frac{p_{H_2}}{p^\ominus}} = \frac{f_H^2 [\%H]^2}{\frac{p_{H_2}}{p^\ominus}} = \frac{[\%H]^2}{\frac{p_{H_2}}{p^\ominus}} \tag{2-84}$$

所以

$$p_{H_2} = K'[\%H]^2 \tag{2-85}$$

式中，$K' = \frac{p^\ominus}{K} =$ 常数。

式(2-85)也可写成

$$[\%H] = K'' p_{H_2}^{1/2} \tag{2-86}$$

式中，K''为常数，$K'' = (K')^{-1/2}$。

(2) $a_i^H \sim a_i^\%$　因为根据活度定义，有

$$\frac{a_i^H}{a_i^\%} = \frac{\frac{p_i}{K_H}}{\frac{p_i}{K_\%}} = \frac{K_\%}{K_H} = \text{定值} \tag{2-87}$$

那么 $\frac{K_\%}{K_H} = ?$

图 2-3 给出了 K_H 和 $K_\%$ 的几何对应关系。

设 $[\%i] = 1$ 对应的摩尔分数(图 2-3 中的 E 点)为 x_i，考察相似三角形 $\triangle OCE$ 和 $\triangle OHF$，根据相似关系，有

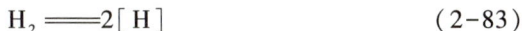

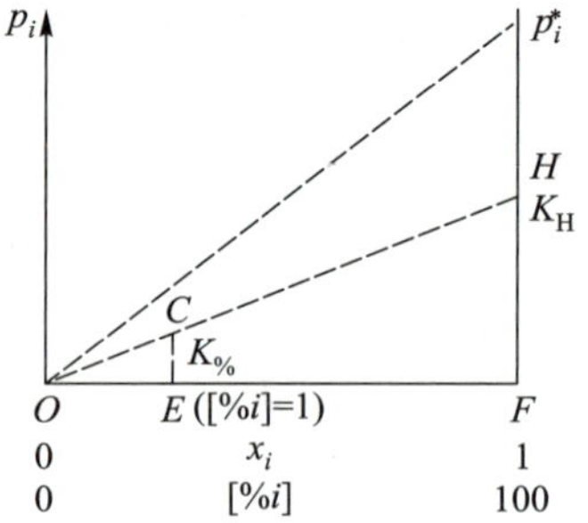

图 2-3 亨利常数 K_H 和质量分数 1%时的亨利常数 $K_\%$ 之间几何对应关系

$$\frac{K_\%}{K_H}=\frac{\overline{CE}}{\overline{HF}}=\frac{\overline{OE}}{\overline{OF}}=\frac{x_i}{1}=x_i \tag{2-88}$$

对于二元系，i 组元的摩尔分数 x_i 可写为

$$x_i=\frac{[\%i]M_1}{[\%i][M_1-M_i]+100M_i} \tag{2-89}$$

式中，M_i和 M_1分别代表溶质 i 组元和溶剂的摩尔质量，$g\cdot mol^{-1}$。

若溶质 i 组元与溶剂的摩尔质量相当，即 $M_i\approx M_1$，则$[\%i]\cdot[M_1-M_i]\ll 100M_i$，所以

$$x_i\big|_{[\%i]=1}=\frac{M_1}{100M_i} \tag{2-90}$$

将式(2-90)代入式(2-88)，得

$$\frac{K_\%}{K_H}=\frac{M_1}{100M_i} \tag{2-91}$$

所以，$a_i^H\sim a_i^\%$ 的换算关系为

$$\frac{a_i^H}{a_i^\%}=\frac{M_1}{100M_i} \tag{2-92}$$

注意：式(2-92)使用条件仅限于溶质 i 组元与溶剂的摩尔质量相近的情况，否则应使用式(2-89)的对应关系。

(3) $a_i^R\sim a_i^\%$ 联立式(2-82)与式(2-92)，得

$$\frac{a_i^R}{a_i^\%}=\frac{M_1}{100M_i}\gamma_i^\ominus \tag{2-93}$$

(4) $f_i^H\sim f_i^\%$ 关于假想纯物质为标准态时的活度系数 f_i^H 与假想质量分数 1%为标准态时的活度系数 $f_i^\%$ 之间的关系，根据活度系数的定义式：

$$f_i^H=\frac{a_i^H}{x_i}=\frac{\dfrac{M_1}{100M_i}a_i^\%}{\dfrac{M_1}{100M_i}[\%i]}=\frac{a_i^\%}{[\%i]}=f_i^\% \tag{2-94}$$

可见

$$f_i^{\mathrm{H}}=f_i^{\%}=f_i \tag{2-95}$$

所以,今后凡按亨利定律描述活度系数时,无论是以假想纯物质为标准态还是以假想质量分数 1% 为标准态,活度系数的符号不再区分 f_i^{H} 和 $f_i^{\%}$,统一记为 f_i。

2.3.4 活度与温度、压力的关系

对于以纯物质为标准态的 i 组元,因为其化学势的表达式为

$$\mu_i=\mu_i^*+RT\ln a_i^{\mathrm{R}} \tag{2-96}$$

对于式(2-96),在恒压、定组成条件下对温度求偏导数,得到温度对活度的影响:

$$\begin{aligned}\left(\frac{\partial \ln a_i^{\mathrm{R}}}{\partial T}\right)_{p,x_i}&=\left(\frac{\partial \dfrac{\mu_i-\mu_i^*}{RT}}{\partial T}\right)_{p,x_i}=\frac{1}{R}\left[\frac{\partial \dfrac{G_i-G_i^*}{T}}{\partial T}\right]_{p,x_i}\\&=\frac{1}{R}\left[\frac{\partial\left[\dfrac{H_i-H_i^*}{T}-(S_i-S_i^*)\right]}{\partial T}\right]_{p,x_i}=-\frac{H_i-H_i^*}{RT^2}=-\frac{\Delta H_{i(溶解)}}{RT^2}\end{aligned} \tag{2-97}$$

同理,可获得恒温、定组成条件下压力对活度的影响规律:

$$\left(\frac{\partial \ln a_i^{\mathrm{R}}}{\partial p}\right)_{T,x_i}=\left(\frac{\partial \dfrac{\mu_i-\mu_i^*}{RT}}{\partial p}\right)_{T,x_i}=\frac{1}{RT}\left[\frac{\partial (G_i-G_i^*)}{\partial p}\right]_{T,x_i} \tag{2-98}$$

因为

$$G_i=G_i^*+RT\ln\frac{p_i}{p_i^*} \tag{2-99}$$

所以式(2-98)可改写为

$$\begin{aligned}\left(\frac{\partial \ln a_i^{\mathrm{R}}}{\partial p}\right)_{T,x_i}&=\frac{1}{RT}\left[\frac{\partial (G_i-G_i^*)}{\partial p}\right]_{T,x_i}\\&=\left(\frac{\partial(\ln p_i-\ln p_i^*)}{\partial p}\right)_{T,x_i}=\frac{1}{p_i}-\frac{1}{p_i^*}=\frac{V_i}{RT}-\frac{V_i^*}{RT}=\frac{\Delta V_{i(溶解)}}{RT}\end{aligned} \tag{2-100}$$

因为 $\Delta V_{i(溶解)}$ 很小,所以压力对活度的影响较小,一般可以忽略。

2.3.5 标准溶解 Gibbs 自由能变化 $\Delta G_i^{\ominus}$

由纯 i 物质溶解形成溶液的溶解反应:

$$i^*═══[i] \tag{2-101}$$

反应式(2-101)的标准 Gibbs 自由能变化就是 i 物质的标准溶解 Gibbs 自由能变化。由于确定反应式(2-101)的标准 Gibbs 自由能变化时涉及溶

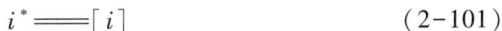

液中 i 物质的标准状态，因此标准溶解 Gibbs 自由能变化数据值与[i]的标准态选择有关。

前已述及，i 物质的标准态是人为主观选定的，i 组元标准态选择的不同，则标准溶解 Gibbs 自由能的表达式也不同。不同标准态对应的表达式推导如下。

（1）对于溶解态的[i]组元，若选择以 i 的纯物质为标准态，则溶解反应式(2-101)的标准 Gibbs 自由能变化为

$$\Delta G_i^{\ominus}=\mu_{[i]}^{\ominus}-\mu_i^{*} \tag{2-102}$$

式中，$\mu_{[i]}^{\ominus}$ 为溶解后溶液中[i]组元处于标准态时的化学势，$J\cdot mol^{-1}$；μ_i^{*} 为溶解前纯 i 物质的化学势，$J\cdot mol^{-1}$。

因为溶液中的 i 组元选择纯物质为标准态，即 $\mu_{[i]}^{\ominus}=\mu_i^{*}$，所以溶解反应式(2-101)的 i 物质标准溶解 Gibbs 自由能变化为

$$\Delta G_i^{\ominus}=\mu_{[i]}^{\ominus}-\mu_i^{*}=\mu_i^{*}-\mu_i^{*}=0 \tag{2-103}$$

因此对于溶解反应式(2-101)，若溶解状态的 i 组元选择纯 i 物质为标准态，

$$i^{*}=\!=\!=[i] \qquad \Delta G_i^{\ominus}=0 \tag{2-104}$$

（2）对于溶解态的[i]组元，若选择以 i 的假想纯物质为标准态，则 i 物质溶解反应的标准 Gibbs 自由能变化为

$$\Delta G_i^{\ominus}=\mu_{i(H)}^{\ominus}-\mu_i^{*} \tag{2-105}$$

关于 $\mu_{i(H)}^{\ominus}$ 的确定，由于溶液中 i 物质以假想纯物质为标准态时的化学势为

$$\mu_{[i]}=\mu_{i(H)}^{\ominus}+RT\ln a_i^{H} \tag{2-106}$$

又因为溶液中 i 组元化学势也可选择以纯物质为标准态进行描述，即

$$\mu_{[i]}=\mu_i^{*}+RT\ln a_i^{R} \tag{2-107}$$

由于式(2-106)与式(2-107)相等，所以

$$\mu_{[i]}=\mu_{i(H)}^{\ominus}+RT\ln a_i^{H}=\mu_i^{*}+RT\ln a_i^{R} \tag{2-108}$$

整理得

$$\mu_{i(H)}^{\ominus}=\mu_i^{*}+RT\ln\frac{a_i^{R}}{a_i^{H}} \tag{2-109}$$

由式(2-82)知

$$\frac{a_i^{R}}{a_i^{H}}=\gamma_i^{\ominus}$$

所以将式(2-109)代入式(2-105)，得

$$\Delta G_i^{\ominus}=\mu_{i(H)}^{\ominus}-\mu_i^{*}=(\mu_i^{*}+RT\ln\gamma_i^{\ominus})-\mu_i^{*}=RT\ln\gamma_i^{\ominus} \tag{2-110}$$

即对于溶解反应式(2-101)，若溶解状态的 i 组元选择假想纯物质为标准

态时的标准溶解 Gibbs 自由能变化为

$$i^{*} = [i] \qquad \Delta G_i^{\ominus} = RT\ln\gamma_i^{\ominus} \tag{2-111}$$

（3）对于溶解态的[i]组元，若选择以 i 的假想质量分数 1% 为标准态，则 i 物质溶解反应的标准 Gibbs 自由能变化为

$$\Delta G_i^{\ominus} = \mu_{i(\%)}^{\ominus} - \mu_i^{*} \tag{2-112}$$

同理，当溶液中 i 组元以假想质量分数 1% 为标准态时的化学势为

$$\mu_{[i]} = \mu_{i(\%)}^{\ominus} + RT\ln a_i^{\%} \tag{2-113}$$

关于 $\mu_{i(\%)}^{\ominus}$ 的确定，与确定 $\mu_{i(\mathrm{H})}^{\ominus}$ 类似，因为对于 i 组元选择以纯物质为标准态时的化学势为

$$\mu_{[i]} = \mu_i^{*} + RT\ln a_i^{\mathrm{R}} \tag{2-114}$$

利用式（2-113）与式（2-114）相等的关系，得

$$\mu_{i(\%)}^{\ominus} = \mu_i^{*} + RT\ln \frac{a_i^{\mathrm{R}}}{a_i^{\%}} \tag{2-115}$$

再应用式（2-93），得

$$\Delta G_i^{\ominus} = \mu_{i(\%)}^{\ominus} - \mu_i^{*} = \left(\mu_i^{*} + RT\ln \frac{M_1}{100M_i}\gamma_i^{\ominus}\right) - \mu_i^{*}$$

$$= RT\ln \frac{M_1}{100M_i}\gamma_i^{\ominus} \tag{2-116}$$

即对于溶解反应式（2-101），溶解状态的 i 组元选择假想质量分数 1% 为标准态时的标准溶解 Gibbs 自由能变化为

$$i^{*} = [i] \qquad \Delta G_i^{\ominus} = RT\ln \frac{M_1}{100M_i}\gamma_i^{\ominus} \tag{2-117}$$

可见，同一指定过程的标准 Gibbs 自由能变化随溶液中 i 组元标准态选择的不同而异，因此在使用文献所提供的标准 Gibbs 自由能时，务必了解反应物或生成物的标准态选择，如果所引用文献的标准态选择与所要求的标准态不一致，须进行活度换算后方可使用。

对于铁液，因为溶剂是 Fe，即 $M_1 = 55.85\ \mathrm{g \cdot mol^{-1}}$，所以铁液中的 i 组元若选取假想质量分数 1% 标准态，则标准溶解 Gibbs 自由能变化为

$$\Delta G_i^{\ominus} = RT\ln \frac{0.5585}{M_i}\gamma_i^{\ominus} \tag{2-118}$$

因此，若已知 $\gamma_i^{\ominus}$，即可确定以假想质量分数 1% 为标准态的 i 组元标准溶解 Gibbs 自由能变化 $\Delta G_i^{\ominus}$，反之若已知以假想质量分数 1% 为标准态的 $\Delta G_i^{\ominus}$，则可求得 $\gamma_i^{\ominus}$。

2.3.6 活度标准态和活度换算知识的扩展

1. 以纯 A 固体为标准态条件下过冷纯 A 液体的活度 $a_{\mathrm{A(l)}}^{\mathrm{s}}$ 计算

对于熔化过程

$$\mathrm{A(s)} = \mathrm{A(l)} \tag{2-119}$$

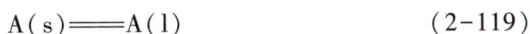

式(2-119)熔化过程的 Gibbs 自由能变化为

$$\Delta G_{(熔化)}=G_{A(l)}-G_{A(s)} \tag{2-120}$$

若选取纯 A 固体为标准态,则 $G_{A(s)}$ 和 $G_{A(l)}$ 分别为:

$$G_{A(s)}=\mu_{A(s)}=\mu^{*}_{A(s)}+RT\ln a^{s}_{A(s)} \tag{2-121}$$

式中,$a^{s}_{A(s)}$ 是以纯 A 固体为标准态(用上角标 s 表示)纯固体 A 物质的活度,因为本身是纯物质,所以 $a^{s}_{A(s)}=1$。而

$$G_{A(l)}=\mu_{A(l)}=\mu^{*}_{A(s)}+RT\ln a^{s}_{A(l)} \tag{2-122}$$

式中,$a^{s}_{A(l)}$ 为以纯 A 固体为标准态过冷纯 A 液体的活度。

将式(2-121)、式(2-122)代入式(2-120),得

$$\Delta G_{(熔化)}=G_{A(l)}-G_{A(s)}=RT\ln a^{s}_{A(l)} \tag{2-123}$$

又因为

$$\Delta G_{(熔化)}=\Delta H_{(熔化)}-T\Delta S_{(熔化)} \tag{2-124}$$

所以

$$RT\ln a^{s}_{A(l)}=\Delta H_{(熔化)}\left(1-\frac{T}{T_m}\right) \tag{2-125}$$

式中,T_m 为 A 物质的熔点,K。

由于是过冷液体,即 $T<T_m$,所以 $RT\ln a^{s}_{A(l)}>0$,即 $a^{s}_{A(l)}>1$,可见在以纯 A 固体为标准态的条件下,过冷纯 A 液体的活度要大于纯 A 固体的活度(活度为 1),表明过冷液体不稳定,将自发地发生凝固现象。

另外,若已知 $\Delta H_{(熔化)}$ 和 T_m,可以通过式(2-125)计算任意 T 温度下以纯 A 固体为标态时的过冷纯 A 液体的活度 $a^{s}_{A(l)}$。

关于以纯 A 固体为标准态时的过冷纯 A 液体的活度 $a^{s}_{A(l)}$ 的应用,如图 2-4 所示,可以从图 2-4(a)的 A-B 二元相图估算 $T=T_0$ 温度条件下溶液中 A 组元活度随浓度的变化规律。设 T_0 温度 x_Q 点对应的 a_A 为已知(设 $a_A=0.2$),则 a_A 的活度变化示于图 2-4(b),其中 RQ 区段间的曲线就是依据纯 A 固态为标准态时的过冷纯 A 液体活度 $a^{s}_{A(l)}$、R 点的 $a_A=1.0$ 和已知 Q 点的 $a_A=0.2$ 三点作光滑曲线得到的(其原理可参照 4.4 节)。

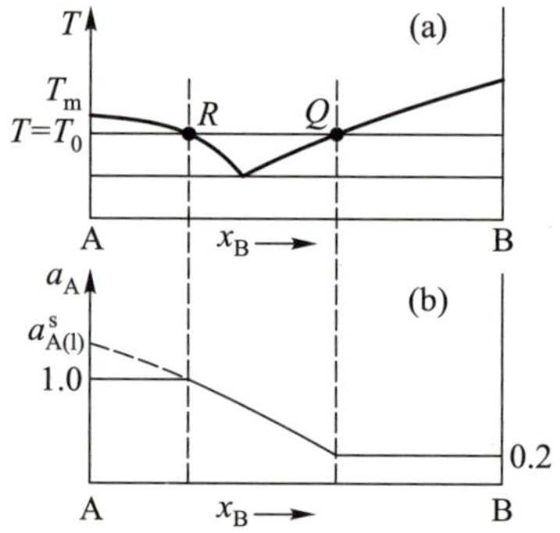

图 2-4 纯 A 固体标准态下的过冷液体中 A 组元活度的估算

2. 以纯 i 固态为标准态的活度与以过冷纯 i 液体为标准态的活度之间换算

对于指定温度及组成溶液的 i 组元，设以纯 i 固体为标准态时的活度为 a_i^s，那么若改为以 T 温度（$T<T_m$）过冷液体为标准态时的活度 a_i^l 应为多少呢？其换算关系推导如下。

因为指定溶液中 i 组元的化学势为定值，因此无论以纯 i 固态为标准态还是以过冷纯 i 液体为标准态，其化学势必然相等，即

$$\mu_i=\mu_{i(s)}^*+RT\ln a_i^s=\mu_{i(l)}^*+RT\ln a_i^l \tag{2-126}$$

整理，得

$$\mu_{i(l)}^*-\mu_{i(s)}^*=G_{i(l)}^*-G_{i(s)}^*=RT\ln\frac{a_i^s}{a_i^l} \tag{2-127}$$

所以

$$\begin{aligned}RT\ln\frac{a_i^s}{a_i^l}&=G_{i(l)}^*-G_{i(s)}^*=\Delta G_{i(\text{熔化})}\\&=\Delta H_{i(\text{熔化})}\left(1-\frac{T}{T_m}\right)\end{aligned} \tag{2-128}$$

由于过冷（$T<T_m$），所以 $a_i^s>a_i^l$，即以纯 i 固体为标准态时活度 a_i^s 大于以过冷纯 i 液体为标准态时活度 a_i^l，这是因为用过冷液体作标准态尺度要大于纯固态作标准态的尺度，而用大尺度的标准度量某客观固定的量，数值必然要小些（见图 2-5）。具体 a_i^l 与 a_i^s 的换算关系为

$$a_i^s=a_i^l\exp\left[\frac{\Delta H_{i(\text{熔化})}}{RT}\left(1-\frac{T}{T_m}\right)\right] \tag{2-129}$$

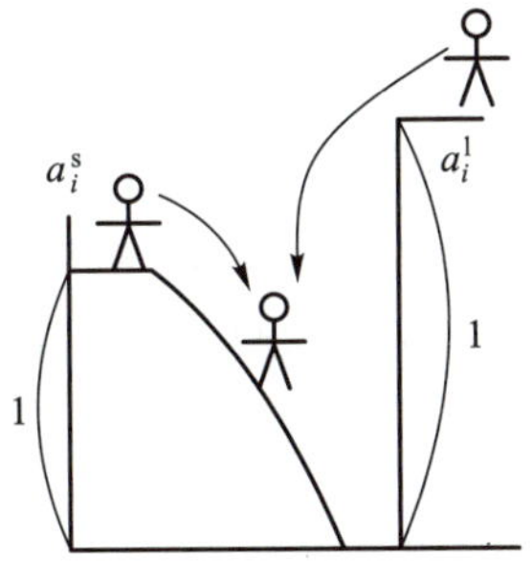

图 2-5　以纯 i 固体为标准态和以过冷纯 i 液体为标准态的比较示意图

3. $\gamma_{i(l)}^{\ominus}$ 与 $\gamma_{i(s)}^{\ominus}$ 的关系

关于 i 物质以液态形式溶解时的 $\gamma_{i(l)}^{\ominus}$ 和以固态形式溶解时的 $\gamma_{i(s)}^{\ominus}$ 之间的关系，对于液态 i 物质和固体 i 物质的溶解反应，前已述及，对溶液中的 i 组元当选取假想质量分数 1% 为标准态时的标准溶解 Gibbs 自由能变化为

$$i^*(l)=\!=\!=[i]_{\%}\qquad \Delta G_{i(l)}^{\ominus}=RT\ln\frac{M_1}{100M_i}\gamma_{i(l)}^{\ominus} \tag{2-130}$$

$$i^*(\mathrm{s})=\!=\!=[i]_{\%} \qquad \Delta G^{\ominus}_{i(\mathrm{s})}=RT\ln\frac{M_1}{100M_i}\gamma^{\ominus}_{i(\mathrm{s})} \tag{2-131}$$

式(2-131)减去式(2-130),得 i 物质的熔化反应:

$$i^*(\mathrm{s})=\!=\!=i^*(\mathrm{l}) \tag{2-132}$$

所以 T 温度下的熔化过程

$$\Delta G^{\ominus}_{i(熔化)}=RT\ln\frac{\gamma^{\ominus}_{i(\mathrm{s})}}{\gamma^{\ominus}_{i(\mathrm{l})}}=\Delta H^{\ominus}_{i(熔化)}\left(1-\frac{T}{T_{\mathrm{m}}}\right) \tag{2-133}$$

可见,若已知 i 物质的 $\Delta G^{\ominus}_{i(熔化)}$ 或 $\Delta H^{\ominus}_{i(熔化)}$,则 $\gamma^{\ominus}_{i(\mathrm{l})}$ 与 $\gamma^{\ominus}_{i(\mathrm{s})}$ 可以互求。

2.4 活度系数与活度相互作用系数

实际生产中发现,对于 Fe-C-S 三元系,铁液中碳含量[%C]越高,平衡硫含量[%S]就越低,因此与炼钢过程相比高炉炼铁过程更容易实现脱硫。

[%C]有利于脱硫的表现有二:① 若铁液中含硫量不变,含碳量[%C]高则硫的活度系数增加,即提高了铁液中硫[S]的活度,增加硫在铁液中的逸出能力,有利于脱硫;② 反应达到平衡时,因铁液中硫的活度为定值,根据活度计算式(2-65)~式(2-67)可知,[%C]使硫的活度系数升高,必然使[S]浓度下降,外观表现就是脱硫效果变得更佳。因此铁液中[C]可提高[S]的活度系数,有利于脱[S]。

以下介绍活度系数与活度相互作用系数,分析考察溶液中 j 组元对 i 组元活度系数影响的定量关系。

2.4.1 活度系数

前已述及,对于真实溶液,由于多数物质的蒸气压测定较为困难,所以 i 组元的活度值大多不是采用定义式(2-63)计算得到的,与测定物质的蒸气压相比,i 组元浓度更容易获得,所以活度值一般是通过 i 组元浓度计算求得的。由于活度值与浓度不等,因此需引入活度系数进行修正。

活度系数是温度及溶液组成的函数,随温度及浓度发生变化。另外,活度系数的符号与活度标准态的选择有关,

① 若选取纯物质为标准态,活度系数记为 γ_i,活度计算表达式为

$$a_i^{\mathrm{R}}=\gamma_i x_i \tag{2-134}$$

② 若选取假想纯物质为标准态,活度系数记为 f_i,活度计算表达式为

$$a_i^{\mathrm{H}}=f_i x_i \tag{2-135}$$

③ 若选取假想质量分数 1%为标准态,活度系数记为 f_i,活度计算表达式为

$$a_i^{\%}=f_i[\%i] \tag{2-136}$$

2.4.2 活度相互作用系数

2.4.2.1 活度相互作用系数的定义及计算

以炉渣脱硫反应为例，定义活度相互作用系数。对于脱硫反应：

$$[S]=\!=\!=(S) \tag{2-137}$$

式中，方括号和圆括号分别代表 S 元素处于金属液和熔渣中。

恒温条件下反应式(2-137)的平衡常数 K 为常数，即

$$K=\frac{a_{(S)}}{a_{[S]}}=\frac{a_{(S)}}{f_S[\%S]}=常数 \tag{2-138}$$

从式(2-138)可知，若渣中 $a_{(S)}$ 不变，$f_S[\%S]$ 也必然为定数，由于[%C]可使 f_S 升高，则必然使[%S]降低，起到了提高脱硫效果的作用。为了定量评价溶液中各组元之间的相互作用，引入活度相互作用系数。以下通过实验方法定量考察铁液中包括硫在内的其他元素对 f_S 变化的影响。

1. Fe-S 二元系

首先假设铁液是只含有硫的 Fe-S 二元系，为了考察[S]元素自身作用，设计实验（见图 2-6）：

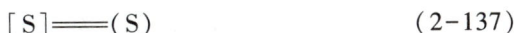

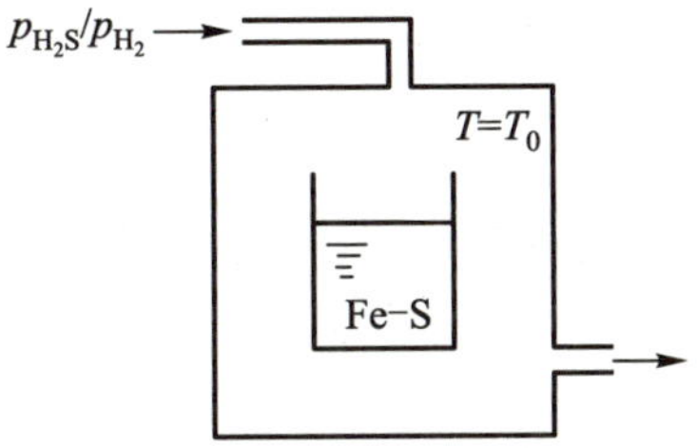

图 2-6 测定 Fe-S 二元溶液中 S 组元自身作用影响的实验示意图

脱硫反应为

$$[\%S]+H_2(g)=\!=\!=H_2S(g) \qquad \Delta G^\ominus=\left(43\ 460+27.17\frac{T}{K}\right)\ J\cdot mol^{-1} \tag{2-139}$$

式中，$\Delta G^\ominus$是选定[%S]以假想质量分数 1% 为标准态条件下的标准 Gibbs 自由能变化。

因为 $\Delta G^\ominus$已知，则恒温条件下平衡常数 K 可求：

$$K=\frac{\dfrac{p_{H_2S}}{p^\ominus}}{\dfrac{p_{H_2}}{p^\ominus}\cdot a_{[S]}}=\frac{p_{H_2S}}{p_{H_2}}\cdot\frac{1}{f_S[\%S]} \tag{2-140}$$

令 $K'=\dfrac{p_{H_2S}}{p_{H_2}}\cdot\dfrac{1}{[\%S]}$，

$$f_S=\frac{K'}{K} \tag{2-141}$$

式中，K 由热力学数据计算确定，K'由实验给定的 p_{H_2S}/p_{H_2} 气氛条件及由化验分析获得的[%S]计算确定，因此各实验条件下的 f_S 是可求的。

若平衡常数 K 未知，也可通过如下方法确定：设计实验并将 $T=T_0$ 温度条件下获得的实验数据整理列于表 2-1 中。

表 2-1　$T=T_0$ 温度条件下实验数据

序号	操作内容	考察指标	实验编号		
			1	2	3
1	实验条件给定	$\frac{p_{H_2S}}{p_{H_2}}$	$\left(\frac{p_{H_2S}}{p_{H_2}}\right)_1$	$\left(\frac{p_{H_2S}}{p_{H_2}}\right)_2$	$\left(\frac{p_{H_2S}}{p_{H_2}}\right)_3$
2	化验分析确定	[%S]	$[\%S]_1$	$[\%S]_2$	$[\%S]_3$
3	计算	$K'=\frac{p_{H_2S}}{p_{H_2}}\cdot\frac{1}{[\%S]}$	K'_1	K'_2	K'_3
4	计算	$\lg K'$	$\lg K'_1$	$\lg K'_2$	$\lg K'_3$
5	计算并作图	求 K，作图 $\lg K'-[\%S]$	$\lg K=\lim\limits_{[\%S]\to 0}\lg K'$（见图 2-7）		
6	计算	$f_S=\frac{K'}{K}$	$(f_S)_1$	$(f_S)_2$	$(f_S)_3$
7	计算	$\lg f_S$	$\lg(f_S)_1$	$\lg(f_S)_2$	$\lg(f_S)_3$

因为 $\lg K=\lim\limits_{[\%S]\to 0}\lg K'$，所以从图 2-7 中直线的截距可获得 $\lg K$。

进而再作 $\lg f_S-[\%S]$ 关系图（见图 2-8）。

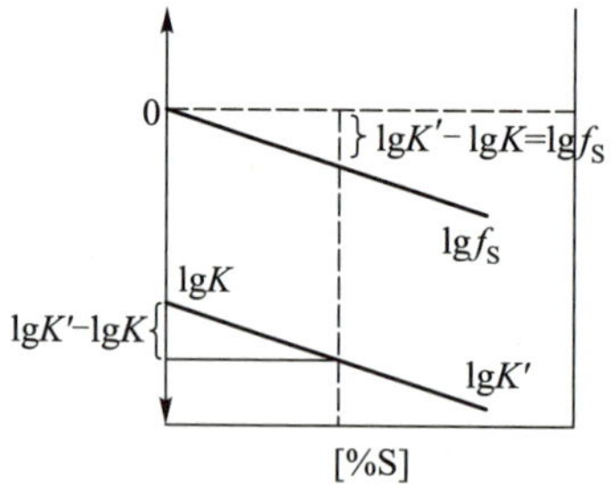

图 2-7　$\lg K'-[\%S]$ 对应关系

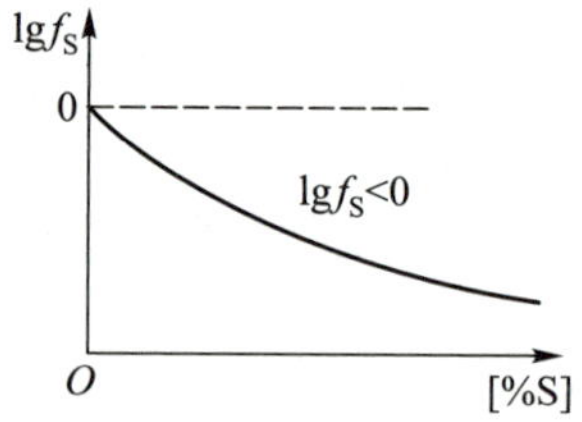

图 2-8　$\lg f_S-[\%S]$ 关系图

从图 2-8 可见，当[%S]较小时，$\lg f_S$ 与[%S]成正比，即 $\lg f_S\propto[\%S]$，令比例系数为 e_S^S，所以有

$$\lg f_S=e_S^S[\%S] \tag{2-142}$$

式中，e_S^S 称为自身相互作用系数（一般称为活度相互作用系数），经实验确定：1 600 ℃时的 $e_S^S=-0.028\ 2$。由于 e_S^S 小于零，即随[%S]上升，导致 f_S 变小，这种现象称为自身惰化作用。一般说来，多数元素均为自身活化，而类似 S 的自身惰化元素较少。

关于自身相互作用系数 e_S^S 的数学定义，根据图 2-8 给出的 f_S 和[%S]的关系，定义

$$e_S^S=\lim_{[\%S]\to 0}\frac{d\lg f_S}{d[\%S]} \tag{2-143}$$

或

$$e_S^S=\left(\frac{d\lg f_S}{d[\%S]}\right)_{[\%S]\to 0} \tag{2-144}$$

注意：

① 当[%S]→0，因为 $\lim\limits_{[\%S]\to 0}\lg f_S=\lim\limits_{[\%S]\to 0}e_S^S[\%S]=0$，即 $f_S=1$，表明此时的溶液为稀溶液，服从亨利定律。

② 当[%S]较大时，溶液不再服从亨利定律（见图 2-9），此时 $\lg f_S\neq 0$，即 $f_S\neq 1$。

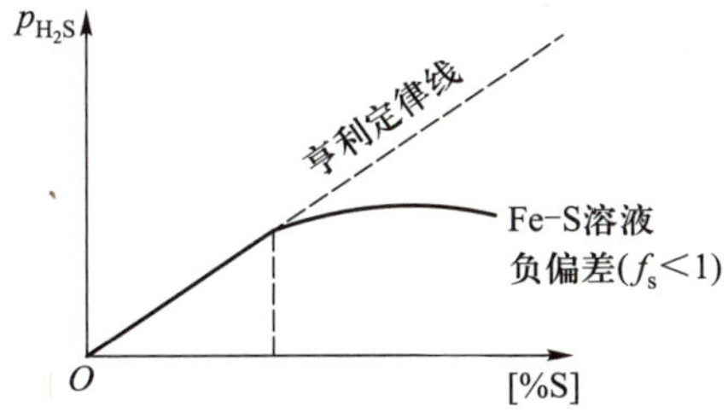

图 2-9　硫的蒸气压与溶液中硫含量[%S]之间的关系

2. Fe-S-j 三元系

设铁液由 Fe、S、j 三组元构成，考察第三组元 j 对[S]活度系数的影响，设计实验（见图 2-10）：

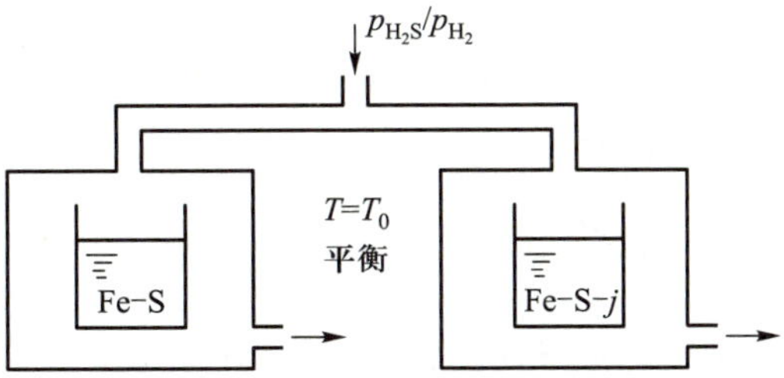

图 2-10　测定第三组元 j 对铁液中硫元素活度系数影响的实验示意图

为确保两个坩埚的实验温度和气氛条件相同，将 Fe-S 二元系的坩埚与 Fe-S-j 三元系坩埚放置在同一高温炉内。

恒温条件下，当反应达到平衡时，两个坩埚内的铁液及气相中硫的化学势必然相等，即

$$\mu_{S(Fe-S)}=\mu_{S(Fe-S-j)}=\mu_{S(g)} \tag{2-145}$$

对于铁液中的[S]均选取假想质量分数1%为标准态,则 Fe-S 二元系和Fe-S-j 三元系中硫的化学势分别为

$$\mu_{S(Fe-S)}=\mu_{S(\%)}^{\ominus}+RT\ln a_{[S](Fe-S)}^{\%} \tag{2-146}$$

$$\mu_{S(Fe-S-j)}=\mu_{S(\%)}^{\ominus}+RT\ln a_{[S](Fe-S-j)}^{\%} \tag{2-147}$$

又因为标准态化学势 $\mu_{S(\%)}^{\ominus}$ 与组成无关,所以有

$$a_{[S](Fe-S)}^{\%}=a_{[S](Fe-S-j)}^{\%} \tag{2-148}$$

即

$$f_{S(Fe-S)}[\%S]_{(Fe-S)}=f_{S(Fe-S-j)}[\%S]_{(Fe-S-j)} \tag{2-149}$$

式中,$f_{S(Fe-S)}$ 与 $f_{S(Fe-S-j)}$ 分别是二元系溶液与三元系溶液中硫的活度系数。

所以得

$$f_{S(Fe-S-j)}=f_{S(Fe-S)}\frac{[\%S]_{(Fe-S)}}{[\%S]_{(Fe-S-j)}} \tag{2-150}$$

令

$$f_{S(Fe-S)}=f_S^S$$

$$\frac{[\%S]_{(Fe-S)}}{[\%S]_{(Fe-S-j)}}=f_S^j \tag{2-151}$$

f_S^S 代表溶液中硫自身对活度系数的影响,f_S^j 为第三组元 j 对[S]活度系数的影响。所以得到 Fe-S-j 三元系溶液中硫的活度系数 $f_{S(Fe-S-j)}$(以下简记为 f_S):

$$f_S=f_S^S\cdot f_S^j \tag{2-152}$$

或

$$\lg f_S=\lg f_S^S+\lg f_S^j \tag{2-153}$$

所以

$$\left(\frac{\partial \lg f_S^j}{\partial[\%j]}\right)_{[\%j]\to 0}=\left(\frac{\partial \lg f_S}{\partial[\%j]}\right)_{[\%j]\to 0}-\left(\frac{\partial \lg f_S^S}{\partial[\%j]}\right)_{[\%j]\to 0} \tag{2-154}$$

因为[%S]为定值时,$\left(\frac{\partial \lg f_S^S}{\partial[\%j]}\right)_{\substack{[\%j]\to 0\\ [\%S]=定值}}=0$,所以

$$\left(\frac{\partial \lg f_S^j}{\partial[\%j]}\right)_{[\%j]\to 0}=\left(\frac{\partial \lg f_S}{\partial[\%j]}\right)_{[\%j]\to 0} \tag{2-155}$$

类似二元系,定义**活度相互作用系数**:

$$e_S^j=\left(\frac{\partial \lg f_S^j}{\partial[\%j]}\right)_{[\%j]\to 0}=\left(\frac{\partial \lg f_S}{\partial[\%j]}\right)_{[\%j]\to 0} \tag{2-156}$$

式中,e_S^j 称为第三组元 j 对[S]的活度相互作用系数。

所以式(2-153)可改写为

$$\lg f_S=e_S^S[\%S]+e_S^j[\%j] \tag{2-157}$$

2.4.2.2 活度相互作用系数的数学描述

活度相互作用系数也可以用数学级数展开进行描述。因为 $\lg f_i$ 与各组元具有如下函数关系:

$$\lg f_i=f([\%i],[\%j],\cdots) \tag{2-158}$$

应用级数展开

$$\lg f_i = \lg f_i^{\ominus} + \frac{\partial \lg f_i}{\partial[\%i]}[\%i] + \frac{\partial \lg f_i}{\partial[\%j]}[\%j] + \cdots + \frac{\partial^2 \lg f_i}{\partial[\%i]^2}[\%i]^2 + \frac{\partial^2 \lg f_i}{\partial[\%j]^2}[\%j]^2 + \frac{\partial^2 \lg f_i}{\partial[\%i]\partial[\%j]}[\%i][\%j] + \cdots \tag{2-159}$$

式中,$f_i^{\ominus}$ 是在$[\%i]\to 0$,$[\%j]\to 0$ 条件下 i 组元的活度系数,因为 i,j 均趋近零,溶液为稀溶液,所以 $f_i^{\ominus}=1$,$\lg f_i^{\ominus}=0$。对于式(2-159),令

① $$e_i^i = \left(\frac{\partial \lg f_i}{\partial[\%i]}\right)_{[\%i]\to 0} \tag{2-160}$$

即为一阶自身活度相互作用系数;

② $$e_i^j = \left(\frac{\partial \lg f_i}{\partial[\%j]}\right)_{[\%j]\to 0} \tag{2-161}$$

即为 j 组元对 i 组元的一阶活度相互作用系数;

③ $$\gamma_i^i = \left(\frac{\partial^2 \lg f_i}{\partial[\%i]^2}\right)_{[\%i]\to 0} \tag{2-162}$$

即为二阶自身活度相互作用系数;

④ $$\gamma_i^j = \left(\frac{\partial^2 \lg f_i}{\partial[\%j]^2}\right)_{[\%j]\to 0} \tag{2-163}$$

即为 j 组元对 i 组元的二阶活度相互作用系数;

⑤ $$\gamma_i^{i,j} = \left(\frac{\partial^2 \lg f_i}{\partial[\%i]\partial[\%j]}\right)_{\substack{[\%i]\to 0\\ [\%j]\to 0}} \tag{2-164}$$

即为二阶混合活度相互作用系数。

注意:以 Fe-S 二元系和 Fe-S-j 三元系为例:

① 若 $T=T_0$ 且$\frac{p_{H_2S}}{p_{H_2}}$恒定,反应达到平衡时,虽然 $a_{[S](Fe-S)}=a_{[S](Fe-S-j)}$,但$[\%S]_{(Fe-S)}\neq[\%S]_{(Fe-S-j)}$,原因在于$f_{S(Fe-S)}\neq f_{S(Fe-S-j)}$。

② 与二元系比较,第三组元 j 的加入将加剧或缓和各组元对亨利定律的偏差程度(见图 2-11)。

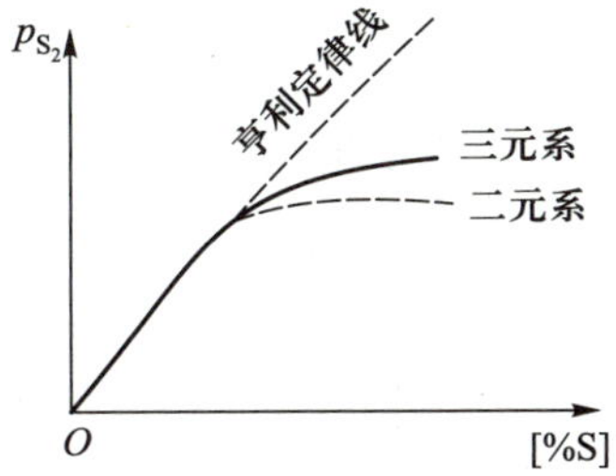

图 2-11　第三组元的加入对溶液[S]偏离亨利定律的影响

③ j 不同对 f_S 的影响程度亦不同，定量关系见图 2-12。

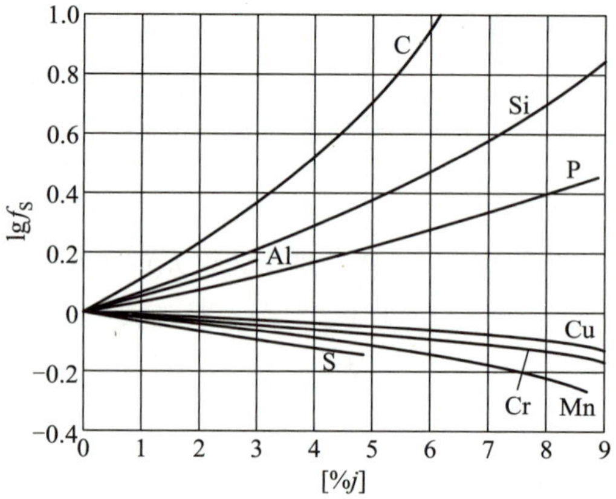

图 2-12　添加元素的浓度对[S]的活度系数的影响(1 600 ℃)

④ 在使用活度相互作用系数时，i 组元的浓度单位必须为质量分数，%。

同理类推，对于多组元溶液，如 Fe-2-3-4-5-…-n 体系，则对于第二组元的活度系数：

$$f_2 = f_2^2 \cdot f_2^3 \cdot f_2^4 \cdot \cdots \cdot f_2^n \tag{2-165}$$

即

$$\lg f_2 = \lg f_2^2 + \lg f_2^3 + \lg f_2^4 + \cdots + \lg f_2^n = \sum_{j=2}^{n} \lg f_2^j \tag{2-166}$$

因为

$$\lg f_2^j = e_2^j [\%j]$$

所以

$$\lg f_2 = \sum_{j=2}^{n} e_2^j [\%j] \tag{2-167}$$

关于 e_i^j 数据，可查阅附表四。

2.4.2.3　活度相互作用母系数

对于以拉乌尔定律为基础，以纯物质为标准态的 i 组元，其活度系数为 γ_i。第三组元 j 对以纯物质为标准态的 i 组元活度系数的影响称为活度相互作用母系数，记为 ε_i^j。

定义：

① j 组元对 i 组元的一阶活度相互作用母系数：

$$\varepsilon_i^j = \lim_{x_j \to 0} \left(\frac{\partial \ln \gamma_i}{\partial x_j} \right) \tag{2-168}$$

② j 组元对 i 组元的二阶活度相互作用母系数：

$$\rho_i^j = \lim_{x_j \to 0} \left(\frac{\partial^2 \ln \gamma_i}{\partial x_j^2} \right) \tag{2-169}$$

③ 二阶混合活度相互作用母系数：

$$\rho_i^{j,k}=\lim_{\substack{x_j\to 0\\ x_k\to 0}}\left(\frac{\partial^2\ln\gamma_i}{\partial x_j\partial x_k}\right) \tag{2-170}$$

2.4.2.4 活度相互作用系数与活度相互作用母系数之间的换算

1. 倒易关系

ε_i^j 与 ε_j^i 两个母系数之间存在倒易关系，即

$$\varepsilon_i^j=\varepsilon_j^i \tag{2-171}$$

倒易关系的证明如下：

恒温、定组成条件下溶液中以纯物质为标准态时的 i 组元的化学势：

$$\mu_i=\mu_i^*+RT\ln\gamma_i+RT\ln x_i$$

对 j 组元取偏导：

$$\frac{\partial\mu_i}{\partial n_j}=0+RT\frac{\partial\ln\gamma_i}{\partial n_j}+0=RT\cdot\frac{1}{\sum\limits_{k=1}^{n}n_k}\cdot\frac{\partial\ln\gamma_i}{\partial x_j}=\frac{RT}{\sum n_k}\varepsilon_i^j \tag{i}$$

由化学势定义式：$\mu_i=\dfrac{\partial G}{\partial n_i}$

代入式(i)，

$$\frac{\partial\mu_i}{\partial n_j}=\frac{\partial^2 G}{\partial n_i\partial n_j}=\frac{RT}{\sum n_k}\varepsilon_i^j \tag{ii}$$

同理

$$\frac{\partial\mu_j}{\partial n_i}=\frac{\partial^2 G}{\partial n_j\partial n_i}=\frac{RT}{\sum n_k}\varepsilon_j^i \tag{iii}$$

根据数学原理，存在二阶导数的混合偏导必然相等，所以有(ii)=(iii)，即

$$\varepsilon_i^j=\varepsilon_j^i$$

2. ε_i^j 与 e_i^j 关系

活度相互作用母系数 ε_i^j 与活度相互作用系数 e_i^j 之间的换算关系：

$$\varepsilon_i^j=230.3\frac{M_j}{M_1}e_i^j \tag{2-172}$$

式中，M_1、M_j分别为溶剂和 j 组元的摩尔质量，$g\cdot mol^{-1}$。

关于式(2-172)的推导如下：

对于 i 组元，因为分别以纯物质和假想质量分数 1% 为标准态时的化学势相等，即

$$\mu_i=\mu_i^*+RT\ln\gamma_i+RT\ln x_i=\mu_{i(\%)}^*+RT\ln f_i+RT\ln[\%i] \tag{2-173}$$

在恒温条件下，对式(2-173)进行全微分，得

$$0+RT\mathrm{d}\ln\gamma_i+RT\mathrm{d}\ln x_i=0+RT\mathrm{d}\ln f_i+RT\mathrm{d}\ln[\%i]$$

整理得

$$\mathrm{d}\ln\gamma_i=\mathrm{d}\ln f_i+\mathrm{d}\ln\frac{[\%i]}{x_i} \tag{2-174}$$

当溶剂 $x_1\to1$ 时，对 x_j 微分：

$$\left(\frac{\partial\ln\gamma_i}{\partial x_j}\right)_{\substack{x_1\to1\\x_j\to0}}=2.303\left(\frac{\partial\lg f_i}{\partial x_j}\right)_{\substack{x_1\to1\\x_j\to0}}+\left(\frac{\partial\ln\dfrac{[\%i]}{x_i}}{\partial x_j}\right)_{\substack{x_1\to1\\x_j\to0}}$$

所以

$$\varepsilon_i^j=2.303\frac{\partial\lg f_i}{\partial[\%j]}\cdot\frac{\partial[\%j]}{\partial x_j}+\frac{x_i}{[\%i]}\cdot\frac{\partial\left(\dfrac{[\%i]}{x_i}\right)}{\partial x_j} \tag{2-175}$$

因为当 $x_1\to1$ 时，有 $x_i\to0$，$x_j\to0$，所以近似得

$$[\%j]=\frac{x_j\cdot M_j}{x_iM_i+x_jM_j+(1-x_i-x_j)\cdot M_1}\times100\approx\frac{100M_j}{M_1}x_j \tag{2-176}$$

式中，M_i、M_j和 M_1分别是 i 组元、j 组元和溶剂物质的摩尔质量，$\mathrm{g\cdot mol^{-1}}$。所以

$$\frac{\partial[\%j]}{\partial x_j}=\frac{100M_j}{M_1} \tag{2-177}$$

因此式(2-175)可写为

$$\varepsilon_i^j=2.303e_i^j\frac{100M_j}{M_1}+\frac{x_i}{[\%i]}\cdot\frac{\partial\left(\dfrac{[\%i]}{x_i}\right)}{\partial x_j} \tag{2-178}$$

以下推导式(2-178)右边第二项，因为

$$x_i=\frac{\dfrac{[\%i]}{M_i}}{\dfrac{[\%i]}{M_i}+\dfrac{[\%j]}{M_j}+\dfrac{100-[\%i]-[\%j]}{M_1}}=\frac{[\%i]}{M_i}\cdot\frac{1}{Q} \tag{2-179}$$

式中，$Q=\dfrac{[\%i]}{M_i}+\dfrac{[\%j]}{M_j}+\dfrac{100-[\%i]-[\%j]}{M_1}$，即

$$\frac{[\%i]}{x_i}=Q\cdot M_i \tag{2-180}$$

将式(2-180)代入式(2-178)右边第二项，得

$$\begin{aligned}\frac{x_i}{[\%i]}\cdot\frac{\partial\left(\dfrac{[\%i]}{x_i}\right)}{\partial x_j}&=\frac{1}{QM_i}\cdot\frac{\partial(QM_i)}{\partial x_j}=\frac{1}{Q}\frac{\partial Q}{\partial x_j}\\&=\frac{1}{Q}\frac{\partial}{\partial x_j}\left(\frac{[\%i]}{M_i}+\frac{[\%j]}{M_j}+\frac{100-[\%i]-[\%j]}{M_1}\right)\\&=\frac{1}{Q}\left(\frac{1}{M_i}\frac{\partial[\%i]}{\partial x_j}+\frac{1}{M_j}\frac{\partial[\%j]}{\partial x_j}-\frac{1}{M_1}\frac{\partial[\%i]}{\partial x_j}-\frac{1}{M_1}\frac{\partial[\%j]}{\partial x_j}\right)\end{aligned} \tag{2-181}$$

因为是对 x_j 的偏微分，所以此时 x_i 为定值，故偏微分 $\frac{\partial[\%i]}{\partial x_j}=0$，应用式(2-177)，并注意到当 $x_1\to1$ 时，$x_i\to0$，$x_j\to0$，$Q\to\frac{100}{M_1}$，所以式(2-181)可写为

$$\frac{x_i}{[\%i]}\cdot\frac{\partial\left(\frac{[\%i]}{x_i}\right)}{\partial x_j}=\frac{M_1}{100}\cdot\left(\frac{1}{M_j}-\frac{1}{M_1}\right)\cdot\frac{100M_j}{M_1}=\frac{M_1-M_j}{M_1} \tag{2-182}$$

代入式(2-178)，整理得

$$\varepsilon_i^j=230.3e_i^j\cdot\frac{M_j}{M_1}+\frac{M_1-M_j}{M_1} \tag{2-183}$$

若 $M_1\approx M_j$ 或 $(M_1-M_j)\ll M_1$，则

$$\varepsilon_i^j=230.3\frac{M_j}{M_1}e_i^j \tag{2-184}$$

3. e_i^j 与 e_j^i 关系

依据式(2-184)，有

$$\varepsilon_i^j=230.3\frac{M_j}{M_1}e_i^j$$

$$\varepsilon_j^i=230.3\frac{M_i}{M_1}e_j^i$$

又因为相互作用母系数的倒易关系：

$$\varepsilon_i^j=\varepsilon_j^i$$

所以得

$$e_i^j=\frac{M_i}{M_j}e_j^i \tag{2-185}$$

2.4.2.5 活度相互作用系数与温度之间的关系

恒压条件下的 Gibbs-Helmholtz 方程：

$$\left(\frac{\partial\left(\frac{\Delta G}{T}\right)}{\partial T}\right)_p=\frac{\left(\frac{\partial\Delta G}{\partial T}\right)_p\cdot T-\Delta G\frac{\partial T}{\partial T}}{T^2}$$

$$=\frac{(-\Delta S)\cdot T-\Delta G}{T^2}=-\frac{(\Delta G+T\Delta S)}{T^2}=-\frac{\Delta H}{T^2} \tag{2-186}$$

◎ 豆知识 9. Gibbs-Helmholtz 方程(吉布斯-亥姆霍兹方程)

吉布斯-亥姆霍兹方程是热力学中计算自由能随温度变化的重要方程式，即由此式可计算平衡常数随温度的变化。

吉布斯提出的把焓和熵归并在一起的状态函数被称为吉布斯(Gibbs)自由能，用符号 G 表示，其定义式为：$G=U-TS+pV=H-TS(H=U+pV)$。据此定义，等温过程的吉

布斯自由能变化 ΔG:

$$\Delta G = G_2 - G_1 = (H_2 - TS_2) - (H_1 - TS_1)$$

$$\Delta G = \Delta H - T\Delta S$$

该式是由吉布斯(Gibbs)和亥姆霍兹(Helmholtz)各自独立证明的,故此式叫吉布斯-亥姆霍兹(Gibbs-Helmholtz)方程,用于计算并判断等温等压条件下化学反应的自由能变化 ΔG。

◎ 豆知识 10. Gibbs 自由能

吉布斯自由能又叫吉布斯函数,是热力学中一个重要的参量,常用 G 表示:

$$G = U - TS + pV = H - TS$$

式中,U 是体系的内能,T 是温度(绝对温度,K),S 是熵,p 是压力,V 是体积,H 是焓。

► 人物录 15. 吉布斯

吉布斯(Josiah Willard Gibbs),美国物理学家和化学家,近代统计力学"系综理论"的首创者。1839 年 2 月出生于康涅狄格州纽黑文,1854 年进入耶鲁大学学习,1858 年毕业,1863 年获哲学博士学位后留校任教。吉布斯主要从事物理和化学的基础理论研究,在热力学方面做出了划时代的贡献。1873 至 1878 年,他发表了 3 篇论文,对经典热力学规律进行了系统总结,从理论上全面地解决了热力学体系的平衡问题,从而将经典热力学原理推进到成熟阶段,1876 年提出的吉布斯相律是描述物相变化和多相物系平衡条件的重要规律;开创性地提出的吉布斯自由能(即吉布斯函数)及化学势丰富了热力学理论。著有《论多相物质的平衡》(1876—1878)和《统计力学的基本原理》(1902)等书。

► 人物录 16. 亥姆霍兹

亥姆霍兹(Hermann Ludwig Ferdinand von Helmholtz),德国物理学家、数学家、生理学家、心理学家,能量守恒定律的创立者。1821 年 8 月出生于柏林波茨坦。亥姆霍兹在生理学、光学、电动力学、数学、热力学等领域均有重大贡献,创立了能量守恒学说。在热力学研究方面,1882 年发表《化学过程的热力学》论文,把化学反应中的"束缚能"和"自由能"区别开来,指出前者只能转化为热,后者却可以转化为其他形式的能量。他从克劳修斯方程,导出了后来的吉布斯-亥姆霍兹方程。

由于指定组成溶液 i 组元的 Gibbs-Helmholtz 方程为

$$\frac{\partial\left(\dfrac{\Delta G_i}{T}\right)}{\partial T} = -\frac{\Delta H_i}{T^2} \tag{2-187}$$

又因为 i 物质溶解过程的 Gibbs 自由能变化:

$$\Delta G_i = G_i - G_1^* = RT\ln a_i$$

所以

$$\frac{\partial\left(\frac{\Delta G_i}{T}\right)}{\partial T}=R\frac{\partial \ln a_i}{\partial T} \tag{2-188}$$

因为式(2-187)与式(2-188)相等,所以

$$R\partial \ln a_i=-\frac{\Delta H_i}{T^2}\partial T \tag{2-189}$$

因为

$$\partial \ln a_i=\partial \ln \gamma_i+\partial \ln x_i \tag{2-190}$$

又因为只考虑温度变化的影响,故 x_i 恒定,即 $\partial \ln x_i=0$,所以积分式(2-189),得

$$\ln \gamma_i=\frac{\Delta H_i}{RT}+C$$

式中,C 为积分常数。

可见,$\ln\gamma_i$也是温度的函数:

$$\ln \gamma_i=f\left(\frac{1}{T}\right) \tag{2-191}$$

在介绍活度换算时已给出:

$$\gamma_i=f_i\gamma_i^{\ominus}$$

所以 f_i 也是$\frac{1}{T}$的函数,即

$$\lg f_i=f\left(\frac{1}{T}\right) \tag{2-192}$$

又因为

$$\lg f_i=\sum e_i^j[\%j]$$

所以得

$$e_i^j=f\left(\frac{1}{T}\right) \tag{2-193}$$

一般情况下,e_i^j 与 T 的数学关系式为

$$e_i^j=\frac{A}{T}+B \tag{2-194}$$

式中,A、B 为常数,由实验确定,也可通过查阅数据表(附表五)获得。

例 1 1 600 ℃、101 325 Pa 条件下,对 0.17%C,1.5%Cr,1.0%Mn 钢水进行吹 Ar 净化处理。若 Ar 中含 1%N_2,问铁水中最大 N 含量[N]为多少?

解:氮气溶解反应

$$\frac{1}{2}N_2 = [N]_{\%} \qquad K=\frac{f_N[\%N]}{\left(\frac{p_{N_2}}{p^{\ominus}}\right)^{\frac{1}{2}}}$$

当反应达到平衡时,

$$[\%N]=[\%N]_{max}=\frac{K\left(\frac{p_{N_2}}{p^\ominus}\right)^{\frac{1}{2}}}{f_N}$$

(1) 求平衡常数 K 值

查附表六，$\frac{1}{2}N_2$ ══ $[N]_{\%}$　$\Delta G^\ominus=\left(3\ 600+23.89\frac{T}{K}\right)J\cdot mol^{-1}$

1 600 ℃时，应用

$$\Delta G^\ominus=-RT\ln K$$

求出平衡常数 K

$$K|_{T=1\ 873\ K}=0.044$$

(2) 求$\frac{p_{N_2}}{p^\ominus}$

因为 $p_{总}=101\ 325\ Pa=p^\ominus$，所以

$$\frac{p_{N_2}}{p^\ominus}=\frac{p_{总}\times 1\%}{p^\ominus}=0.01$$

(3) 求 f_N

因为

$$\lg f_N=\sum f_N^j[\%j]=e_N^N[\%N]+e_N^C[\%C]+e_N^{Cr}[\%Cr]+e_N^{Mn}[\%Mn]$$

查附表四，$e_N^N=0$，$e_N^C=0.130$，$e_N^{Cr}=-0.040$，$e_N^{Mn}=-0.020$，所以得

$$f_N=0.875$$

故

$$[\%N]_{max}=\frac{0.044\times 0.01^{\frac{1}{2}}}{0.875}=0.005\ 03$$

即

$$[N]_{max}=50.3\times 10^{-6}$$

注意：

① 若 $e_N^N\neq 0$，则需采用数值解法求解 $[N]_{max}$ 方程；

② 若使[N]下降至$\frac{1}{10}$，则 p_{N_2} 需下降至$\frac{1}{100}$。

例 2　以钢液中 Al 氧化为例，说明选取不同活度标准态对计算的影响。已知 1 600 ℃钢液中[Al]=0.1%、$p_{O_2}=101\ 325\ Pa$，设钢液是 Fe-Al 二元溶液，试计算铝氧反应：

$$2[Al]+\frac{3}{2}O_2 ══ Al_2O_3(s) \qquad ①$$

的 $\Delta G^\ominus$ 与 ΔG。

解：(1) 对于钢液中[Al]组元选取纯液态 Al 为标准态，查热力学数据表：

$$2Al(l)+\frac{3}{2}O_2 ══ Al_2O_3(s) \quad \Delta G_2^\ominus=\left(-1\ 682\ 900+323.24\frac{T}{K}\right)\ J\cdot mol^{-1} \qquad ②$$

$$Al(l) = [Al]^R \quad \Delta G_3^\ominus = 0 \quad ③$$

式中，$[Al]^R$表示钢液中[Al]组元以纯液态Al物质为标准态。

②−2×③得

$$2[Al]^R + \frac{3}{2}O_2 = Al_2O_3(s) \quad \Delta G_4^\ominus = \left(-1\ 682\ 900 + 323.24\frac{T}{K}\right)\ J\cdot mol^{-1} \quad ④$$

所以，由化学反应等温方程式：

$$\Delta G_4 = \Delta G_4^\ominus + RT\ln\frac{a_{Al_2O_3}}{(a_{Al}^R)^2\cdot\left(\frac{p_{O_2}}{p^\ominus}\right)^{\frac{3}{2}}}$$

因为

$$a_{Al}^R = \gamma_{Al}\cdot x_{Al}$$

钢液中[Al]含量较小([Al]=0.1%)，可视为稀溶液，所以有

$$\gamma_{Al} = \gamma_{Al}^\ominus$$

查表知，1 600 ℃条件下 $\gamma_{Al(l)}^\ominus = 0.029$，所以

$$\gamma_{Al} = 0.029$$

因为[Al]=0.1%的Fe−Al溶液相当于 $x_{Al} = 2.07\times10^{-3}$，所以

$$a_{Al}^R = 0.029\times2.07\times10^{-3} = 6.0\times10^{-5}$$

$$\Delta G_4^\ominus = -1\ 077\ 500\ J\cdot mol^{-1}$$

$$\Delta G_4 = -774\ 740\ J\cdot mol^{-1}$$

注意：对于溶液 i 组元来说，当 $x_i\to0$ 时，若以亨利定律为基础以假想纯物质或以假想质量分数1%为标准态，必然有 $f_i\to1$；若以拉乌尔定律为基础以纯物质为标准态有 $\gamma_i\to\gamma_i^\ominus\neq1$。

(2) 对于钢液中[Al]组元选取假想质量分数1%为标准态，查热力学数据表，

$$Al(l) = [Al]_{\%} \quad \Delta G_5^\ominus = \left(-63\ 180 - 27.91\frac{T}{K}\right)\ J\cdot mol^{-1} \quad ⑤$$

式中，$[Al]_{\%}$表示钢液中[Al]组元以假想质量分数1%为标准态。

或利用 $\gamma_{Al(l)}^\ominus = 0.029$，通过下式计算：

$$\Delta G_5^\ominus\big|_{T=1\ 873\ K} = RT\ln\frac{0.558\ 5}{M_{Al}}\gamma_{Al(l)}^\ominus\Bigg|_{T=1\ 873\ K} = -115\ 500\ J\cdot mol^{-1}$$

②−2×⑤得

$$2[Al]_{\%} + \frac{3}{2}O_2 = Al_2O_3(s) \quad \Delta G_6^\ominus = \left(-1\ 556\ 540 + 379.06\frac{T}{K}\right)\ J\cdot mol^{-1} \quad ⑥$$

所以，由化学反应等温方程式：

$$\Delta G_6 = \Delta G_6^\ominus + RT\ln\frac{a_{Al_2O_3}}{(a_{Al}^{\%})^2\cdot\left(\frac{p_{O_2}}{p^\ominus}\right)^{\frac{3}{2}}}$$

因为[Al]=0.1%，即[%Al]=0.1，

$$\lg f_{Al}=e_{Al}^{Al}[\%Al]\mid_{e_{Al}^{Al}=0.043}$$

计算得

$$f_{Al}=1.010$$

可见f_{Al}近似等于1，溶液可近似视为稀溶液。

$$a_{Al}^{\%}=0.1$$

$$\Delta G_6^{\ominus}=-846\ 590\ J\cdot mol^{-1}$$

$$\Delta G_6=-774\ 880\ J\cdot mol^{-1}$$

比较以上两种做法，对于

$$2[Al]+\frac{3}{2}O_2 = Al_2O_3(s)$$

当以钢液中Al组元以纯液态Al为标准态时，

$$\Delta G^{\ominus}=\left(-1\ 682\ 900+323.24\frac{T}{K}\right)J\cdot mol^{-1}\quad \Delta G\mid_{T=1\ 873\ K}=-774\ 740\ J\cdot mol^{-1}$$

而当钢液中Al组元以假想质量分数1%为标准态时，

$$\Delta G^{\ominus}=\left(-1\ 556\ 540+379.06\frac{T}{K}\right)J\cdot mol^{-1}\quad \Delta G\mid_{T=1\ 873\ K}=-774\ 880\ J\cdot mol^{-1}$$

可见，在一定条件下，某指定过程的标准Gibbs自由能变化$\Delta G^{\ominus}$随标准态不同而改变，但ΔG值不变（上述计算结果存在约0.02%的相对误差，属于数据取舍而致）。

2.5 偏摩尔混合性质及超额热力学性质

2.5.1 偏摩尔混合性质

偏摩尔混合性质是指溶液中i组元的偏摩尔性质与其纯物质状态时摩尔性质的差值，也称相对偏摩尔性质。其表达式：

$$\Delta y_i=y_i-y_i^* \tag{2-195}$$

式中，Δy_i为i物质相对偏摩尔混合性质，属于强度性质的物理量，$J\cdot mol^{-1}$；y_i为溶液中i组元的偏摩尔性质，$J\cdot mol^{-1}$；y_i^*为纯i物质的摩尔性质，$J\cdot mol^{-1}$。

2.5.1.1 相对偏摩尔性质物理意义

相对偏摩尔性质的物理意义是恒温恒压条件下1mol i物质在大量溶液中溶解时引起该溶液摩尔性质的变化，也称i物质的偏摩尔溶解性质。

前述的溶解过程Gibbs自由能变化（以纯i物质为标准态）就属于相对偏摩尔性质，所以也可称为偏摩尔混合Gibbs自由能或相对偏摩尔Gibbs自由能。因为

$$i^* = [i]\quad \Delta G_i=G_i-G_i^*=RT\ln a_i^{R} \tag{2-196}$$

所以

$$G_i = G_i^* + RT\ln a_i^{\mathrm{R}} \tag{2-197}$$

同理,相对偏摩尔混合焓(相对偏摩尔溶解焓):

$$\Delta H_i = H_i - H_i^*$$

相对偏摩尔混合熵(相对偏摩尔溶解熵):

$$\Delta S_i = S_i - S_i^*$$

2.5.1.2 几个重要的公式

1. 集合公式

对于由 N 种物质形成的 1 mol 溶液($\sum n_i = 1$ mol, $n_i = x_i$),混合前 Gibbs 自由能:

$$G_{前} = \sum_{i=1}^{N} n_i G_i^* = \sum x_i G_i^* \tag{2-198}$$

而混合后的 Gibbs 自由能:

$$G_{后} = \sum x_i G_i \tag{2-199}$$

所以混合过程中 Gibbs 自由能变化:

$$\Delta G_{\mathrm{m}} = G_{后} - G_{前} = \sum x_i (G_i - G_i^*) = \sum x_i \Delta G_i \tag{2-200}$$

式(2-200)就是混合过程的集合公式。由于 ΔG_{m} 是在恒温恒压条件下各组元混合形成 1 mol 溶液时的 Gibbs 自由能变化值,所以也称为全摩尔混合自由能。对于混合自由能亦满足下列关系式:

$$\Delta G_{\mathrm{m}} = \Delta H_{\mathrm{m}} - T\Delta S_{\mathrm{m}} \tag{2-201}$$

2. Gibbs-Duhem 方程

因为

$$G = G(T, p, n_1, n_2, \cdots) \tag{2-202}$$

全微分得

$$\mathrm{d}G = \left(\frac{\partial G}{\partial T}\right)_{p,n_i} \mathrm{d}T + \left(\frac{\partial G}{\partial p}\right)_{T,n_i} \mathrm{d}p + \sum_{i=1}^{N} \left(\frac{\partial G}{\partial n_i}\right)_{T,p,n_{j\neq i}} \mathrm{d}n_i \tag{2-203}$$

因为当体系组元一定时,存在如下热力学关系式:

$$\mathrm{d}G = -S\mathrm{d}T + V\mathrm{d}p \tag{2-204}$$

比较式(2-203)与式(2-204),得

$$-S = \left(\frac{\partial G}{\partial T}\right)_{p,n_i}, \quad V = \left(\frac{\partial G}{\partial p}\right)_{T,n_i} \tag{2-205}$$

将式(2-205)代入式(2-203),得

$$\mathrm{d}G = -S\mathrm{d}T + V\mathrm{d}p + \sum_{i=1}^{N} \left(\frac{\partial G}{\partial n_i}\right)_{T,p,n_{j\neq i}} \mathrm{d}n_i \tag{2-206}$$

恒温恒压条件下的式(2-206)为

$$\mathrm{d}G = \sum_{i=1}^{N} \left(\frac{\partial G}{\partial n_i}\right)_{T,p,n_{j\neq i}} \mathrm{d}n_i \tag{2-207}$$

因为

$$\mu_i = \left(\frac{\partial G}{\partial n_i}\right)_{T,p,n_{j\neq i}} \tag{2-208}$$

所以式(2-207)可写为

$$dG=\sum_{i=1}^{N}\mu_i\,dn_i \tag{2-209}$$

根据集合公式

$$G=\sum G_i n_i=\sum \mu_i n_i$$

全微分得

$$dG=\sum \mu_i dn_i+\sum n_i d\mu_i \tag{2-210}$$

比较式(2-209)与式(2-210),必有

$$\sum n_i d\mu_i=0 \tag{2-211}$$

对于二元系,有

$$n_1 d\mu_1+n_2 d\mu_2=0$$

同除 n_1+n_2,得

$$x_1 d\mu_1+x_2 d\mu_2=0 \tag{2-212}$$

式(2-212)称为 Gibbs-Duhem 公式,简写为 G-D 公式。

► **人物录 17. 杜亥姆**

杜亥姆(Pierre Duhem),法国物理学家,数学家,历史学家,科学哲学家。1861 年 6 月出生于法国巴黎。他以在化学热力学上的研究,有关实验条件的不确定性的哲学著作和欧洲中世纪科学的历史性研究而著称。作为科学家,杜亥姆在流体力学和弹性理论方面做出了杰出的贡献。

对于多元系,因为

$$\sum x_i d\Delta G_i=0 \tag{2-213}$$

且

$$\Delta G_i=G_i-G_i^*=\mu_i-\mu_i^*$$

$$d\Delta G_i=d(\mu_i-\mu_i^*)=d\mu_i$$

所以多元系的 G-D 公式的表达式为

$$\sum x_i d\mu_i=0 \tag{2-214}$$

◎ **豆知识 11. Gibbs-Duhem(吉布斯-杜亥姆)公式**

T,p 恒定下,对 $\Phi=\sum_i n_i\Phi_i$ 求全微分得 Gibbs-Duhem 公式为

$$n_1 d\Phi_1+n_2 d\Phi_2+\cdots=\sum_i n_i d\Phi_i=0$$

$$x_1 d\Phi_1+x_2 d\Phi_2+\cdots=\sum_i x_i d\Phi_i=0$$

该式适用于体系的任一广度性质的物理量。对于双组分体系,则有 $x_1 d\Phi_1=-x_2 d\Phi_2$。表明 T,p 一定的条件下,当体系的组成发生微量变化时,一种组分的某偏摩尔量的微量变化与另一组分同一偏摩尔量的微量变化是相互关联的。

2.5.1.3 集合公式与 G-D 公式的应用

1. 二元系中 ΔG_1 与 ΔG_2 互求

因为体系为二元系,所以由 G-D 公式,有

$$x_1 d\Delta G_1+x_2 d\Delta G_2=0 \tag{2-215}$$

即

$$d\Delta G_1=\frac{-x_2}{x_1}d\Delta G_2 \tag{2-216}$$

积分

$$\int_{x_1=1}^{x_1=x_1} d\Delta G_1=-\int_{x_2=0}^{x_2=x_2}\frac{x_2}{x_1}d\Delta G_2 \tag{2-217}$$

又因为

当 $x_2=0(x_1=1)$ 时，$G_1\big|_{x_1=1}=G_1^*$，所以

$$\Delta G_1\big|_{x_1=1}=G_1-G_1^*=0 \tag{2-218}$$

因此式(2-217)可改写为

$$\Delta G_1=-\int_{x_2=0}^{x_2=x_2}\frac{x_2}{x_1}\mathrm{d}\Delta G_2 \tag{2-219}$$

可见，若已知 ΔG_2 与 x_1，x_2 的关系式，可以通过 ΔG_2 求 ΔG_1。

2. 由 ΔG_i 求 ΔG_m

对于式(2-219)应用分部积分公式

$$\int u\mathrm{d}v = uv - \int v\mathrm{d}u$$

令 $v=\Delta G_2$，$u=\dfrac{x_2}{x_1}$，同时注意到二元系 $x_1+x_2=1$，所以

$$\mathrm{d}u=\mathrm{d}\left(\frac{1-x_1}{x_1}\right)=\mathrm{d}\left(\frac{1}{x_1}-1\right)=-\frac{\mathrm{d}x_1}{x_1^2}=\frac{\mathrm{d}x_2}{x_1^2} \tag{2-220}$$

将式(2-220)代入式(2-219)，

$$\Delta G_1=-\left(\frac{x_2}{x_1}\Delta G_2-\int_0^{x_2}\frac{\Delta G_2}{x_1^2}\mathrm{d}x_2\right)$$

同乘 x_1，得

$$x_1\Delta G_1=-x_2\Delta G_2+x_1\int_0^{x_2}\frac{\Delta G_2}{(1-x_2)^2}\mathrm{d}x_2 \tag{2-221}$$

应用集合公式 $\Delta G_\mathrm{m}=x_1\Delta G_1+x_2\Delta G_2$，所以

$$\Delta G_\mathrm{m}=x_1\Delta G_1+x_2\Delta G_2=(1-x_2)\int_0^{x_2}\frac{\Delta G_2}{(1-x_2)^2}\mathrm{d}x_2 \tag{2-222}$$

同理

$$\Delta G_\mathrm{m}=(1-x_1)\int_0^{x_1}\frac{\Delta G_1}{(1-x_1)^2}\mathrm{d}x_1 \tag{2-223}$$

因此，若已知 ΔG_1 或 ΔG_2 与摩尔分数 x_1 与 x_2 的关系，则可求 ΔG_m。

3. 由 ΔG_m 求 ΔG_i

对于二元系，由集合公式：

$$\Delta G_\mathrm{m}=x_1\Delta G_1+x_2\Delta G_2 \tag{2-224}$$

恒温恒压条件下，对式(2-224)全微分，

$$\mathrm{d}\Delta G_\mathrm{m}=x_1\mathrm{d}\Delta G_1+\Delta G_1\mathrm{d}x_1+x_2\mathrm{d}\Delta G_2+\Delta G_2\mathrm{d}x_2 \tag{2-225}$$

根据 G-D 方程，有

$$x_1\mathrm{d}\Delta G_1+x_2\mathrm{d}\Delta G_2=0 \tag{2-226}$$

所以式(2-225)可改写为

$$\mathrm{d}\Delta G_\mathrm{m}=\Delta G_1\mathrm{d}x_1+\Delta G_2\mathrm{d}x_2 \tag{2-227}$$

同乘$\dfrac{x_1}{\mathrm{d}x_2}$，得

$$x_1\frac{\mathrm{d}\Delta G_\mathrm{m}}{\mathrm{d}x_2}=x_1\cdot\Delta G_1\cdot\frac{\mathrm{d}x_1}{\mathrm{d}x_2}+x_1\Delta G_2=x_1(\Delta G_2-\Delta G_1) \tag{2-228}$$

若写为偏微分形式：

$$x_1\frac{\partial\Delta G_\mathrm{m}}{\partial x_2}=-x_1\Delta G_1+x_1\Delta G_2 \tag{2-229}$$

将式(2-224)、式(2-229)的等号两边分别相加，并注意到 $x_1+x_2=1$，得

$$\Delta G_2=\Delta G_\mathrm{m}+(1-x_2)\frac{\partial\Delta G_\mathrm{m}}{\partial x_2} \tag{2-230}$$

同理

$$\Delta G_1=\Delta G_\mathrm{m}+(1-x_1)\frac{\partial\Delta G_\mathrm{m}}{\partial x_1} \tag{2-231}$$

利用式(2-230)或式(2-231)，由 ΔG_m 求 $\Delta G_i(i=1,2)$ 的方法称为截距法(图 2-13)。图 2-13 中 x_2 处的曲线斜率$\frac{\partial\Delta G_\mathrm{m}}{\partial x_2}=\frac{-\Delta y}{1-x_2}$。

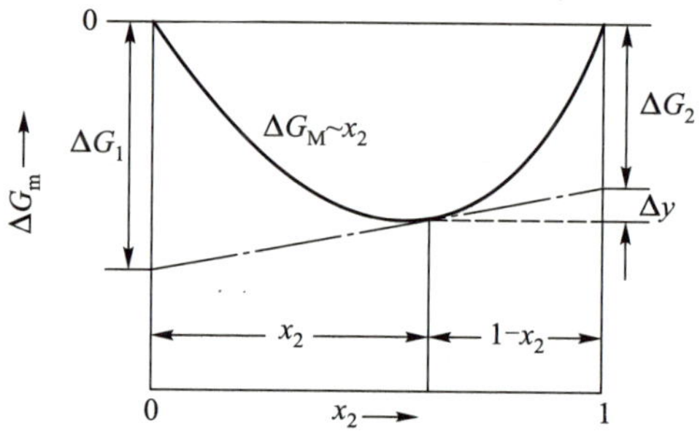

图 2-13　截距法求偏摩尔溶解自由能变化

2.5.2　超额热力学性质

偏摩尔混合性质是针对 i 组元，探讨形成溶液前后的热力学性质变化，而超额热力学性质是针对混合溶液，探讨其溶液或 i 组元相对于理想溶液的热力学性质变化。

2.5.2.1　超额热力学性质的定义

所谓超额热力学性质，是指同一浓度实际溶液与理想溶液之间热力学性质的差值，也称过剩热力学性质。所以超额自由能表达式为

$$G^\mathrm{E}=G_\mathrm{m}-G_\mathrm{m}^\mathrm{id} \tag{2-232}$$

式中，G^E 为超额自由能，$\mathrm{J\cdot mol^{-1}}$；G_m 为真实溶液混合自由能，$\mathrm{J\cdot mol^{-1}}$；G_m^id 为理想溶液混合自由能，$\mathrm{J\cdot mol^{-1}}$。

可见，超额自由能是表示真实溶液对理想溶液的偏差。

对于 i 组元也存在超额热力学性质，如对于 i 组元的偏摩尔过剩自由能，有

$$G_i^\mathrm{E}=G_i-G_i^\mathrm{id} \tag{2-233}$$

式中，G_i^E 为 i 组元的偏摩尔超额自由能，$\mathrm{J\cdot mol^{-1}}$；G_i 为真实溶液中 i 组元的

偏摩尔自由能,J·mol^{-1};G_i^{id} 为理想溶液中 i 组元的偏摩尔自由能,J·mol^{-1}。

其物理意义是:因为形成真实溶液时质点间作用力不同于形成理想溶液时的质点间作用力,所以过剩自由能实际上是表示形成真实溶液时,克服质点间作用力差异而消耗或剩余的额外能量。

2.5.2.2 偏摩尔过剩 Gibbs 自由能 G_i^E 与活度系数之间的关系

根据定义:

$$G_i^E = G_i - G_i^{id} = (G_i^* + RT\ln\gamma_i + RT\ln x_i) - (G_i^* + RT\ln x_i) = RT\ln\gamma_i \tag{2-234}$$

所以可见:$\gamma_i > 1, G_i^E > 0$,对于拉乌尔定律呈正偏差;

$\gamma_i < 1, G_i^E < 0$,对于拉乌尔定律呈负偏差;

$\gamma_i = 1, G_i^E = 0$,为理想溶液。

2.5.2.3 超额热力学性质的相关公式

适用于纯物质的公式同样也适用于超额热力学性质。

1. G_i^E, H_i^E, S_i^E 之间关系式

$$G_i^E = H_i^E - TS_i^E \tag{2-235}$$

2. 集合公式

$$G^E = \sum x_i G_i^E \tag{2-236}$$

3. 其他热力学关系式

$$S_i^E = -\left(\frac{\partial G_i^E}{\partial T}\right)_{p,x_j} \tag{2-237}$$

$$V_i^E = \left(\frac{\partial G_i^E}{\partial p}\right)_{T,x_j} \tag{2-238}$$

$$H_i^E = G_i^E + TS_i^E = G_i^E - T\left(\frac{\partial G_i^E}{\partial T}\right)_{p,x_j} \tag{2-239}$$

$$G_i^E = G^E + (1-x_i)\frac{\partial G^E}{\partial x_i} \quad i = 1,2 \tag{2-240}$$

$$G^E = (1-x_i)\int_0^{x_i}\frac{G_i^E}{(1-x_i)^2}dx_i \quad i = 1,2 \tag{2-241}$$

2.6 活度的获得

i 物质的活度通常采用实验方法测定或采用 G-D 公式、α 函数等计算方法获得。

2.6.1 活度 a_i 的实验测定

1. 蒸气压法

根据活度定义式(2-63),对 i 组元选取纯物质为标准态时,有

$$a_i = \frac{p_i}{p_i^*} \tag{2-242}$$

直接测定 p_i 可求得 a_i。通常采用气体携带法，恒温恒压条件下，测定 V_i 即可求出 p_i，进而获得 a_i，但此方法要求 i 物质需具有较大的蒸气压。

例如，测定蔗糖水溶液中水的活度，323 K 温度条件下，用蒸气压法测定 p_{H_2O} 然后可直接计算水的活度，而对于蔗糖，由于蔗糖本身蒸气压很小，因此需用间接法测得或首先测得水的活度，然后再利用 Gibbs-Duhem 方程计算求得蔗糖的活度 a_Z，表 2-2 给出的蔗糖水溶液活度数据就是利用 G-D 方程计算的结果。

表 2-2 蔗糖水溶液的活度数据

H_2O			蔗糖	
x_{H_2O}	p_{H_2O}/Pa	a_{H_2O}	x_Z	a_Z
1.000	12.333	1.000	0.000	0.000
0.994 0	12.258	0.993 9	0.006 0	0.006 0
0.986 4	12.252	0.993 4	0.013 6	0.013 6
…	…	…	…	…
0.966 5	11.863	0.961 9	0.033 5	0.048 1
…	…	…	…	…
0.891 1	10.539	0.854 5	0.108 9	0.304 5

又如，1 600 ℃ A-B 二元熔体，已知 $M_A = 60\ g \cdot mol^{-1}$，$M_B = 56\ g \cdot mol^{-1}$，实测数据如表 2-3 所示。

表 2-3 A-B 二元熔体实测数据（1 600 ℃）

%B	0.1	0.2	0.5	1.0	3.0	100
x_B	1.07×10^{-3}	2.14×10^{-3}	5.36×10^{-3}	1.07×10^{-2}	3.21×10^{-2}	1
p_B/Pa	1	2	5	11	40	2 000
$\frac{p_B/Pa}{x_B}$	934.6	934.6	932.8	1 028	1 246	2 000
$\frac{p_B}{[\%B]}$	10	10	10	11	13.3	20

求算当 [%B] = 3 时的 B 组元的活度和活度系数。

解：(1) 选取纯 B 物质为标准态

因为 $p_B^* = 2\ 000$ Pa，所以

$$a_B \big|_{[\%B=3]} = \frac{p_B}{p_B^*} = \frac{40}{2\ 000} = 2\times10^{-2}$$

$$\gamma_B \Big|_{[\%B=3]} = \frac{a_B}{x_B} = \frac{2\times10^{-2}}{3.21\times10^{-2}} = 0.623$$

（2）选取假想纯 B 物质为标准态，则首先应确定亨利常数 K_H，由表 2-3 数据可知，当[%B]≤0.2 时，$\frac{p_B{}'}{x_B{}'} = \frac{p_B{}''}{x_B{}''} = 934.6 = \frac{K_H}{1} = K_H$

所以

$$a_B^H \Big|_{[\%B=3]} = \frac{p_B}{K_H} = 4.28\times10^{-2}$$

$$f_B \Big|_{[\%B=3]} = \frac{a_B^H}{x_B} = 1.33$$

（3）若选取 B 物质的假想质量分数 1%为标准态

同理，首先确定 $K_\%$，从$\frac{p_B}{[\%B]}$为常数不变的区域确定 $K_\% = 10$，所以

$$a_B^\% \Big|_{[\%B=3]} = \frac{p_B}{K_\%} = 4$$

$$f_B^\% \Big|_{[\%B=3]} = \frac{a_B^\%}{[\%B]} = \frac{4}{3} = 1.33$$

可见与假想纯 B 物质为标准态时的 $f_B \big|_{[\%B=3]} = 1.33$ 相等。

2. 化学平衡法

（1）直接法　若已知某反应的标准 Gibbs 自由能变化 $\Delta G^\ominus$，可采用直接法计算活度。

例如，在测定炉渣中 SiO_2 活度时，设计渣铁反应 $[Si]+2[O] = (SiO_2)$，因为已知该反应标准 Gibbs 自由能变化，所以可由 $\Delta G^\ominus$ 计算平衡常数 K，进而根据

$$K = \frac{a_{SiO_2}}{a_{Si}\cdot a_{[O]}^2} = \frac{a_{SiO_2}}{f_{Si}[\%Si]\cdot f_O^2[\%O]^2} \tag{2-243}$$

将平衡状态下铁液中[%Si]、[%O]（由化验分析获得），并由相关的相互作用系数计算 f_{Si}、f_O，代入式(2-243)，直接计算

$$a_{SiO_2} = K\cdot f_{Si}[\%Si]\cdot f_O^2[\%O]^2 \tag{2-244}$$

（2）间接法　若反应的标准自由能变化未知，一般采用间接法获得活度。

以测定钢液中硫活度为例，设计反应：

$$H_2(g)+[S] = H_2S(g) \tag{2-245}$$

由于反应式(2-245)的 $\Delta G^\ominus$ 未知，则应先设法求得平衡常数 K，然后再间接求 $a_{[S]}$。方法如下：

因为

$$K = \frac{p_{H_2S}}{p_{H_2}}\cdot\frac{1}{a_{[S]}} = \left(\frac{p_{H_2S}}{p_{H_2}}\cdot\frac{1}{[\%S]}\right)\cdot\frac{1}{f_{[S]}} \tag{2-246}$$

令

$$K'=\frac{p_{H_2S}}{p_{H_2}}\cdot\frac{1}{[\%S]} \tag{2-247}$$

根据实验设定的$\frac{p_{H_2S}}{p_{H_2}}$气氛条件及铁液中的平衡[%S],可以由式(2-247)求得相应的 K',然后取对数 $\lg K'$,并作 $\lg K'$ 与[%S]的关系图,因为当[%S]→0 时必然有 $f_{[S]}\to1$,即在[%S]→0 条件下有

$$\lim_{[\%S]\to0}(\lg K')=\lg K \tag{2-248}$$

从而获得 K,然后再利用

$$f_{[S]}=\frac{K'}{K} \tag{2-249}$$

求出不同[%S]对应的活度系数 f_S,最终求得

$$a_{[S]}=f_{[S]}\cdot[\%S]$$

3. 分配定律法

利用 i 组元在互不相溶的 α 和 β 两种液相中的分配比求得活度。

因为平衡状态下,i 组元在 α 和 β 两种液相中的化学势相等:

$$(\mu_i)_\alpha=(\mu_i)_\beta \tag{2-250}$$

即

$$(\mu_i^\ominus+RT\ln a_i)_\alpha=(\mu_i^\ominus+RT\ln a_i)_\beta \tag{2-251}$$

当 i 物质在 α 和 β 两种液相中均以纯 i 物质为标准态时,即$(\mu_i^\ominus)_\alpha=(\mu_i^\ominus)_\beta$,所以

$$(a_i)_\alpha=(a_i)_\beta \tag{2-252}$$

因此,

① 若已知 i 在某液相中活度,即可求出在另一液相中活度;

② 若 i 在两种液相中活度均未知,则由化学分析方法测定 i 在两种液相中浓度比,然后由式(2-252)的等式关系,计算活度系数比$(\gamma_i)_\alpha/(\gamma_i)_\beta$,进而应用 G-D 方程,借鉴利用 a_A/a_B活度比求算组元活度 a_A、a_B 的方法(参见 2.6.4 节),从活度系数比求出$(\gamma_i)_\alpha$ 与$(\gamma_i)_\beta$,最终计算出$(a_i)_\alpha$ 与$(a_i)_\beta$。

注意:若在 α 和 β 两种液相中选取 i 组元标准态不一致时,如选取 i 组元在 α 相中为假想纯物质、β 相中为纯物质,则由式(2-251),

$$\mu_{i(H)}^\ominus+RT\ln(a_i^H)_\alpha=\mu_{i(R)}^*+RT\ln(a_i^R)_\beta \tag{2-253}$$

式中,$(a_i^H)_\alpha$ 与$(a_i^R)_\beta$ 分别是 i 物质在 α 相中以假想纯物质为标准态时的活度和 i 物质在 β 相中以纯物质为标准态时的活度。

恒定温度条件下,

$$\ln\frac{(a_i^H)_\alpha}{(a_i^R)_\beta}=\frac{\mu_{i(R)}^*-\mu_{i(H)}^\ominus}{RT}=L(\text{常数}) \tag{2-254}$$

例 1 1 540 ℃温度条件下,$CO-CO_2$混合气体与铁液中[C]的反应[C]+CO_2══2CO,测得饱和状态下含碳量[%C]=5.2,其他如[%C]、x_C、$\frac{p_{CO}^2}{p_{CO_2}\cdot p^\ominus}$等实验数据列于表 2-4 中。请根据实验结果计算[%C]=2.1 时[C]的活度和活度系数。

表 2-4　1 540℃温度条件下的实验数据及铁液中[C]的 a_C 及 γ_C、f_C 计算结果

[%C]	x_C	$\frac{p_{CO}^2}{p_{CO_2} \cdot p^\ominus}$	假想质量分数 1%标准态			假想纯物质标准态			纯物质标准态	
			K'	$a_C^{\%}$	f_C	K''	a_C^H	f_C	a_C^R	γ_C
0.216	9.97×10^{-3}	93	431	21.9×10^{-2}	1.01	9 330	0.010 2	1.02	6.08×10^{-3}	0.610
0.425	1.95×10^{-2}	191	449	44.9×10^{-2}	1.06	9 850	0.020 9	1.07	1.25×10^{-2}	0.640
0.64	2.91×10^{-2}	292	456	68.7×10^{-2}	1.07	10 000	0.031 9	1.10	1.91×10^{-2}	0.656
0.85	3.84×10^{-2}	400	471	94.1×10^{-2}	1.11	10 400	0.043 7	1.14	2.61×10^{-2}	0.681
1.06	4.75×10^{-2}	525	495	1.24	1.17	11 100	0.057 4	1.21	3.43×10^{-2}	0.722
1.28	5.69×10^{-2}	670	523	1.58	1.23	11 800	0.073 2	1.29	4.38×10^{-2}	0.770
1.68	7.37×10^{-2}	1 030	613	2.42	1.44	14 000	0.113	1.53	6.73×10^{-2}	0.913
2.10	**9.08×10^{-2}**	**1 510**	**719**	**3.55**	**1.69**	**16 600**	**0.165**	**1.82**	**9.87×10^{-2}**	**1.09**
2.50	0.107	2 130	852	5.01	2.00	19 900	0.233	2.18	0.139	1.30
2.90	0.122	2 970	1 003	6.99	2.41	23 800	0.325	2.66	0.194	1.59
4.12	0.167	7 200	1 748	16.9	4.11	43 100	0.787	4.71	0.471	2.82
5.20	0.203	15 300	2 942	36.0	6.92	75 400	1.67	8.24	1.00	4.93

解:(1) 对于铁液中的碳,选取假想质量分数 1%为标准态,因为反应的表观平衡常数 K' 为

$$K'=\frac{p_{CO}^2}{p_{CO_2}p^{\ominus}}\cdot\frac{1}{[\%C]}$$

进而作 $K'=\frac{p_{CO}^2}{p_{CO_2}p^{\ominus}}\cdot\frac{1}{[\%C]}$与[%C]关系图,并外推至[%C]→0 得

$$K_{\%}=K'\Big|_{[\%C]\to 0}=425$$

所以

$$a_C^{\%}=\frac{p_{CO}^2}{p_{CO_2}p^{\ominus}}\cdot\frac{1}{K_{\%}}$$

根据设计的气氛条件$\frac{p_{CO}^2}{p_{CO_2}}$计算出所对应的 $a_C^{\%}$,进而求得相应的 $f_C=\frac{a_C^{\%}}{[\%C]}$,将 K'、$a_C^{\%}$ 及 f_C 均列于表中。因此当[%C]=2.1 时,

$$a_C^{\%}=1\ 510\times\frac{1}{425}=3.55$$

$$f_C=1.69$$

(2) 选取假想纯物质为标准态

同上,表观平衡常数为

$$K''=\frac{p_{CO}^2}{p_{CO_2}p^{\ominus}}\cdot\frac{1}{x_C}$$

作 K''与 x_C关系图,外推至 $x_C\to 0$ 处得

$$K_H=\lim_{x_C\to 0}K''=9\ 150$$

所以当[%C]=2.1 时,

$$a_C^H=1\ 510\times\frac{1}{9\ 150}=0.165$$

$$f_C=1.82$$

注意:计算得到的 $f_C=1.82$ 与假想质量分数 1%标准态下的 $f_C=1.69$ 有微小差别,这是实验测定误差所致。

(3) 选取纯物质为标准态

因为碳饱和时,$a_C^R=1$,所以碳饱和[%C]=5.2 条件下,得

$$K=\frac{p_{CO}^2}{p_{CO_2}p^{\ominus}}\cdot\frac{1}{a_C^R}\Bigg|_{\substack{[\%C]=5.2\\ a_C^R=1}}=15\ 300$$

因此当[%C]=2.1 时,

$$a_C^R=1\ 510\times\frac{1}{15\ 300}=9.87\times10^{-2}$$

$$\gamma_C=\frac{a_C^R}{x_C}=1.09$$

所有的表观平衡常数、活度及活度系数计算值均列于表 2-4 的第 4~11 栏中。

注意：由于平衡常数 $K=f(T,标准态)$ 是温度和标准态的函数，所以标准态不同，平衡常数也不同。

例 2 实测 1 420 ℃温度条件下 Si 在铁液中的活度及活度系数。测定时选用 Fe、Ag 两种金属共存，因为液态 Fe 与液态 Ag 互不相溶，且已知 Si 在液态 Ag 中溶解度很小（可视为稀溶液），且已知 1 420 ℃下 Si 的活度系数 $(\gamma_{Si})_{Ag}=0.155$。实验设定含 Si 量不同的铁液，使其与 Ag 液平衡，达到平衡后，化验分析 Si 在 Fe/Ag 两相中的平衡浓度示于表 2-5 中。求 Si 在铁液中的活度系数 $(\gamma_{Si})_{Fe}$ 与活度 $(a_{Si})_{Fe}$。

表 2-5　测定 1 420 ℃温度条件下 Si 在铁液中的活度及活度系数

$(x_{Si})_{Fe}$	0.326	0.269	0.138
$(x_{Si})_{Ag}$	0.008 47	0.002 35	0.000 27
$(x_{Si})_{Ag}/(x_{Si})_{Fe}$	0.025 98	0.008 74	0.001 96
$(\gamma_{Si})_{Fe}\times10^3$	4.027	1.354	0.303
$(a_{Si})_{Fe}\times10^3$	1.313	0.364	0.042

解：Fe 液和 Ag 液中的 Si 均选取纯物质为标准态，反应达到平衡时，

$$(a_{Si})_{Fe}=(a_{Si})_{Ag} \quad ①$$

即

$$(\gamma_{Si})_{Fe}(x_{Si})_{Fe}=(\gamma_{Si})_{Ag}(x_{Si})_{Ag} \quad ②$$

所以

$$(\gamma_{Si})_{Fe}=(\gamma_{Si})_{Ag}\frac{(x_{Si})_{Ag}}{(x_{Si})_{Fe}} \quad ③$$

因为 $(\gamma_{Si})_{Ag}=0.155$，所以 $(\gamma_{Si})_{Fe}$ 可由式③求得，进而 $(a_{Si})_{Fe}$ 也可求，具体数据列于表 2-5 中。注意，$(\gamma_{Si})_{Ag}=0.155$ 是 1 420 ℃温度条件下稀溶液的活度系数，相当于 Ag 液中 Si 的 $(\gamma_{Si}^{\ominus})_{Ag}$。

例 3 1 873 K 温度条件下由渣铁平衡实验测得与 $x_{FeO}=0.091$（渣组成：CaO 39.18%、MgO 2.56%、SiO_2 39.26%、FeO 10.25%、Fe_2O_3 1.67%、Al_2O_3 6.58%）熔渣平衡的铁液中 [%O]=0.048，试计算该熔渣的 $a_{(FeO)}$ 与 $\gamma_{(FeO)}$（设铁液中的 [O] 服从亨利定律，且已知 1 873 K 与纯 FeO 渣相平衡的铁液中 [%O]=0.23）。

解：设计反应

$$[O]+Fe=\!=\!=(FeO) \quad ①$$

渣中 (FeO) 选取纯物质为标准态、铁液中 [O] 选取假想质量分数 1%

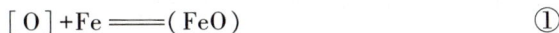

为标准态，因为分配比：

$$L=\frac{a_{(\mathrm{FeO})}}{a_{[\mathrm{O}]}} \quad ②$$

欲求 $a_{(\mathrm{FeO})}$ 必须先求出分配比 L 和 $a_{[\mathrm{O}]}$。

计算步骤：

① 因为铁液中的[O]遵循亨利定律，$f_{[\mathrm{O}]}=1$，所以

$$a_{[\mathrm{O}]}=f_{[\mathrm{O}]}\cdot[\%\mathrm{O}]\Big|_{f_{[\mathrm{O}]}=1}=[\%\mathrm{O}]=0.048$$

② 利用与纯 FeO 溶液平衡[%O]=0.23 的条件，得出

$$L=\frac{a_{(\mathrm{FeO})}}{a_{[\mathrm{O}]}}\Bigg|_{\substack{a_{(\mathrm{FeO})}=1\\ [\%\mathrm{O}]=0.23}}=\frac{1}{0.23}=4.348$$

③ 所以与 $x_{\mathrm{FeO}}=0.091$ 平衡渣中的 FeO 活度与活度系数为

$$a_{(\mathrm{FeO})}\Big|_{x_{\mathrm{FeO}}=0.091}=L\cdot a_{[\mathrm{O}]}=4.348\times0.048=0.209$$

$$\gamma_{(\mathrm{FeO})}=\frac{a_{(\mathrm{FeO})}}{x_{(\mathrm{FeO})}}=\frac{0.209}{0.091}=2.297$$

2.6.2 应用 G-D 公式计算组元活度

对于 A-B 二元系，若已知其中一组元的活度与浓度之间的函数关系式，可以通过 G-D 公式计算另一组元的活度。根据 A-B 二元系的 G-D 方程：

$$x_{\mathrm{A}}\mathrm{d}\mu_{\mathrm{A}}+x_{\mathrm{B}}\mathrm{d}\mu_{\mathrm{B}}=0 \quad (2-255)$$

因为 $\mu_i=G_i$，所以式(2-255)可写为溶解 Gibbs 自由能变化的 G-D 方程形式：

$$x_{\mathrm{A}}\mathrm{d}\Delta G_{\mathrm{A}}+x_{\mathrm{B}}\mathrm{d}\Delta G_{\mathrm{B}}=0 \quad (2-256)$$

又因为 ΔG_i 溶解 Gibbs 自由能为

$$\Delta G_i=RT\ln a_i \quad (2-257)$$

将式(2-257)的关系式应用到式(2-256)，并考虑到恒温条件，

$$x_{\mathrm{A}}\mathrm{d}\ln a_{\mathrm{A}}+x_{\mathrm{B}}\mathrm{d}\ln a_{\mathrm{B}}=0 \quad (2-258)$$

积分

$$\int_{x_{\mathrm{A}}=1}^{x_{\mathrm{A}}}\mathrm{d}\ln a_{\mathrm{A}}=-\int_{x_{\mathrm{B}}=0}^{x_{\mathrm{B}}}\frac{x_{\mathrm{B}}}{x_{\mathrm{A}}}\mathrm{d}\ln a_{\mathrm{B}}$$

即

$$\ln a_{\mathrm{A}}=-\int_{x_{\mathrm{B}}=0}^{x_{\mathrm{B}}}\frac{x_{\mathrm{B}}}{x_{\mathrm{A}}}\mathrm{d}\ln a_{\mathrm{B}} \quad (2-259)$$

因为 $\ln a_{\mathrm{B}}$ 是浓度 $\frac{x_{\mathrm{B}}}{x_{\mathrm{A}}}$ 的函数，以 $\frac{x_{\mathrm{B}}}{x_{\mathrm{A}}}$ 为纵坐标、$-\ln a_{\mathrm{B}}$ 为横坐标作图(见图 2-14)。

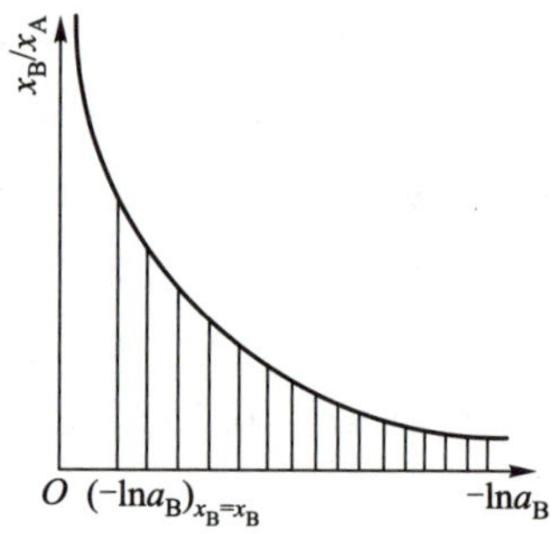

图 2-14 $\ln a_{\mathrm{B}}$ 与 $\frac{x_{\mathrm{B}}}{x_{\mathrm{A}}}$ 的函数关系

当 $x_{\mathrm{B}}\to0$，即 $-\ln a_{\mathrm{B}}\to+\infty$，当 $x_{\mathrm{B}}=x_{\mathrm{B}}$，

即$-\ln a_B=-\ln a_B$，因此$-\ln a_B$至无穷大区间的积分值（图 2-14 中阴影面积），即为$\ln a_A$的数值。

由于上述方法存在当$x_B\to 0$时$-\ln a_B\to+\infty$的问题，因此一般采用如下数学方法处理：

因为$x_B\to 0,\gamma_B\to\gamma_B^{\ominus}$且$\dfrac{a_i}{x_i}=\gamma_i$，又由于二元系$x_A+x_B=1$，所以有

$$dx_A+dx_B=0$$

变换上式，改写为

$$x_A\frac{dx_A}{x_A}+x_B\frac{dx_B}{x_B}=0$$

即

$$x_A d\ln x_A+x_B d\ln x_B=0 \tag{2-260}$$

恒温条件下，将式(2-258)与式(2-260)相减，得

$$x_A d\ln\frac{a_A}{x_A}+x_B d\ln\frac{a_B}{x_B}=0 \tag{2-261}$$

得

$$x_A d\ln\gamma_A+x_B d\ln\gamma_B=0 \tag{2-262}$$

积分

$$\int_{x_A=1}^{x_A} d\ln\gamma_A=-\int_{x_B=0}^{x_B}\frac{x_B}{x_A}d\ln\gamma_B \tag{2-263}$$

由于$x_A=1$时$\gamma_A=1$，所以

$$\ln\gamma_A=-\int_0^{x_B}\frac{x_B}{x_A}d\ln\gamma_B$$

再次以$\dfrac{x_B}{x_A}$为纵坐标、$-\ln\gamma_B$为横坐标作图（图 2-15）。可见，当$x_B\to 0$，即$-\ln\gamma_B=-\ln\gamma_B^{\ominus}$，当$x_B=x_B$，即$-\ln\gamma_B=-\ln\gamma_B$，因此，$-\ln\gamma_B$至$-\ln\gamma_B^{\ominus}$闭区间的积分值为图 2-15 中的阴影面积，可精确求得$\ln\gamma_A$的值，进而求得$\ln a_A$。

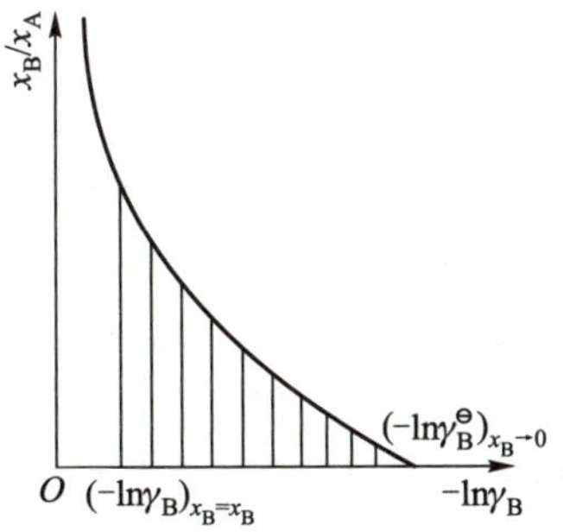

图 2-15　$-\ln\gamma_B$与$\dfrac{x_B}{x_A}$的对应关系

2.6.3　α 函数法求活度

α 函数法由 L. S. Darken 提出，定义 α 函数：

$$\alpha_i=\frac{\ln\gamma_i}{(1-x_i)^2} \tag{2-264}$$

注意：式(2-264)虽然与后述的正规溶液表达形式类似，但此处的$\alpha_i=f(x_i)$是x_i的函数，不同于正规溶液，正规溶液的$\alpha_i\neq f(x_i)$为定值。

对于二元系，考虑到$x_A=(1-x_B)$，式(2-264)可改写为

$$\ln\gamma_B=\alpha_B(1-x_B)^2=\alpha_B x_A^2 \tag{2-265}$$

全微分后，得

$$d\ln\gamma_B=2\alpha_B x_A dx_A+x_A^2 d\alpha_B \tag{2-266}$$

将式(2-266)代入 G-D 公式并进行积分，有

$$\begin{aligned}\int_{x_A=1}^{x_A} d\ln\gamma_A &= -\int_{x_B=0}^{x_B}\frac{x_B}{x_A}d\ln\gamma_B \\ &= -\int_{x_B=0}^{x_B}\frac{x_B}{x_A}(2\alpha_B x_A dx_A+x_A^2 d\alpha_B) \\ &= -\int_{x_A=1}^{x_A}2\alpha_B x_B dx_A-\int_{x_A=1}^{x_A}x_A x_B d\alpha_B\end{aligned} \tag{2-267}$$

对于式(2-267)等号右端的第二项应用分部积分公式

$$\int u dv=uv-\int v du$$

令 $x_A x_B=u$，$\alpha_B=v$，则

$$du=x_A dx_B+x_B dx_A \tag{2-268}$$

把式(2-268)代入式(2-267)，有

$$\begin{aligned}\ln\gamma_A &= -\int_{x_A=1}^{x_A}2\alpha_B x_B dx_A-x_A x_B\alpha_B+\int_{x_A=1}^{x_A}\alpha_B x_A dx_B+\int_{x_A=1}^{x_A}\alpha_B x_B dx_A \\ &= -\int_{x_A=1}^{x_A}2\alpha_B x_B dx_A-x_A x_B\alpha_B+\int_{x_A=1}^{x_A}\alpha_B(1-x_B)(-dx_A)+\int_{x_A=1}^{x_A}\alpha_B x_B dx_A \\ &= -x_A x_B\alpha_B-\int_{x_A=1}^{x_A}\alpha_B dx_A\end{aligned} \tag{2-269}$$

或

$$\ln\gamma_A=-x_A x_B\alpha_B+\int_{x_A}^{x_A=1}\alpha_B dx_A \tag{2-270}$$

式(2-270)右边第一项可由 α 函数定义式(2-264)计算，第二项由积分获得(图 2-16 中的阴影部分)。

例如，对于 $PbCl_2-LiCl$ 二元系，由实验获得 γ_{PbCl_2}，因此可求出 α_{PbCl_2} 的表达式

$$\alpha_{PbCl_2}=\frac{\ln\gamma_{PbCl_2}}{(1-x_{PbCl_2})^2}$$

积分 $\int_{x_{LiCl}}^{x_{LiCl}=1}\alpha_{PbCl_2}dx_{LiCl}$ 得到式(2-270)的第二项，然后获得 γ_{LiCl} 和 a_{LiCl}。

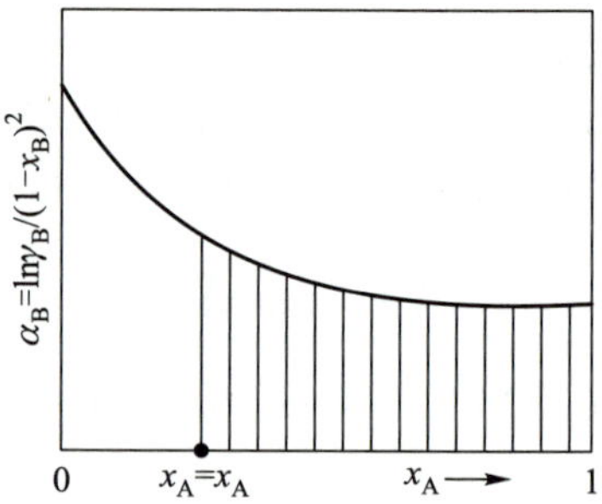

图 2-16 α 函数与 x_A 的对应关系

2.6.4 由活度比求活度

若已知二组元的活度比时，可采用 G-D 公式计算组元的活度。

1962 年，邹元燨在研究 H_2O-HF 混合气体与 CaO-CaF_2熔体平衡时，使用活度比计算组元活度。对于反应

$$(CaO)+2HF(g) \xlongequal{} (CaF_2)+H_2O(g) \quad \Delta G^\ominus=\left(A+B\frac{T}{K}\right)\ J\cdot mol^{-1} \tag{2-271}$$

式中，A、B 为常数，可由热力学数据手册获得。

反应式(2-271)的平衡常数：

$$K=\frac{a_{CaF_2}\cdot\dfrac{p_{H_2O}}{p^\ominus}}{a_{CaO}\cdot\left(\dfrac{p_{HF}}{p^\ominus}\right)^2} \tag{2-272}$$

所以

$$\frac{a_{CaF_2}}{a_{CaO}}=K\cdot\frac{p_{HF}^2}{p_{H_2O}\cdot p^\ominus} \tag{2-273}$$

因为 $\Delta G^\ominus$ 值已知，所以 K 可求，又因为依据实验条件，$\dfrac{p_{HF}^2}{p_{H_2O}\cdot p^\ominus}$也可求，所以活度比$\dfrac{a_{CaF_2}}{a_{CaO}}$为已知。

以下介绍利用$\dfrac{a_{CaF_2}}{a_{CaO}}$活度比计算 a_{CaF_2}和 a_{CaO}的方法。

对于 A-B 二元系，由 G-D 公式：

$$d\lg a_A=-\frac{x_B}{x_A}d\lg a_B \tag{2-274}$$

积分

$$\lg a_A=-\int_{x_B=0}^{x_B}\frac{x_B}{x_A}d\lg a_B \tag{2-275}$$

设$\dfrac{a_A}{a_B}=R$，在恒温、恒压条件下，

$$R=\frac{a_A}{a_B}=f(x_A)$$

取对数并进行微分

$$d\lg R=d\lg a_A-d\lg a_B \tag{2-276}$$

将式(2-274)代入式(2-276)，并考虑到是二元系 $x_A+x_B=1$，则

$$\begin{aligned} d\lg R &=-\frac{x_B}{x_A}d\lg a_B-d\lg a_B \\ &=-\frac{1}{x_A}d\lg a_B \end{aligned}$$

或

$$d\lg a_B=-x_A d\lg R \tag{2-277}$$

将式(2-277)的 $\mathrm{dlg}a_B$ 代入式(2-275)：

$$\lg a_A = \int_{x_B=0}^{x_B} x_B \mathrm{dlg}\frac{a_A}{a_B} \tag{2-278}$$

因此利用已知的活度比$\frac{a_A}{a_B}$可分别求得组元活度。

2.6.5 利用相图数据求活度

参见第4章相图。

2.7 正规溶液及相关模型

前已述及溶液分为理想溶液、稀溶液和真实溶液。在进行热力学计算时，若已知溶液组成，对于理想溶液和稀溶液，很容易获得 i 组元的活度值，但是对于真实溶液则必须首先计算 i 组元活度系数或通过计算活度相互作用系数才能计算活度，计算比较繁杂。但是在所有的真实溶液中存在一些通过简单的参数就可以计算活度系数的溶液，可以简化活度计算的复杂性。最常用也是真实溶液中比例较大的溶液是正规溶液。

2.7.1 正规溶液的定义

若二元系溶液组元活度系数 γ_i 与浓度 x_i 之间存在如下关系（式中 α 在恒温条件下为常数）：

$$\begin{cases} \ln\gamma_1 = \alpha x_2^2 \\ \ln\gamma_2 = \alpha x_1^2 \end{cases} \tag{2-279}$$

则称该溶液为正规溶液。

2.7.2 正规溶液的性质

2.7.2.1 混合熵与混合焓

1. 混合熵

正规溶液的 i 组元偏摩尔混合熵与理想溶液相同，即

$$\Delta S_i = \Delta S_i^{id} = -R\ln x_i \tag{2-280}$$

正规溶液的混合熵由集合公式：

$$\Delta S_m = \sum x_i \Delta S_i = -R\sum x_i \ln x_i \tag{2-281}$$

i 组元的超额熵：

$$S_i^E = S_i - S_i^{id} = 0 \tag{2-282}$$

正规溶液的混合超额熵：

$$S^E = 0 \tag{2-283}$$

2. 混合焓

正规溶液 i 组元偏摩尔混合焓：

$$\Delta H_i \neq 0 \tag{2-284}$$

$$\begin{aligned}\Delta H_i &= H_i - H_i^* = (H_i^{id} + H_i^E) - H_i^* \\ &= (H_i^{id} - H_i^*) + H_i^E \\ &= \Delta H_i^{id} + H_i^E\end{aligned}$$

因为理想溶液的 $\Delta H_i^{id}=0$，所以

$$\Delta H_i = H_i^E \tag{2-285}$$

即

$$\Delta H_i = H_i^E = G_i^E + TS_i^E \tag{2-286}$$

又因为正规溶液的 $S_i^E=0$，所以

$$\Delta H_i = G_i^E = RT\ln\gamma_i \tag{2-287}$$

因此，正规溶液的混合焓为

$$\Delta H_m = H^E = G^E = \sum x_i G_i^E = RT\sum x_i \ln\gamma_i \tag{2-288}$$

对于正规溶液，有

$$\left(\frac{\partial G_i^E}{\partial T}\right)_{p,x_j} = -S_i^E = 0 \tag{2-289}$$

即

$$\left(\frac{\partial RT\ln\gamma_i}{\partial T}\right)_{p,x_j} = 0 \tag{2-290}$$

由式(2-289)和式(2-290)可推断：因为 G_i^E 和 $T\ln\gamma_i$ 与温度无关，所以 G^E、H_i^E、H^E 也均与温度无关，即

$$\Delta H_i = RT_1\ln\gamma_{T_1} = RT_2\ln\gamma_{T_2} = \cdots = \text{常数} \tag{2-291}$$

所以利用式(2-291)可以由 T_1 温度下的 γ_{T_1} 求出 T_2 温度下的 γ_{T_2}。

2.7.2.2　α 与温度的关系

由式(2-289)可知，正规溶液有

$$-S_i^E = \left(\frac{\partial G_i^E}{\partial T}\right)_{p,x_j} = \left(\frac{\partial RT\ln\gamma_i}{\partial T}\right)_{p,x_j} = 0 \tag{2-292}$$

考虑到 x_i 与 T 无关，所以上式可改写为

$$\frac{\partial\left(\dfrac{RT\ln\gamma_i}{(1-x_i)^2}\right)}{\partial T}(1-x_i)^2 = 0 \tag{2-293}$$

即

$$\frac{\partial(RT\alpha)}{\partial T} = 0 \tag{2-294}$$

令 $RT\alpha=\Omega$，由式(2-294)可知：

$$\Omega \neq f(T) \tag{2-295}$$

又因为 $\alpha \neq f(x_i)$，所以可知式中 Ω(J·mol^{-1})与温度、浓度均无关，恒

为常数。实际上 Ω 的物理意义是描述形成溶液前后体系的能量变化，若 $\Omega\to 0$，则表明形成理想溶液。

由于 Ω 与温度无关，则由 $\Omega=RT\alpha$ 可推断 α 是 $\frac{1}{T}$ 的函数，即

$$\alpha=f\left(\frac{1}{T}\right) \tag{2-296}$$

因为 Ω 恒定，所以必有

$$\frac{\alpha_{T_1}}{\alpha_{T_2}}=\frac{T_2}{T_1} \tag{2-297}$$

Ω 恒为常数与 $\alpha_{T_1}\cdot T_1=\alpha_{T_2}\cdot T_2$ 是正规溶液的两个重要性质。

2.7.2.3 正规溶液混合焓 ΔH_m 与浓度之间的关系

关于正规溶液混合焓 ΔH_m 与浓度之间的关系推导如下：

对于二元系的正规溶液，由于

$$\begin{aligned}\Delta H_m=G^E&=x_1G_1^E+x_2G_2^E\\&=x_1RT\ln\gamma_1+x_2RT\ln\gamma_2\\&=x_1(RT\alpha)x_2^2+x_2(RT\alpha)x_1^2\\&=RT\alpha x_1x_2(x_1+x_2)\\&=\Omega\, x_1x_2\end{aligned} \tag{2-298}$$

因为 Ω 是常数，所以 ΔH_m 必然与 x_i 呈抛物线关系且具有如下特征值：

(1) 因为当 $x_2=0$ 或 $x_1=1$ 时为纯溶液，必然有

$$\Delta H_m=0 \tag{2-299}$$

(2) 存在极值点　对式(2-298)求导数，有

$$\begin{aligned}\frac{\mathrm{d}\Delta H_m}{\mathrm{d}x_2}&=\frac{\mathrm{d}[\Omega(x_2-x_2^2)]}{\mathrm{d}x_2}\\&=\Omega(1-2x_2)\end{aligned} \tag{2-300}$$

根据数学原理，为了让 ΔH_m 取得极值，必使式(2-300)等于零，所以得到对应 ΔH_m 极值点的 $x_2=0.5$。

2.7.3 正规溶液性质的应用

1. 求 $\gamma_i^\ominus$

因为

$$\alpha=\frac{\ln\gamma_i}{(1-x_i)^2}=\text{定值} \tag{2-301}$$

又因为 $x_i\to 0$，$\gamma_i\to\gamma_i^\ominus$，所以

$$\alpha=\frac{\ln\gamma_i}{(1-x_i)^2}\bigg|_{x_i=0}=\ln\gamma_i^\ominus$$

由于式(2-301)在全浓度范围内($x_i=0\sim 1$)成立，所以若已知正规溶液任一浓度 x_i 所对应的 γ_i 就可以求出 i 组元的 $\gamma_i^\ominus$。

2. 由 α、Ω、ΔH_m 判断溶液的偏差性质

① 由 α 判断正、负偏差：

由 α 定义式

$$\alpha=\frac{\ln\gamma_i}{(1-x_i)^2}$$

若 $\alpha>0$,必然有 $\gamma_i>1$,所以若 $\alpha>0$,则该溶液的组元必为正偏差。

② 由 Ω 判断正、负偏差：

因为 $\Omega=RT\alpha$

所以 $\Omega>0$

即 $\alpha>0$

所以,若 $\Omega>0$,则该溶液的组元必为正偏差。

③ 由 ΔH_m 判断正、负偏差：

因为

$$\Delta H_m=G^E=RT\sum_{i=1}^{N}(x_i\ln\gamma_i)$$

若 $\Delta H_m>0$,有 $\gamma_i>1$,所以该溶液的组元必为正偏差。

3. 正规溶液与理想溶液热力学性质比较

归纳上述结果,对于正规溶液与理想溶液的热力学性质比较如下：

$$\begin{cases}(\text{i})\ \text{理想溶液}\begin{cases}\Delta H_i=0\\ \Delta S_i=-R\ln x_i\\ \Delta G_i=RT\ln x_i\end{cases}\\ (\text{ii})\ \text{正规溶液}\begin{cases}\Delta H_i=H^E=RT\ln\gamma_i\\ \Delta S_i=-R\ln x_i\\ \Delta G_i=RT\ln a_i=RT\ln\gamma_i+RT\ln x_i(=\Delta H_i-T\Delta S_i)\end{cases}\end{cases}$$

例 1 由实验测得 Zn-Cd 液态合金在 527 ℃ 时 γ_{Cd} 活度系数示于表 2-6,计算形成 $x_{Cd}=0.5$ 溶液时的 ΔH_{Cd}, ΔH_{Zn}, ΔH_m, ΔS_m, ΔG_{Zn}, ΔG_{Cd}, ΔG_m。

表 2-6 Zn-Cd 液态合金 γ_{Cd} 活度系数(527 ℃)

x_{Cd}	0.2	0.3	0.4	0.5
γ_{Cd}	2.153	1.817	1.544	1.352

解：首先判断 Zn-Cd 溶液是否属于正规溶液,即是否满足 $\alpha=\frac{\ln\gamma_i}{(1-x_i)^2}$。

有关 γ_{Cd} 的活度系数计算结果列于表 2-7。

表 2-7 Zn-Cd 液态合金有关 γ_{Cd} 活度系数计算结果汇总

x_{Cd}	$(1-x_{Cd})^2$	γ_{Cd}	$\ln\gamma_{Cd}$	$\dfrac{\ln\gamma_{Cd}}{(1-x_{Cd})^2}$
0.2	0.64	2.153	0.766 9	1.20
0.3	0.49	1.817	0.597 2	1.22
0.4	0.36	1.544	0.434 4	1.21
0.5	0.25	1.352	0.301 6	1.21

由表 2-7 可见，$\alpha=\dfrac{\ln\gamma_i}{(1-x_i)^2}=1.20\sim1.22$，基本为定值，所以该二元溶液可视为正规溶液（取 $\alpha=1.21$）。因此

$$\Delta H_{Cd}=RT\ln\gamma_{Cd}\Big|_{\substack{\gamma_{Cd}=1.352\\T=800\ K}}=2\ 006\ J\cdot mol^{-1}$$

又因为

$$\alpha=\frac{\ln\gamma_{Cd}}{(1-x_{Cd})^2}=\frac{\ln\gamma_{Zn}}{(1-x_{Zn})^2}$$

且

$$x_{Zn}=0.5$$

所以

$$\gamma_{Cd}=\gamma_{Zn}$$

即

$$\Delta H_{Zn}=\Delta H_{Cd}=2\ 006\ J\cdot mol^{-1}$$

因此

$$\Delta H_m=x_{Cd}\Delta H_{Cd}+x_{Zn}\Delta H_{Zn}=2\ 006\ J\cdot mol^{-1}$$

$$\Delta S_m=-R(x_{Cd}\ln x_{Cd}+x_{Zn}\ln x_{Zn})=5.763\ J\cdot mol^{-1}\cdot K^{-1}$$

$$\Delta G_{Zn}=\Delta G_{Cd}=RT\ln a_{Cd}=RT\ln\gamma_{Cd}x_{Cd}\Big|_{\substack{T=800\ K\\ \gamma_{Cd}=1.352\\ x_{Cd}=0.5}}=-2\ 604\ J\cdot mol^{-1}$$

$$\Delta G_m=x_{Zn}\Delta G_{Zn}+x_{Cd}\Delta G_{Cd}\Big|_{\substack{x_{Zn}=x_{Cd}=0.5\\ \Delta G_{Zn}=\Delta G_{Cd}=-2\ 604\ J\cdot mol^{-1}}}=-2\ 604\ J\cdot mol^{-1}$$

例 2 在 1 000～1 500 K 温度范围内，可将 Cu-Zn 液态合金视为正规溶液，已知 $\Omega=-19\ 250\ J\cdot mol^{-1}$，$\lg p^*_{Zn}=\left(-\dfrac{6\ 620}{T}-1.255\lg T+14.46\right)$ Pa。求：(1) 1 500 K 时，与 $x_{Cu}=0.6$ 合金平衡的 Zn 蒸气压；(2) 1 500 K 温度条件下形成该溶液的 ΔH_m。

解：(1) 计算 p_{Zn}

因为 $p_{Zn}=p^*_{Zn}a_{Zn}=p^*_{Zn}\gamma_{Zn}x_{Zn}$，且 p^*_{Zn} 可求，所以若求得 x_{Zn}、γ_{Zn}，即可求出 p_{Zn}。

由于

$$x_{Zn}=1-x_{Cu}=0.4$$

而 γ_{Zn} 根据题意，对于正规溶液，因为

$$\Omega=RT\alpha=\frac{RT\ln\gamma_{Zn}}{(1-x_{Zn})^2}$$

所以

$$\ln\gamma_{Zn}=(1-x_{Zn})^2\left.\frac{\Omega}{RT}\right|_{\substack{R=8.314\ \mathrm{J\cdot mol^{-1}\cdot K^{-1}}\\ T=1\ 500\ \mathrm{K}\\ \Omega=-19\ 250\ \mathrm{J\cdot mol^{-1}}\\ x_{Zn}=0.4}}=-0.556$$

即

$$\gamma_{Zn}=0.574$$

又因为 $\lg p_{Zn}^*\Big|_{T=1\ 500\ \mathrm{K}}=6.06$，$p_{Zn}^*=1.15\times10^6\ \mathrm{Pa}$

所以

$$p_{Zn}=p_{Zn}^*\cdot\gamma_{Zn}\cdot x_{Zn}=2.64\times10^5\ \mathrm{Pa}$$

(2) 计算 ΔH_m

$$\Delta H_m=\Omega\, x_{Cu}x_{Zn}=-4\ 620\ \mathrm{J\cdot mol^{-1}}$$

习题

1. 为什么引入活度的概念？活度的定义是什么？

2. $\gamma_i^\ominus$ 的物理意义是什么，热力学数据表中能否查到金属溶液中的 $\gamma_N^\ominus$，$\gamma_H^\ominus$？为什么？

3. 溶液中 ε_i^j 和 e_i^j 的定义式及其物理意义是什么？

4. 正规溶液的定义，以及正规溶液主要的热力学性质如何？

5. 理想溶液和稀溶液的定义及热力学特征是什么？

6. G_i，G^E，G_i^E，ΔG_i^{id}，ΔG_i 等热力学物理量的含义是什么？

7. 对于反应 $H_2+[S]═══H_2S$，由于定温和定 $\frac{p_{H_2S}}{p_{H_2}}$ 平衡条件下，S 的活度为定值，所以平衡时钢液中 S 含量必然相等。这种说法对否？为什么？

8. 500 ℃时，二元熔体的混合熵可用 $\Delta S_m=-x_1R\ln x_1-x_2R\ln x_2$ 表示，当 $x_1=0.22$ 时，平衡气相中 $p_1=40.20$ Pa，已知同温度下 $p_1^*=63.00$ Pa，求 ΔG_1 和 ΔH_1。

9. 在 1 500~1 600 ℃温度范围内，镍液中碳的活度系数与浓度的关系是 $\lg\gamma_C=-0.50+11x_C$，已知 $M_{Ni}=58.69\ \mathrm{g\cdot mol^{-1}}$，$M_C=12.01\ \mathrm{g\cdot mol^{-1}}$。求：1 500 ℃时 $C_{(石墨)}═══[C]$ 的 $\Delta G_C^\ominus$ 和形成[%C]=0.02 的镍溶液时的 ΔG_C。

10. 477 ℃时，Al-Zn 合金遵守以下关系：$RT\ln\gamma_{Zn}=7\ 322\ (1-x_{Zn})^2$，计算该温度下 $x_{Zn}=0.4$ 时 Al-Zn 合金中 Al 的活度。

第3章 指定过程的Gibbs自由能变化

计算指定过程的Gibbs自由能变化是热力学主要任务之一。

3.1 化学反应等温方程式

3.1.1 关于化学反应等温方程式

对于式(3-1)的指定过程:

$$aA(g)+b[B](l)═══dD(s)+e(E)(l) \tag{3-1}$$

式中,g、l、s分别代表气相、液相(溶液)及固相;方括号和圆括号分别代表该物质存在于金属溶液和熔渣中。

在恒温及分别指定金属溶液中B组元、熔渣中E组元的活度标准态条件下,指定过程式(3-1)的化学反应等温方程式,由式(3-2)描述:

$$\Delta G=\Delta G^{\ominus}+RT\ln J_p \tag{3-2}$$

式中,ΔG为指定过程的Gibbs自由能变化,$J\cdot mol^{-1}$;$\Delta G^{\ominus}$为指定过程的标准Gibbs自由能变化,$J\cdot mol^{-1}$;R为摩尔气体常数,$R=8.314\ J\cdot mol^{-1}\cdot K^{-1}$;$T$为热力学温度,K;$J_p$为混合商,量纲一的量,$J_p=\dfrac{a_D^d a_E^e}{\left(\dfrac{p_A}{p^{\ominus}}\right)^a a_B^b}$,$a_i$为$i$物质的活度。

3.1.1.1 等温方程式的作用

恒温恒压条件下,对于指定过程,判断自发进行方向及过程进行的最大限度。

(1) 判断指定过程的自发进行方向:

若$\Delta G<0$,则指定过程自发地正向进行;

若$\Delta G>0$,则指定过程自发地逆向进行;

若$\Delta G=0$,则指定过程处于动态平衡。

(2) 计算指定过程能进行的最大限度　指定过程能进行的最大限度就是反应达到平衡状态时的反应量。

3.1.1.2　使用等温方程式应注意事项

1. 一般注意事项

(1) 必须恒温；

(2) 不考虑时间因素，可认为是 $t\to\infty$ 时的反应状态；

(3) 判断指定过程的进行方向时，一定要用 ΔG 的数值，而不能用 $\Delta G^{\ominus}$；

(4) $\Delta G^{\ominus}$的数值与活度标准态选择有关；

(5) 标准态与物理学中的标准状况(0 ℃、101 325 Pa)及与化学反应的平衡状态($\Delta G=0$)有本质的区别。

2. 有溶剂参加反应时的注意事项

当有溶剂参加反应时，根据化学反应等温方程式(3-2)计算 ΔG 时应注意：

(1) J_p的数值与参与反应的各物质标准态选择有关；

(2) $\Delta G^{\ominus}$的取值也与参与反应各物质的标准态选择有关，但应注意 $\Delta G^{\ominus}$中对应的 i 物质标准态选择必须与 J_p 中对应的 i 物质标准态选择一致。

关于标准态的选择，原则上是人为主观任意而定，习惯上：

① 对于固体选择纯物质为标准态(纯固体活度为 1)；

② 对于液相(溶液)中的 i 组元可在 i 物质的纯物质、i 物质的假想纯物质或 i 物质的假想质量分数 1%三种标准态中任选一种；

③ 对于气体选择 $p^{\ominus}$ 为标准态，本书规定 $p^{\ominus}$ 为标准大气压($p^{\ominus}$ = 101 325 Pa)。应注意，有的教材或文献规定 $p^{\ominus}$ = 100 kPa，所以在进行热力学计算时，应注意 $p^{\ominus}$的数值。

3. 平衡常数 K 与标准 Gibbs 自由能变化 $\Delta G^{\ominus}$的关系

(1) 平衡常数是温度与标准态的函数　因为当反应达到平衡时，$\Delta G=0$，应用化学反应等温方程式，并考虑到平衡时的 J_p 就是平衡常数 K，所以有

$$\Delta G^{\ominus}=-RT\ln K \tag{3-3}$$

注意：因为 $\Delta G^{\ominus}$与各参与反应的物质标准态选择有关，所以平衡常数 K 不仅是温度的函数也是标准态的函数，即 $K=f(T,标准态)$。

(2) 平衡常数的真实性　虽然对于任意给出的化学反应均可从热力学数据表中查得相关数据计算出 $\Delta G^{\ominus}$，进而通过式(3-3)计算该反应的平衡常数 K，但是有时计算得到的平衡常数 K 不一定真实存在，原因在于给出的反应未必一定能达到平衡状态，即有时给出的反应中反应物和生成物不能平衡共存，或说该反应不真实存在。有关反应能否达到平衡的判断方法之一可参见 4.5 节。

3.1.2　化学反应等温方程式的应用

欲让指定过程正向进行，必须使该过程的 $\Delta G<0$。为了实现指定反应

正向进行，依据化学反应等温方程式，一般采取以下 4 种措施。

1. 温度

因为 $\Delta G=RT\ln\dfrac{J_p}{K}$，且因为 $K=f(T)$，所以通过改变温度，使得 $\Delta G<0$。

2. 体系压力

若有气相参加的反应，采用抽真空或加压的措施，通过改变气体的分压而改变 J_p，使得 $\Delta G<0$。

3. 浓度

对于有溶液参与的化学反应，通过改变反应物的浓度，即通过改变活度而改变 J_p，使得 $\Delta G<0$。

4. 加入第三种物质

如果某指定过程有溶液相参加，则通过向溶液中加入第三种物质（添加剂），改变溶液中参与反应的反应物或生成物的活度系数而改变 J_p，使得 $\Delta G<0$。

3.2 $\Delta G^\ominus$的计算

从化学反应等温方程式知，标准 Gibbs 自由能变化 $\Delta G^\ominus$和 J_p 值均对 ΔG 的数值产生影响。$\Delta G^\ominus$的计算方法如下。

3.2.1 积分法

根据热力学公式，对于 T 温度条件下指定过程的标准 Gibbs 自由能变化：

$$\begin{aligned}\Delta G^\ominus &= \Delta H^\ominus - T\Delta S^\ominus \\ &= \Delta H^\ominus_{298} + \int_{298}^{T}\Delta C_p\mathrm{d}T - T\left(\Delta S^\ominus_{298} + \int_{298}^{T}\frac{\Delta C_p}{T}\mathrm{d}T\right)\end{aligned} \tag{3-4}$$

注意：

① C_p 为定压热容，$\mathrm{J\cdot mol^{-1}\cdot K^{-1}}$，必须在指定的温度范围内使用，若超出指定的温度范围，应分段计算或注明使用 C_p 的外延值。

② 对于指定反应过程，定压热容变化由下式计算：

$$\Delta C_p = \left(\sum n_i C_{p,i}\right)_{\text{生成物}} - \left(\sum n_i C_{p,i}\right)_{\text{反应物}} \tag{3-5}$$

式中，n_i 是反应方程式中 i 物质的物质的量。

③ 在 298 K ~ T 温度区间中若存在相变，应加上相应的相变焓和相变熵。

综上可见，若使用式(3-4)计算 $\Delta G^\ominus$，必须掌握 C_p 数据，那么 C_p 如何获得呢？以下介绍 C_p 的获得方法。

3.2.1.1 直接测定法

由 C_p 的定义式：

$$C_p=\frac{\mathrm{d}H}{\mathrm{d}T} \tag{3-6}$$

采用量热法直接测定 C_p，特点是直接、准确，但工作量大，对设备精度要求高。

3.2.1.2 查表法

查表是常用的方法，如通过查附表一获得 C_p 数据。

3.2.1.3 估算法

若缺乏已知数据或某物质的 C_p 尚无人测定时，通常采用近似计算。

1. 气体

根据统计热力学原理确定单原子分子气体和双原子分子气体的 C_p。

（1）单原子分子气体：

$$C_p=\frac{5}{2}R=20.8\ \mathrm{J\cdot mol^{-1}\cdot K^{-1}} \tag{3-7}$$

（2）双原子分子气体　较低温度条件下，对于相对分子质量较小可忽略振动能的具有刚性性质的气体：

$$C_p=\frac{7}{2}R=29.18\ \mathrm{J\cdot mol^{-1}\cdot K^{-1}} \tag{3-8}$$

如 H_2，$C_{p,H_2(298\ K)}=29.22\ \mathrm{J\cdot mol^{-1}\cdot K^{-1}}$。

对于相对分子质量较大、非刚性气体，

$$C_p=\frac{9}{2}R=37.4\ \mathrm{J\cdot mol^{-1}\cdot K^{-1}} \tag{3-9}$$

如 I_2蒸气，$C_{p,I_2(298\ K)}=36.88\ \mathrm{J\cdot mol^{-1}\cdot K^{-1}}$。

由于高温下双原子分子气体的振动能不可忽略，呈非刚性性质，因此高温条件下双原子分子气体：

$$C_p=\frac{9}{2}R=37.41\ \mathrm{J\cdot mol^{-1}\cdot K^{-1}} \tag{3-10}$$

若考虑温度的影响，当气体分子的摩尔质量小于 40 $\mathrm{g\cdot mol^{-1}}$时，可采用如下经验式估算：

$$C_p=(28.05+4.19\times10^{-3}T/\mathrm{K})\ \mathrm{J\cdot mol^{-1}\cdot K^{-1}} \tag{3-11}$$

如 H_2，$T=298$ K 时，$C_{p,H_2(298\ K)}=29.30\ \mathrm{J\cdot mol^{-1}\cdot K^{-1}}$，与实测值 29.22 $\mathrm{J\cdot mol^{-1}\cdot K^{-1}}$ 非常接近；$T=2\ 000$ K 时，$C_{p,H_2(2\ 000\ K)}=36.43\ \mathrm{J\cdot mol^{-1}\cdot K^{-1}}$，与使用 $C_{p,H_2(2\ 000\ K)}=\frac{9}{2}R=37.41\ \mathrm{J\cdot mol^{-1}\cdot K^{-1}}$的估算值也非常接近。

2. 液体

对于液体来说，一般认为 $C_{p(l)}\neq f(T)$，因此可按原子物质的量加和估算 C_p。液态的原子摩尔定压热容一般为 30.35 $\mathrm{J\cdot mol^{-1}\cdot K^{-1}}$。

如对于液体 Na_2CO_3，因为 1 mol Na_2CO_3 由 2 mol Na、1 mol C 和 3 mol O 构成，共计有 6 mol 原子构成，因此 Na_2CO_3 的摩尔定压热容为

$$C_{p,\mathrm{Na_2CO_3}}=6\times30.35\ \mathrm{J\cdot mol^{-1}\cdot K^{-1}}=182.1\ \mathrm{J\cdot mol^{-1}\cdot K^{-1}}$$

与实测值 189.63 $\mathrm{J\cdot mol^{-1}\cdot K^{-1}}$相差很小。

3. 固体

（1）杜隆-珀蒂（Dulong-Petit）规则　该规则适用于元素。常温下对于一般元素，$C_p=26.50\ \mathrm{J\cdot mol^{-1}\cdot K^{-1}}$。

► **人物录 18. 杜隆**

杜隆（Pierre Louis Dulong），法国物理学家，化学家。1785 年 2 月出生于法国鲁昂。一生致力于比热容和气体的膨胀及折射率的研究。1820 年任巴黎综合理工大学物理学教授，1830 年当选瑞典皇家科学院外籍院士。

► **人物录 19. 珀蒂**

珀蒂（Alexis Thérèse Petit），法国物理学家。1791 年出生于法国上索恩省沃苏勒市。1807 年以理工大学允许的最低年龄入学，仅两年后，1809 年以优异成绩毕业，23 岁成为理工大学最年轻的物理学教授。

◎ **豆知识 12. Dulong-Petit（杜隆-珀蒂）定律**

杜隆-珀蒂定律也称原子热容定律。1819 年法国科学家杜隆和珀蒂测定了许多单质的比热容之后，发现了这个定律。比热容和原子量的乘积就是 1 mol 原子的温度升高 1 K 所需的热量，称为原子热容，所以这个定律也叫原子热容定律，即"大多数固态单质的原子热容几乎都相等"。室温下这个定律对大多数金属和一些非金属是正确的，但对于硼、铍、金刚石等则在高温下才正确。到 19 世纪中叶人们才逐渐认识到这是由于 1 mol 单质原子中所含原子数目相等，物体温度升高所需热量取决于原子的多少而与原子的种类无关。后来又用统计力学能量均分原理对此做了确切的理论推导。在物理学的研究中，杜隆-珀蒂定律首次揭示了宏观物理量比热容与微观粒子数之间的直接联系。

对于特殊元素，如金刚石 C、H、O 等的原子热容估算值见表 3-1。

表 3-1　各元素的原子 C_p 估算值

元素的原子摩尔定压热容	O	H	C	S	其他
$C_p/(\mathrm{J\cdot mol^{-1}\cdot K^{-1}})$	16.7	9.6	7.5	22.6	26.5

（2）诺伊曼-柯普（Neumann-Kopp）规则　该规则适用于化合物，如化合物 M_xN_y 的摩尔定压热容 C_p 等于各元素原子摩尔定压热容的代数和。

◎ **豆知识 13. Neumann-Kopp 规则**

诺伊曼-柯普规则：单位质量的合金比热容可以通过以下公式计算：

$$C=\sum_{i=1}^{N}(C_i\cdot f_i)$$

其中，N 是合金成分的总数，C_i是成分 i 的比热容，f_i是成分 i 的质量分数。

► **人物录 20. 诺伊曼**

诺伊曼（Franz Ernst Neumann），德国矿物学家、物理学家和数学家。1798 年 9 月出生于希姆斯塔尔，在柏林大学刚开始学习神学，之后转向科学科目。诺伊曼早期主要研究晶体，被柯尼斯堡大学聘为教师，1829 年成为矿物学和物理学教授，1831 年他研究了化合物比热容及现在称为诺伊曼定律的知识。1886 年获得科普利奖章。

► **人物录 21. 柯普**

柯普（Hermann Franz Moritz Kopp），德国化学家。1817 年 10 月出生于哈瑙。他的父亲约翰·海因里希·柯普（1777—1858）也是当地学校的化学、物理和自然历史学的教授。柯普曾在马尔堡和海德堡学习，之后由于敬仰李比希，1831 年去了吉森，在 1841 年成为大学讲师，12 年后成为化学教授。

4. 混合物

对于合金、炉渣、耐火材料、空气等混合物的摩尔定压热容 C_p 估算，可按比例进行算术加和。

5. 固体摩尔定压热容与温度的关系

(1) 298 K 条件下的 $C_{p(298\ K)}$ 可由杜隆-珀蒂规则或诺伊曼-柯普规则估算，令

$$C_{p(298\ K)}=\left(a+b\frac{T}{K}\bigg|_{T=298\ K}\right)\ J\cdot mol^{-1}\cdot K^{-1} \tag{3-12}$$

式中，a、b 为待定常数。

(2) 熔点温度下的液态 $C_{p(m)}$ 可由液体估算方法求得，即

$$C_{p(m)}=\sum n\cdot 30.35\ J\cdot mol^{-1}\cdot K^{-1} \tag{3-13}$$

再令

$$C_{p(m)}=\left(a+b\frac{T_m}{K}\right)\ J\cdot mol^{-1}\cdot K^{-1} \tag{3-14}$$

联立式(3-12)和式(3-13)，可确定 a、b 两个未知的参数。

例如，在 298 K 温度下使用诺伊曼-柯普规则估算 CuO 热容：$C_{p(298\ K)}=(16.7+26.5)\ J\cdot mol^{-1}\cdot K^{-1}=43.2\ J\cdot mol^{-1}\cdot K^{-1}$（实测值 $C_{p(298\ K)}=43.24\ J\cdot mol^{-1}\cdot K^{-1}$）。已知 CuO 熔点 $T_m=2\ 873$ K，由液体热容估算法，得

$$C_{p(T_m)}=2\times 30.35=60.70\ J\cdot mol^{-1}\cdot K^{-1}$$

将 $C_{p(298\ K)}$ 和 $C_{p(T_m)}$ 代入式(3-12)和式(3-13)联立求解，得

$$a=41.17,b=6.8\times 10^{-3}$$

所以当 $T=298\ K\sim T_m$ 温度范围内 CuO 的摩尔热容为

$$C_p=\left(41.17+6.8\times 10^{-3}\frac{T}{K}\right)\ J\cdot mol^{-1}\cdot K^{-1}$$

获得了 C_p 的数据，即可以计算 H、S、G 等热力学参数。

3.2.2 $\Delta G^{\ominus}\sim T$ 二项式

一般说来，$\Delta G^{\ominus}\sim T$ 为多项式，如

$$\Delta G^{\ominus}=A'+B'T\lg T+C'T^{-2}+D'T^{-1}+\cdots \tag{3-15}$$

式中，A'、B'、C'、D'等均为常数，可查表获得。

由于直接使用式(3-15)进行积分计算较为繁杂，所以 $\Delta G^{\ominus}$的表达式一般多采用二项式形式：

$$\Delta G^{\ominus}=\left(A+B\frac{T}{K}\right)\ J\cdot mol^{-1}\cdot K^{-1} \tag{3-16}$$

查热力学数据时涉及数据的精度问题，因此在进行热力学计算时应给予留意。精度一般分为四级：

A 级数据的相对误差　$\Delta\varepsilon\leqslant\pm 0.8\ kJ\cdot mol^{-1}$

B 级数据的相对误差　$\Delta\varepsilon=2\sim 4\ kJ\cdot mol^{-1}$

C 级数据的相对误差　$\Delta\varepsilon=10\sim 20\ kJ\cdot mol^{-1}$

D 级数据的相对误差　$\Delta\varepsilon = \pm 40\ \mathrm{kJ \cdot mol^{-1}}$

3.2.3 自由能函数法

自由能函数法是一种通过查表求 $\Delta G^{\ominus}$ 的方法。根据

$$G_T^{\ominus} = H_T^{\ominus} - TS_T^{\ominus}$$

得到

$$-S_T^{\ominus} = \frac{G_T^{\ominus} - H_T^{\ominus}}{T} \tag{3-17}$$

规定 0 K 或 298 K 为参考温度，定义自由能函数（fef）：

$$fef = \frac{G_T^{\ominus} - H_{\mathrm{ref}}^{\ominus}}{T} \tag{3-18}$$

所以由式（3-18）得

$$fef = -S_T^{\ominus} + \frac{H_T^{\ominus} - H_{\mathrm{ref}}^{\ominus}}{T} = \frac{G_T^{\ominus} - H_{\mathrm{ref}}^{\ominus}}{T} \tag{3-19}$$

或

$$\Delta fef = \Delta\left(\frac{G_T^{\ominus} - H_{\mathrm{ref}}^{\ominus}}{T}\right) = \frac{\Delta G_T^{\ominus}}{T} - \frac{\Delta H_{\mathrm{ref}}^{\ominus}}{T} \tag{3-20}$$

对于指定过程

$$\Delta G^{\ominus} = \Delta fef \cdot T + \Delta H_{\mathrm{ref}}^{\ominus} \tag{3-21}$$

自由能函数 Δfef 及 $\Delta H_{\mathrm{ref}}^{\ominus}$ 可查表获得，因此可由式（3-21）计算指定过程的 $\Delta G^{\ominus}$。

例　采用自由能函数法计算 2 000 K 温度时反应：

$$\mathrm{SiC(s)} + 2\mathrm{O_2(g)} = \mathrm{SiO_2(s)} + \mathrm{CO_2(g)}$$

的 $\Delta G^{\ominus}$。

解： 查表得

	$\dfrac{G_T^{\ominus}-H_{298}^{\ominus}}{T} \Big/ \mathrm{J \cdot mol^{-1} \cdot K^{-1}}$	$\dfrac{G_T^{\ominus}-H_0^{\ominus}}{T} \Big/ \mathrm{J \cdot mol^{-1} \cdot K^{-1}}$	$\Delta H_{298}^{\ominus} / \mathrm{kJ \cdot mol^{-1}}$	$H_{298}^{\ominus}-H_0^{\ominus} / \mathrm{J \cdot mol^{-1}}$
SiC (s)	-58.58	—	-111.71	3 251
SiO_2 (s)	-108.78	—	-878.22	6 983
O_2(g)	—	-234.74	0	8 660
CO_2(g)	—	-258.78	-393.51	9 364

由于表中所有物质采用的参考温度不一致，需换算成统一的参考温度，选参考温度为 298 K，则对于 O_2，

$$fef_{298,\mathrm{O_2}} = \frac{G_T^{\ominus} - H_{298}^{\ominus}}{T} = \frac{G_T^{\ominus} - H_0^{\ominus}}{T} - \frac{H_{298}^{\ominus} - H_0^{\ominus}}{T}\bigg|_{T=2\,000\ \mathrm{K}}$$

$$= \left(-234.74 - \frac{8\,660}{2\,000}\right)\mathrm{J \cdot mol^{-1} \cdot K^{-1}} = -239.07\ \mathrm{J \cdot mol^{-1} \cdot K^{-1}}$$

同理，对于 CO_2，

$$fef_{298,CO_2}=\frac{G_T^\ominus-H_{298}^\ominus}{T}=\left(-258.78-\frac{9\ 364}{2\ 000}\right)\ \mathrm{J\cdot mol^{-1}\cdot K^{-1}}$$
$$=-263.46\ \mathrm{J\cdot mol^{-1}\cdot K^{-1}}$$

因为 $$\Delta G^\ominus=\Delta fef\cdot T+\Delta H_{ref}^\ominus$$

当参考温度 $T_{ref}=298$ K 时，则

$$\Delta H_{ref}^\ominus=\Delta H_{298}^\ominus=\Delta H_{298,CO_2}^\ominus+\Delta H_{298,SiO_2}^\ominus-\Delta H_{298,SiC}^\ominus-2\Delta H_{298,O_2}^\ominus$$
$$=[-393.51-878.22-(-111.71)-2\times 0]\ \mathrm{kJ\cdot mol^{-1}}$$
$$=-1\ 160.02\ \mathrm{kJ\cdot mol^{-1}}$$

$$\Delta fef=fef_{CO_2}+fef_{SiO_2}-fef_{SiC}-2fef_{O_2}$$
$$=[-263.46+(-108.78)-(-58.58)-2\times(-239.07)]\ \mathrm{J\cdot mol^{-1}\cdot K^{-1}}$$
$$=164.48\ \mathrm{J\cdot mol^{-1}\cdot K^{-1}}$$

所以

$$\Delta G^\ominus=\Delta fef\cdot T+\Delta H_{ref}^\ominus$$
$$=(164.48\times 2\ 000-1\ 160\ 020)\ \mathrm{J\cdot mol^{-1}}=-831\ 060\ \mathrm{J\cdot mol^{-1}}$$

注意：

① 数据表中的参考温度，气体物质一般为 0 K，而凝聚态一般为 298 K，需换算。

② 换算参考温度时，需使用($H_{298}^\ominus-H_0^\ominus$)数据，该数据可经查表获得。

3.2.4 Barin 法

Barin 方法是计算 T 温度下 i 物质标准 Gibbs 自由能 $G_i^\ominus$，属于积分法。

根据热力学理论，T 温度下 i 物质的标准焓 $H_{i,T}^\ominus$ 为

$$H_{i,T}^\ominus=H_{i,298}^\ominus+\int_{298}^{T}C_{p,i}\mathrm{d}T+\sum\Delta H_i \tag{3-22}$$

式中，$H_{i,298}^\ominus$ 为 298 K 下 i 物质的标准焓，J · mol^{-1}，$H_{i,298}^\ominus$ 可由热力学数据表查得，稳定单质情况下，$H_{i,298}^\ominus=0$；$\sum\Delta H_i$ 为 298 K～T 温度区间所有的相变焓之和，J · mol^{-1}。

又因为

$$S_{i,T}^\ominus=S_{i,298}^\ominus+\int_{298}^{T}\frac{C_{p,i}}{T}\mathrm{d}T+\sum\frac{\Delta H_i}{T} \tag{3-23}$$

因此，由热力学关系式可计算 $G_{i,T}^\ominus$

$$G_{i,T}^\ominus=H_{i,T}^\ominus-TS_{i,T}^\ominus \tag{3-24}$$

3.2.5 化学反应平衡法求 $\Delta G^\ominus$

对于平衡反应，因为存在 $\Delta G^\ominus=-RT\ln K$，所以测定不同温度下的 K，由最小二乘回归方法可得到 $\Delta G^\ominus=A+BT$ 的形式。关于化学反应平衡法一般有两种：

3.2.5.1 直接法

1. 直接测定平衡分压

例如，对于反应

$$Si(s)+SiO_2(s) = 2SiO(g) \tag{3-25}$$

平衡常数为

$$K=\left(\frac{p_{SiO}}{p^\ominus}\right)^2 \tag{3-26}$$

用气体携带法测得不同温度下的 p_{SiO}(Pa)，然后通过 $\Delta G^\ominus=-RT\ln K$ 求出 $\Delta G^\ominus$，最终可得

$$\Delta G^\ominus=\left(683\ 550-329.61\frac{T}{K}\right)\ J\cdot mol^{-1}$$

2. 通过测定活度与分压计算 $\Delta G^\ominus$

等温条件下，对于反应 A(g)⟶B(l)达到平衡状态时的标准 Gibbs 自由能变化 $\Delta G^\ominus$ 为

$$\Delta G^\ominus=-RT\ln\frac{a_B}{\left(\dfrac{p_{A(g)}}{p^\ominus}\right)} \tag{3-27}$$

因此测定平衡状态下生成物 B 物质的活度及反应物 A 气体的分压，即可得到温度 T 条件下的 $\Delta G^\ominus$，进而测得不同温度下的 $\Delta G^\ominus$，通过最小二乘回归计算获得 $\Delta G^\ominus=A+BT$ 二项式。

3.2.5.2 间接法

事实上多数反应的平衡分压难以直接测定，如 1 000 K 温度条件下反应

$$Fe(s)+\frac{1}{2}O_2 = FeO(s) \tag{3-28}$$

的平衡氧分压 $p_{O_2}\approx10^{-16}$ Pa 很小，无法直接测定，因此需采用间接的方法：一般采用 CO/CO_2 或 H_2/H_2O 混合气体，测定 Fe、FeO、CO、CO_2 或 Fe、FeO、H_2、H_2O 混合体系的平衡值，进而再通过反应

$$CO+\frac{1}{2}O_2 = CO_2 \quad 或 \quad H_2+\frac{1}{2}O_2 = H_2O \tag{3-29}$$

确定 p_{O_2}，间接求 $\Delta G^\ominus$。

例如，1 000 K 温度条件下，测定 FeO 还原时的 CO 与 CO_2 平衡浓度，求得 CO 与 CO_2 平衡分压，并计算平衡常数 K。

$$FeO(s)+CO = Fe(s)+CO_2 \quad ① \quad K=\frac{p_{CO_2}}{p_{CO}}\bigg|_{T=1\ 000\ K}=0.624$$

所以，1 000 K 温度条件下标准 Gibbs 自由能变化：

$$\Delta G_1^\ominus\bigg|_{T=1\ 000\ K}=-RT\ln K=3\ 920\ J\cdot mol^{-1}$$

又因为

$$CO+\frac{1}{2}O_2 = CO_2 \quad ② \quad \Delta G_2^\ominus=\left(-280\ 900+85.3\frac{T}{K}\right)\ J\cdot mol^{-1}$$

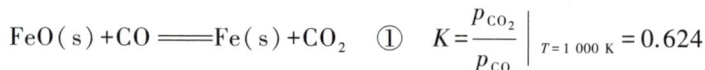

1 000 K 温度条件下

$$\Delta G_2^\ominus \Big|_{T=1\,000\ \mathrm{K}} = -195\ 600\ \mathrm{J \cdot mol^{-1}}$$

所以由②-①得

$$\mathrm{Fe(s)} + \frac{1}{2}\mathrm{O_2} = \mathrm{FeO(s)} \quad ③ \quad \Delta G_3^\ominus \Big|_{T=1\,000\ \mathrm{K}} = \Delta G_2^\ominus - \Delta G_1^\ominus = -199\ 520\ \mathrm{J \cdot mol^{-1}}$$

改变实验温度，重复上述实验测定，即可获得不同温度下的 K 和 $\Delta G^\ominus$，进而得到 $\Delta G^\ominus$与温度 T 的二项式关系。

3.2.6 电化学法测定标准生成自由能 $\Delta_f G^\ominus$

由电化学知

$$\Delta G = -nFE \tag{3-30}$$

式中，n 为电化学反应的得失电子数；F 为法拉第常数，$F = 96\ 500\ \mathrm{C \cdot mol^{-1}}$；$E$ 为电动势，V。

若体系中各物质均处于标准态，则此时的自由能变化为标准 Gibbs 自由能变化，即

$$\Delta G^\ominus = -nFE^\ominus \tag{3-31}$$

式中，$E^\ominus$为标准电动势，V。

◎ 豆知识 14. 法拉第常数 F

法拉第常数（F）以迈克尔·法拉第命名，是近代科学研究中重要的物理常数，代表每摩尔电子所携带的电荷量，单位 $\mathrm{C \cdot mol^{-1}}$，是阿伏加德罗常数 $N_A = 6.022\ 14 \times 10^{23}\ \mathrm{mol^{-1}}$ 与电子电荷量 $e = 1.602\ 176 \times 10^{-19}\ \mathrm{C}$ 的乘积，即 $F = N_A \times e$。法拉第常数的值 $F = 96\ 485.336\ 5 \pm 0.002\ 1\ \mathrm{C \cdot mol^{-1}}$ 或近似为 $F = 96\ 500\ \mathrm{C \cdot mol^{-1}}$。

► 人物录 22. 法拉第

迈克尔·法拉第（Michael Faraday），英国物理学家、化学家。1791 年 9 月出生于英国萨里郡纽因顿。法拉第是英国皇家学会院士，在电磁和电化学领域做出了突出的贡献，发现了包括电磁感应、抗磁性和电解在内的几大原理，获得过科普利奖章、阿尔伯特勋章等奖项。1831 年法拉第发现的电磁感应现象，奠定了电磁学基础。

1. 直接测定标准生成 Gibbs 自由能 $\Delta_f G^\ominus$

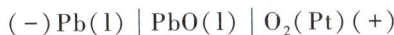

以测定 PbO 标准生成 Gibbs 自由能 $\Delta_f G^\ominus_{\mathrm{PbO}}$为例，设计电池：

$$(-)\mathrm{Pb(l)} \mid \mathrm{PbO(l)} \mid \mathrm{O_2(Pt)}(+)$$

半电池反应

负极：　$\mathrm{Pb(l)} = \mathrm{Pb^{2+}} + 2e^-$

正极：　$\frac{1}{2}\mathrm{O_2} + 2e^- = \mathrm{O^{2-}}$

所以，总电池反应

$$\mathrm{Pb(l)} + \frac{1}{2}\mathrm{O_2} = \mathrm{Pb^{2+}} + \mathrm{O^{2-}} = \mathrm{PbO(l)} \tag{3-32}$$

测得各物质处于标准态时的电动势 E，即为标准电动势 $E^\ominus$，根据

$$\Delta_f G^\ominus_{\mathrm{PbO}} = -nFE^\ominus \tag{3-33}$$

可以获得 $\Delta_f G^\ominus_{\mathrm{PbO}}$。

2. 间接测定标准生成 Gibbs 自由能 $\Delta_f G^\ominus$

利用 ZrO_2 固体电解质电池法间接测定 $\Delta_f G^\ominus_{FeO}$，设计电池：

$$(-)(Pt)Fe,FeO \mid ZrO_2+CaO \mid Ni,NiO(Pt)(+)$$

半电池反应

负极：$Fe+O^{2-} = FeO+2e^-$

正极：$NiO+2e^- = Ni+O^{2-}$

所以，总电池反应

$$Fe(s)+NiO(s) = FeO(s)+Ni(s) \tag{3-34}$$

$$\Delta G^\ominus = \Delta_f G^\ominus_{FeO} - \Delta_f G^\ominus_{NiO} = -nFE^\ominus \big|_{n=2} \tag{3-35}$$

可见若采用其他方法测定 $\Delta_f G^\ominus_{NiO}$，再通过实验测定 $E^\ominus$，即可确定 $\Delta_f G^\ominus_{FeO}$。

3. 复合化合物的标准生成 Gibbs 自由能 $\Delta_f G^\ominus$

以固体电解质电池法测定 $FeTiO_3$（$FeO \cdot TiO_2$）生成 Gibbs 自由能为例，设计电池：

$$(-)(Pt)Fe,TiO_2,FeO \cdot TiO_2 \mid ZrO_2+CaO \mid Ti,TiO_2(Pt)(+)$$

电池反应

负极：$O^{2-}+Fe+TiO_2 = FeO \cdot TiO_2+2e^-$

正极：$FeO+2e^- = Fe+O^{2-}$

所以，总电池反应

$$FeO+TiO_2 = FeO \cdot TiO_2 \tag{3-36}$$

由于各物质均不互溶，若各物质均处于标准态，则测得的电动势即为反应式(3-36)的标准电动势。

因此，反应式(3-36)的标准 Gibbs 自由能变化为

$$\Delta G^\ominus = \Delta_f G^\ominus_{FeO \cdot TiO_2} - \Delta_f G^\ominus_{NiO} - \Delta_f G^\ominus_{FeO} = -nFE^\ominus \tag{3-37}$$

若 $\Delta_f G^\ominus_{FeO}$ 与 $\Delta_f G^\ominus_{NiO}$ 已知，则由实验测定的 $E^\ominus$ 可以计算 $\Delta_f G^\ominus_{FeO \cdot TiO_2}$。

注意：$\Delta_f G^\ominus_{FeO \cdot TiO_2}$ 是反应

$$Fe+Ti+\frac{3}{2}O_2 = FeO \cdot TiO_2$$

的标准 Gibbs 自由能变化 $\Delta G^\ominus$，而不是反应

$$FeO+TiO_2 = FeO \cdot TiO_2$$

的标准 Gibbs 自由能变化 $\Delta G^\ominus$，也不是反应

$$Fe+TiO_2+\frac{1}{2}O_2 = FeO \cdot TiO_2$$

的标准 Gibbs 自由能变化 $\Delta G^\ominus$。

3.3 化学反应等温方程式的应用

化学反应等温方程式广泛应用于确定反应进行的可能性和确定适宜的反应条件。

3.3.1 判定反应进行方向

等温等压条件下,根据化学反应等温方程式可以判断指定过程的自发进行方向。例如,若计算求得某指定过程的 $\Delta G<0$,则可判断该过程能够自发地正向进行。

3.3.2 确定适宜的反应条件

化学反应等温方程式在冶金领域及材料制备方面具有很强的实用性,是确定某冶金或材料制备工程中适宜的气氛、温度等反应条件,以及选择反应容器(如坩埚)材质的重要依据。

1. 气氛

以下举例说明选择适宜气氛条件的方法。

例如,用 CaS 固体电解质制备的原电池测定钢液中硫活度 $a_{[S]}$,但若氧势较高,将发生反应 $CaS(s)+[O]═CaO(s)+[S]$,影响测定结果,因此测定时需控制气氛,已知钢液含[S]0.05%、[C]0.6%,试确定 1 600 ℃温度条件下的气相中最大允许氧含量。

解:查有关热力学数据:

$$Ca(g)+\frac{1}{2}O_2(g)═CaO(s) \quad ① \quad \Delta G_1^\ominus=\left(-900\ 300+275.1\frac{T}{K}\right)\ J\cdot mol^{-1}$$

$$Ca(g)+\frac{1}{2}S_2(g)═CaS(s) \quad ② \quad \Delta G_2^\ominus=\left(-548\ 100+103.8\frac{T}{K}\right)\ J\cdot mol^{-1}$$

$$\frac{1}{2}O_2(g)═[O]_{\%} \quad ③ \quad \Delta G_3^\ominus=\left(-117\ 150-2.89\frac{T}{K}\right)\ J\cdot mol^{-1}$$

$$\frac{1}{2}S_2(g)═[S]_{\%} \quad ④ \quad \Delta G_4^\ominus=\left(-135\ 060+23.43\frac{T}{K}\right)\ J\cdot mol^{-1}$$

$$e_S^S=-0.028, e_S^O=-0.27, e_S^C=0.113$$

$$e_O^O=-0.20, e_O^S=-0.133, e_O^C=-0.44$$

将上述反应进行线性组合:④+①-②-③得

$$CaS(s)+[O]═CaO(s)+[S] \quad ⑤ \quad \Delta G_5^\ominus=\left(-370\ 110+197.62\frac{T}{K}\right)\ J\cdot mol^{-1}$$

为了不使反应自发地正向进行,必须满足:

$$\Delta G_5=\Delta G_5^\ominus+RT\ln\frac{a_{[S]}}{a_{[O]}}\geqslant 0 \qquad ⑥$$

因为

$$\lg f_S=e_S^S[\%S]+e_S^O[\%O]+e_S^C[\%C]=0.066-0.27[\%O]$$

$$\lg f_O=e_O^O[\%O]+e_O^S[\%S]+e_O^C[\%C]=-0.271-0.20[\%O]$$

代入⑥式,得

$$[\%O]\leqslant 0.107\ 18$$

由于与钢液中[O]平衡的气相中氧分压的反应式为

$$\frac{1}{2}O_2 = [O] \quad ③ \quad \Delta G_3^{\ominus} = \left(-117\ 150 - 2.89\frac{T}{K}\right)\ J \cdot mol^{-1}$$

$$K_3 = \exp\left(-\frac{\Delta G_3^{\ominus}}{RT}\right) = \frac{a_{[O]}}{\left(\frac{p_{O_2}}{p^{\ominus}}\right)^{1/2}}$$

所以

$$p_{O_2} = \left[a_{[O]} \cdot \exp\left(+\frac{\Delta G_3^{\ominus}}{RT}\right)\right]^2 \cdot p^{\ominus}$$
$$= 4.42 \times 10^{-5}\ Pa$$

因此,为了使 CaS 稳定存在,需控制气相中的氧分压不超过 4.42×10^{-5} Pa。

2. 温度

举例说明选择反应温度条件的方法。

某钒钛磁铁矿(V、Ti、Fe 共生矿)经选矿获得铁精矿和钛精矿。铁精矿经高炉冶炼,使 Fe、V 还原得到含钒铁水,含钒铁水经吹氧,使铁水中的钒转化为氧化物进入渣中获得含钒渣和铁水(半钢),实现铁、钒的分离。在吹氧过程中,为了使铁水中钒氧化,而不让铁水中碳氧化,必须选择合适的吹钢渣(V_2O_3)温度,即选择“去钒保碳”的适宜温度条件。

设铁水和炉渣成分为:铁水,[C]4.0%、[V]0.4%、[Si]0.8%、[P]0.6%;炉渣,(FeO)54.91%、(SiO_2)19.10%、(V_2O_3)6.89%、(CaO)19.10%,并已知:$\gamma_{V_2O_3} = 10^{-5}$。

关于[C]、[V]的氧化反应,相关热力学数据有

$$2V + \frac{3}{2}O_2 = V_2O_3 \quad ① \quad \Delta G_1^{\ominus} = \left(-1\ 202\ 900 + 237.5\frac{T}{K}\right)\ J \cdot mol^{-1}$$

$$C + \frac{1}{2}O_2 = CO \quad ② \quad \Delta G_2^{\ominus} = \left(-114\ 400 - 85.8\frac{T}{K}\right)\ J \cdot mol^{-1}$$

$$V(s) = [V] \quad ③ \quad \Delta G_3^{\ominus} = \left(-20\ 710 - 45.61\frac{T}{K}\right)\ J \cdot mol^{-1}$$

$$C(s) = [C] \quad ④ \quad \Delta G_4^{\ominus} = \left(22\ 590 - 42.26\frac{T}{K}\right)\ J \cdot mol^{-1}$$

$$V_2O_3 = (V_2O_3) \quad ⑤ \quad \Delta G_5^{\ominus} = 0$$

$$e_C^C = 0.19, e_C^V = -0.038, e_C^{Si} = 0.106, e_C^P = 0.057,$$
$$e_V^V = 0.02, e_V^C = -0.174, e_V^{Si} = 0.27, e_V^P = -0.008$$

线性组合$\frac{1}{3}$①-②-$\frac{2}{3}$③+④+$\frac{1}{3}$⑤,得

$$\frac{2}{3}[V] + CO = \frac{1}{3}(V_2O_3) + [C] \quad ⑥ \quad \Delta G_6^{\ominus} = \left(-250\ 170 + 153.11\frac{T}{K}\right)\ J \cdot mol^{-1}$$

为了“去钒保碳”,应使反应⑥正向进行,即

$$\Delta G_6=\Delta G_6^{\ominus}+RT\ln\frac{a_{V_2O_3}^{1/3}a_{[C]}}{a_{[V]}^{2/3}\left(\frac{p_{CO}}{p^{\ominus}}\right)}<0$$

为了计算方便起见，设 $p_{CO}=p^{\ominus}$，代入上式，得

$$\left(-250\ 170+153.11\frac{T}{K}\right)+8.314\frac{T}{K}\times\left[\frac{1}{3}\ln(\gamma_{V_2O_3}\cdot x_{V_2O_3})+\ln(f_C\cdot[\%C])-\frac{2}{3}\ln f_V[\%V]\right]<0$$

经计算得到：$x_{V_2O_3}=0.031$，$f_C=7.31$，$f_V=0.334$

所以解出反应温度：

$$T<1\ 659\ K(1\ 386\ ℃)$$

即反应温度不能高于 1 386 ℃，否则碳也将与钒同时被氧化。

3. 稳定存在物质的判断

在指定反应条件下，根据反应的自发进行方向可判断稳定存在的物质。

4. 耐火材料(坩埚)的选择

在科学研究或生产过程中，有时需要考察耐火材料(坩埚)的化学稳定性，或者说耐火材料是否参与反应过程而受到侵蚀。

例 1 600 ℃，$\frac{p_{H_2O}}{p_{H_2}}=10^{-5}$条件下，能否使用 Al_2O_3 材质的刚玉坩埚或 SiO_2 材质的石英坩埚？

(1) 考察刚玉坩埚

分析考察 1 600 ℃，H_2 还原时，刚玉坩埚是否稳定，等同于考察如下反应能否自发地正向进行。

$$Al_2O_3(s)+2H_2 = Al_2O(g)+2H_2O(g) \quad ①$$

$$\Delta G_1^{\ominus}=\left(990\ 770-266.65\frac{T}{K}\right)\ J\cdot mol^{-1}$$

$$\Delta G_1=\Delta G_1^{\ominus}+RT\ln\frac{p_{H_2O}^2}{p_{H_2}^2}\frac{p_{Al_2O}}{p^{\ominus}}$$

所以根据体系中气氛条件$\frac{p_{H_2O}}{p_{H_2}}=10^{-5}$，解出 $T=1\ 873$ K 时平衡分压$(p_{Al_2O})_{平衡}=20$ Pa，由于该值很小，故认为该条件下可以使用 Al_2O_3 坩埚。

(2) 考察石英坩埚

同理考察 1 600 ℃下，使用石英坩埚对 H_2 气氛的稳定性。

因为反应

$$SiO_2(s)+H_2(g) = SiO(g)+H_2O(g) \quad ②$$

$$\Delta G_2^{\ominus}=\left(529\ 280-181.78\frac{T}{K}\right)J\cdot mol^{-1}$$

$T=1\ 873\ \mathrm{K}, \dfrac{p_{H_2O}}{p_{H_2}}=10^{-5}$时，利用

$$\Delta G_2=\Delta G_2^{\ominus}+RT\ln\frac{p_{H_2O}}{p_{H_2}}\frac{p_{SiO}}{p^{\ominus}}=0$$

解出 SiO 气体的平衡分压为$(p_{SiO})_{平衡}=54\ 982\ \mathrm{Pa}$，值较大，表明 1 600 ℃时 H_2还原剂条件下石英不宜作坩埚材料。

3.4 平衡移动原理的应用

因为化学反应平衡是有条件的，当条件发生变化时，平衡将被打破，进而达到新的平衡。平衡移动遵循勒夏特列平衡移动原理(Le Chatelier's principle)，即反应将自发地向抵抗条件变化方向移动，那么，改变平衡的条件有哪些呢？

◎ 豆知识 15. 勒夏特列平衡移动原理(Le Chatelier's principle)

勒夏特列平衡移动原理又名"化学平衡移动原理"，由法国化学家勒夏特列于1888年发现。是一个定性预测化学平衡点的原理，内容为：如果改变可逆反应的条件(如浓度、压力、温度等)，化学平衡就被破坏，并向减弱这种改变的方向移动。如一个可逆反应中，当增加反应物的浓度时，平衡要向正反应方向移动，平衡的移动使得增加的反应物浓度会逐步减少。

在有气体参加或生成的可逆反应中，当增加压力时，平衡总是向压力减小的方向移动，如在 $N_2+3H_2 \rightleftharpoons 2NH_3$ 可逆反应中，达到一个平衡后，对这个体系进行加压，旧的平衡要被打破，平衡向压力减小的方向移动，即向反应向正反应方向移动。

► 人物录 23. 勒夏特列

勒夏特列(Le Chatelier)，法国化学家。1850年10月出生于法国巴黎。从小受化学家们的熏陶，中学时代特别爱好化学实验，1875年以优异成绩毕业于巴黎工业大学，1887年获博士学位。曾研究过水泥的煅烧和凝固、陶器和玻璃器皿的退火、磨蚀剂的制造及燃料、玻璃和炸药等问题，探讨从化学反应中得到最高产率的方式方法。发明了热电偶和可测定3 000 ℃以上高温的光学高温计。此外，勒夏特列发明的氧炔焰发生器迄今仍应用于金属的切割和焊接。

3.4.1 温度的影响

根据等压方程：

$$\left(\frac{\partial \ln K}{\partial T}\right)_p=\frac{\Delta H}{RT^2} \tag{3-38}$$

对于 $\Delta H<0$ 放热反应，当温度升高时导致平衡常数减小，反之，对于 $\Delta H>0$ 吸热反应，当温度升高时将导致平衡常数增加，因此，对于 $\Delta H<0$ 反

应，提高温度不利于反应正向进行，反之亦然。

例如，火法冶炼镍时，为了去除冰镍（主要成分 FeS 与 Ni_3S_2）中的硫，通常采用吹氧方式。那么是高温条件适于脱硫保镍还是低温条件适于脱硫保镍？判断适宜的冶炼温度方法如下。

选取金属液中的[Ni]以纯固态 Ni 为标准态时，对于反应

$$2[\mathrm{Ni}]+\mathrm{O_2}=\!=\!=2\mathrm{NiO(s)} \quad ① \quad \Delta G_1^{\ominus}=\left(-505\ 009+189.20\frac{T}{\mathrm{K}}\right)\ \mathrm{J\cdot mol^{-1}}$$

$$[\mathrm{S}]+\mathrm{O_2}=\!=\!=\mathrm{SO_2(g)} \quad ② \quad \Delta G_2^{\ominus}=\left(-208\ 154+45.69\frac{T}{\mathrm{K}}\right)\ \mathrm{J\cdot mol^{-1}}$$

由线性组合，②-①得

$$[\mathrm{S}]+2\mathrm{NiO(s)}=\!=\!=\mathrm{SO_2(g)}+2[\mathrm{Ni}] \qquad ③$$

$$\Delta G_3^{\ominus}=\left(296\ 855-143.51\frac{T}{\mathrm{K}}\right)\ \mathrm{J\cdot mol^{-1}}$$

因为 $\Delta G_3^{\ominus}$ 表达式中的常数项大于零，可认为 $\Delta H>0$，反应③为吸热反应，所以为了确保[Ni]不被氧化，让平衡向右移动，应提高温度，即高温有利于脱硫保镍。

3.4.2 压力的影响

总压是平衡移动的重要影响因素之一，对于气体物质的量变化为增容 $\Delta\nu_i>0$（ν_i 为参加反应 i 种气体的物质的量，$\Delta\nu_i=\sum\nu_{i(\text{气相生成物})}-\sum\nu_{i(\text{气相反应物})}$）的反应，若降低体系总压，反应自发地向正方向移动；反之，气体物质的量变化为减容 $\Delta\nu_i<0$ 的反应，若增加体系总压，也有利于反应正向移动。同样对于上述脱硫保镍工艺，由于产物之一是 SO_2 气体，该反应属于气体物质的量增容状况，所以应采用真空冶炼，有利于脱硫。

注意：压力的变化不会影响平衡常数 K 值，因为平衡常数不是压力的函数。

3.4.3 组元浓度的影响

若降低产物的浓度，则反应将正向移动；反之，降低反应物浓度，反应将逆向移动。

3.5 固体电解质及其应用

实际生产或实验研究过程中，经常采用固体电解质测定指定过程的 $\Delta G^{\ominus}$ 或某组元的活度。1957 年，Wagner 曾采用 ZrO_2 固体电解质进行有关的热力学参数测定研究，目前 ZrO_2 固体电解质广泛地应用于冶金及其他领域。

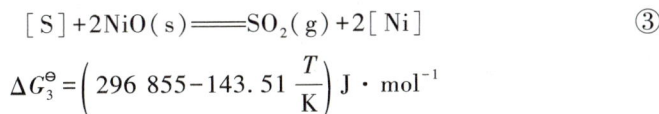

3.5.1 固体电解质

1. 电导体分类

(1) 金属导体　金属导体依靠自由电子定向运动完成导电功能，一般被称为第一类导电体，其特征在于：金属导体的电导率 $\sigma(\Omega^{-1}\cdot m^{-1})$ 随温度的升高而降低。

(2) 电解质导体　电解质导体是依靠离子定向运动完成导电功能，一般被称为第二类导电体，其特征在于：导电的同时伴有物质迁移，电解质导体的电导率 $\sigma(\Omega^{-1}\cdot m^{-1})$ 随温度的升高而增加。

2. 适宜电解质材质的确定

虽然第二类导电体具有温度升高电导率增加的特性，但高温冶金条件下性质稳定的固体电解质为数不多，能满足高温且性质稳定的部分固体电解质的化学成分及导电介质列于表 3-2 中。

表 3-2　部分固体电解质的化学成分及导电介质

固体氧化物		卤化物		硫化物	
化学成分	导电介质	化学成分	导电介质	化学成分	导电介质
MgO	Mg^{2+}	CuCl	Cu^{+}	CaS	Ca^{2+}
ZrO_2-CaO	O^{2-}			Na_2S-Na_2O	Na^{+}

冶金生产中一般采用 ZrO_2 电解质，但由于 ZrO_2 在 1 150 ℃时发生相变，使得电解质导电性质不稳定，因此采用添加 CaO 或 MgO 等介质的方法，经高温煅烧获得具有稳定导电性质的 ZrO_2 基 ZrO_2-CaO 或 ZrO_2-MgO 固体电解质，如 ZrO_2-9%molCaO 的 ZrO_2 基固体电解质。

3.5.2 固体电解质电池工作原理

以固体电解质电池测定氧势（以下称定氧）为例，设电池两端Ⅰ、Ⅱ的氧分压分别为 $p_{O_2}^{(\text{I})}$ 和 $p_{O_2}^{(\text{II})}$，并设 $p_{O_2}^{(\text{II})}>p_{O_2}^{(\text{I})}$，其中，$p_{O_2}^{(\text{I})}$ 为已知的参比氧分压。电池反应

负极：　$2O^{2-}═O_2^{(\text{I})}+4e^-$

正极：　$O_2^{(\text{II})}+4e^-═2O^{2-}$

总反应：　$O_2^{(\text{II})}═O_2^{(\text{I})}\quad \Delta G^{\ominus}=0$　　(3-39)

所以

$$\Delta G=\Delta G^{\ominus}+RT\ln\frac{p_{O_2}^{(\text{I})}}{p_{O_2}^{(\text{II})}}=RT\ln\frac{p_{O_2}^{(\text{I})}}{p_{O_2}^{(\text{II})}} \qquad (3-40)$$

又因为

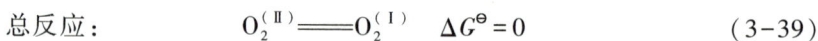

$$\Delta G=-nFE\big|_{n=4} \qquad (3-41)$$

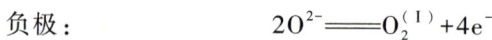

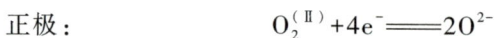

因此已知参比氧分压 $p_{O_2}^{(Ⅰ)}$，若测得 E，即可确定未知的 $p_{O_2}^{(Ⅱ)}$。

3.5.3 应用实例

1. 钢液定氧

炼钢工艺中测定钢液中氧含量，俗称钢液定氧，参比氧分压使用 Mo/MoO_2 或 Cr/Cr_2O_3 固体混合物。钢液定氧的电池形式（参比氧分压使用 Mo/MoO_2 固体混合物）：

$$(-)Mo \mid [O]_{Fe} \mid ZrO_2-CaO \mid Mo, MoO_2 \mid Mo(+)$$

电池反应

负极： $O^{2-} \xlongequal{} [O]_{Fe} + 2e^-$

正极： $\frac{1}{2}O_2 + 2e^- \xlongequal{} O^{2-}$

总反应：

$$\frac{1}{2}O_2 \xlongequal{} [O]_{Fe} \qquad (3-42)$$

对于 $[O]_{Fe}$ 选取假想质量分数 1% 为标准态并查表确定 $\Delta G_{3-42}^{\ominus}$。

由于参比端的氧分压受 Mo/MoO_2 平衡反应控制：

$$Mo + O_2 \xlongequal{} MoO_2 \quad \Delta G_{3-43}^{\ominus} = \left(-578\ 200 + 166.5\frac{T}{K}\right) J \cdot mol^{-1} \qquad (3-43)$$

式(3-42)-式(3-43)/2 得

$$\frac{1}{2}MoO_2 \xlongequal{} \frac{1}{2}Mo + [O]_{Fe} \qquad (3-44)$$

则

$$\Delta G_{3-44}^{\ominus} \xlongequal{} \Delta G_{3-42}^{\ominus} - \frac{1}{2}\Delta G_{3-43}^{\ominus}$$

可求。又因为

$$\Delta G_{3-44} = -nFE = \Delta G_{3-44}^{\ominus} + RT\ln a_{[O]_{Fe}} \qquad (3-45)$$

由于 $[O]_{Fe}$ 较小，可视为稀溶液，即 $a_{[O]_{Fe}} = [\%O]$。

因为 $n=2$，$F = 96\ 500\ C \cdot mol^{-1}$，$R = 8.314\ J \cdot mol^{-1} \cdot K^{-1}$，所以测得电池电动势 E 即可确定 $[\%O]$。

2. 参比氧分压 $p_{O_2}^{(Ⅰ)}$

恒温条件下，要求参比氧分压 $p_{O_2}^{(Ⅰ)}$ 必须有固定的氧分压值，可选取：

(1) 空气，$p_{O_2}^{(Ⅰ)} = 0.21p^{\ominus}$；

(2) 混合气体，如 $\frac{CO}{CO_2}$ 或 $\frac{H_2}{H_2O}$ 混合气体，在平衡状态下具有特定的平衡氧分压，该氧分压可由热力学数据计算求得；

(3) 固相，使用金属 M 与该金属氧化物 M_xO_y 的混合物，反应式为

$$2xM + yO_2 \xlongequal{} 2M_xO_y \qquad (3-46)$$

恒温条件下平衡 p_{O_2} 唯一，因此可以作为参比氧分压。例如，上述钢液定

氧使用的参比氧分压物质是 Mo/MoO_2 混合物。

习题

1. 对于一个特定的化学反应，$\Delta G^{\ominus}$ 和 ΔG 有哪些差别？

2. ΔG_i 的物理意义是什么？

3. 有人说：$\Delta G^{\ominus}$ 是体现反应限度的热力学量，依 $\Delta G^{\ominus}=-RT\ln K$，若求某高温反应的 $\Delta G^{\ominus}$ 比低温的 $\Delta G^{\ominus}$ 更负，是否可以说高温下此反应更彻底？为什么？

4. 根据 $\Delta G^{\ominus}=-RT\ln K$，计算出的平衡常数 K 一定有意义吗？为什么？

5. 根据逐级转变原则能否判断 SiO_2 的还原过程为 $SiO_2(s)\longrightarrow SiO(g)\longrightarrow Si(s)$？为什么？

6. 已知 1 900 K 时 Al_2O_3 和 FeO 的标准生成自由能分别为：$\Delta_f G^{\ominus}_{Al_2O_3}=-1\ 051.50\ kJ\cdot mol^{-1}$ 和 $\Delta_f G^{\ominus}_{FeO}=-141.53\ kJ\cdot mol^{-1}$，比较该温度下二者的稳定性。

7. 1 400 ℃氢气还原炉，若炉内 $\dfrac{p_{H_2O}}{p_{H_2}}=10^{-8}$，石英和刚玉两种坩埚，选用哪种更适合于试验？已知：

$$SiO_2(s)+H_2(g)=\!=\!=SiO(g)+H_2O(g) \quad ①$$

$$\Delta G_1^{\ominus}=\left(529\ 280-181.78\ \frac{T}{K}\right)\ J\cdot mol^{-1}$$

$$Al_2O_3(s)+2H_2(g)=\!=\!=Al_2O(g)+2H_2O(g) \quad ②$$

$$\Delta G_2^{\ominus}=\left(990\ 770-266.65\ \frac{T}{K}\right)\ J\cdot mol^{-1}$$

8. 为净化氩气，将氩气通入 600 ℃含有铜屑的不锈钢管中以去除其中残存氧气。

(1) 计算经过上述处理后，氩气中理论最低氧浓度。

(2) 将温度提高到 800 ℃，氩气中理论最低氧浓度为多少？

已知：$4Cu(s)+O_2=\!=\!=2Cu_2O(s) \quad \Delta G^{\ominus}=\left(-338\ 200+146.66\ \frac{T}{K}\right)\ J\cdot mol^{-1}$

9. 已知：

$$2Fe(s)+O_2=\!=\!=2FeO(s) \quad ①$$

$$\Delta G_1^{\ominus}=\left(-5\ 192\ 000+125.0\ \frac{T}{K}\right)\ J\cdot mol^{-1}$$

$$\frac{3}{2}Fe(s)+O_2=\!=\!=\frac{1}{2}Fe_3O_4(s) \quad ②$$

$$\Delta G_2^{\ominus}=\left(-545\ 600+156.5\ \frac{T}{K}\right)\ J\cdot mol^{-1}$$

(1) 若 Fe(s) 过量，试讨论两种铁氧化物的共存温度。

(2) 当 1 000 K，氧压力为 1.0 kPa 时，FeO 和 Fe_3O_4 哪种物质更稳定？

10. 试估算 1 450 ℃真空碳热还原 V_2O_3，得到金属钒炉内所需真空度为多少？已知：

$$2V(s)+O_2 =\!=\!= 2VO(s) \quad ①$$

$$\Delta G_1^\ominus=\left(-849\ 400+160.1\frac{T}{K}\right)\ J\cdot mol^{-1}$$

$$\frac{4}{3}V(s)+O_2 =\!=\!= \frac{2}{3}V_2O_3(s) \quad ②$$

$$\Delta G_2^\ominus=\left(-802\ 000+158.4\frac{T}{K}\right)\ J\cdot mol^{-1}$$

$$V(s)+C(s) =\!=\!= VC(s) \quad ③$$

$$\Delta G_3^\ominus=\left(-102\ 100+9.58\frac{T}{K}\right)\ J\cdot mol^{-1}$$

$$2V(s)+C(s) =\!=\!= V_2C(s) \quad ④$$

$$\Delta G_4^\ominus=\left(-146\ 400+3.35\frac{T}{K}\right)\ J\cdot mol^{-1}$$

$$C(s)+\frac{1}{2}O_2 =\!=\!= CO(g) \quad ⑤$$

$$\Delta G_5^\ominus=\left(-114\ 400-85.8\frac{T}{K}\right)\ J\cdot mol^{-1}$$

第4章 相 图

相图是冶金物理化学中的重要组成部分，本章将介绍有关相图知识、相图制作方法及相图在冶金领域中的应用。

4.1 相 律

相律是相图的理论基础。早在1876年吉布斯（J. W. Gibbs）创建相律；而后1900年巴基乌斯-洛兹本（H. W. Bakhius-Roozeboom）将相律应用于合金组成的研究，开创了合金相图工作的雏形；1897—1905年，海科克（C. T. Heycock）、内维尔（F. H. Neville）测定了一些二元系由液相开始凝固为固相的平衡温度；1903—1915年，德国塔姆曼（G. Tammann）学派发表众多合金系的平衡图；1932年，马辛（G. Masing）出版了有关相图的第一部专著；1935年，马什（J. S. Marsh）出版了《相图原理》，完成了相图的基本理论。

人物录24. 巴基乌斯-洛兹本

巴基乌斯-洛兹本（H. W. Bakhuis-Roozeboom），化学家。1854年出生于荷兰阿尔克马尔。洛兹本在物理化学相图领域的贡献为他赢得了声誉。经济上的困难导致洛兹本不能直接接受大学教育，所以他曾离开学校去工厂工作了一段时间。他的导师帮助他成为莱顿大学的助教，也让他重新开始了自己的学历教育。1884年获得博士学位。有关验证吉布斯相律的实验，促使他将相平衡作为终身的研究课题。1890年成为荷兰皇家艺术与科学学院会员，1896年在阿姆斯特丹成为一名化学教授。

人物录25. 海科克

海科克（Charles Thomas Heycock），英国化学家，英国皇家学会院士。1858年8月出生于英国奥克姆。海科克先后就读于贝德福德学校和剑桥大学国王学院，曾是剑桥大学国王学院助教。海科克在物理化学尤其是在合金成分与组成方面做出了杰出的贡献，1920年被授予英国皇家学会戴维奖章。

► 人物录 26. 戴维

汉弗莱·戴维(Humphry Davy),英国化学家。1778 年 12 月出生于英国康沃尔郡彭赞斯。戴维一生所做出的巨大科学贡献有:开创农业化学,发明煤矿安全灯,用电解方法制备钠、钾及镁、钙、锶、钡、硅、硼等碱金属和碱土金属。戴维发现了大科学家法拉第,是科学界的伯乐。

► 人物录 27. 内维尔

弗兰西斯·亨利·内维尔(Francis Henry Neville),物理冶金方面的先锋人物,1847 年出生。曾任剑桥大学的研究员及物理和化学讲师,英国皇家学会院士。

► 人物录 28. 塔姆曼

古斯塔夫·塔姆曼(Gustav Tammann),俄国化学家。1861 年 5 月出生于靠近爱沙尼亚边界的扬堡(1922 年更名为金吉谢普)。塔姆曼主要进行金属的物理性能及其物理化学方面的研究。1925 年被授予李比希勋章(德国化学家协会,GDCH),1936 年被授予德意志帝国雄鹰勋章,以表彰他对德国冶金工业做出的杰出贡献。

► 人物录 29. 马辛

乔治·马辛(Georg Masing),德国化学家、冶金学家。1885 年 2 月出生于圣彼得堡。德国材料科学学会名誉主席。

► 人物录 30. 马什

约翰·撒母·马什(John Samuel Marsh),1905 年出生,著有“Principles of phase diagrams”(1935)及“The alloys of iron and nickel”(1938)等专著。

4.1.1 相律表达式

相律的表达式记为

$$f = C - \Phi + 2 \tag{4-1}$$

式中,f 为自由度,量纲一的量;C 为独立组元数,量纲一的量;Φ 为相数,量纲一的量;数字 2 代表压强和温度两个强度性质的物理量。

自由度 f 的物理意义:在一定范围内可以独立变化且不改变体系相数、具有强度性质的物理量的个数。

注意:

① 自由度是具有强度性质的物理量的个数;

② 体系可以由人为主观指定,但不影响自由度的数值,即自由度不随体系指定的不同而发生变化,因为自由度是客观存在的值;

③ 独立组元数是物种数中扣除独立反应和浓度限制条件的数,即

独立组元数=物种数-独立反应数-浓度限制条件数

所以一般将相律式(4-1)写为

$$f=(C'-r)-\Phi+2 \tag{4-2}$$

式中,C'为物种数;r为独立反应数和浓度限制条件数。

④ 若体系中任一元素存在价态变化,则独立反应数等于物种数减去元素数,即

独立反应数=物种数-元素数

若体系所有元素均不存在价态变化,则独立反应数等于物种数减去元素数再加1,即

独立反应数=物种数-元素数+1

如 CO、CO_2、H_2、H_2O、Fe、FeO 构成的体系,物种数为6,元素有C、O、H、Fe,元素数为4,因为其中Fe、H、C元素均有价态变化,所以

独立反应数=物种数-元素数=6-4=2

即可选如下反应作为独立反应:

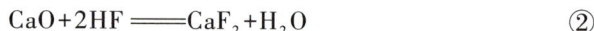

$$FeO+CO \xlongequal{} Fe+CO_2 \quad ①$$

$$FeO+H_2 \xlongequal{} Fe+H_2O \quad ②$$

但对于 SiO_2、HF、SiF_4、H_2O、CaO、CaF_2构成的体系,物种数为6,元素有Si、O、H、F、Ca,元素数为5,因为所有的元素均没有价态变化,所以

独立反应数=物种数-元素数+1=6-5+1=2

即可选如下反应作为独立反应:

$$SiO_2+4HF \xlongequal{} SiF_4+2H_2O \quad ①$$

$$CaO+2HF \xlongequal{} CaF_2+H_2O \quad ②$$

又如,对于 $CaCO_3$、CaO、CO_2构成的体系,物种数为3,元素有O、C、Ca,元素数为3,但因为所有的元素均没有价态变化,所以

独立反应数=物种数-元素数+1=3-3+1=1

所以独立反应为

$$CaCO_3 \xlongequal{} CaO+CO_2$$

若在 $CaCO_3$、CaO、CO_2体系中添加C和O_2,则物种数变为5,元素数仍为3,但由于C和O元素均发生了价态变化,所以此时

独立反应数=物种数-元素数=5-3=2

可选如下反应为独立反应:

$$CaCO_3 \xlongequal{} CaO+CO_2 \quad ①$$

$$C+O_2 \xlongequal{} CO_2 \quad ②$$

若体系内再添加Ca,则物种数变为6,元素数仍为3,由于C、O和Ca元素均有价态变化,所以此时

独立反应数=物种数-元素数=6-3=3

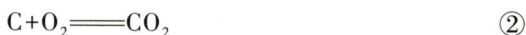

可选如下反应为独立反应:

$$CaCO_3 = CaO + CO_2 \quad ①$$

$$C + O_2 = CO_2 \quad ②$$

$$2Ca + O_2 = 2CaO \quad ③$$

前已述及,虽然体系是人为指定的,但体系的自由度不会因为体系指定的变化而发生变化。例如,一个玻璃杯子盛有纯水,水的上方为平衡水蒸气,在求算体系自由度时,可由以下方法确定。

(1) 体系 1　若指定体系只由纯液体水和水蒸气构成,将玻璃杯子忽略。计算该体系内自由度如下:因为

$$物种数\ C' = 2[H_2O(l)\ 和\ H_2O(g)]$$

关于独立反应数,因为 H 和 O 均无价态变化,所以

$$独立反应数\ r = 物种数 - 元素数 + 1 = 2 - 2 + 1 = 1$$

即 $r=1$,选择如下平衡反应

$$H_2O(l) = H_2O(g) \quad ①$$

相数 $\Phi=2$(液相 $H_2O(l)$、气相 $H_2O(g)$ 各 1 相),所以自由度

$$f = (C'-r) - \Phi + 2 \Big|_{\substack{C'=2\\ r=1\\ \Phi=2}} = 1 \quad ②$$

式②表明在保持体系相数不变的前提下,有 1 个强度性质的物理量可以独立变化,如可以让温度在一定范围内独立变化而不会改变体系内的相数。

(2) 体系 2　若指定体系除了纯液体水和水蒸气还由玻璃杯构成,则此时体系内自由度计算为

$$物种数\ C' = 3[H_2O(l)、H_2O(g)\ 和杯子]$$

$$独立反应数\ r = 1[H_2O(l) = H_2O(g)]$$

$$相数\ \Phi = 3[液相\ H_2O(l)、气相\ H_2O(g)\ 还有固相玻璃杯]$$

所以,自由度

$$f = (C'-r) - \Phi + 2 \Big|_{\substack{C'=3\\ r=1\\ \Phi=3}} = 1 \quad ③$$

可见虽然体系 2 指定的体系与体系 1 不同,但体系内自由度数值仍然保持定值而不发生变化。

4.1.2　相律的应用实例

假设高炉内铁的氧化物只有 FeO,考察高炉炉身处化学保存带内的自由度。在高炉炉身区域,物种有 CO、CO_2、H_2、H_2O、Fe、FeO、C 共 7 种,元素数为 4,因为 Fe、H、C 等元素有价态变化,所以独立反应数 = 物种数 - 元素数 = 7 - 4 = 3,可选择如下反应为独立反应:

$$C(s) + CO_2 = 2CO \quad ①$$

$$FeO(s) + CO = Fe(s) + CO_2 \quad ②$$

$$FeO(s) + H_2 = Fe(s) + H_2O \quad ③$$

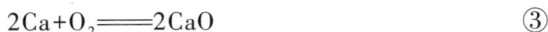

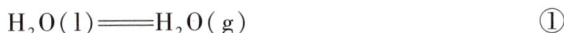

相数有 4 个，包括 1 个气相（CO、CO_2、H_2、H_2O 混合气体）和 3 个固相［Fe(s)、FeO(s)、C(s)］，所以，体系的自由度

$$f=(C'-r)-\Phi+2\Big|_{C'=7,\ r=3,\ \Phi=4}=2 \quad ④$$

式④表明：高炉炉身区域在总压一定的条件下，若给定温度，则气相中各种气体的组成为定值，这就合理地解释了高炉炉身区域存在化学保存带的原因。诚然，若假设该区域中还存在其他物种，如存在 O_2，则物种数变为 8，相数不变，但由于独立反应数增加 1 个，即增加独立反应：$FeO(s)=\!=\!=Fe(s)+1/2O_2$，所以计算得到的自由度仍为 2，不发生变化。

4.2 相图基础知识

4.2.1 二元相图

对于 A-B 二元相图，必须掌握的关键点：

1. 相的分布规律

任何一条水平线（$T=T_o$）上，浓度方向上相邻区域的相数相差 1，呈单相-双相-单相的构造。

注意：浓度方向上存在化学计量化合物时，单相可能仅是一条垂直线，如图 4-3 中的 AB 物质。

2. 稳定相

掌握各区域存在的稳定物质相。

3. 反应类型

(1) 形成完全固溶体（图 4-1），L→S。其中，L 为液相，S 为固相。

(2) 共晶反应（图 4-2），共晶温度（T_1）条件下：L→A+B。

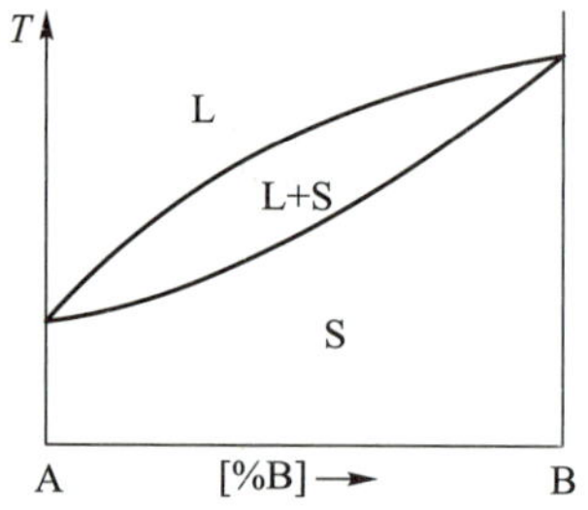

图 4-1 形成完全固溶体

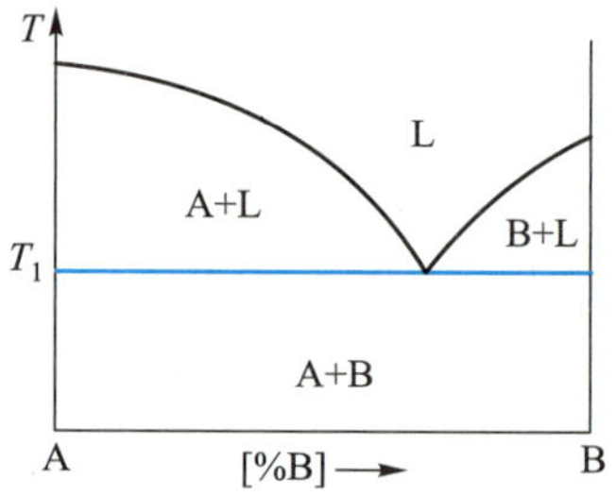

图 4-2 共晶反应

(3) 包晶反应（图 4-3），包晶温度（T_2）条件下：A+L→AB。

(4) 共析反应（图 4-4），共析温度（T_3）条件下：$\alpha\rightarrow\gamma+\beta$。

(5) 偏晶反应（图 4-5），偏晶温度（T_4）条件下：$L_1\rightarrow L_2+A$。

(6) 带有固溶体的共晶反应（图 4-6），共晶温度（T_5）条件下：$L\rightarrow\alpha+\beta$。

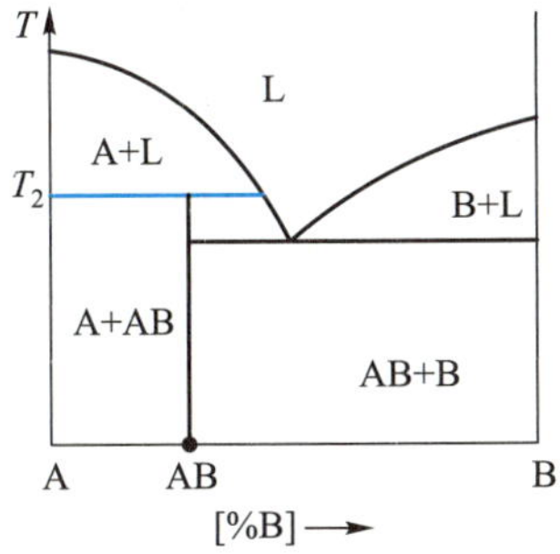

图 4-3　包晶反应

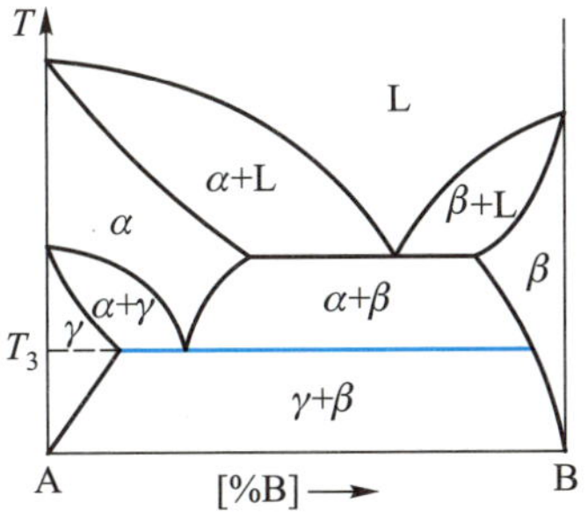

图 4-4　共析反应

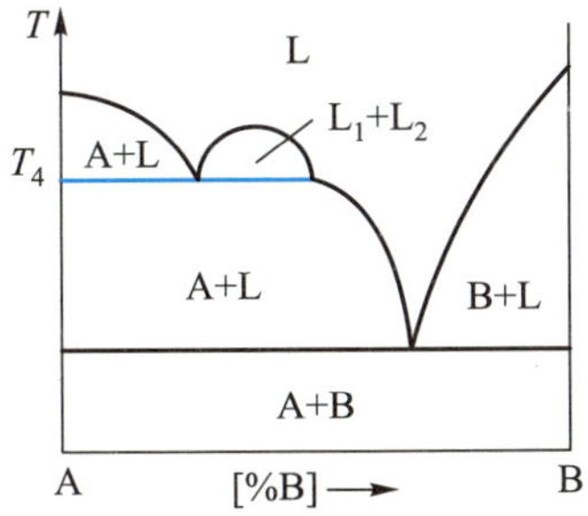

图 4-5　偏晶反应

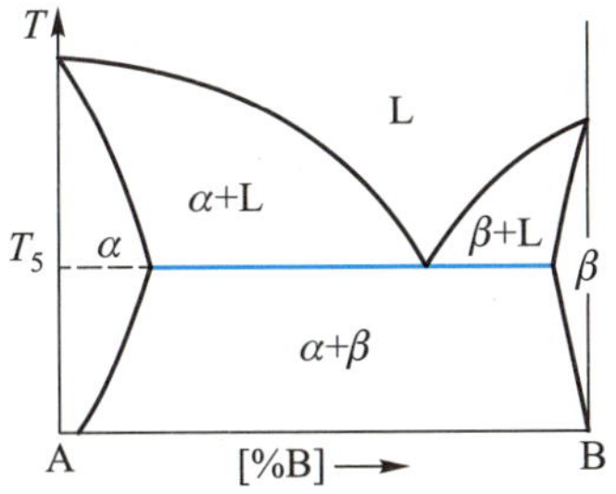

图 4-6　带有固溶体的共晶反应

以上 6 种反应中，常见的(2)、(3)、(4)反应形式在 Fe-C 二元系相图(图 4-7)中均存在：

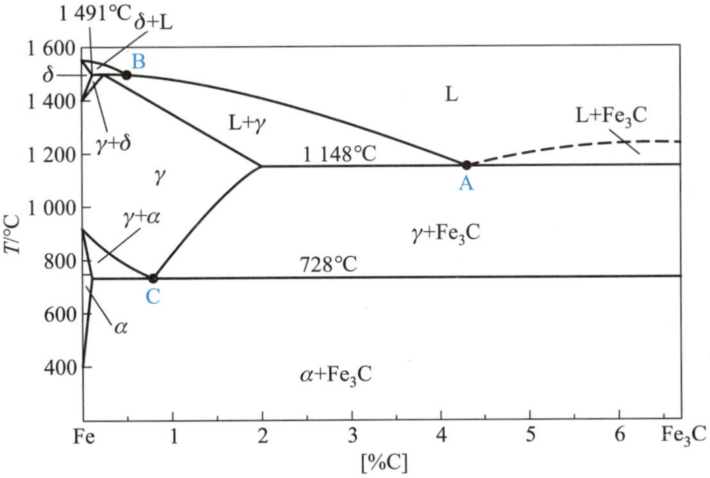

图 4-7　Fe-C 二元系相图

1 148 ℃，[%C]=4.3 为二元共晶点(A 点)；

1 491 ℃，[%C]=0.51 为二元包晶点(B 点)；

728 ℃，[%C]=0.8 为二元共析点(C 点)。

4. 定量计算

采用杠杆规则进行计算，如图 4-8，针对物系点 Q，应用杠杆规则可分别计算 1 400 ℃、1 600 ℃、1 800 ℃温度条件下的 2CS($2CaO \cdot SiO_2$)固相与液相的比例,在 1 600 ℃温度条件下,2CS 固相比例 $=\dfrac{\overline{QW}}{\overline{RW}}\times 100\%$,液相比例 $=\dfrac{\overline{RQ}}{\overline{RW}}\times 100\%$。

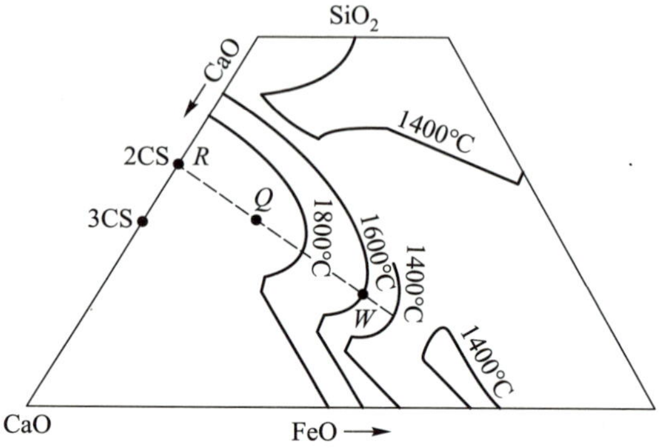

图 4-8 杠杆规则计算示例

5. 冷却过程

参见 4.2.3 节。

4.2.2 三元相图

4.2.2.1 三元相图应掌握的关键点

1. 相分布规律、反应类型及稳定相

三元相图的相分布规律、反应类型及稳定相与二元相图类似,只是更复杂些,如相分布在任意一条直线上呈:单相-双相-单相或三相-双相……分布。

2. 定量计算

三元相图的定量计算通常采用重心规则,实际上重心规则是二元相图杠杆规则的拓展,此外三元相图定量计算还有等含量规则、等比例规则等,均是重心规则的多种表达形式。

3. 图中的点与线

掌握相图中二元共晶反应线或二元包晶反应线,以及三元共晶反应点或三元包晶反应点。

4. 冷却过程

参见 4.2.3 节。

4.2.2.2 三元相图的多种表现形式

三元相图有多种表现形式:

(1) 普通相图,如 $CaO-SiO_2-Al_2O_3$三元相图(图 4-9,图中数值为温度,单位 ℃)。

（2）等活度、等黏度图，如等 FeO 活度图（图 4-10）。

（3）等温截面图，如 150 ℃温度下的 Pb-Bi-Sn 等温截面图（图 4-11）。

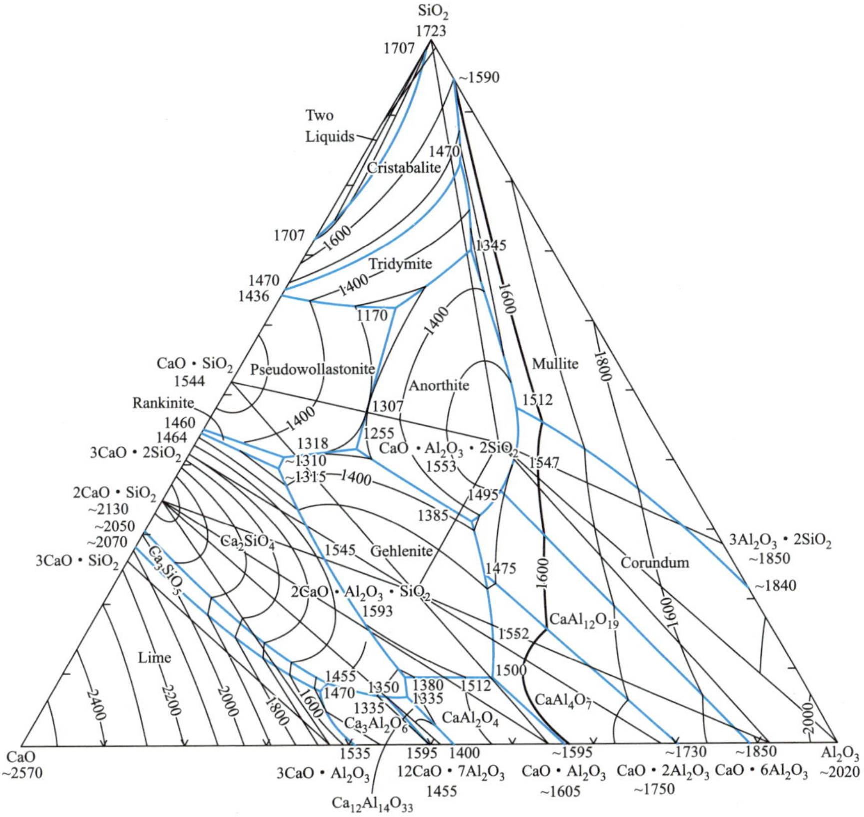

图 4-9　CaO-SiO_2-Al_2O_3 三元相图

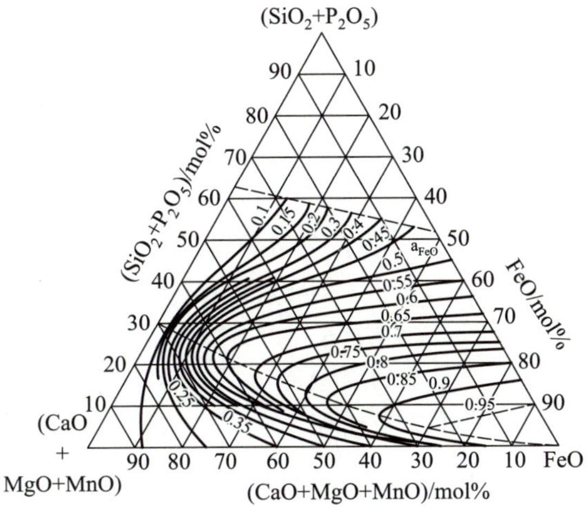

(a) CaO+MgO+MnO+SiO_2+P_2O_5+FeO体系

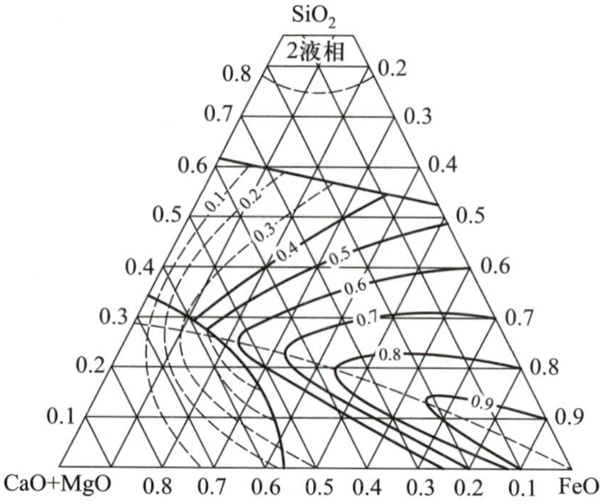

(b) $CaO+MgO+SiO_2+FeO$体系

图 4-10 不同体系的等 FeO 活度图

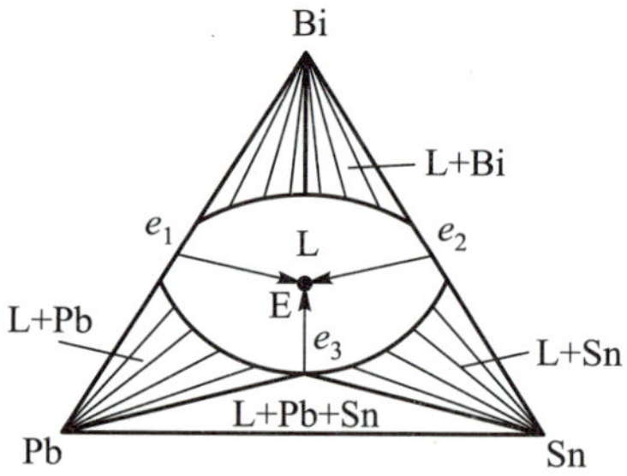

图 4-11 150 ℃温度下 Pb-Bi-Sn 三元系的等温截面图

◎ **豆知识 16. 异分熔点化合物**

化合物发生相变(固体变成液体等)时,生成的异相成分与原成分不同,则称该化合物为异分熔点化合物。

◎ **豆知识 17. 同分熔点化合物**

化合物发生相变(固体变成液体等)时,生成的异相成分与原成分相同,则称该化合物为同分熔点化合物。

4.2.3 溶液冷却过程分析

分析考察溶液在缓慢冷却过程中不同温度下稳定存在的相,对于研究冶金反应过程非常重要。

4.2.3.1 二元系相图冷却曲线

对于存在包晶的二元体系(见图 4-12),设纯物质 A 和 B 及异分熔点化合物(将尚未达到熔点之前就发生分解的化合物称为异分熔点化合物)AB 在所给出的温度范围内除了固液相变外没有其他相变,选 R_1,R_2,R_3 三个物系点,考察 A-B 二元系的缓慢冷却过程(即该冷却过程可视为任何时刻均达到平衡)。

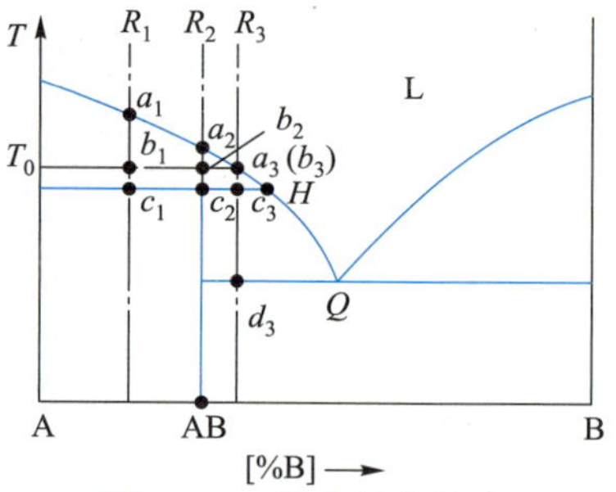

图 4-12 具有异分熔点化合物的 A-B 二元系

(1) 物系点 R_1 位于 AB 组成的左边,物系点 R_1 在各温度区间及温度点的稳定物质变化情况如下:

① 温度区间 $R_1 \sim a_1$,为液相,组成

与 R_1 相同；

② 温度区间 $a_1 \sim c_1$，液固两相共存区间，也称纯 A 固体初晶区间，L→A，在此区间内液相不断析出纯 A；液相组成沿 a_1H 液相线变化；

③ 温度点 c_1，已析出的纯 A 与残余的液相发生包晶反应，生成新相 AB：L+A→AB，但液相 L 量与固相 A 量相比，相对不足，导致包晶反应把所有的液相消耗殆尽之后，仍残存部分纯 A，直至冷却到室温时存在的稳定物质为 A 和 AB 两相。

（2）物系点 R_2　组成恰好与 AB 化合物一致，物系点 R_2 在各温度区间及温度点的稳定物质变化情况如下：

① 温度区间 $R_2 \sim a_2$，为液相，组成与 R_2 相同；

② 温度区间 $a_2 \sim c_2$，液固两相共存，纯 A 固体的初晶区间，L→A；

③ 温度点 c_2，在该温度下，已析出的 A 物质与残余的液相发生包晶反应，L+A→AB，由于液相 L 与固相 A 的量刚好匹配，包晶反应结束时双方恰好全部耗尽，因此当温度低于 c_2 对应的温度时，体系中只有异分熔点化合物 AB。

（3）物系点 R_3　位于 AB 与 H 之间，物系点 R_3 在各温度区间及温度点的稳定物质变化情况如下：

① 温度区间 $R_3 \sim a_3$，为液相，组成与 R_3 相同；

② 温度区间 $a_3 \sim c_3$，液固两相共存，纯 A 固体的初晶区间，L→A；

③ 温度点 c_3，已析出的纯 A 与残余的液相发生包晶反应，生成新相 AB：L+A→AB，但液相 L 量相对于固相 A 量过剩，导致包晶反应把所有已析出的纯 A 消耗之后，仍有部分液相剩余；

④ 温度区间 $c_3 \sim d_3$，液固两相共存，包晶反应所剩余液相在继续冷却过程中析出 AB 固相，L→AB；

⑤ 温度点 d_3，此时液相组成处于 Q 点，发生共晶反应，由液相同时生成 AB 和纯 B 相，L→AB+B；

⑥ d_3 对应的温度以下至室温，B 和 AB 两相共存。

R_1、R_2、R_3 各物系点的缓慢冷却曲线绘于图 4-13。

其他类型相图的冷却过程与上述情况类似，不赘述。

4.2.3.2　三元系相图冷却曲线

1. 简单三元相图

由于简单三元相图是指三组元之间无化合物生成，其三元相图三个边对应的三个二元共晶相图，相图内部由三条二元共晶线（e_1E、e_2E、e_3E）和一个三元共晶点（E 点）构成（见图 4-14）。简单三元相图的冷却过程较为简明，冷却过程从略。

2. 具有一个三元同分熔点化合物的三元相图

由于存在由三个组元形成的同分熔点化合物，三元相图实质上就是由三个简单三元相图构成（见图 4-15），其冷却过程类似简单三元相图。

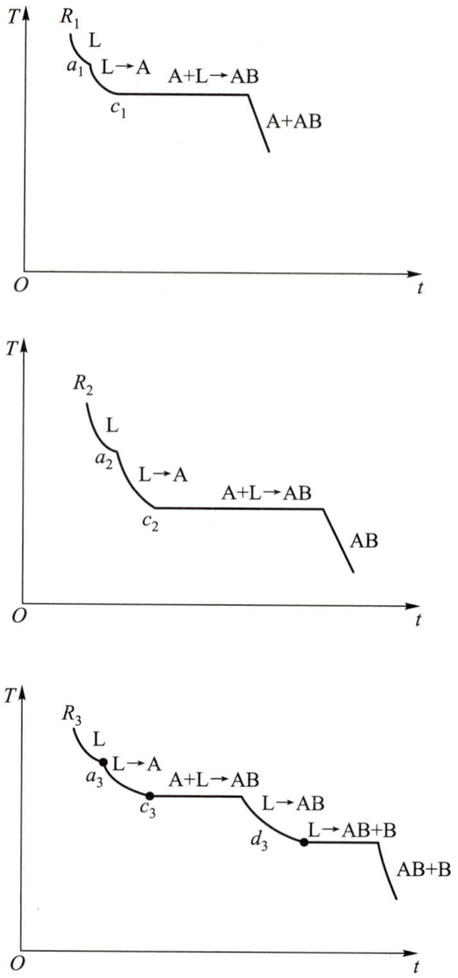

图 4-13　具有异分熔点化合物 A-B 二元系典型物系点的缓冷过程曲线

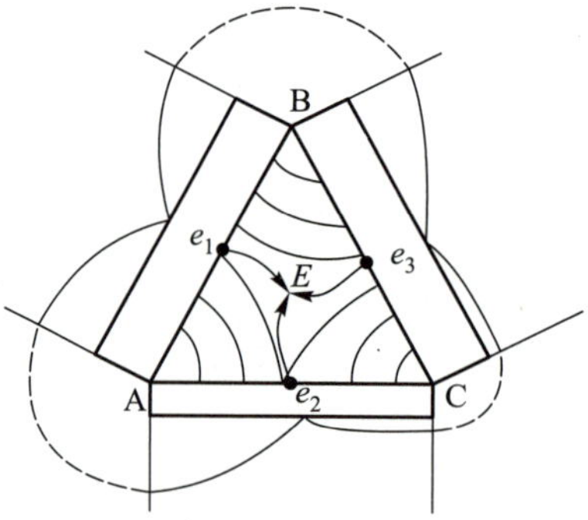

图 4-14　简单的三元相图

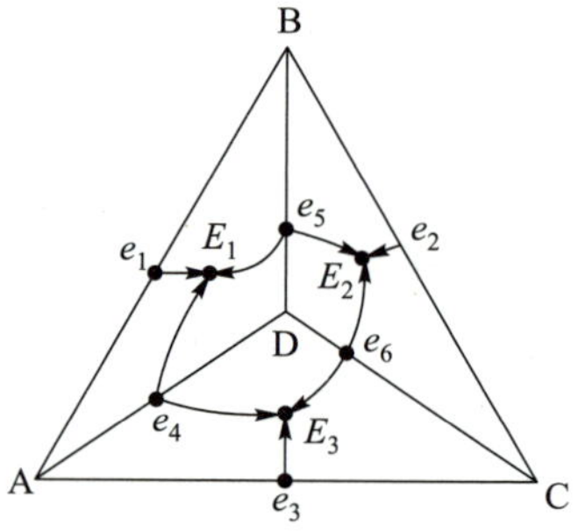

图 4-15　具有一个三元同分熔点化合物 D 的三元相图

3. 具有一个二元异分熔点化合物的三元相图

以 A-B 二元之间形成一个异分熔点化合物 AB，A-C 和 B-C 之间只是简单共晶，且 A-B-C 三组元之间不形成任何化合物的情况为例，介绍几种典型物系点的冷却曲线（见图 4-16）。

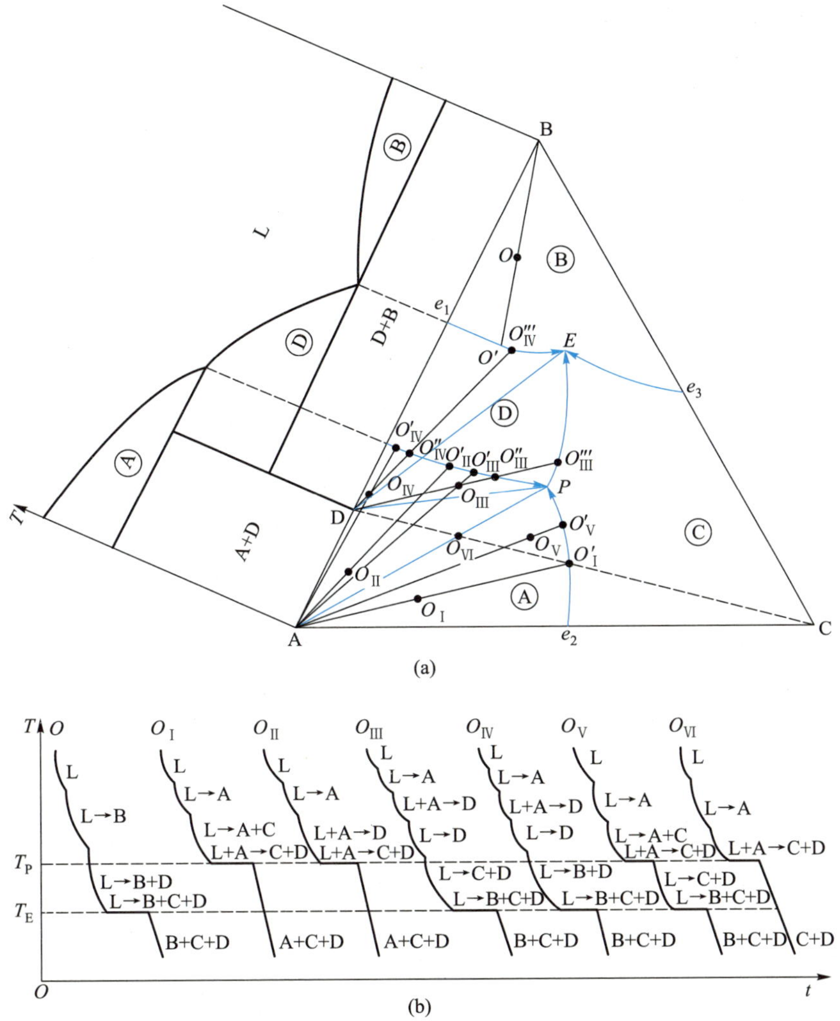

图 4-16　具有一个二元异分熔点化合物的三元相图(a)及典型物系点的冷却曲线(b)

另外,在描述三元相图冷却过程中还应该掌握的几项规则如下。

① 三角形规则:任何物系点,从充分熔化的高温液体缓慢冷却至室温,在室温条件下稳定存在物质必然是由物系点所在三角形的三种物质构成,特殊情况下,如果物系点处于两种物质的连线上,则室温下稳定存在的物质由直线两端的物质构成,这可视为一种特殊的三角形。此规则称为三角形规则。

② 背向规则:当液相中析出某物质时,残余液相的组成将向物系点与析出固相之间连线的延长线相反方向变化,称为背向规则。

③ 连线规则:对于复杂三元系,制作三角形连线时经常使用连线规则。连线只能与内界线相交,而不能与侧界线相交。如图 4-17 中A-BC、AC-BC 连线是正确的,但不存在 B-AC 连线。

相关名词的含义:

内界线，指三元系内部的三元共晶点之间或三元共晶点与三元包晶点之间的连线，如图 4-17 中的 E_1-E_3 和 E_2-E_3 连线。

侧界线，指三元系三个边上的二元共晶点或二元包晶点与三元系内部三元共晶点或三元包晶点之间的连线，如图 4-17 中的 e_1-E_1、e_2-E_1、e_3-E_2、e_4-E_2、e_5-E_3 连线。

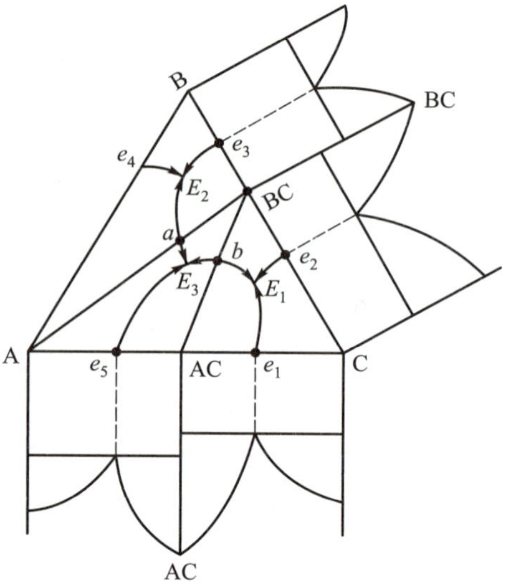

图 4-17 连线规则示例

在图 4-16(a)中选择 O 及 $O_{\mathrm{I}} \sim O_{\mathrm{VI}}$ 共 7 个物系点，以下分析每个物系点的冷却过程。

(1) 物系点 O 的冷却过程 OO'(L→B，B 初晶，背向规则，BO 连线)→$O'E$(二元共晶反应，L→B+D)→E(三元共晶反应，L→B+D+C)。

(2) 物系点 O_{I} 与物系点 O_{II} 的冷却过程 O_{I} 与物系点 O_{II} 的共同点在于两者均处于相图中 DC 连线下方、三角形 ACD 中，不同点是分别处于 AP 连线的两边。

① 物系点 O_{I}：$O_{\mathrm{I}}O'_{\mathrm{I}}$(A 初晶)→$O'_{\mathrm{I}}P$(二元共晶反应，L→A+C)→$P$(三元包晶反应，L+A→D+C)，因为发生三元包晶反应时 L 不足，因此在 P 点将把液相全部耗尽，温度低于 P 点对应的温度时，A、C、D 三固相共存，符合三角形规则。

② 物系点 O_{II}：$O_{\mathrm{II}}O'_{\mathrm{II}}$(A 初晶)→$O'_{\mathrm{II}}P$(二元包晶反应，L+A→D)→$P$(三元包晶反应，L+A→D+C)，与物系点 O_{I} 冷却类似，发生三元包晶反应时 L 不足，因此在 P 点把液相全部耗尽，当温度低于 P 点对应的温度时，A、D、C 三固相共存，满足三角形规则。

(3) 物系点 O_{III} 与物系点 O_{IV} 的冷却过程 两个物系点的共同点均处于相图中 DC 连线和 DP 连线的上方、三角形 BCD 中，不同点分别处于 DE 连线的两边。

① 物系点 O_{III}：$O_{\mathrm{III}}O'_{\mathrm{III}}$(A 初晶)→$O'_{\mathrm{III}}O''_{\mathrm{III}}$(二元包晶反应，L+A→D)→$O''_{\mathrm{III}}$(由于 A 固相不足，包晶反应结束)→$O''_{\mathrm{III}}O'''_{\mathrm{III}}$(析出 D，L→D)→$O'''_{\mathrm{III}}E$(二元共晶反应，L→D+C)→$E$(三元共晶反应，L→B+C+D)，温度低于 E 点对应的温度时，B、C、D 三固相共存。

② 物系点 O_{IV}：$O_{\mathrm{IV}}O'_{\mathrm{IV}}$(A 初晶)→$O'_{\mathrm{IV}}O''_{\mathrm{IV}}$(二元包晶反应，L+A→D)→$O''_{\mathrm{IV}}$(由于 A 固相不足，包晶反应结束)→$O''_{\mathrm{IV}}O'''_{\mathrm{IV}}$(析出 D，L→D)→$O'''_{\mathrm{IV}}E$(二元共晶反应，L→D+B)→$E$(三元共晶反应，L→B+C+D)，温度低于 E 点对应的温度时，B、C、D 三固相共存。

以上两个物系点在冷却过程中，均不能达到三元包晶 P 点，原因在于在发生二元包晶时，A 固相量不足，导致 A 固相全部参加二元包晶反应后仍有剩余液相，当温度进一步下降时，残余液相成分进入 D 初晶区域，发生 D 固相的析出，这一现象称为“穿晶”。

(4) 物系点 O_{V} 的冷却过程　该物系点处于相图中 DC 连线上方、DP 连线的下方、三角形 BCD 中。

$O_{\text{V}}O'_{\text{V}}$(A 初晶)→$O'_{\text{V}}P$(二元共晶反应，L→A+C)→$P$(三元包晶反应，L+A→D+C)→$PE$(二元共晶反应，L→D+C)→$E$(三元共晶反应，L→B+D+C)，温度低于 E 点对应的温度时，B、C、D 三固相共存。

(5) 物系点 O_{VI} 的冷却过程　该物系点处于相图中 AP 连线和 DC 连线的交点上。

$O_{\text{VI}}P$(A 初晶)→P(三元包晶反应，L+A→D+C)

P 点发生三元包晶反应时，A 固相与液相量恰好匹配，同时耗尽，所以当温度进一步降低时，体系中只有 D、C 两固相共存，满足特殊三角形规则。

同理，若物系点处于 AO_{VI} 连线上，因为处于 DC 线下方，则在 P 点发生三元包晶反应时，由于液相量不足，在 P 点对应的温度下，液相耗尽，反应终止，若再进一步降低温度，A、D、C 三固相共存；若物系点处于 $O_{\text{VI}}P$ 连线上，因为处于 DC 连线上方，则 P 点发生三元包晶反应时，A 固相量不足，残余液相经 PE 线二元共晶反应到达 E 点，发生三元共晶反应，若再进一步降低温度，B、D、C 三固相共存。

4. 具有液相分层的相图

对于有液相分层的相图，其冷却过程比较特殊，如对于图 4-18 所示的存在液相分层共晶型三元系相图，分析物系点 M 的冷却过程如下。

① Ma 段，由于处于液固两相区，所以液相中不断析出 A 固相(L→A)；

② a 点时，液相开始分层 $L=L_\alpha+L_\beta$

③ ac'段：液相分层(双液相)区，L_α、L_β双液相及固相 A 三相共存，注意，此时的 L_α 组成将随温度沿 ac 线变化、L_β组成将沿 $a'c'$线变化。析出固相 A 的量可由杠杆规则计算，应注意：在双液相区域中已析出的固相 A 并不消失。

④ c'点：液相分层结束，L→A。

⑤ $c'm'$段：液相 L 继续析出固相 A，L→A。

⑥ $m'E$：发生二元共晶反应，L→A+B，因为析出了新固相 B，所以固相组成为 A 和 B 的混合物。

⑦ E 点：发生三元共晶反应，L→A+B+C，因为又析出了新相 C，所以最终固相组成为 A、B、C 三相共存。

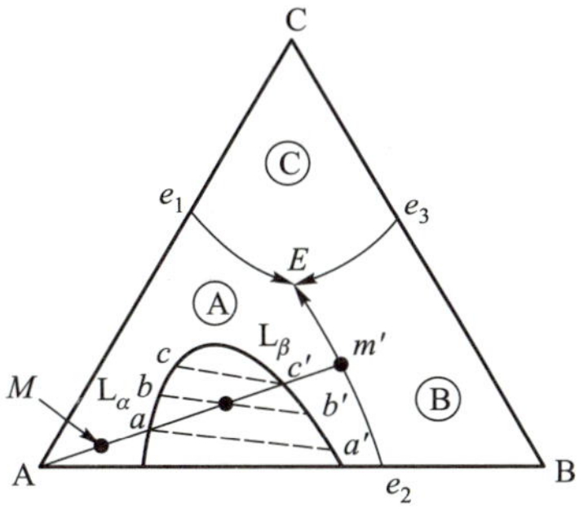

图 4-18　存在液相分层共晶型三元系相图

4.3 三元相图的绘制与读解

4.3.1 三元相图的绘制

类似 $CaO-SiO_2-Al_2O_3$ 的三元相图(图 4-9)是如何绘制的呢? 相图的绘制手段多种多样,这里以简单的三元共晶相图为例,介绍定温截面切割加投影的绘制三元系相图方法。

对于 A-B-C 三元系的简单共晶,以 A-B-C 三元质量百分数或原子百分比的等边三角形为底、以温度为纵坐标绘制其三元系立体相图,示于图 4-19。由于绘制立体相图难度较大,且读图也不方便,因此采用诸如定温截面切割加投影的方法,将立体的相图用易绘易读的平面相图表示。

对于图 4-19,若已知 A、B、C 三种物质熔点的温度序列为 $T_C>T_B>T_A$,二元共晶的温度序列为:$T_{ac}>T_{bc}>T_{ab}$。取温度 T,并使 T 满足 $T_B>T>T_A$,则定温 T 平面与 ABC 三元系的立体相图相交,得到在 A 初晶区和在 B 初晶区的 1-1′和 2-2′两条弧线[图 4-20(a)],俯视投影到平面上,得到两条相应的曲线[图 4-20(b)]。另外在图 4-20(a)中 AB、AC、BC 二元共晶点 e_1、e_2、e_3 及三元共晶点 E 也采用投影方式绘制于图 4-20(b)中。再选择温度 T_1,使其满足 $T_{ac}>T_1>T_{bc}$,同理,定温 T_1平面

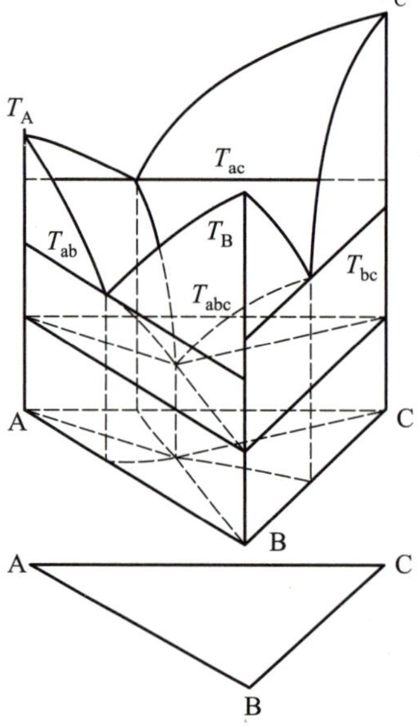

图 4-19 A-B-C 三元系简单共晶的立体相图(来源于日本学者岩濑正则)

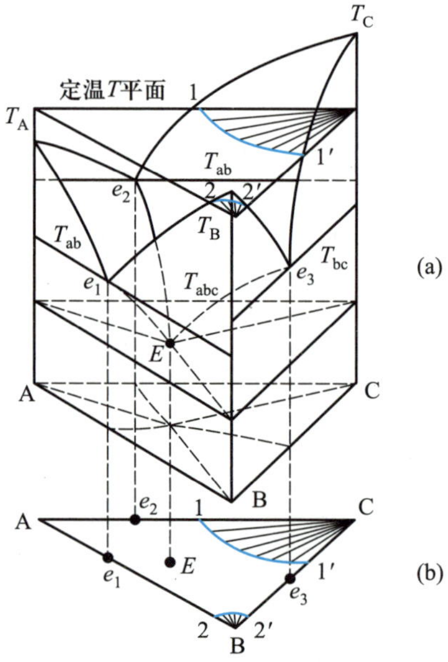

图 4-20 定温 T 平面与三元系立体相图相交线及投影组合图(来源于日本学者岩濑正则)

也会与立体相图相交，得到新的交线［图 4-21(a)］，再作投影得到图 4-21(b)。其中 e_{21} 为 T_1 温度下的 A-C 二元共晶点。

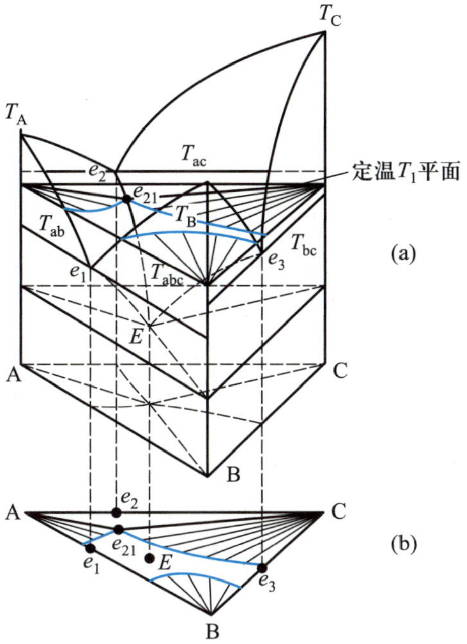

图 4-21　定温 T_1 平面与三元系立体相图相交线及投影组合图（来源于日本学者岩濑正则）

将不同定温条件下截面图中的交线绘制在同一张图上，并用光滑曲线连接 e_2-e_{21} 及三元共晶点 E（e_1-E 和 e_3-E 曲线也采用同样方法绘制），得到图 4-22 的 A-B-C 三元平面相图。图中不同曲线代表不同的温度，e_1-E、e_2-E 和 e_3-E 曲线分别代表三条二元共晶线。

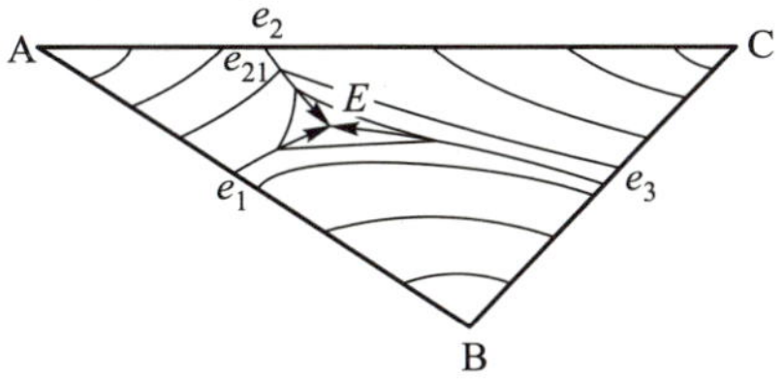

图 4-22　A-B-C 三元平面相图

类似于复杂的 CaO-SiO_2-Al_2O_3 三元相图（图 4-9）也可以按定温截面切割加投影的方法绘制。

4.3.2　三元相图的读解

以 CaO-SiO_2-Al_2O_3 三元相图（图 4-9）为例，介绍解读三元相图的方法。

(1) 化合物　标出所有同分熔点化合物和异分熔点化合物所在位置，化合物的分子式下方注明熔点温度的物质为同分熔点化合物，没有标明熔点温度的物质为异分熔点化合物。

(2) 区域　标识初晶区,在由三条边、侧界线、内界线围成闭合的区域标注初晶物质,每个闭合区域只能有一种物质,该区域就是该物质的初晶区,初晶区个数与化合物个数相等。

标识初晶区的简易方法:

① 就近原则:对于某一初晶区,初晶物质不会远离初晶区,或在初晶区内,或在紧邻初晶区内。

② 初晶物质属性判断原则:若是同分熔点化合物必然处于该初晶区域之内,若是异分熔点化合物则一定处于该初晶区的外侧。

(3) 线条　所有的内界线和侧界线,均属于二元共晶线或二元包晶线。

(4) 点　明确所有三元共晶点和三元包晶点。

(5) 等温线　明确等温线并应从等温线读出温度分布。

(6) 特殊标记　内界线或侧界线上的箭头表示温度下降方向,箭头分为单箭头或双箭头,通常单箭头表示该线为二元共晶线,双箭头表示该线为二元包晶线。若两种物质连线上标有锯齿,则表示锯齿段为固溶体。

(7) 等温截面图　等温截面图是相图热力学分析重要手段之一,关于等温截面图的制作及应用参见 4.4 节。

4.4　等温截面图的制作及应用

考察某温度下的化学反应时需要掌握该温度下多元物质赋存状态。关于物质赋存状态的信息一般可由等温截面图获得。以下介绍等温截面图的制作方法及其应用。

4.4.1　等温截面图的制作

4.4.1.1　不含液相分层的相图

以制作 1 600 ℃温度条件下 $CaO-SiO_2-Al_2O_3$三元系的等温截面图为例,介绍等温截面图的制作方法。

步骤一:描绘等温线

在 $CaO-SiO_2-Al_2O_3$三元相图查找 1 600 ℃等温线,标记 1 600 ℃等温线与相交的二元共晶线及二元包晶线的交点(图 4-23 中的 a、b、c、d、e)。

步骤二:判断指定温度下的液相区及固相化合物的单相区

根据等温线的分布判断液相区域,如图 4-24 中 1 600 ℃线围成的区域为液相区域。进而标注 1 600 ℃以上仍以固相存在的所有化合物,图 4-24 中 1 600 ℃以上仍以固相存在的化合物有:

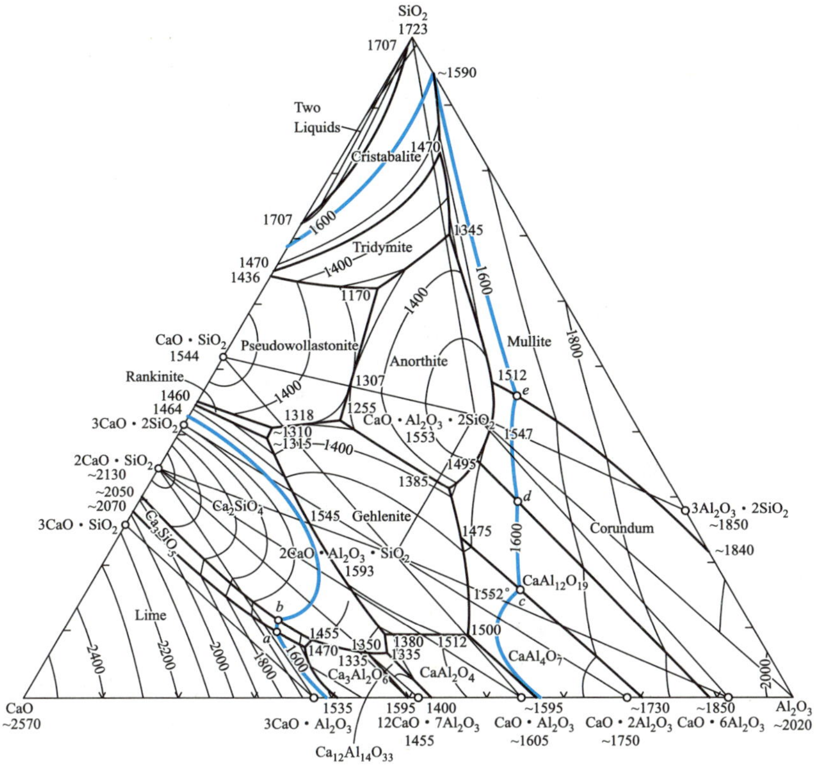

图 4-23　绘制 1 600 ℃下 $CaO-SiO_2-Al_2O_3$ 三元等温截面图的步骤一

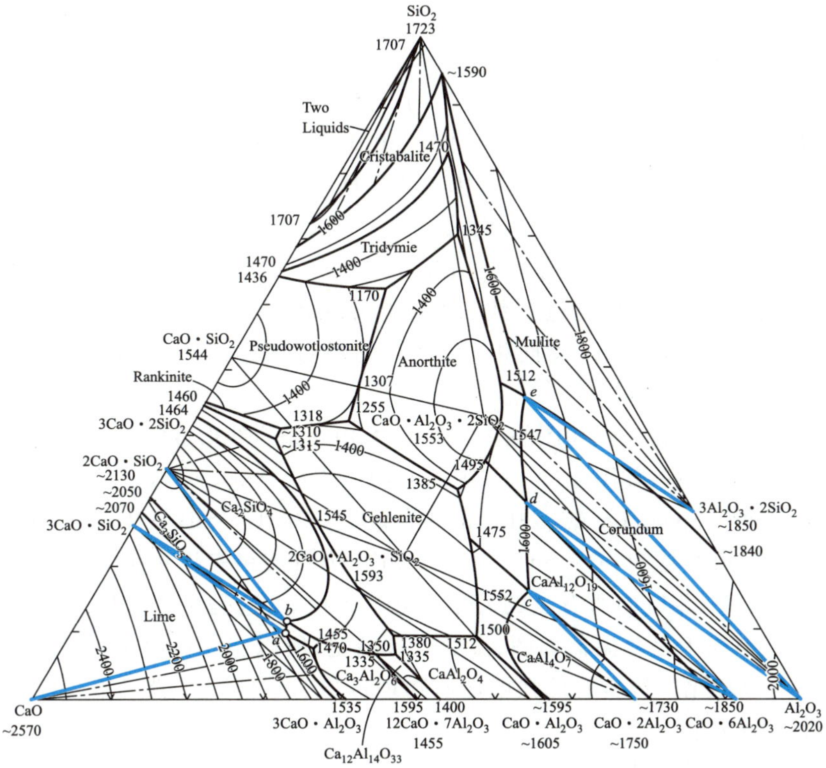

(a)

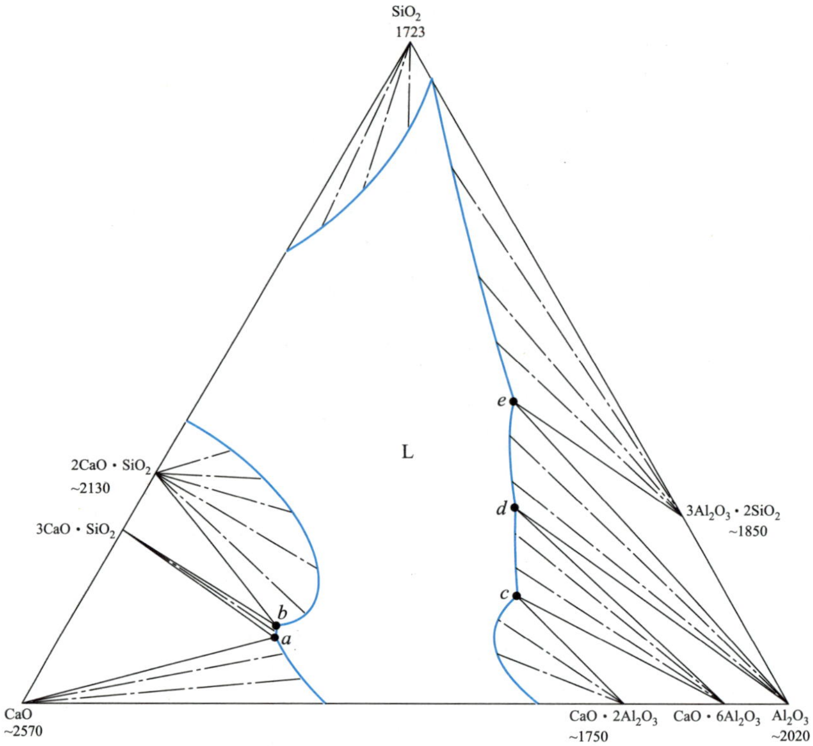

(b)

图 4-24 绘制 1 600 ℃下 $CaO-SiO_2-Al_2O_3$三元等温截面图步骤二和步骤三(a)和最终等温截面图(b)步骤四

SiO_2(熔点 1 723 ℃)、$2CaO \cdot SiO_2$(熔点约 2 130 ℃)、$3CaO \cdot SiO_2$(分解温度约 2 070 ℃)、CaO(熔点约 2 570 ℃)、$CaO \cdot Al_2O_3$(熔点约 1 605 ℃)、$CaO \cdot 2\,Al_2O_3$(熔点约 1 750 ℃)、$CaO \cdot 6\,Al_2O_3$(分解温度约 1 850 ℃),Al_2O_3(熔点约 2 020 ℃),$3Al_2O_3 \cdot 2SiO_2$(熔点约 1 850 ℃)。

步骤三:确定三相区和两相区

连接各种仍以固相存在的化合物与 a、b、c、d、e 各点,连线应遵守"就近不交叉"原则:就近连线,但不能出现连线之间交叉,否则将违反相律。同时也应注意,依据相律,过每物质点的连线不能超过 2 条[见图 4-24(a)]。

三相区:包括三元相图的三个边在内,由 3 条直线形成的三角形区域均为三相共存区域,如图 4-24(b)中的 $CaO-3CaO \cdot SiO_2-a$ 构成的三角形是 CaO、$3CaO \cdot SiO_2$ 与 a 点液相三相共存区域。$3CaO \cdot SiO_2-2CaO \cdot SiO_2-b$ 构成的三角形是 $3CaO \cdot SiO_2$、$2CaO \cdot SiO_2$、b 点液相三相共存区域。

注意:三相区内所有点的 i 组元化学势相等,这是由于该区域内自由度为 1,但因为是等温截面图,温度已被指定,所以实际自由度为 0,因此,区域内包括化学势所有的强度性质物理量均为定值。一般三相共存区域不作任何标记。

两相区:如果区域中存在与液相区域毗邻的线段(一般为曲线),则此区域为两相共存区域，如图 4-24(b) 中 $3CaO \cdot SiO_2$-a-b 区域，其中 a-b 就是与液相毗邻的曲线，该区域中两相平衡物质有 $3CaO \cdot SiO_2$ 和液相，区域内一般用过固相点的放射状点划线表示。

步骤四：完成最终等温截面图

将图 4-24(a) 蓝粗线所包围区域内的信息去掉，注明 L，再将所有的等温线及周边不相干的信息去掉，形成最终等温截面图[见图 4-24(b)]。

4.4.1.2 含有液相分层的等温截面图

若某 A-B 二元相图中存在偏晶反应，则含有 A-B 二元的三元相图将出现液相分层区域。对于此类相图制作等温截面图的步骤如下。

步骤一：描绘等温线

在三元相图中描绘给定温度(500 ℃)的等温线，标记 500 ℃ 等温线与相交的二元共晶线或二元包晶线以及液相分层包络线的交点(图 4-25 中的 a、b、c、d)，同时注明液相分层包络线的最低温度点 e。

步骤二：确定双液相区域

500 ℃ 等温线与低于 500 ℃ 的液相分层包络线包围的区域[图 4-25(b) 中阴影部分]为双液相区域。

步骤三：确定三相区和两相区

连接 Da、Db、Dc、Ec、Ed、Fd。

(1) 三相区　三相区有 3 处[见图 4-25(b)]，分别是：

① 三角形 Dab 为 D 固相、a 点液相与 b 点液相的三相共存区域，(a、b 两点的液相互不相溶，呈液相分层)；

② DcE 三角形为 D 固相、E 固相、c 点液相三相共存区域；

③ EdF 三角形为 E 固相、F 固相、d 点液相三相共存区域。

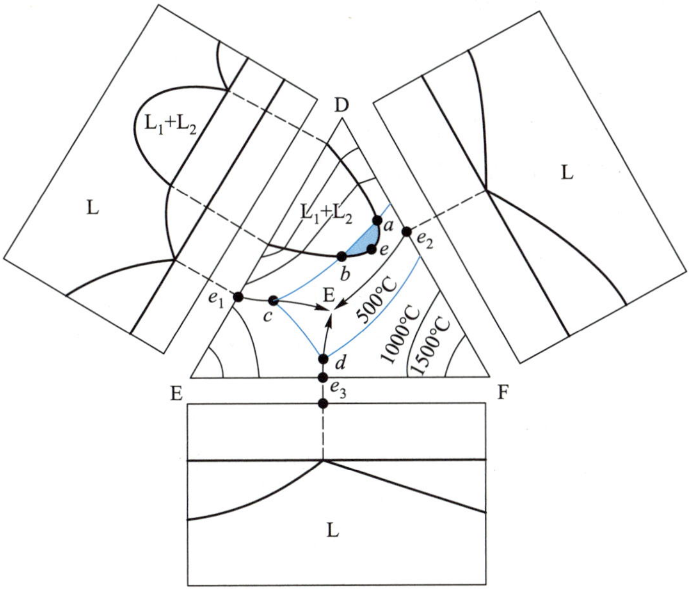

(a)

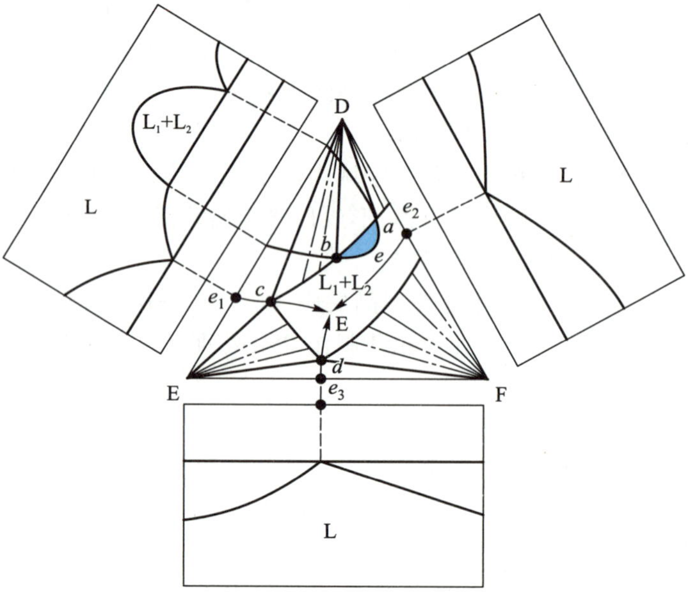

(b)

图 4-25 绘制含有液相分层的等温截面图制作示例

(2) 两相区 两相区用点划线标出，为固相和液相共存，蓝色阴影区域 *abe* 为液相分层区。

同理对于图 4-26(a)所示的含有液相分层三元相图，绘制 T_5 温度下的等温截面图[图 4-26(b)]。

现实生产中，有许多存在液相分层的实例。例如，研究炼钢脱磷工艺时经常使用 P_2O_5-CaO-Fe_tO 三元相图(图 4-27)，从图 4-27(a)可见，相图中间存在较大的液相分层区域。对于 P_2O_5-CaO-Fe_tO 三元相图绘制 1 600 ℃等温截面图示于图 4-27(b)。

实际上在讨论炼钢脱磷过程中，一般将图 4-27(b)绘制成变形等温截面图(图 4-28)。从图 4-28 可见，1 400 ℃温度条件下，P_2O_5-CaO-Fe_tO 三元相图的等温截面图存在 4 个三相区、6 个两相区和 2 个单液相区。

(1) 三相区 4 个

① CaO-*B*-C_4P($4CaO\cdot P_2O_5$)三角形：CaO、C_4P 和 *B* 点液相三相共存。

② C_3P($3CaO\cdot P_2O_5$)-C_4P-*C* 三角形：C_3P、C_4P 和 *C* 点液相三相共存。

③ C_3P-*C*-*D* 三角形：C_3P、*C* 点液相及 *D* 点液相三相共存。

④ C_3P-*G*-*F* 三角形：C_3P、*G* 点液相及 *F* 点液相三相共存。

(2) 两相区 6 个

① CaO-*A*-*B*-CaO 区域：CaO 与液相共存。

② C_4P-*B*-*C*-C_4P 区域：C_4P 与液相共存。

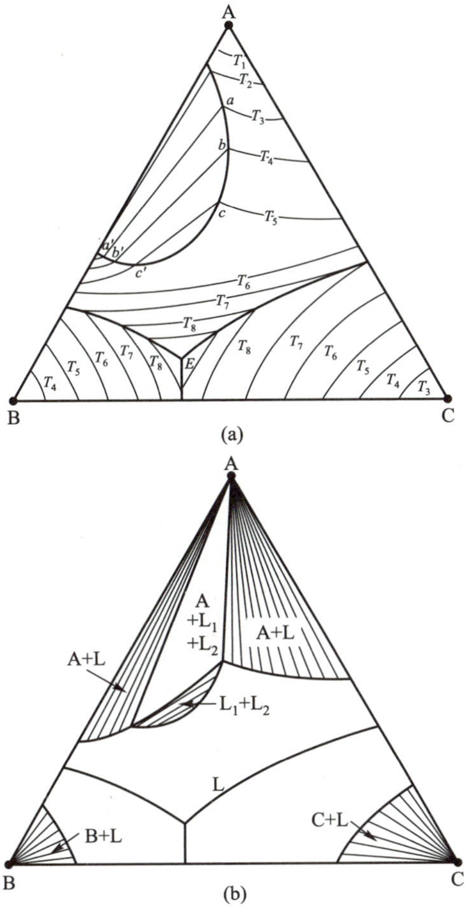

图 4-26　含有液相分层的三元相图(a)及 T_5 温度下的等温截面图(b)

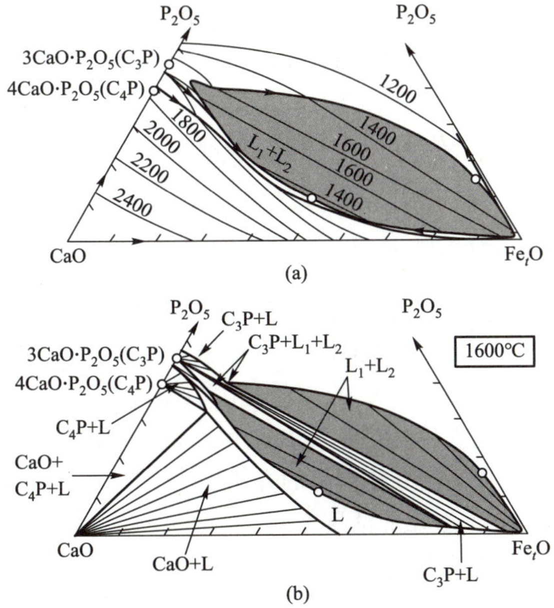

图 4-27　P_2O_5-CaO-Fe_tO 三元相图及等温截面图(1 600 ℃)

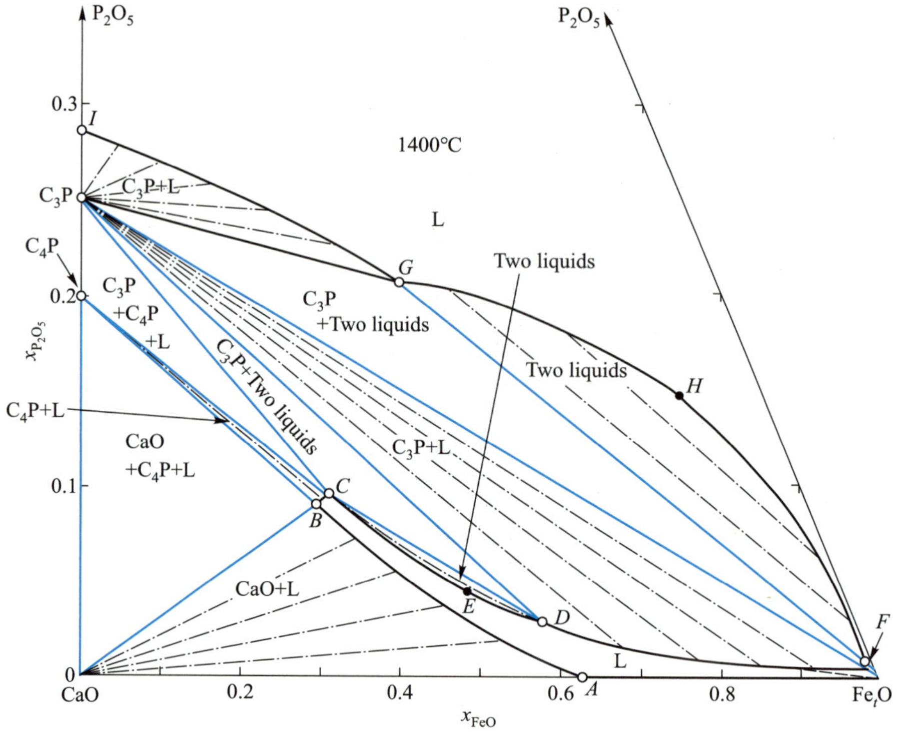

图 4-28　1 400 ℃温度条件下 P_2O_5-CaO-Fe_tO 三元变形等温截面图(来源于日本学者岩濑正则)

③ *C*-*E*-*D*-*C* 区域:液相分层区。

④ C_3P-*D*-*F*-C_3P 区域:C_3P 与液相共存。

⑤ C_3P-*I*-*G*-C_3P 区域:C_3P 与液相共存。

⑥ *G*-*H*-*F*-*G* 区域:液相分层区。

(3) 单液相区 2 个

① *A*-*B*-*C*-*E*-*D*-*F*-Fe_tO-*A* 区域:单液相。

② *I*-*G*-*H*-*F* 以上区域:单液相。

4.4.2　等温截面图的应用

进行热力学定性分析时,可利用等温截面图判断体系中某物质活度随成分的变化趋势。例如,对于 ABC 三元体系,图 4-29(a)是 $T=T_o$ 温度下的等温截面图,若分别选取 A、B、C 各自在 T_o 温度下的纯固体为标准态,则当体系组成按 A*W* 线变化时组元 A、B、C 的活度变化趋势示于图 4-29(b)。以下介绍判断某物质活度变化趋势的方法。

(1) 沿 A*W* 线 A 组元的活度变化

① A 点,因为 A 点是纯 A 物质,且已决定选取 T_o 温度下纯 A 物质为标准态,所以 A 点的 A 组元活度必然为 1。

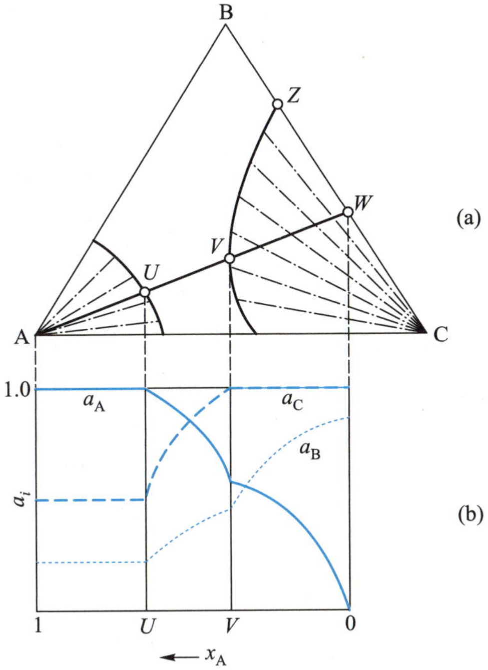

图 4-29 T_0温度下 ABC 三元等温截面图(a)及各组元活度沿 AW 线的变化趋势(b)(来源于日本学者岩濑正则)

② AU 段,由于 AU 段所有的物系点均处于 A 固相初晶区,属于 A 固相过饱和,A 固相与 U 点的液相平衡共存。根据平衡原理,必然有体系内各组分化学势相等,即析出的纯 A 固体与 U 点液相中的 A 组元化学势相同。又因为液相中的 A 所选取的标准态也是纯 A 固体,所以活度也应该相等,即在 AU 段内 A 组元的活度为 1。

③ UV 段,因为是处于均一相的溶液状态,可以按理想溶液或正规溶液或其他假设溶液分析。设该溶液为理想溶液,则沿 UV 线移动时,随 A 组元浓度下降,必然使 A 组元在本线段内的活度呈线性下降趋势。

注意:

(ⅰ) 图 4-29(b)中 a_A 在 UV 段中没有取直线的理由,请参阅图 4-30 的分析。

(ⅱ) V 点处 A 组元的活度值只能通过实验测定或查阅文献获得。

④ VW 段,为 C 固相与液相的两相共存区,虽然物系点沿 AW 线的变化是由 V 点到 W 点,但实际上 VW 线段上的每一物系点对应的液相组成是由 V 点沿两相区的 VZ 分界线连续变化至 Z 点,由于液相中的 A 组元浓度不断减少,导致活度呈下降趋势,当到达 Z 点时,A 组元活度值为零。

(2) 沿 AW 线 B、C 组元的活度变化

① A 点,因为 A 点 B、C 组元的浓度均为零,所以 A 点的 B、C 组元活度均为 0。

② AU 段，因为 AU 段内的所有物系点均是由 A 固相与 U 点液相构成，由于 U 点组成固定，所以 AU 段间 B 组元的活度为定值，但具体数值应由实验测定。C 组元亦如此。

③ UV 段，与 A 组元同样处理。因为处于均一相的溶液状态，可以按理想溶液或正规溶液分析，假设为理想溶液，则沿 UV 线移动将有 B、C 组元浓度的上升，必然使 B、C 组元在本线段内的活度呈线性上升趋势（与 a_A 相似，图中 a_B、a_C 在本线段内没有取直线的理由，见图 4-30 的分析）。

④ VW 段，因为物系点沿 AW 线的变化是由 V 点到 W 点，但实际上 VW 线段上的每一物系点对应的液相组成是由 V 点沿两相区的 VZ 分界线连续变化至 Z 点，而沿 VZ 变化的 B 组元活度只能通过实验测定或查阅文献获得，但 C 组元在 VW 段上，虽然液相成分按 VZ 曲线变化，但由于该区域是液相与纯 C 固相平衡共存，根据化学势相等原理，液相中 C 组元的活度均为 1。

注意：以上分析判定 U 点 A 组元活度为 1，若再由实验测得 V 点的 A 组元活度值，则 UV 段之间 A 组元的活度变化可按线性变化估算，但为了更接近实际，参照 2.3.6 节的方法可进行如下的精细估算。

首先计算 $T=T_o$ 温度下，以纯 A 固体物质为标准态时的过冷纯 A 液体活度 $a_{A(l)}$。对于过冷纯 A 液体的化学势：

$$\mu_{A(l)}=\mu_{A(s)}^*+RT_o\ln a_{A(l)}$$

即

$$\begin{aligned}\mu_{A(l)}-\mu_{A(s)}^* &= RT_o\ln a_{A(l)}\\ &=\Delta_{fus}G_A^*\\ &=\Delta_{fus}H_A^*-T_o\Delta_{fus}S_A^*\\ &=\Delta_{fus}H_A^*\left(1-\frac{T_o}{T_m}\right)\end{aligned} \tag{4-3}$$

式中，$\Delta_{fus}G_A^*$、$\Delta_{fus}S_A^*$ 和 $\Delta_{fus}H_A^*$ 分别为纯 A 物质的熔化自由能（$J\cdot mol^{-1}$）、熔化熵（$J\cdot mol^{-1}\cdot K^{-1}$）和熔化焓（$J\cdot mol^{-1}$）。

因为是纯 A 过冷液体，$T_o<T_m$，所以必然有

$$a_{A(l)}>1 \tag{4-4}$$

可见纯 A 过冷液体在以纯 A 固体为标准态时的活度大于 1，且温度越偏离熔点，活度值越大。因此由热力学基础数据查得 A 物质的熔化焓 $\Delta_{fus}H_A^*$，即可由式（4-3）计算 T_m 温度下的 $a_{A(l)}$ 数值。进而利用纯 A 过冷液体的活度 $a_{A(l)}$ 和已知的 U 点和 V 点的活度值三点作光滑曲线，此方法曲线拟合估算 UV 段间活度的精度优于将溶液假设为理想溶液时的线性拟合精度。同理 C 组元的活度也可以作曲线拟合，见图 4-30(b)。

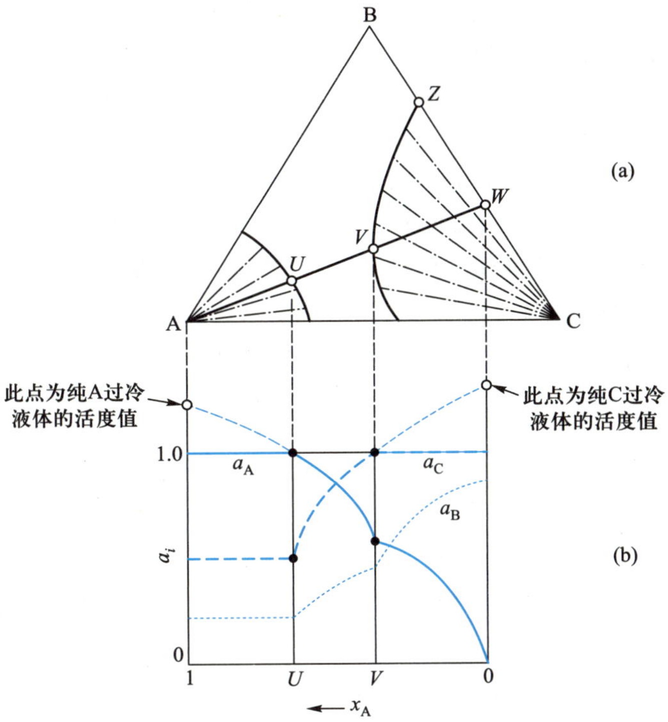

图 4-30 T_o温度条件下三点拟合曲线方法估算各组元以各自纯固体为标准态的活度变化趋势（来源于日本学者岩濑正则）

4.5 相图在冶金中的应用

相图在冶金领域具有广泛的应用，以下介绍几种具有代表性的应用实例。

4.5.1 化学反应平衡相的确定

3.1 节提到，有时给出的反应未必一定能达到平衡态，致使有的反应的平衡常数不真实存在。例如，铁氧化物的还原，对于 Fe_2O_3被 CO 还原为 Fe 的反应式(4-5)，可以通过查热力学参数写出相应的标准自由能变化 $\Delta G^\ominus$与温度 T 之间关系的数学表达式(4-6)：

$$Fe_2O_3+3CO \Longrightarrow 2Fe+3CO_2 \tag{4-5}$$

$$\Delta G^\ominus=\left(-30\ 630+5.92\frac{T}{K}\right)\ J\cdot mol^{-1} \tag{4-6}$$

进而利用标准自由能 $\Delta G^\ominus$与平衡常数 K 之间的关系，求出 1 000 K 温度条件下的平衡常数 K：

$$K=\exp\left(-\frac{\Delta G^\ominus}{RT}\right)\Bigg|_{T=1\ 000\ K}=19.53 \tag{4-7}$$

虽然反应式(4-5)的平衡常数可求，但是否真实存在呢？问题就在于反应式(4-5)中的反应物 Fe_2O_3和生成物 Fe 之间能否平衡共存？如果能平衡共存，则式(4-6)给出的平衡常数 K 就真实存在，否则就不真实存在。反应物与生成物能否平衡共存可以通过相图分析进行判断，从图 4-31 所示的 Fe-O 二元相图可见，在所有的温度范围和浓度范围内，不存在 Fe_2O_3与 Fe 的平衡共存区域，所以两者不能平衡共存，即式(4-7)给出的平衡常数 K 不真实存在，或说该反应不真实存在。又如，对于 Fe_3O_4被 CO 还原为 Fe 的反应式(4-8)，同样可以通过查热力学参数写出相应的标准自由能变化 $\Delta G^{\ominus}$与温度 T 之间关系的数学表达式(4-9)：

$$Fe_3O_4+4CO \xlongequal{\quad} 3Fe+4CO_2 \tag{4-8}$$

$$\Delta G^{\ominus}=\left(-24\ 420+35.33\frac{T}{K}\right)\ J\cdot mol^{-1} \tag{4-9}$$

进一步由式(4-10)求出 1 000 K 温度条件下的平衡常数 K：

$$K=\exp\left(-\frac{\Delta G^{\ominus}}{RT}\right)\bigg|_{T=1\ 000\ K}=0.269 \tag{4-10}$$

那么，对于式(4-10)给出的平衡常数是否真实存在呢？查阅 Fe-O 二元相图(图 4-31)，可以发现若温度低于 570 ℃(843 K)，Fe_3O_4与 Fe 能平衡共存，而在高于 570 ℃温度范围内，Fe_3O_4只能和 FeO 平衡而不能与 Fe 共存，因此，对于式(4-10)给出的平衡常数的真实存在性是有温度条件的，即当

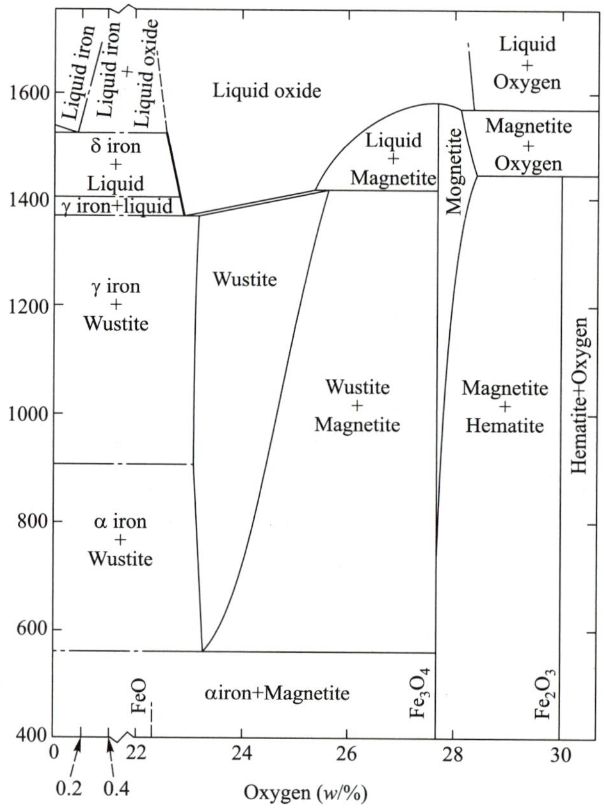

图 4-31 Fe-O 二元相图

$T<570$ ℃,平衡常数 K 真实存在;

$T>570$ ℃,平衡常数 K 就不真实存在。

对于式(4-10)给出的平衡常数 K,由于温度高于 843 K(570 ℃),所以该平衡常数不真实存在。

4.5.2 高炉炼铁适宜炉渣成分的确定

高炉炼铁炉渣的组成非常复杂,简便起见,可认为由 CaO、SiO_2、Al_2O_3 三种物质构成,对于 $CaO-SiO_2-Al_2O_3$ 三元渣系,适宜的炉渣成分为:$CaO\approx 44\%$、$SiO_2\approx 44\%$、$Al_2O_3\approx 12\%$,炉渣的二元碱度 $R=\dfrac{[\%CaO]}{[\%SiO_2]}\approx 1$。以下结合 $CaO-SiO_2-Al_2O_3$ 三元相图(见图 4-32),从炉渣的熔点、黏度、脱硫能力等要求出发,解释上述炉渣组成的合理性。高炉炉缸排出的炉渣温度约 1 550 ℃,考虑到炉缸内的温度波动,所以要求炉渣熔点一般不能高于 1 400 ℃,否则可能导致炉渣不能完全熔化,炉渣无法自行从高炉排出,影响高炉的正常运行。在图 4-32 中满足炉渣熔点低于 1 400 ℃的区域有三处,即

区域 1:$CaO\approx 44\%$、$SiO_2\approx 44\%$、$Al_2O_3\approx 12\%$附近;

区域 2:$CaO\approx 33\%$、$SiO_2\approx 55\%$、$Al_2O_3\approx 12\%$附近;

区域 3:$CaO\approx 45\%$、$SiO_2\approx 10\%$、$Al_2O_3\approx 45\%$附近。

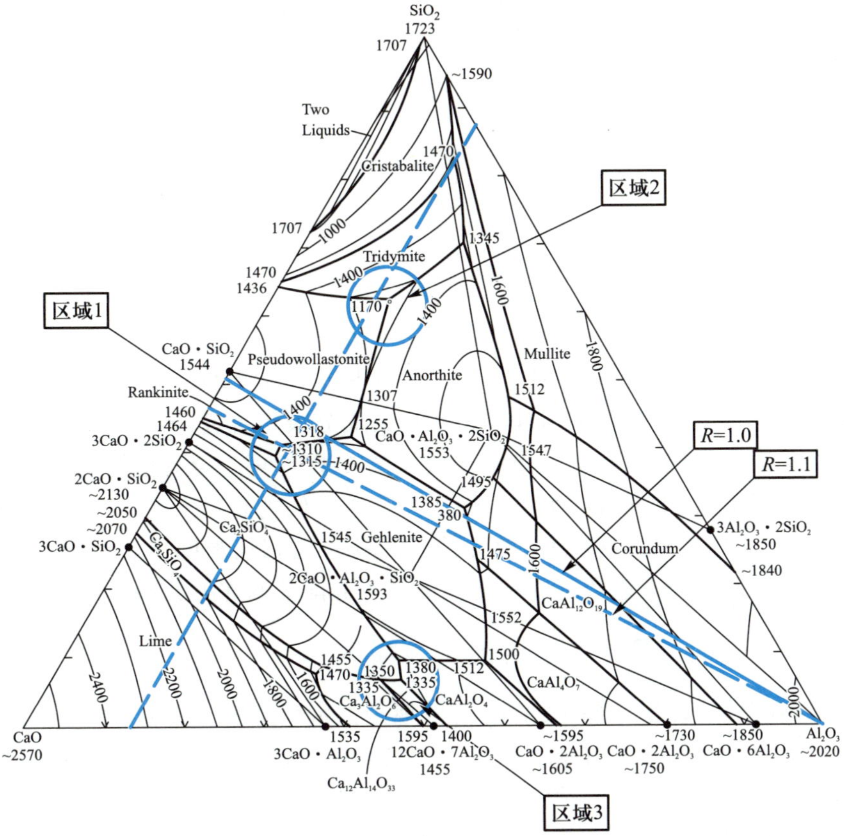

图 4-32 $CaO-SiO_2-Al_2O_3$ 三元相图

但为什么适宜的炉渣成分一般选择区域 1 而不是区域 2、3 呢？原因在于区域 2 的炉渣黏度较高，一般说来适宜的高炉炉渣黏度为 0.3~0.4 Pa·s，而区域 2 的黏度高达 5 Pa·s 以上（见图 4-33），因此区域 2 不适用于高炉生产，另外，区域 2 炉渣二元碱度较低，炉渣脱硫能力差，难以获得高质量的低硫铁水。区域 3 虽然炉渣碱度较高，黏度也较小，但由于天然铁矿中主要的脉石成分是 SiO_2，CaO 和 Al_2O_3 相对较少，所以若选择区域 3 的炉渣成分，则需额外加入大量的 CaO 和 Al_2O_3，经济上不合理。因此适宜的高炉炼铁炉渣成分一般选择区域 1。

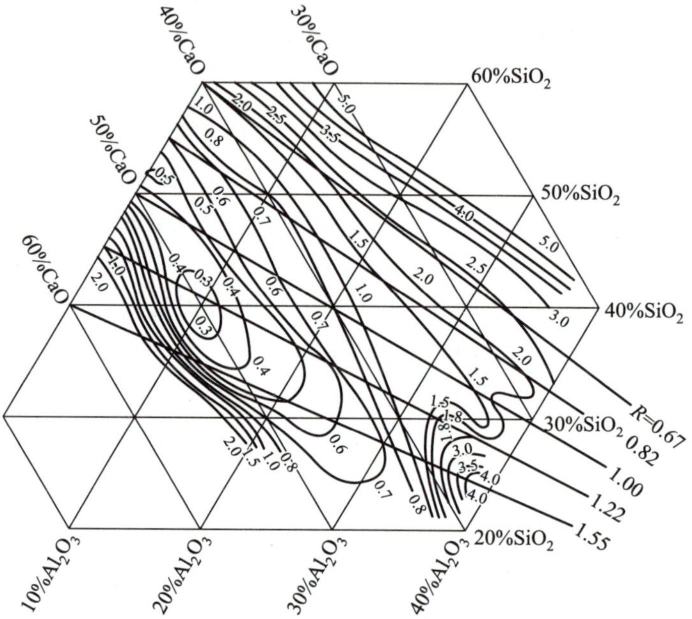

图 4-33　$CaO-SiO_2-Al_2O_3$ 三元系等黏度图（1 500 ℃）

4.5.3　高炉渣改性再利用

图 4-34 给出了以 $CaO-SiO_2-Al_2O_3$ 为主的各种无机材料成分范围，从图可见：高炉渣的范围与硅酸盐水泥的成分最为接近，若欲将高炉渣改性制备水泥，只需在高炉渣中添加适量的 CaO 即可符合硅酸盐水泥的成分要求，但是如果欲将高炉渣改性成为普通或低钙高铝水泥，则需加入大量的高 Al_2O_3 物质，与高炉渣改性为硅酸盐水泥相比难度显著增加，不易实现。因此工业上多数将高炉水淬渣作为硅酸盐水泥的原料使用。

4.5.4　炼钢过程中炉渣的返干与喷溅

顶吹转炉炼钢过程中，有时会出现炉渣的“返干”与“喷溅”现象，应用 $CaO-SiO_2-FeO$ 三元相图[图 4-35(a)]可解释出现该现象的原因。图 4-35(b)是吹炼过程炉渣组成变化示意图，图 4-35(b)中 A 区域为炼钢过程初期时的炉渣组成，C 区域为炼钢终了时的炉渣组成。

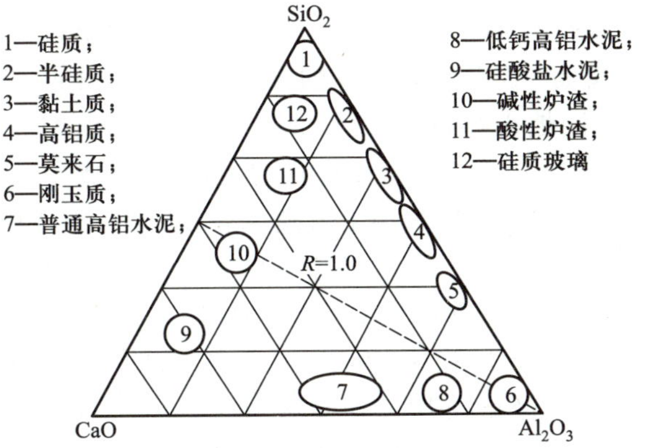

图 4-34　高炉渣与其他无机非金属材料的成分比较

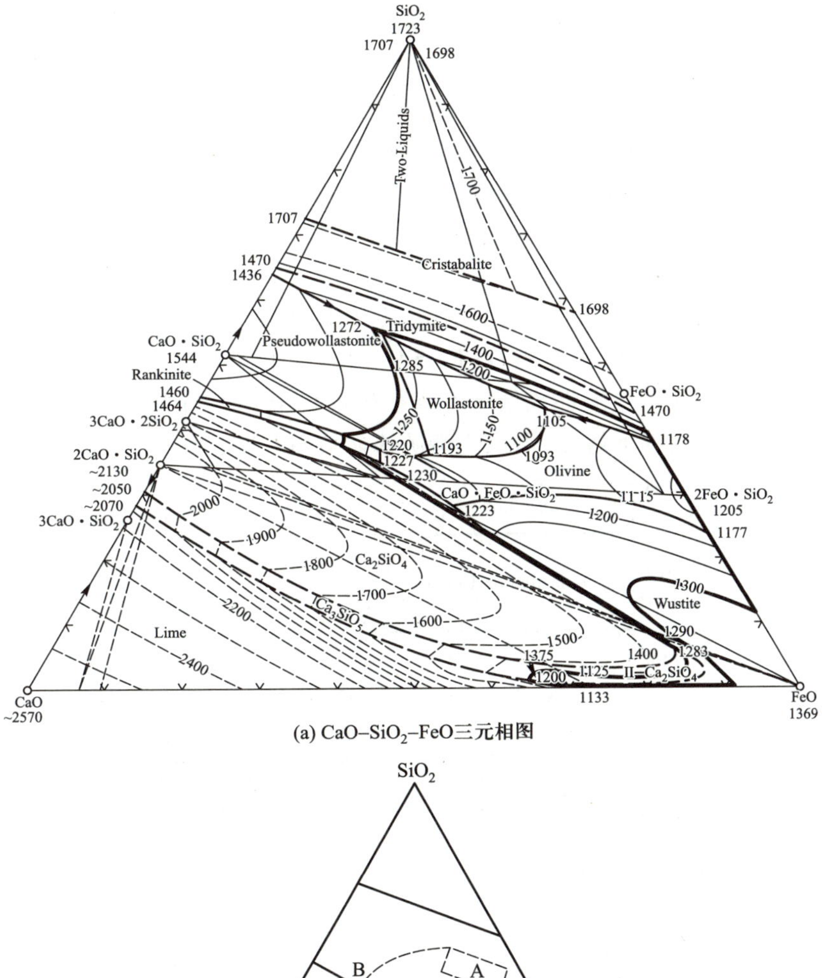

(a) CaO–SiO2–FeO三元相图

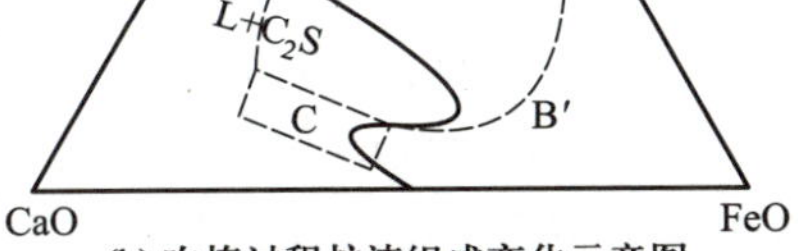

(b) 吹炼过程炉渣组成变化示意图

图 4-35　$CaO-SiO_2-FeO$ 三元相图与转炉炼钢过程炉渣成分变化路径示意图

在冶炼初期，CaO 尚未熔化进入渣中，且由于炉温较低，吹氧使得炉渣中 FeO 含量增高，形成流动性好的强氧化性渣［图 4-35(b)中 A 区域］，随着冶炼不断地进行，尚未完全渣化的 CaO 逐渐熔入渣中，到达冶炼终了时，由于 FeO 含量的下降及 CaO 的渣化，炉渣成分进入 C 区域。

上述过程中若吹炼初期炉温上升速度较快，炉渣组成由 A 区域经路径 B 达到 C 区域，由于 FeO 被 C 还原导致 FeO 含量快速下降，同时 CaO 不断渣化进入渣中，使得炉渣进入 L+C_2S 两相区，析出 C_2S，炉渣呈干状，因为炉渣由“稀”变“干”，故称“返干”。反之，若吹炼初期炉温上升速度缓慢，炉渣由 A 区域经路径 B′达到 C 区域时，由于 FeO 迟迟不能被 C 还原，而接近吹炼后期炉温迅速升高，渣中的 FeO 与 C 发生激烈反应，生成大量的 CO 气体，导致发生“喷溅”现象，故称“喷溅”。

4.5.5 烧结黏结相的确定

一般烧结温度约 1 300 ℃，短时可达 1 600 ℃，在烧结温度下哪些矿物能变为液相，或说烧结矿的黏结相是由哪些矿物构成呢？通过相图可以分析在烧结过程中产生部分液相的组成区域。典型的烧结矿黏结相体系介绍如下。

1. FeO-SiO_2体系

图 4-36 是 FeO-SiO_2 二元相图。从相图可见，FeO 与 SiO_2 可形成熔点较低(1 205 ℃)的铁橄榄石(Fe_2SiO_4)物质，由于天然铁矿石中含有一定量的 SiO_2，在生产酸性或低碱度烧结矿过程中 SiO_2 与 FeO 生成铁橄榄石，并在烧结温度下熔化，形成烧结矿的黏结相。

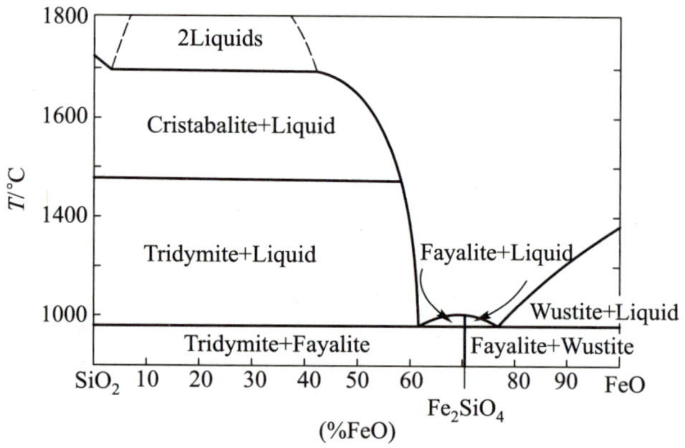

图 4-36　FeO-SiO_2 二元相图

2. Fe_2O_3-CaO 体系

在生产高碱度烧结矿过程中，原料中加入大量的含有 CaO 物质，从 Fe_2O_3-CaO 二元相图(图 4-37)可见，铁酸钙［也称铁酸一钙(CaO · Fe_2O_3)］和铁酸半钙(CaO · $2Fe_2O_3$)两者之间的共晶温度只有 1 205 ℃，因此铁酸钙是生产高碱度烧结矿主要黏结相，以铁酸钙为主的黏结相称为铁酸钙体系黏结相。

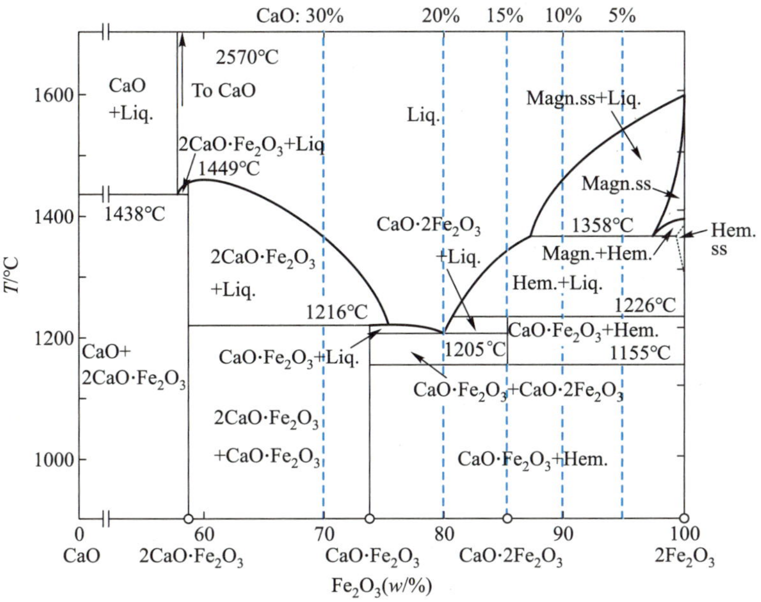

图 4-37 Fe_2O_3-CaO 二元相图

3. CaO-SiO_2-FeO 体系

CaO,SiO_2,FeO 或 Fe_2O_3是烧结原料的主要组成物质。图 4-38 给出了 CaO-SiO_2-FeO 三元相图,可见 1 300 ℃条件下该体系可在较大成分范围内形成液相(图 4-38 中的阴影部分)。

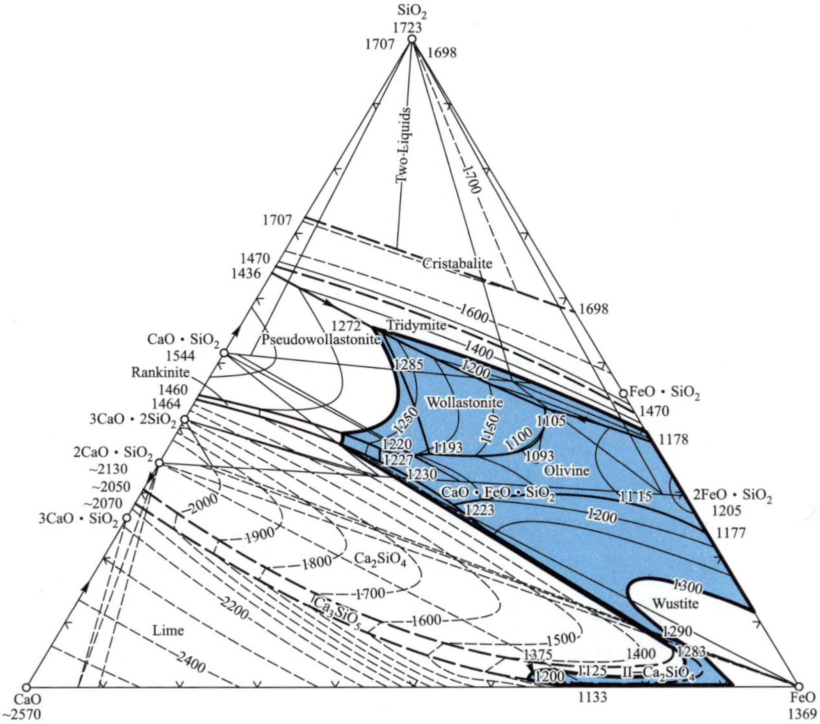

图 4-38 CaO-SiO_2-FeO 三元相图

当烧结原料中含有少量的 Al_2O_3 和 MgO 时，在高碱度条件下易生成还原性好、强度高的针状铁酸钙 SFCA 黏结相。在 CaO-SiO_2-FeO 三元系基础上添加少量的 MgO 或 Al_2O_3，将使 1 300 ℃区域如何发生变化？日本学者系统考察了 $p_{O_2}=1.8\times10^{-3}$ Pa 气氛条件下添加 5% MgO 或 Al_2O_3 对 1 300 ℃熔化区域的影响，从图 4-39 可见，与未添加（图中粗实线）相比，添加了 5% MgO（图中细实线）或 Al_2O_3（图中虚线），1 300 ℃熔化区域有明显的改变，因此根据图 4-39 可以有效地指导烧结生产。

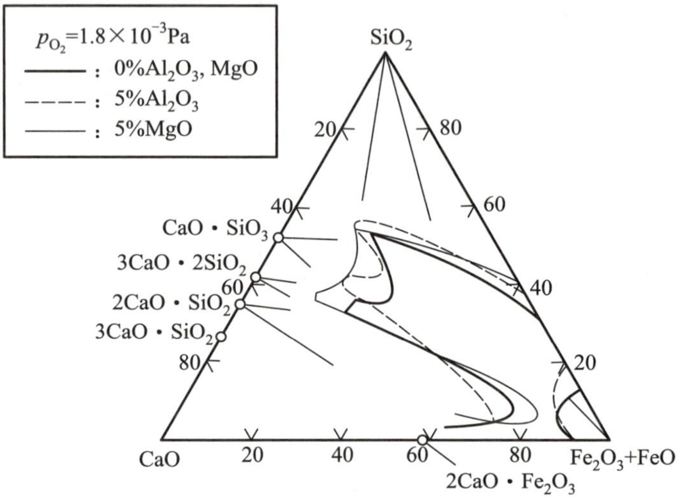

图 4-39 添加 5% MgO 或 Al_2O_3 对 CaO-SiO_2-FeO 三元系 1 300 ℃熔化区域的影响（来源于日本学者月乔文孝）

CaO 和 Fe_2O_3 混合物在高温下的液相生成量及其流动性能对于烧结配料非常重要，日本学者将铁矿石粉与 CaO 粉混合制成 Φ9.3×5 圆片状，测量一定温度条件下的熔化面积，该熔化面积即投影面积表征形成液相量的多寡和流动性的优劣。图 4-40 所示的研究结果表明：当 CaO 配比在 0~30%范围内，一定温度条件下铁矿石与 CaO 形成的液相量随 CaO 配比的增加而增加，这是因为从 Fe_2O_3-CaO 二元相图（图 4-37）可见，随着 CaO 的增加，Fe_2O_3-CaO 的二元混合物的熔点下降，且根据杠杆规则可知，随 CaO 含量的上升，液相的比例也逐步增大。

铁矿石中 SiO_2 的含量对含 CaO 烧结矿生成的液相量也会产生较大的影响，实验发现（见图 4-41）：1 220 ℃温度条件下，CaO 配比为 20%时，与 SiO_2 含量较低的 M 矿石（SiO_2 含量为 0.13%）相比，SiO_2 含量较高的 R 矿石（SiO_2 含量为 5.05%）生成液相量较少，而当 CaO 配比为 30%时，SiO_2 含量较高者，液相量也相对较多。这是因为 CaO 配比为 20%时，SiO_2 含量较高时液相线温度较高，而当 CaO 配比为 30%时，SiO_2 含量较高时液相线温度却较低（见图 4-42）。

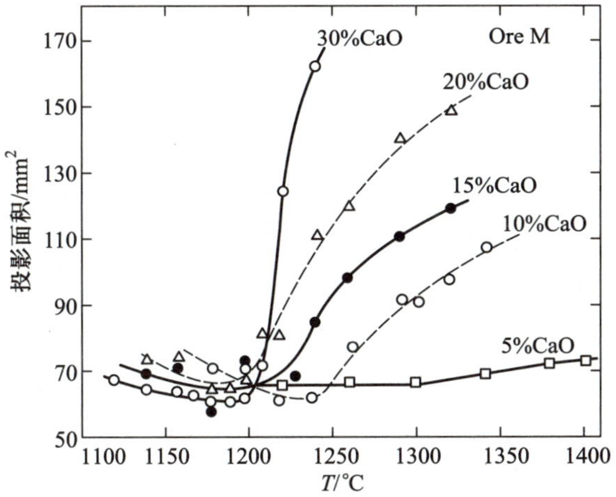

图 4-40　CaO 配比对铁矿石-CaO 混合物的液相量的影响

（来源于日本学者葛西荣辉）

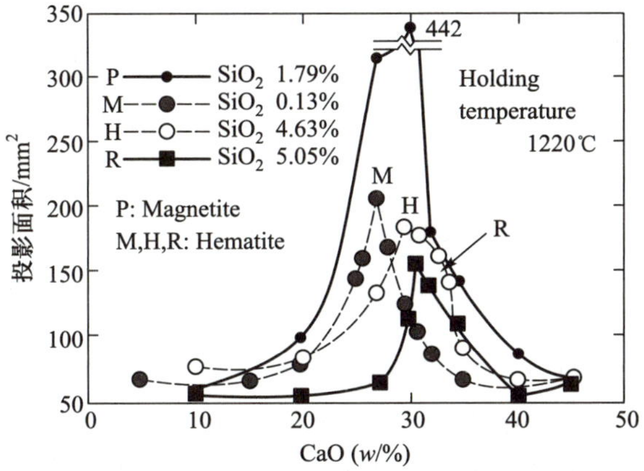

图 4-41　SiO_2 含量对铁矿石-CaO 混合物的液相量的影响

（来源于日本学者葛西荣辉）

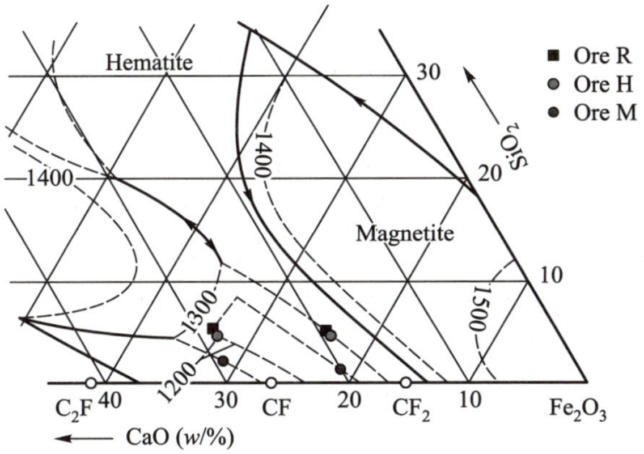

图 4-42　$CaO-Fe_2O_3-SiO_2$ 三元相图（局部）

4.5.6 少渣冶炼渣系的选择

脱磷是转炉炼钢过程的主要任务之一（有关脱磷热力学参见第5章）。脱磷反应为

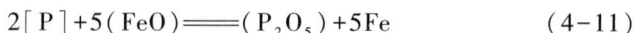

$$2[P]+5(FeO)═══(P_2O_5)+5Fe \qquad (4-11)$$

在脱磷过程中，随着反应式(4-11)的不断进行，炉渣中的(FeO)不断被消耗，浓度逐渐下降，而 P_2O_5 含量却逐渐上升[图4-43(a)]，逐渐使炉渣的脱磷能力下降，为了保证炉渣的脱磷能力，一般采用冶炼中期添加 FeO（通过吹氧增加渣中 FeO 提高炉渣的氧化能力）和添加 CaO 降低渣中 P_2O_5 的活性[图4-43(b)]，结果导致炉渣量上升，浪费资源、增加生产成本、加重环境负荷，不符合低耗低污染的冶炼要求。因此少渣冶炼的任务就是选择适宜的渣系，使之在炼钢过程中既可达到脱磷的目标又可减少渣量。

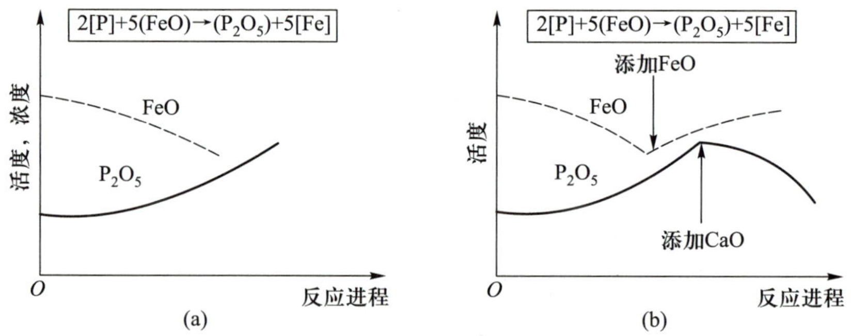

图4-43 脱磷过程中炉渣成分的变化示意图（来源于日本学者岩濑正则）

为了满足脱磷反应式(4-11)的要求，若能使渣中(FeO)和(P_2O_5)的反应能力在脱磷过程中保持相对稳定，即在炉渣中(FeO)浓度下降和(P_2O_5)浓度上升的同时确保(FeO)及(P_2O_5)的活度不发生变化，就可达到少渣冶炼的目的。

根据相图分析，参照1 400 ℃温度条件下 $P_2O_5-CaO-Fe_tO$ 体系等温截面图（见图4-28），关注 CaO-B-C_4P 和 C_4P-C-C_3P 两个三角形，根据相律，在上述三角形内自由度均为1，由于是等温截面图，温度已被指定，因此对于两个三角形体系[图4-44(a)]：恒温下的 CaO-B 点液相-C_4P($4CaO \cdot P_2O_5$)三相共存渣系或 C_4P($4CaO \cdot P_2O_5$)-C 点液相-C_3P($3CaO \cdot P_2O_5$)三相共存渣系中所有强度性质的物理量均为定值。

比较图4-44(b)中的 a、b 两点，可见 b 点渣系 FeO 含量较高，P_2O_5 含量较低，相当于脱磷初期渣的组成，而 a 点渣系恰好相反：FeO 含量较低，P_2O_5 含量较高，相当于脱磷末期渣的组成。虽然 a、b 两点的组成不同，但同处于定温时的 CaO-B 点液相-C_4P($4CaO \cdot P_2O_5$)三相共存区域内，因为此区域自由度为零，所以两点所对应的(FeO)活度和(P_2O_5)活度必然相等，因此若选择此三相共存渣系，就可实现如图4-45所示的在脱磷反应进程中虽然(FeO)含量下降和(P_2O_5)含量上升，但两者活度却仍然保持脱磷初期活度的目标。

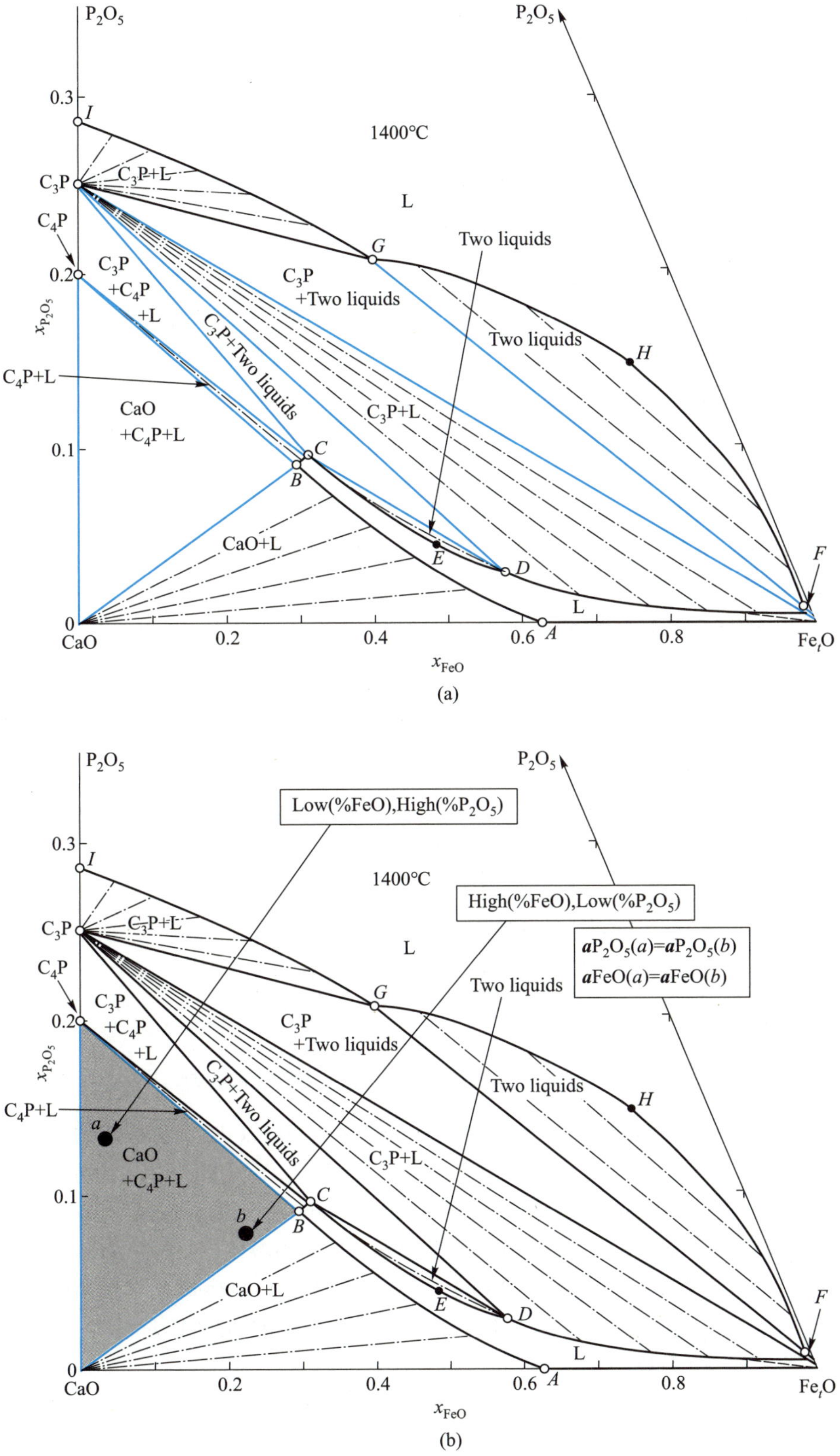

图 4-44 P_2O_5-CaO-Fe_tO 体系等温截面图局部(1 400 ℃)(来源于日本学者岩濑正则)

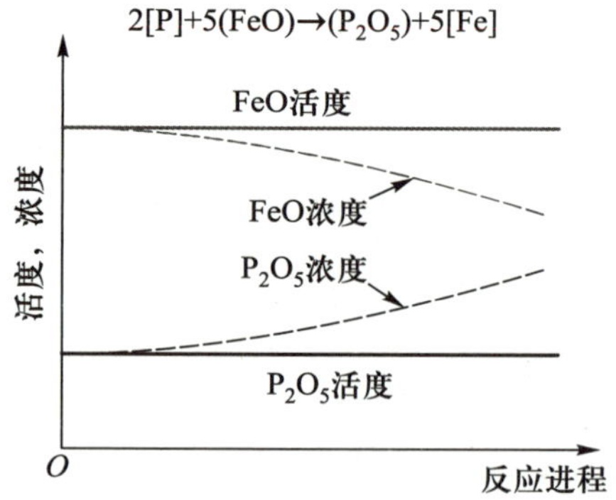

图 4-45　适宜渣系条件下脱磷过程中炉渣成分与活度的变化示意图(来源于日本学者岩濑正则)

4.5.7　烧结矿低温还原粉化

烧结矿在 Fe_2O_3还原为 Fe_3O_4时将产生体积膨胀,低温条件下由于烧结矿脆性较大,自身无法吸收伴随还原发生的膨胀,导致产生烧结矿粉化现象,称为烧结矿低温还原粉化。为了提高烧结矿质量,工业上一般采用添加 MgO 以减轻烧结矿的低温还原粉化程度。从图 4-46 可见 MgO 越多,低温还原粉化指数($RDI_{-3.15}$)越低。为什么添加 MgO 可以降低烧结矿的低温还原粉化? 以下利用相图分析其机理。

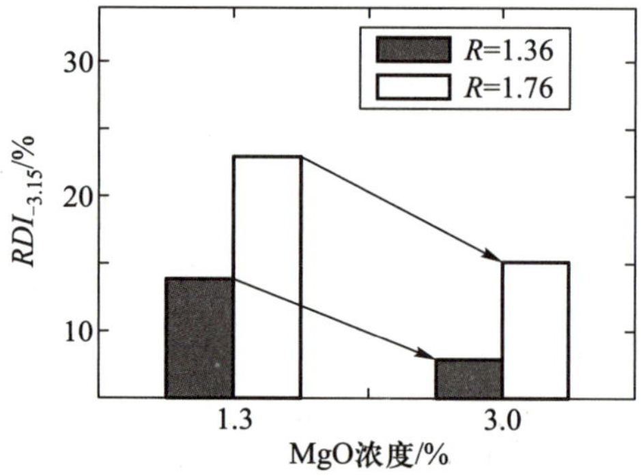

图 4-46　MgO 含量对烧结矿低温还原粉化的影响

图 4-47(a)是烧结矿微观形貌,(b)、(c)、(d)、(e)分别是烧结矿内 Fe、Mg、Ca、Si 的元素分布状态图。从图 4-47 可见,部分 Mg 与 Fe 的分布相同,表明额外添加的 MgO 已进入铁颗粒中。MgO 易于进入 Fe 矿石颗粒的原因是 MgO 与铁氧化物易形成稳定的 MgO-FeO 固溶体[见图 4-48(a)]或 $MgO-Fe_2O_3$固溶体[见图 4-48(b)]。MgO 与 Fe_2O_3 易生成化学性质较稳定的固溶体,从而降低铁氧化物的反应活性,使 Fe_2O_3的还原量减少、减轻还原膨胀,改善烧结矿低温还原粉化指标。

从上述事例可见相图的功能很强大,是分析解决冶金问题的重要手段之一。

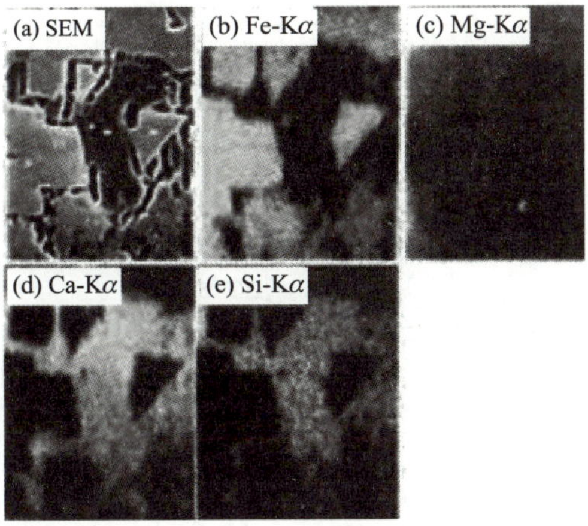

图 4-47 烧结矿的微观形貌及主要元素的分布

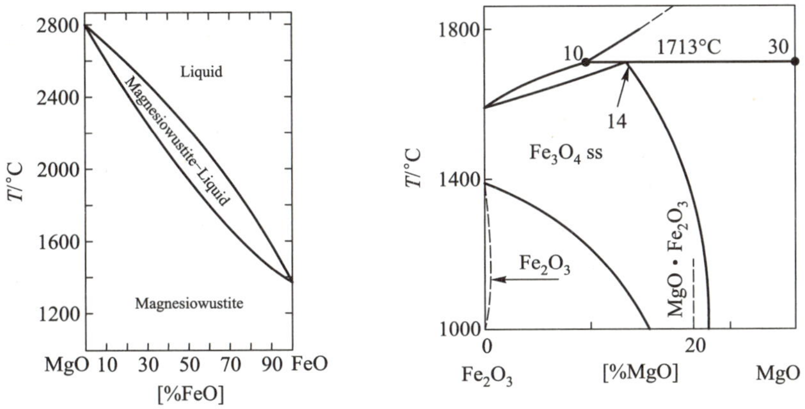

(a) (b)

图 4-48 MgO-FeO 二元系(a)及 MgO-Fe_2O_3二元系相图(b)

习题

1. 根据 Fe-C 相图分析 Fe_3C 的析出过程。

2. 将 PbS 加到含有铜的铅液中，能使铅中的杂质铜按下列反应除去：

$$2[Cu]+PbS(s)\!=\!=\!=\!Cu_2S(s)+Pb(l)$$

$$\Delta G^{\ominus}=(31\ 380-57.24T)\ J\cdot mol^{-1}$$

假设反应平衡时，固体 PbS 和 Cu_2S 不互溶。850 ℃以下时，液相线上铜的浓度 x_{Cu}与温度的关系为：$\lg x_{Cu}=-\dfrac{3\ 500}{T/K}+2.261$。假设铜在铅液中遵守 Henry 定律。计算 800 ℃下，按上述反应除铜后，铅液中残留铜的浓度。比较当铅中的铜分别以纯物质、假想纯物质、假想质量分数 1% 为标准态时的计算结果（Cu-Pb 二元相图，如图 4-49 所示）。

3. 根据 MgO-Al_2O_3二元相图（图 4-50）回答下列问题（下角标 ss 表示固溶体）：

（1）试写出组成为[$\%Al_2O_3$]=30 的溶液缓冷时，体系物相组成变化；

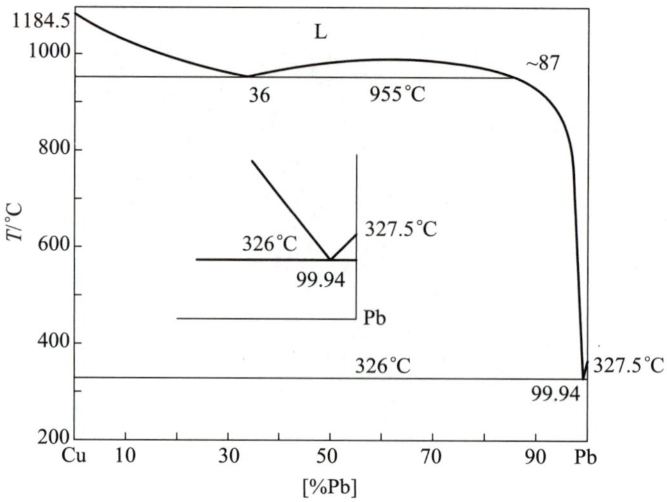

图 4-49　Cu-Pb 二元相图

(2) 试写出组成为[$\%Al_2O_3$] = 10 的溶液缓冷时，体系物相组成变化；

(3) 试估算组成为[$\%Al_2O_3$] = 20 的溶液缓冷至温度为 2 200 ℃、1 800 ℃，体系物相组成及比例。

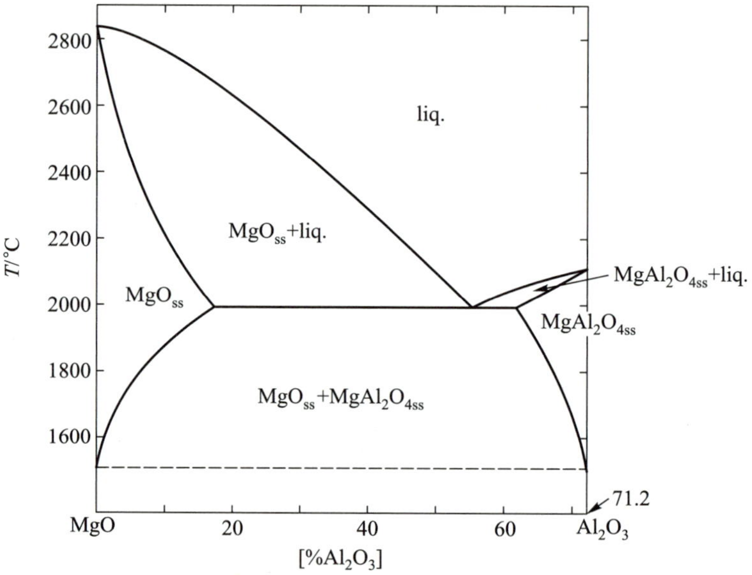

图 4-50　$MgO-Al_2O_3$二元相图

4. 根据 A-B-C 三元相图(图 4-51)回答如下问题：

(1) 在图中用阴影画出 C 的初晶区；

(2) E_1E_2线上的温度最高点是哪个点；

(3) 对 M 点的液相进行缓冷分析，并大致计算最终平衡相的组成。

5. 分析 A-B-C 三元相图(图 4-52)并回答如下问题：

(1) 标出各物质的初晶区；

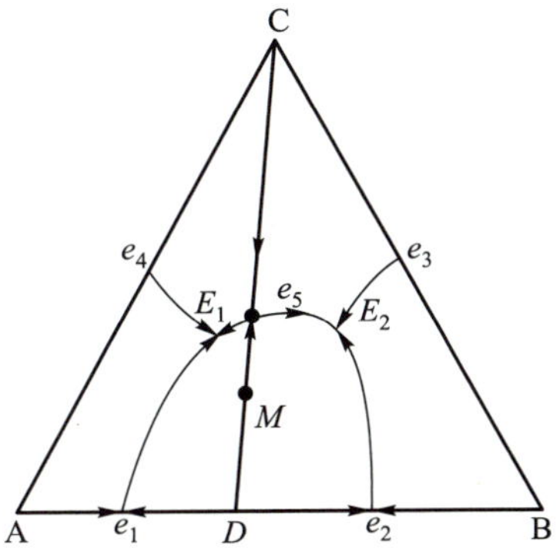

图 4-51　A-B-C 三元相图

（2）说明图中点 a,b,c 的特点；

（3）分析体系点 M 的缓冷过程，并写出其相应的反应。

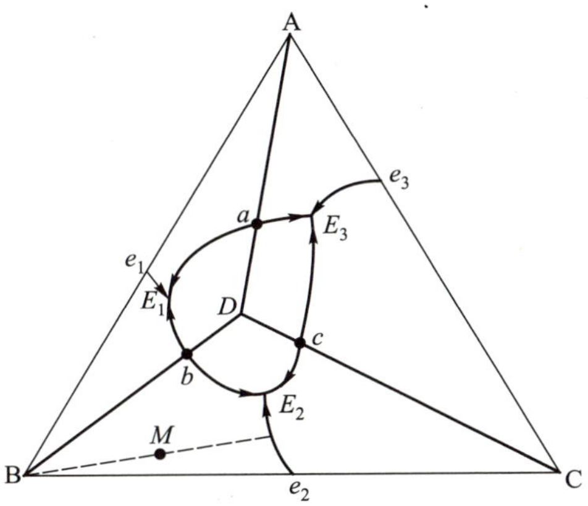

图 4-52　A-B-C 三元相图

6. 画出 A-B-C 三元相图（图 4-53）的 150 ℃等温截面图，并讨论等温截面图中 AD 线上 A、B、C 的活度变化情况。

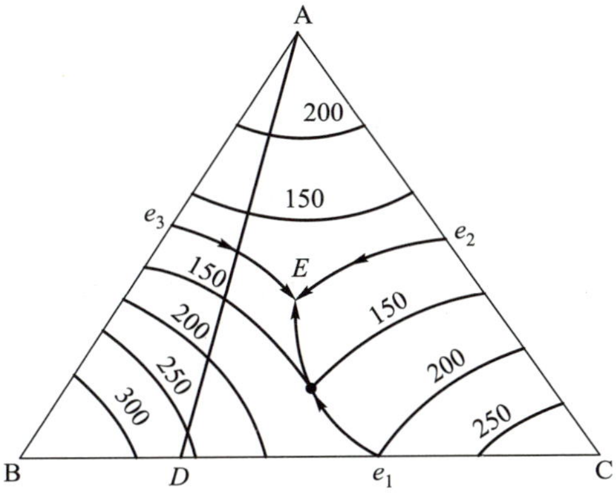

图 4-53　A-B-C 三元相图

7. 已知 A-B-C 三元相图如图 4-54 所示。

（1）请标出 A、B、C、D 各物质的初晶区；

(2) 说明图中 P、E 及 p、e_1、e_2、e_3各点的性质(名称及反应式);

(3) 分析 A-B-C 三元相图中点 M_1、M_2、M_3的缓冷过程及冷却后的固相组成。

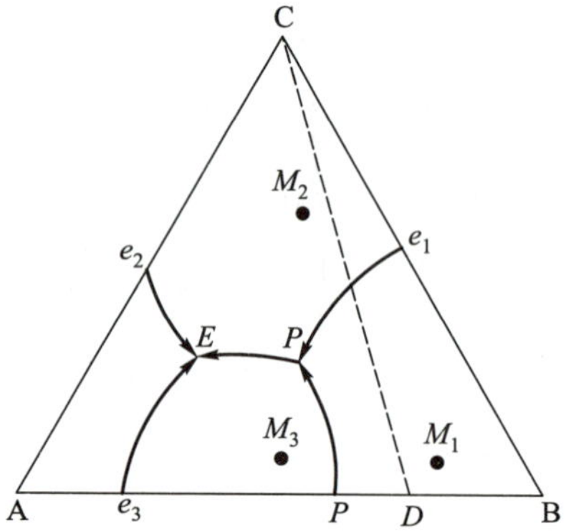

图 4-54　A-B-C 三元相图

8. 已知 A-B-C 三元相图(图 4-55),图中 E 点温度为 1 120 ℃。回答下列问题:

(1) 绘出 A-B-C 三元系相图各物质的初晶区;

(2) 说明 E 点,e_1E、e_2E 线上发生的反应;

(3) 绘出温度为 1 300 ℃时等温截面图,并标注各区域物相组成;

(4) 写出组成为 Q 点的液相缓冷过程及最终物相组成。

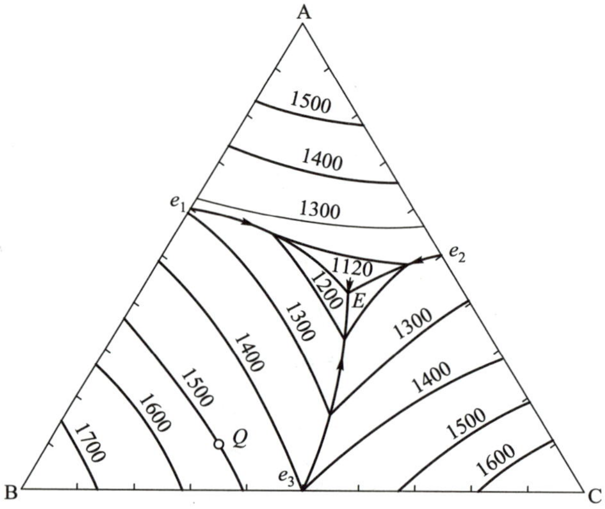

图 4-55　A-B-C 三元相图

第5章 冶金熔渣

5.1 概述

冶金过程中在提取目标产品——金属或合金的同时会产生一定的副产品，如熔渣（炉渣）就是冶金过程产生的副产品之一。

5.1.1 熔渣的化学组成及来源

1. 组成

冶金熔渣成分复杂，如钢铁冶金熔渣的主要成分有 CaO，SiO_2，Al_2O_3，MgO，FeO，CaF_2，TiO_2，P_2O_5，S 等。

2. 来源

熔渣的来源主要有：

（1）矿石中的脉石成分　例如，SiO_2，Al_2O_3，CaO（少量），MgO（少量），TiO_2（特种矿）等。

（2）炉衬等耐火材料　例如：

① 炉衬受侵蚀而溶入渣中，如酸性炉衬，在碱性熔渣作用下将不断被侵蚀，进入熔渣中。

② 受液态熔渣或金属溶液或固体炉料的冲刷而进入熔渣。

（3）冶炼过程形成的中间产物　例如，炼钢过程中形成的 FeO，有色冶炼吹炼冰镍、冰铜时形成的FeO 等。

（4）由于冶炼需要人为加入的造渣物质　例如：

① 为了提高熔渣的脱硫或脱磷能力，有意添加含 CaO、MgO 等物质。

② 调整熔渣碱度流动性，添加 CaF_2、MgO，个别情况下添加 SiO_2等。

③ 调整熔渣熔化性温度，添加 CaF_2等。

5.1.2 熔渣的作用

熔渣对于冶金过程非常重要，其作用分为有利于冶炼的有益作用和不利于冶炼的有害作用。

1. 有益作用

（1）提取有价值金属　依照热力学理论配制熔渣，通过渣-金反应，有效抑制或促进某元素还原，提取有价值的金属。

(2) 精炼金属　如电渣重熔，选用适宜的熔渣，达到脱除金属液中的S、P 等有害元素及 Al_2O_3 等夹杂物的目的。

(3) 保护金属　利用熔渣密度小于金属密度的特性，使得熔渣覆盖在金属液体之上隔离金属与空气，防止金属被空气氧化或吸收空气中 N_2 和 H_2O 等。

(4) 黏结剂　如烧结过程中，熔渣起到黏结相的作用。

(5) 减少热损失　熔渣覆盖于金属表面，起到保温作用，减少金属液相的散热损失。

2. 有害作用

(1) 侵蚀炉衬　由于熔渣的化学反应或物理冲刷作用，使得炉衬受侵蚀，降低反应容器(如炼铁高炉、炼钢转炉、火法炼铜反射炉等)的使用寿命。

(2) 影响金属的回收率　由于熔渣不同程度地夹带金属，降低了金属的回收率。

(3) 影响工序能耗　由于熔渣升温需要能量，排除熔渣时也将带走热量，使得工序能耗升高。

5.2　熔渣性质、结构

熔渣的理化性质包括：碱度、黏度、熔点、表面张力、导电性、氧化性(还原性)、气体在渣中溶解度等。

5.2.1　熔渣碱度

熔渣碱度是熔渣的重要理化性质之一。熔渣碱度(R)的定义形式有以下几种。

(1) 二元碱度

$$R=\frac{(\%CaO)}{(\%SiO_2)} \tag{5-1}$$

式中，(%CaO)与(% SiO_2)分别是熔渣中 CaO 和 SiO_2 的质量分数。

(2) 多元碱度

$$R=\frac{(\%CaO)+(\%MgO)+(\%MnO)+\cdots}{(\%SiO_2)+(\%Al_2O_3)+(\%P_2O_5)+\cdots} \tag{5-2}$$

通常使用多元碱度时必须给出具体的计算式，由于多元碱度计算较烦琐，因此生产实践中多使用二元碱度。

(3) 折合碱度　由于各碱性物质和各酸性物质所具有的酸碱能力不同，因此在评价其酸碱能力时，赋予一定的折算系数。定义折合碱度：

$$R=\frac{(\%CaO)+K_{MgO}(\%MgO)+\cdots}{(\%SiO_2)+K_{Al_2O_3}(\%Al_2O_3)+\cdots} \tag{5-3}$$

式中，K_{MgO} 和 $K_{Al_2O_3}$ 是 MgO 和 Al_2O_3 相对于 CaO 或 SiO_2 的折算系数，该折

算系数因研究者不同赋予的数值可能也不同。

注意：

① 凡能给出 O^{2-} 的氧化物，均定义为碱性物质，凡能吸收 O^{2-} 的氧化物，均定义为酸性物质；有的化合物在某些条件下，可以给出 O^{2-}，而在另外条件下可能吸收 O^{2-}，称该物质为两性物质。

② O^{2-} 只代表熔渣碱度，与熔渣氧化性无关。

③ 碱度定义应以 O^{2-} 活度表示，但由于 O^{2-} 活度目前尚无法直接测定，所以一般采用上述多种形式。

5.2.2 熔渣结构的分子理论

1. 熔渣结构分子理论的基本观点

① 熔渣由简单分子和复杂分子组成，如 CaO，SiO_2，Al_2O_3 或 $2CaO \cdot SiO_2$，$4CaO \cdot P_2O_5$ 等；

② 认为熔渣分子间的作用力较弱，熔渣可视为理想溶液。

2. 熔渣分子理论的计算

例 设熔渣成分为 10% FeO、9.8% MnO、45.2% CaO、10% MgO、20% SiO_2、5% P_2O_5，试用分子理论计算 1 600 ℃ 温度条件下渣中 a_{FeO}。

解：取 100 g 渣，计算各种组分的物质的量：

$$n_{FeO}=\frac{10}{72}=0.139\ \text{mol} \qquad n_{MnO}=\frac{9.8}{71}=0.138\ \text{mol}$$

$$n_{CaO}=\frac{45.2}{56}=0.807\ \text{mol} \qquad n_{MgO}=\frac{10}{40}=0.250\ \text{mol}$$

$$n_{SiO_2}=\frac{20}{60}=0.333\ \text{mol} \qquad n_{P_2O_5}=\frac{5}{142}=0.035\ \text{mol}$$

考虑到熔渣中简单化合物之间将生成复合化合物，认为渣中的 SiO_2 均生成 $2CaO \cdot SiO_2$，P_2O_5 均生成 $4CaO \cdot P_2O_5$，因此被结合的 CaO 量为 $2n_{2CaO \cdot SiO_2}+4n_{4CaO \cdot P_2O_5}=0.666+0.140=0.806$ mol，由于此值基本与 CaO 总量平衡，所以可以认为熔渣自由 CaO 量为零。

计算 100 g 渣中各物质的物质的量：

$$n_{FeO}=\frac{10}{72}=0.139\ \text{mol} \qquad n_{MnO}=\frac{9.8}{71}=0.138\ \text{mol} \qquad n_{MgO}=\frac{10}{40}=0.250\ \text{mol}$$

$$n_{2CaO \cdot SiO_2}=n_{SiO_2}=0.333\ \text{mol} \qquad n_{4CaO \cdot P_2O_5}=n_{P_2O_5}=0.035\ \text{mol}$$

自由碱性氧化物 $n_{自由碱}=n_{CaO}+n_{MnO}+n_{MgO}-(2n_{SiO_2}-4n_{P_2O_5})=n_{MnO}+n_{MgO}=0.39$ mol

所以

$$\sum n_i=n_{FeO}+n_{自由碱}+n_{2CaO \cdot SiO_2}+n_{4CaO \cdot P_2O_5}=0.896\ \text{mol}$$

因为可视为理想溶液，所以

$$a_{FeO}=x_{FeO}=\frac{n_{FeO}}{\sum n_i}=\frac{0.139}{0.896}=0.155$$

对照等活度图(第4章图4-10),可见分子模型计算的活度值与实测值很接近。

获得了熔渣的 a_{FeO},可以进一步计算渣-铁平衡时铁液中平衡[%O]。因为

$$(FeO) = [O] + Fe \tag{5-4}$$

由于[%O]数值较小,可以视铁液中的[O]服从亨利定律,所以反应(5-4)的平衡常数 L_O 可写为

$$L_O = \frac{[\%O]}{a_{FeO}} \tag{5-5}$$

已知1 600 ℃下,$L_O = 0.23$,所以铁水与该熔渣平衡时的氧含量:

$$[\%O] = L_O \cdot a_{FeO} \tag{5-6}$$

所以使用由分子理论获得的 a_{FeO} 可计算[%O]。

3. 分子理论的缺欠

① 实际的熔渣具有导电性,分子理论的假设与实际不符;

② 多数熔渣不属于理想溶液,计算值具有一定偏差。

5.2.3 熔渣结构的离子理论

1. 基本观点

1938年希拉赛门科(Herasymenko)首先提出了熔渣结构的离子理论,其基本观点如下。

(1) 各物质解离后,均以离子形式存在　例如:

$$CaO = Ca^{2+} + O^{2-} \tag{5-7}$$

$$SiO_2 + 2O^{2-} = SiO_4^{4-} \tag{5-8}$$

(2) 氧化物解离后正、负离子之间的作用力 F

$$F = I \cdot e^2 \tag{5-9}$$

式中,I 为静电势,对于氧化物的静电势 I 为

$$I = \frac{2Z^+}{(r_+ + r_{O^{2-}})^2} \tag{5-10}$$

式中,数值2和 Z^+ 分别代表氧负离子和正离子的电荷数;r_+ 和 $r_{O^{2-}}$ 分别是正离子和氧负离子的半径;e 为电子电荷量(1.602×10^{-19} C)。

(3) 熔渣组分　离子理论认为,熔渣由简单离子和复杂离子构成:

简单离子:Ca^{2+},Mg^{2+},O^{2-},S^{2-},…

复杂离子:SiO_4^{4-},$Si_2O_7^{6-}$,PO_4^{3-},…

离子理论可以很好地解释碱度对熔渣黏度的影响规律:酸性熔渣黏度远大于碱性熔渣黏度,其原因在于碱性熔渣中的 SiO_2 多以 SiO_4^{4-} 形式存在,而酸性熔渣中由于 SiO_2 过量,导致 O^{2-} 的量相对不足,所以部分 SiO_2 将以更复杂的 SiO_4^{4-},$Si_2O_7^{6-}$,$Si_3O_{10}^{8-}$ 等硅氧负离子形式存在。可以推断熔渣酸性越强,即氧负离子的量越少,则硅氧负离子的链就越长,甚至形成环链、网状,导致熔渣黏度大幅度上升;反之若向熔渣中加入CaO等

► 人物录31. 希拉赛门科

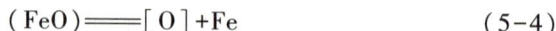

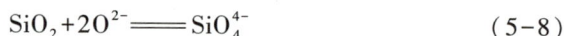

希拉赛门科(Herasymenko - Volkovinsky),乌克兰人,1900年出生。希拉赛门科主要研究领域是物理化学,电化学,冶金学。主要著作有"Ionic theory and the electrochemical interaction between slag and metal in steel-making (Ionna teoriia ta elektrokhimichna vzaiemodiia shlaku i metalu pry vyrobnytstvi stall)"。

碱性氧化物时，碱性氧化物将释放出 O^{2-}，使得长链的硅氧负离子变短，使熔渣黏度下降。

2. 离子理论的不足

① 真正的离子形态很难把握（如马松模型专门研究 SiO_4^{4-}，$Si_2O_7^{6-}$ 等复杂硅氧负离子的比例问题）；

② 有关离子的热力学数据短缺。

3. 正、负离子的浓度计算

关于正、负离子浓度的计算参见 5.3 节。

5.3 熔渣理论模型

在计算渣-金反应时，熔渣中组元活度是非常重要的热力学参数，获得组元活度的方法可以利用二元系、三元系或多元系“等活度图”确定已知熔渣成分点的 i 组元活度（如利用第 4 章图 4-10 确定 a_{FeO}），也可以通过离子模型计算获得。

常见离子模型有完全离子模型、电当量模型、马松模型等，分别介绍之。

5.3.1 完全离子模型（Temkin model）

1. 基本观点

完全离子模型是焦姆金（Temkin）1946 年在研究熔盐体系时提出的。基本观点如下：

① 熔渣中各种化合物完全解离；

② 正、负离子相间排列；

③ 同号离子交换时，体系的能量不变，即正、负异号离子间的作用力，无论电荷数多寡均相等。

假设偏摩尔混合焓 $\Delta H_i=0$，即混合焓

$$\Delta H_m=\sum x_i\Delta H_i=0 \tag{5-11}$$

实质上等同于假设溶液为理想溶液。

2. 完全离子模型的计算

例　对 CaO-FeO-CaS-FeS 四元渣系，已知熔渣含有 n_1 mol CaO、n_2 mol FeO、n_3 mol CaS、n_4 mol FeS，计算熔渣中 CaO 的活度。

解：(1) 计算各种离子的物质的量

$$\left.\begin{array}{ll} n_1\,\text{mol} & CaO = Ca^{2+}+O^{2-} \\ n_2\,\text{mol} & FeO = Fe^{2+}+O^{2-} \\ n_3\,\text{mol} & CaS = Ca^{2+}+S^{2-} \\ n_4\,\text{mol} & FeS = Fe^{2+}+S^{2-} \end{array}\right\} \begin{array}{l} n_{Ca^{2+}}=n_1+n_3 \\ n_{Fe^{2+}}=n_2+n_4 \\ n_{O^{2-}}=n_1+n_2 \\ n_{S^{2-}}=n_3+n_4 \end{array}$$

◎ **豆知识 18. 完全离子模型（Temkin model）**

1946 年焦姆金根据熔渣离子理论提出完全离子溶液模型，可计算熔渣中的离子活度。

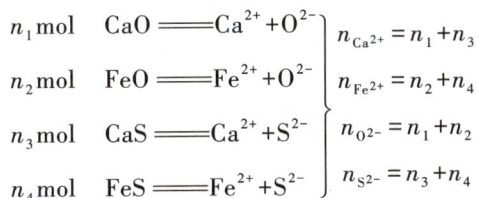

► **人物录 32. 焦姆金**

米哈伊尔·焦姆金（Mikhail Temkin），俄罗斯化学家。1908 年 9 月出生，1931 年毕业于莫斯科国立大学化学系。焦姆金 1932 年开始在卡尔波夫物理化学研究所工作，建立了化学动力学实验室并领导了 50 年。焦姆金主要研究领域涉及热力学、化学动力学、催化和电化学。他的研究奠定了现代物理化学基础知识，特别是多相催化，因此他被称为“荣誉化学家”。

（2）计算各种离子的摩尔分数

$$\left.\begin{aligned}
x_{Ca^{2+}} &= \frac{n_{Ca^{2+}}}{\sum n_{i^+}} = \frac{n_{Ca^{2+}}}{n_{Ca^{2+}}+n_{Fe^{2+}}} = \frac{n_1+n_3}{n_1+n_2+n_3+n_4} \\
x_{Fe^{2+}} &= \frac{n_{Fe^{2+}}}{\sum n_{i^+}} = \frac{n_{Fe^{2+}}}{n_{Ca^{2+}}+n_{Fe^{2+}}} = \frac{n_2+n_4}{n_1+n_2+n_3+n_4} \\
x_{O^{2-}} &= \frac{n_{O^{2-}}}{\sum n_{i^-}} = \frac{n_{O^{2-}}}{n_{O^{2-}}+n_{S^{2-}}} = \frac{n_1+n_2}{n_1+n_2+n_3+n_4} \\
x_{S^{2-}} &= \frac{n_{S^{2-}}}{\sum n_{i^-}} = \frac{n_{S^{2-}}}{n_{O^{2-}}+n_{S^{2-}}} = \frac{n_3+n_4}{n_1+n_2+n_3+n_4}
\end{aligned}\right\} \begin{aligned}\sum x_{i^+}=1 \\ \sum x_{i^-}=1\end{aligned}$$

（3）活度计算

因假设离子交换时不发生能量变化，即 $\Delta H_m=0$，表明正离子溶液和负离子溶液各自为理想溶液，所以有

$$a_{i^+}=x_{i^+} \qquad a_{i^-}=x_{i^-} \tag{5-12}$$

则

$$a_{CaO}=a_{Ca^{2+}}\cdot a_{O^{2-}}=x_{Ca^{2+}}\cdot x_{O^{2-}} \tag{5-13}$$

关于式（5-13）证明如下。

因为
$$A_mB_n = mA^+ + nB^- \tag{5-14}$$

平衡时的化学势

$$\mu_{A_mB_n}=m\mu_{A^+}+n\mu_{B^-} \tag{5-15}$$

即

$$\mu^\ominus_{A_mB_n}+RT\ln a_{A_mB_n}=m\mu^\ominus_{A^+}+RT\ln a^m_{A^+}+n\mu^\ominus_{B^-}+RT\ln a^n_{B^-} \tag{5-16}$$

由于上式在任何组成情况下均成立，因此选定 A_mB_n、A^+、B^- 均处于标准态，即 $a_i=1$ 时，有

$$\mu^\ominus_{A_mB_n}=m\mu^\ominus_{A^+}+n\mu^\ominus_{B^-} \tag{5-17}$$

若 A_mB_n、A^+、B^- 处于非标准态时，由于 $a_i\neq1$，结合式（5-16）和式（5-17），得

$$\ln a_{A_mB_n}=\ln a^m_{A^+}+\ln a^n_{B^-} \tag{5-18}$$

即

$$a_{A_mB_n}=a^m_{A^+}\cdot a^n_{B^-} \tag{5-19}$$

具体对于 CaO 来说，因为 $m=n=1$，所以

$$a_{CaO}=a_{Ca^{2+}}\cdot a_{O^{2-}} \tag{5-20}$$

即式（5-13）成立。

对于 CaF_2 来说，因为 $m=1$、$n=2$，所以有

$$a_{CaF_2}=a_{Ca^{2+}}\cdot a^2_{F^-}$$

注意：若 SiO_2 含量大于 10%，可能会出现复杂的硅氧负离子团，将使得熔渣偏离理想溶液，所以当 SiO_2 含量大于 10% 时一般引入活度系数，采

用萨马林经验公式：

$$\lg\gamma_{O^{2-}} = 1.53x_{SiO_4^{4-}} - 0.17$$
$$= 1.53(1 - x_{O^{2-}}) - 0.17 \quad (5-21)$$

5.3.2 电当量模型(Flood model)

1. 基本观点

由于完全离子模型不考虑电荷数的影响，与实际情况有一定的差距，所以电当量模型在考虑电荷数的前提下进行等量代换，即假设：1 个 ν^+ 价离子相当于 ν 个 1 价的离子。

2. 离子浓度计算

计算离子浓度时，

$$x_{i\nu^+} = \frac{\nu_i^+ n_{i\nu^+}}{\sum \nu_i^+ n_{i\nu^+}} \quad (5-22)$$

$$x_{i\nu^-} = \frac{\nu_i^- n_{i\nu^-}}{\sum \nu_i^- n_{i\nu^-}} \quad (5-23)$$

式中，ν_i^+ 和 ν_i^- 分别为 i 正离子和 i 负离子的电荷数，$n_{i\nu^+}$ 和 $n_{i\nu^-}$ 为 i 正离子和 i 负离子的物质的量。

例如，设 x 为 -1 价的元素，对于 $Ax-Bx_2$ 熔体，

$$x_{A^+} = \frac{1 \cdot n_{A^+}}{1 \cdot n_{A^+} + 2 \cdot n_{B^{2+}}}$$

$$x_{B^{2+}} = \frac{2 \cdot n_{B^{2+}}}{1 \cdot n_{A^+} + 2 \cdot n_{B^{2+}}}$$

◎ **豆知识 19. 电当量模型(Flood model)**

弗路德(Flood)等针对完全离子模型中存在的不足，提出了离子的电当量分数概念，建立了离子反应的平衡商理论。

► **人物录 33. 弗路德(Flood)**

Håkon Flood，挪威理工学院无机化学教授，1905 出生。1953 至 1975 年期间负责领导硅酸盐研究所。弗路德教授与赫尔曼力士(Hermann Lux)是熔盐化学研究的先驱。

5.3.3 熔渣计算实例

例 1 已知熔渣组成(质量分数)：CaO 40.34%、SiO_2 16.64%、FeO 18.21%、Fe_2O_3 5.03%、MnO 3.36%、MgO 4.06%、P_2O_5 1.50%、Al_2O_3 10.86%，求 1 600 ℃时 a_{FeO} 及钢液中平衡[%O](设[O]服从亨利定律，并已知：1 600 ℃与纯 FeO 平衡的钢液中[%O]=0.23)。

解：设计反应

$$(FeO) = [Fe] + [O]$$

所以，平衡常数

$$K = \frac{a_{[Fe]}a_{[O]}}{a_{FeO}}\Bigg|_{\substack{a_{[Fe]}=1 \\ a_{[O]}=[\%O]}} = \frac{[\%O]}{a_{FeO}} \quad (5-24)$$

由于题中未给出反应的 $\Delta G^{\ominus}$，K 无法直接获得，但可利用已知条件 1 600 ℃与纯 FeO 平衡的[%O]=0.23，由式(5-25)确定反应的平衡常数 K：

$$K = \frac{a_{[Fe]}a_{[O]}}{a_{FeO}}\Bigg|_{\substack{a_{[Fe]}=1 \\ a_{[O]}=[\%O] \\ a_{FeO}=1}} = \frac{[\%O]}{a_{FeO}}\Bigg|_{\substack{[\%O]=0.23 \\ a_{FeO}=1}} = 0.23 \quad (5-25)$$

代入式(5-24),得

$$[\%O]=K\cdot a_{FeO}=0.23\cdot a_{FeO} \tag{5-26}$$

从式(5-26)可见,若确定 a_{FeO} 即可确定$[\%O]$。那么如何求得 a_{FeO} 呢?其方法有:

① 图解法,实际上是利用分子理论计算熔渣组成,然后通过查等活度图确定 a_{FeO};

② 利用 Temkin 模型计算 a_{FeO};

③ 利用 Flood 模型计算 a_{FeO}。

具体计算方法:

取 100 g 渣,计算 100 g 渣中各种物质的物质的量

$$n_{CaO}=\frac{40.34}{56}\text{ mol}=0.720\text{ mol}$$

同理:$n_{MnO}=0.047$ mol　　$n_{MgO}=0.102$ mol

$n_{FeO}=0.253$ mol　　$n_{Fe_2O_3}=0.031$ mol

$n_{SiO_2}=0.277$ mol　　$n_{P_2O_5}=0.011$ mol

$n_{Al_2O_3}=0.107$ mol

(1) 图解法

由于该熔渣组成比较复杂,需进行同类物质等价合并计算。

① 首先将 Fe_2O_3 合并到 FeO 中,合并方法可分为铁平衡方法和氧平衡方法(具体采用哪种方法均由计算者自行确定)。

若按铁平衡计算:

$$\sum n_{FeO}=n_{FeO}+2n_{Fe_2O_3}=0.315\text{ mol}$$

若按氧平衡计算:

$$\sum n_{FeO}=n_{FeO}+3n_{Fe_2O_3}=0.346\text{ mol}$$

本题按铁平衡计算,$\sum n_{FeO}=0.315$ mol

② 合并碱性物质

$$\sum n_{碱}=n_{CaO}+n_{MnO}+n_{MgO}=0.869\text{ mol}$$

③ 合并酸性物质

$$\sum n_{酸}=n_{SiO_2}+n_{P_2O_5}+n_{Al_2O_3}=0.395\text{ mol}$$

④ 计算 FeO、碱性物质和酸性物质的摩尔分数

因为,总的物质的量为

$$\sum n=\sum n_{FeO}+\sum n_{碱}+\sum n_{酸}=1.579\text{ mol}$$

所以,计算得

$$x_{FeO}=0.199$$
$$x_{碱}=0.550$$
$$x_{酸}=0.250$$

查等活度图(图 4-10),得

$$a_{FeO}=0.650$$

所以

$$[\%O]=0.23\times0.65=0.150$$

(2) 利用 Temkin 模型计算 a_{FeO}

因为

$$a_{FeO}=a_{Fe^{2+}}\cdot a_{O^{2-}}$$

首先计算 $x_{Fe^{2+}}$和 $x_{O^{2-}}$:

$$x_{Fe^{2+}}=\frac{n_{Fe^{2+}}}{\sum n_{i^+}}=\frac{\sum n_{FeO}}{n_{CaO}+n_{MnO}+n_{MgO}+n_{FeO}}=\frac{0.315}{1.184}=0.266$$

$$x_{O^{2-}}=\frac{n_{O^{2-}}}{\sum n_{i^-}}$$

以下计算 $n_{O^{2-}}$和 $\sum n_{i^-}$,设 SiO_2、P_2O_5、Al_2O_3与氧结合生成复杂负离子反应为

$$SiO_2+2O^{2-}=\!=\!=SiO_4^{4-}$$

$$P_2O_5+3O^{2-}=\!=\!=2\ PO_4^{3-}$$

$$Al_2O_3+3O^{2-}=\!=\!=2\ AlO_3^{3-}$$

所以

$$\begin{aligned}n_{O^{2-}}&=n_{CaO}+n_{MnO}+n_{MgO}+\sum n_{FeO}-2n_{SiO_2}-3n_{P_2O_5}-3n_{Al_2O_3}\\&=(0.72+0.102+0.047+0.315-2\times0.277-3\times0.011-3\times0.107)\ \text{mol}\\&=0.276\ \text{mol}\end{aligned}$$

$\sum n_{i^-}$值为

$$\begin{aligned}\sum n_{i^-}&=n_{O^{2-}}+n_{SiO_2}+2n_{P_2O_5}+2n_{Al_2O_3}\\&=(0.276+0.277+2\times0.011+2\times0.107)\ \text{mol}\\&=0.789\ \text{mol}\end{aligned}$$

所以

$$x_{O^{2-}}=\frac{n_{O^{2-}}}{\sum n_{i^-}}=\frac{0.276}{0.789}=0.350$$

又因为 SiO_2 含量大于 10%,所以使用萨马林经验公式:

$$\begin{aligned}\lg\gamma_{O^{2-}}&=1.53(1-x_{O^{2-}})-0.17\Big|_{x_{O^{2-}}=0.350}\\&=0.825\end{aligned}$$

所以

$$\gamma_{O^{2-}}=6.68$$

$$\begin{aligned}a_{FeO}&=(x_{Fe^{2+}}\gamma_{Fe^{2+}})(x_{O^{2-}}\gamma_{O^{2-}})\Big|_{\gamma_{Fe^{2+}}=1}\\&=0.266\times0.350\times6.68\\&=0.622\end{aligned}$$

$$[\%O]=0.23\times0.622=0.143$$

(3) 利用 Flood 模型计算 a_{FeO}

因为

$$x_{Fe^{2+}}=\frac{2\cdot n_{Fe^{2+}}}{\sum \nu_i^+ n_{\nu^+}}$$

又因为

$$\sum \nu_i^+ n_{\nu^+} = 2n_{Fe^{2+}} + 2n_{Ca^{2+}} + 2n_{Mn^{2+}} + 2n_{Mg^{2+}}$$
$$= 2.368 \text{ mol}$$

$$x_{Fe^{2+}} = \frac{2 \cdot n_{Fe^{2+}}}{\sum \nu_i^+ n_{\nu^+}} = \frac{2\times 0..315}{2.368} = 0.266$$

可见 $x_{Fe^{2+}}$的计算值与完全离子模型计算结果相同，原因在于所有的正离子电荷数相同，均为正二价。

关于 $n_{O^{2-}}$的计算与完全离子模型计算方法完全相同，得

$$n_{O^{2-}} = 0.276 \text{ mol}$$

且根据电中性原理：

$$\sum \nu_i^- n_{\nu^-} = \sum \nu_i^+ n_{\nu^+} = 2.368 \text{ mol}$$

所以

$$x_{O^{2-}} = \frac{2n_{O^{2-}}}{\sum \nu_i^- n_{\nu^-}} = \frac{2\times 0.276}{2.368} = 0.233$$

可见 $x_{O^{2-}}$的计算值与完全离子模型计算结果不同，原因在于阴离子的价数不相等（如 O^{2-} 与 SiO_4^{4-} 的价数不相等）。

所以此时的 O^{2-}活度系数，利用萨马林经验公式：

$$\lg\gamma_{O^{2-}} = 1.53(1-x_{O^{2-}}) - 0.17 \Big|_{x_{O^{2-}}=0.233}$$
$$= 1.004$$
$$\gamma_{O^{2-}} = 10.09$$

$$a_{FeO} = (x_{Fe^{2+}}\gamma_{Fe^{2+}})(x_{O^{2-}}\gamma_{O^{2-}}) \Big|_{\gamma_{Fe^{2+}}=1}$$
$$= 0.266\times 0.233\times 10.09$$
$$= 0.625$$
$$[\%O] = 0.23\times 0.625 = 0.144$$

将三种方法获得的结果进行比较：

① 图解法　　$a_{FeO} = 0.650$　$[\%O] = 0.150$

② Temkin 模型　　$a_{FeO} = 0.622$　$[\%O] = 0.143$

③ Flood 模型　　$a_{FeO} = 0.625$　$[\%O] = 0.144$

可见三种方法得到钢液中的[%O]基本一致，表明模型计算的有效性。

例 2　已知[S]在钢液中服从亨利定律，且已知熔渣成分及钢液中[S]含量（表 5-1）：

表 5-1　熔渣成分及钢液中[S]含量

成分	CaO	SiO_2	Al_2O_3	MnO	MgO	FeO	P_2O_5	S	[%S]
w/%	46.9	10.22	2.27	3.09	6.88	29.0	1.2	0.45	0.041

利用完全离子模型，求硫的分配比 $L_S' = \dfrac{a_{(FeS)}}{a_{[S]}}$。

解:设计反应

$$Fe(l)+[S]=\!=\!=(Fe^{2+})+(S^{2-})$$

平衡常数

$$K=L'_S=\frac{a_{(FeS)}}{a_{[S]}}=\frac{x_{Fe^{2+}}\cdot x_{S^{2-}}}{[\%S]}$$

为了计算 $x_{Fe^{2+}}$ 和 $x_{S^{2-}}$,取 100 g 渣,计算各物质的物质的量:

渣成分	CaO	SiO_2	Al_2O_3	MnO	MgO	FeO	P_2O_5	S
100 g 渣中物质的量/mol	0.837	0.170	0.022	0.044	0.172	0.400	0.008	0.014

因为

$$\sum n^+=n_{CaO}+n_{MnO}+n_{MgO}+n_{FeO}=1.453\ \text{mol}$$

所以

$$x_{Fe^{2+}}=\frac{\sum n_{FeO}}{\sum n^+}=\frac{0.400}{1.453}=0.275$$

设渣中的负离子有 O^{2-},SiO_4^{4-},PO_4^{3-},AlO_3^{3-},S^{2-},则

$$\begin{aligned}\sum n^-&=n_{O^{2-}}+n_{SiO_4^{4-}}+n_{PO_4^{3-}}+n_{AlO_3^{3-}}+n_{S^{2-}}\\&=(\sum n^+-2n_{SiO_2}-3n_{P_2O_5}-3n_{Al_2O_3})+n_{SiO_2}+2n_{P_2O_5}+2n_{Al_2O_3}+n_{S^{2-}}\\&=\sum n^+-n_{SiO_2}-n_{P_2O_5}-n_{Al_2O_3}+n_{S^{2-}}\\&=(1.453-0.170-0.008-0.022+0.014)\ \text{mol}\\&=1.267\ \text{mol}\end{aligned}$$

$$x_{S^{2-}}=\frac{n_{S^{2-}}}{\sum n^-}=\frac{0.014}{1.267}=0.011$$

所以

$$L'_S=\frac{a_{(FeS)}}{a_{[S]}}=\frac{x_{Fe^{2+}}\cdot x_{S^{2-}}}{[\%S]}\bigg|_{[\%S]=0.041}=\frac{0.275\times0.011}{0.041}=0.074$$

实际上硫的分配比可以有多种形式,如果定义硫的分配比 L_S 为

$$L_S=\frac{(\%S)}{[\%S]}$$

采用表 5-1 数据,则得

$$\begin{aligned}L_S&=\frac{(\%S)}{[\%S]}=\frac{0.45}{0.041}\\&=10.98\end{aligned}$$

可见,钢渣脱 S 能力明显低于高炉炼铁工序的脱硫能力(参见 5.6.1.2 节例题)。

一般钢液中:

$$\lg L'_S=-\frac{920}{T/\text{K}}-0.578\ 4$$

当 $T=1\ 873$ K $\quad L'_S=0.085$

$T=1\ 573$ K $\quad L'_S=0.069$

◎ **豆知识 20. 马松模型**

马松（C. R. Masson）在托普（Toop）和塞米克（Samic）等研究的基础上，1965 年提出了马松模型，1970 年又做了进一步的补充研究。该模型以数学公式推测硅氧复合负离子的形态及其所占的比例。

► **人物录 34. 马松**

马松（C. R. Masson），冶金学家。1922 年出生于苏格兰。马松 1948 年获得阿伯丁大学博士学位，之后一直在加拿大国家研究委员会工作，他建立的大西洋研究实验室化工冶金一直处于世界领先地位。马松的工作以矿渣化学成分的研究为中心，20 世纪 60 年代与同事一起提出了一系列计算冶金上重要的氧离子浓度理论文章，对冶金工业具有重要影响。马松发表了众多的科学出版物和获得了无数赞誉和奖项，其中包括加拿大采矿和冶金研究所的铝业公司奖和当选为加拿大皇家学会会员。1964 至 1966 年，马松任加拿大历史最悠久的新斯科舍省研究所主席。

5.3.4 马松模型（Masson model）

对于 $MO-SiO_2$ 二元系熔渣，由于复杂硅氧负离子含量难以直接测定，1965 年马松（Masson）提出了计算复合负离子浓度及氧化物浓度的数学模型，称为马松模型，也称为离子聚合反应模型。马松模型假设：

① 熔体中的离子活度等于离子浓度，即视为理想溶液；

② 复合负离子均为链状，无网状或环状结构；

③ 负离子间的聚合反应均达到平衡；

④ 所有聚合反应的平衡常数均相等且为定值。

关于聚合反应

$$SiO_4^{4-}+SiO_4^{4-} = Si_2O_7^{6-}+O^{2-} \qquad (1) \qquad K_1$$

$$SiO_4^{4-}+Si_2O_7^{6-} = Si_3O_{10}^{8-}+O^{2-} \qquad (2) \qquad K_2$$

……

$$SiO_4^{4-}+Si_nO_{3n+1}^{(2n+2)-} = Si_{n+1}O_{3n+4}^{2(n+2)-}+O^{2-} \qquad (n) \qquad K_n$$

（1）~（n）所有反应可写成如下通式：

$$2O^{1-} = O^0+O^{2-} \qquad K=K_1=K_2=\cdots=K_n \qquad ①$$

式中，O^0 代表零自由键的氧离子；O^{1-} 代表具有一个自由键的氧负离子；O^{2-} 代表自由氧离子。

另外，考虑到 $MO-SiO_2$ 二元系中 $x_{M^{2+}}=1$，所以金属氧化物 MO 的活度为

$$a_{MO}=a_{M^{2+}}a_{O^{2-}}=x_{M^{2+}}x_{O^{2-}}\Big|_{x_{M^{2+}}=1}=x_{O^{2-}}$$

讨论

由反应（1）知：

$$x_{Si_2O_7^{6-}}=\left[K\left(\frac{x_{SiO_4^{4-}}}{x_{O^{2-}}}\right)\right]x_{SiO_4^{4-}}$$

令 $b=K\left(\dfrac{x_{SiO_4^{4-}}}{x_{O^{2-}}}\right)$ 代入上式，得

$$x_{Si_2O_7^{6-}}=\left[K\left(\frac{x_{SiO_4^{4-}}}{x_{O^{2-}}}\right)\right]x_{SiO_4^{4-}}=bx_{SiO_4^{4-}} \qquad ②$$

再由反应（2）并结合式②：

$$x_{Si_3O_{10}^{8-}}=\left[K\left(\frac{x_{SiO_4^{4-}}}{x_{O^{2-}}}\right)\right]x_{Si_2O_7^{6-}}=b(bx_{SiO_4^{4-}})=b^2x_{SiO_4^{4-}} \qquad ③$$

又因为

$$\sum x_{i^-}=1=x_{O^{2-}}+\sum x_{Si_nO_{3n+1}^{(2n+2)-}}$$

所以

$$1-x_{O^{2-}}=x_{SiO_4^{4-}}+x_{Si_2O_7^{6-}}+x_{Si_3O_{10}^{8-}}+\cdots+x_{Si_nO_{3n+1}^{(2n+2)-}}+\cdots$$
$$=x_{SiO_4^{4-}}(1+b+b^2+\cdots+b^n+\cdots)$$

若 $|b|<1$，则上式

$$1-x_{O^{2-}}=\frac{x_{SiO_4^{4-}}}{1-b} \qquad ④$$

$\left(因为无穷几何级数之和：S=1+r+r^2+\cdots=\frac{1}{1-r},\ |r|<1\right)$

由式④

$$\begin{aligned}x_{SiO_4^{4-}}&=(1-x_{O^{2-}})(1-b)\\&=(1-x_{O^{2-}})-(1-x_{O^{2-}})b\end{aligned}$$

因为

$$b=K\frac{x_{SiO_4^{4-}}}{x_{O^{2-}}}$$

所以整理得

$$x_{SiO_4^{4-}}=\frac{x_{O^{2-}}(1-x_{O^{2-}})}{x_{O^{2-}}+K(1-x_{O^{2-}})} \qquad ⑤$$

可见：若已知 K，$x_{O^{2-}}$ 即（a_{MO}），即可求出 $x_{SiO_4^{4-}}$，$x_{Si_2O_7^{6-}}$，…，那么如何确定 a_{MO} 呢？以下介绍使用马松模型计算 a_{MO}。

首先确定 x_{SiO_2}。对于二元系表观 SiO_2 浓度 $x_{SiO_2}=\frac{n_{SiO_2}}{n_{MO}+n_{SiO_2}}$ 可由化学分析法确定，但形成复合负离子后，熔渣中 x_{SiO_2} 应进行如下计算：

$$n_{SiO_2}=n_{SiO_4^{4-}}+2n_{Si_2O_7^{6-}}+3n_{Si_3O_{10}^{8-}}+\cdots$$

所以熔渣中

$$x_{SiO_2}=\frac{n_{SiO_2}}{n_{MO(自由)}+n_{MO(结合)}+n_{SiO_2}} \qquad ⑥$$

式中，$n_{MO(自由)}$ 为自由氧化物物质的量，数值上与自由 $n_{O^{2-}}$ 相等，即

$$n_{MO(自由)}=n_{O^{2-}}$$

$n_{MO(结合)}$ 为与 SiO_2 结合生成复合负离子的氧化物物质的量，即

$$n_{MO(结合)}=2n_{SiO_4^{4-}}+3n_{Si_2O_7^{6-}}+4n_{Si_3O_{10}^{8-}}+\cdots$$

设渣总量为 1 mol，则 $n_i=x_i$ 代入式⑥，得

$$\begin{aligned}x_{SiO_2}&=\frac{x_{SiO_4^{4-}}+2x_{Si_2O_7^{6-}}+3x_{Si_3O_{10}^{8-}}+\cdots}{x_{O^{2-}}+3x_{SiO_4^{4-}}+5x_{Si_2O_7^{6-}}+7x_{Si_3O_{10}^{8-}}+\cdots}\\&=\frac{x_{SiO_4^{4-}}(1+2b+3b^2+\cdots)}{x_{O^{2-}}+x_{SiO_4^{4-}}(3+5b+7b^2+\cdots)}\end{aligned}$$

因为 $1+2b+3b^2+\cdots=(1+b+b^2+\cdots)+(b+b^2+b^3+\cdots)+(b^2+b^3+b^4+\cdots)$

$$\begin{aligned}&=\frac{1}{1-b}+\frac{b}{1-b}+\frac{b^2}{1-b}+\cdots\\&=\frac{1}{1-b}(1+b+b^2+\cdots)=\frac{1}{(1-b)^2}\end{aligned}$$

$$\begin{aligned}3+5b+7b^2+\cdots&=(3+3b+3b^2+\cdots)+(2b+4b^2+6b^3+8b^4+\cdots)\\&=\frac{3}{1-b}+2b(1+2b+3b^2+\cdots)\end{aligned}$$

$$=\frac{3}{1-b}+\frac{2b}{(1-b)^2}$$

$$=\frac{3-3b+2b}{(1-b)^2}=\frac{3-b}{(1-b)^2}$$

所以

$$x_{SiO_2}=\frac{x_{SiO_4^{4-}}\cdot\frac{1}{(1-b)^2}}{x_{O^{2-}}+x_{SiO_4^{4-}}\cdot\frac{3-b}{(1-b)^2}}=\frac{x_{SiO_4^{4-}}}{x_{O^{2-}}(1-b)^2+x_{SiO_4^{4-}}(3-b)}$$

将 b 值代入

$$x_{SiO_2}=\frac{x_{SiO_4^{4-}}}{x_{O^{2-}}\left(1-K\frac{x_{SiO_4^{4-}}}{x_{O^{2-}}}\right)^2+x_{SiO_4^{4-}}\left(3-K\frac{x_{SiO_4^{4-}}}{x_{O^{2-}}}\right)}$$

同除 $x_{SiO_4^{4-}}$

$$x_{SiO_2}=\frac{1}{\frac{x_{O^{2-}}}{x_{SiO_4^{4-}}}-2K+K^2\frac{x_{SiO_4^{4-}}}{x_{O^{2-}}}+3-K\frac{x_{SiO_4^{4-}}}{x_{O^{2-}}}} \tag{⑦}$$

由式⑤知

$$x_{SiO_4^{4-}}=\frac{x_{O^{2-}}\cdot(1-x_{O^{2-}})}{x_{O^{2-}}+K(1-x_{O^{2-}})}\quad 或\quad \frac{x_{SiO_4^{4-}}}{x_{O^{2-}}}=\frac{1-x_{O^{2-}}}{x_{O^{2-}}+K(1-x_{O^{2-}})}$$

代入式⑦,得

$$x_{SiO_2}=\frac{1}{\frac{x_{O^{2-}}}{x_{SiO_4^{4-}}}-2K+K^2\frac{x_{SiO_4^{4-}}}{x_{O^{2-}}}+3-K\frac{x_{SiO_4^{4-}}}{x_{O^{2-}}}}$$

$$=\left[3-2K+\frac{x_{O^{2-}}+K(1-x_{O^{2-}})}{1-x_{O^{2-}}}+K(K-1)\frac{1-x_{O^{2-}}}{x_{O^{2-}}+K(1-x_{O^{2-}})}\right]^{-1}$$

$$=\left[3-K+\frac{x_{O^{2-}}}{1-x_{O^{2-}}}+\frac{K(K-1)}{\frac{x_{O^{2-}}}{1-x_{O^{2-}}}+K}\right]^{-1}$$

即

$$x_{SiO_2}=\left[3-K+\frac{a_{MO}}{1-a_{MO}}+\frac{K(K-1)}{\frac{a_{MO}}{1-a_{MO}}+K}\right]^{-1} \tag{⑧}$$

因此应用式⑧,可由已知的平衡常数 K 和 x_{SiO_2} 计算 a_{MO}。

关于平衡常数 K 值,文献推荐:

1 600 ℃	$CaO-SiO_2$	$K=0.001\ 6$
	$FeO-SiO_2$	$K=1.0$
	$MnO-SiO_2$	$K=0.25$
	$MgO-SiO_2$	$K=0.01$
1 500 ℃	$MnO-SiO_2$	$K=0.75$

利用马松模型计算 $a_{MO}(x_{O^{2-}})$ 以及各种复合负离子摩尔分数(x_{i^-})与 x_{SiO_2} 的对应关系示于图 5-1。

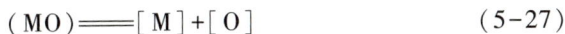

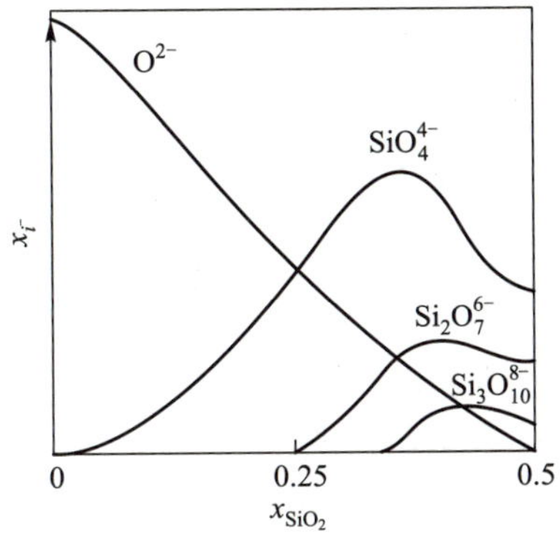

图 5-1　MO-SiO$_2$二元系熔渣中负离子摩尔分数 x_{i^-} 随 x_{SiO_2} 的变化

注意：当 $x_{SiO_2}\leqslant 0.5$ 时马松模型才能较好地反映二元系熔渣的热力学特性。

关于马松模型的不足：

① 各种聚合反应的 K 不一定相等；

② 只适应于 MO-SiO$_2$二元系，难以应用到其他二元系或三元系。

5.4　熔渣的氧化能力

根据渣-金共存时氧元素的传输行为，可将熔渣分为氧化性熔渣和还原性熔渣。氧化性熔渣与还原性熔渣的定义如下：

所谓氧化性熔渣是渣-金共存时可以向金属液体输送氧的渣；

所谓还原性熔渣是渣-金共存时可以从金属液体吸收氧的渣。

即对于反应

$$(MO) = [M] + [O]$$

当 $\mu_{O(MO)} > \mu_{[O]}$，则定义该渣为氧化性熔渣；反之当 $\mu_{O(MO)} < \mu_{[O]}$，则定义该渣为还原性熔渣。

注意：渣的氧化性与 O^{2-} 无关(O^{2-} 的大小与渣的碱度有关)。

5.4.1　熔渣氧化能力的表示方法

当 $T=T_0$ 时，

$$(MO) = [M] + [O] \tag{5-27}$$

$$K = \frac{a_{[M]} \cdot a_{[O]}}{a_{(MO)}} \tag{5-28}$$

所以

$$a_{[O]}=\frac{1}{a_{[M]}}K\cdot a_{(MO)} \quad (5-29)$$

当 MO=CaO 时，反应

$$[Ca]+[O]=(CaO) \quad \Delta G^{\ominus}_{1\,873\ K}=-493\ kJ\cdot mol^{-1} \quad (5-30)$$

当 MO=MnO 时

$$[Mn]+[O]=(MnO) \quad \Delta G^{\ominus}_{1\,873\ K}=-43\ kJ\cdot mol^{-1} \quad (5-31)$$

当 MO=FeO 时

$$[Fe]+[O]=(FeO) \quad \Delta G^{\ominus}_{1\,873\ K}=-24\ kJ\cdot mol^{-1} \quad (5-32)$$

理论上讲，选择任意一种氧化物作为评价熔渣氧化性的标准均可以，但是通过比较式(5-30)～式(5-32)可见：

① 在三种物质之间 FeO 的生成能力最差，即 FeO 的稳定性最差，表明其供氧能力最大；

② 为了评价方便，希望式(5-29)中的 $a_{[M]}=1$；因此在炼钢过程中，由于钢液中 $a_{[Fe]}=1$，加之 FeO 供氧能力较大，所以一般选用 $a_{(FeO)}$ 表征熔渣的氧化性。

注意：$a_{(FeO)}$ 与 $a_{O^{2-}}$ 不同，$a_{(FeO)}=a_{Fe^{2+}}a_{O^{2-}}$，当 $a_{O^{2-}}$ 较大时，表征熔渣的碱度较高，但熔渣的氧化性并不一定强。

熔渣的氧化性是温度和 $a_{(FeO)}$ 的函数：

$$氧化性=f(T,a_{(FeO)}) \quad (5-33)$$

若渣中存在 Fe_2O_3，可用如下方法折算为 FeO

(1) Fe 平衡法　因为

$$Fe_2O_3=2FeO+\frac{1}{2}O_2$$

$$160 \qquad 2\times72$$

$$1 \qquad x$$

所以

$$x=\frac{2\times72}{160}=0.9$$

即

$$\sum FeO=(\%FeO)+0.9\times(\%Fe_2O_3)$$

(2) 氧平衡法　因为

$$Fe_2O_3+Fe=3FeO$$

$$160 \qquad 3\times72$$

$$1 \qquad y$$

所以

$$y=\frac{3\times72}{160}=1.35$$

则

$$\sum FeO=(\%FeO)+1.35\times(\%Fe_2O_3)$$

5.4.2 渣中 a_{FeO} 的确定方法

渣中 a_{FeO} 的确定方法有：

① 直接测定；

② 查等活度图；

③ 模型计算。

5.4.2.1 直接测定

1. 渣-气平衡法

设计实验：选用纯 Fe 坩埚，有利于满足渣-金两相之间的平衡，同时也能防止熔渣对坩埚材料的侵蚀（见图 5-2）。

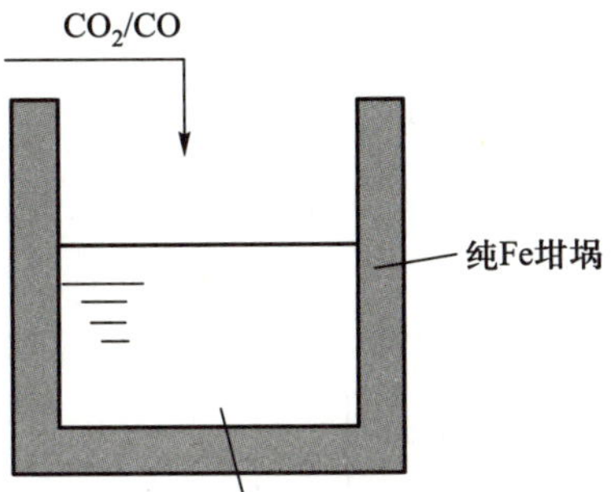

图 5-2 渣-气平衡法测定熔渣 a_{FeO}

选择熔渣中的 FeO 组元以纯物质为标准态，让 CO/CO_2气氛与待测渣平衡，通过测定平衡时的 CO/CO_2压力比值，利用下列反应计算待测渣中 FeO 以纯物质为标准态时的活度 a_{FeO}。

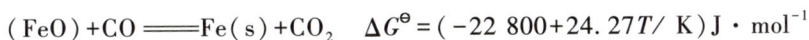

$$(FeO)+CO = Fe(s)+CO_2 \quad \Delta G^\ominus=(-22\ 800+24.27T/\ K)\ J\cdot mol^{-1}$$

$$K=\frac{a_{Fe}}{a_{FeO}}\cdot\frac{p_{CO_2}}{p_{CO}}\bigg|_{a_{Fe}=1}$$

所以

$$a_{FeO}=\frac{1}{K}\frac{p_{CO_2}}{p_{CO}}$$

注意：此方法因为使用纯铁坩埚，所以测定温度不能高于纯铁的熔点 $T_{fus,Fe}=1\ 536$ ℃。

2. 渣-Fe 平衡法

设计实验：让少量的铁液与大量的待测渣平衡，通过测定平衡铁液中的[O]含量，进而利用反应式(5-34)可获得待测渣中的 a_{FeO}，因为

$$(FeO)_{待测} = Fe(l)+[O] \tag{5-34}$$

$$K_{5-34}=\frac{f_{[O]}\cdot[\%O]}{(a_{FeO})_{待测}}\cdot a_{Fe(l)}\bigg|_{a_{Fe(l)}=1} \tag{5-35}$$

所以有

$$(a_{FeO})_{待测}=\frac{f_{[O]}\cdot[\%O]}{K_{5-34}} \tag{5-36}$$

注意：

① 根据铁液中[O]含量决定是否需要计算该温度、组成条件下铁液中[O]的活度系数 $f_{[O]}$，当[%O]较小时，可认为铁液中的[O]服从亨利定

律，即 $f_{[O]}=1$；

② 理论上讲，原始待测渣与平衡时渣的组成应略有变化，但由于测定时要求铁液为少量、待测渣为大量，所以可以忽略待测渣的组成变化；

③ 平衡常数 K_{5-34} 可以通过反应标准 Gibbs 自由能计算求得，也可以采用参考渣法，即选择与反应(5-34)的同样条件，让参考渣(如纯 FeO 熔渣，见图 5-3)与 Fe(l)平衡，测得与纯 FeO 渣平衡的氧含量 $[\%O]_{sat}$，利用式(5-37)计算 K_{5-37}：

$$K_{5-37}=\frac{f_{[O]}[\%O]_{sat}}{a_{(FeO)纯}}a_{Fe(l)}\Bigg|_{\substack{f_{[O]}=1\\ a_{FeO}=1\\ a_{Fe(l)}=1}}=[\%O]_{sat} \tag{5-37}$$

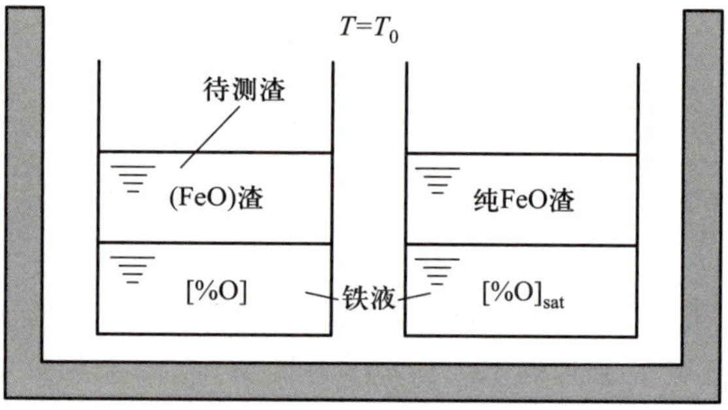

图 5-3 渣-Fe 平衡法及参考渣法测定熔渣的 a_{FeO}

因为平衡常数只是 T 与标准态的函数，所以当温度、标准态选择一定时，平衡常数 K 为定值，即 $K_{5-34}=K_{5-37}$，因此由式(5-35)与式(5-37)得

$$(a_{FeO})_{待测}=\frac{[\%O]}{[\%O]_{sat}} \tag{5-38}$$

另外，关于任意温度条件下与纯 FeO 熔渣平衡的铁液，饱和 $[\%O]_{sat}$ 可由式(5-39)计算：

$$\lg[\%O]_{sat}=-\frac{6\ 330}{T/\mathrm{K}}+2.734 \tag{5-39}$$

实际上式(5-38)中的 $[\%O]_{sat}$ 也可以利用式(5-39)计算求得。

3. 定氧探头直测法

通过固体电解质电池直接测定反应式(5-34)在平衡状态下的 $[\%O]$，再利用式(5-39)计算 $[\%O]_{sat}$，然后应用式(5-38)求出 a_{FeO}。

5.4.2.2 查活度图

若已知熔渣成分及温度，可以从等 a_{FeO} 图直接查得。如对于 $CaO-MgO-MnO-SiO_2-P_2O_5-FeO$ 体系可利用第 4 章图 4-10 直接查得 a_{FeO}。

5.4.2.3 模型计算

采用完全离子模型、电当量模型或马松模型计算求得 a_{FeO}。

5.5 熔渣中几种氧化物活度的测定

熔渣中 i 组元活度的实验测定一般采用渣-金平衡法。以下介绍几种典型的熔渣组分活度的实验测定方法。

5.5.1 SiO_2活度的测定

5.5.1.1 Chipman 法

Chipman 法是一种渣-金平衡法。使用石墨坩埚,熔渣为 $CaO-SiO_2$二元系或 $CaO-SiO_2-Al_2O_3$三元系,让熔渣与 C 饱和 Fe 液平衡(图 5-4)。反应为

$$(SiO_2)+2C_{石墨}=\!=\!=[Si]_{Fe}+2CO \qquad (5-40)$$

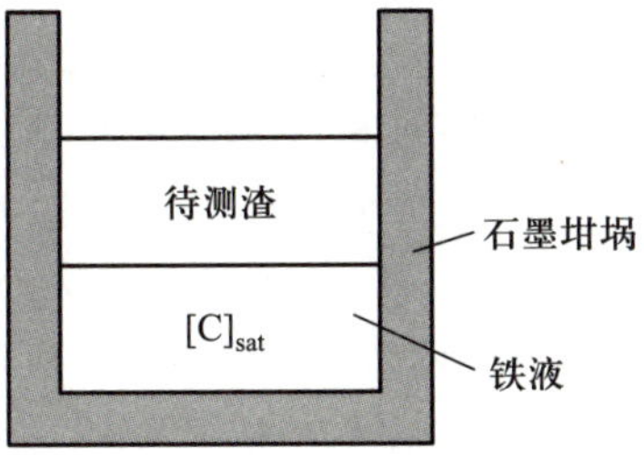

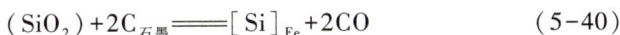

图 5-4 Chipman 法测定熔渣的 a_{SiO_2}

平衡常数 K:

$$K=\frac{a_{[Si]}}{a_{SiO_2}}\cdot\left(\frac{p_{CO}}{p^{\ominus}}\right)^2 \qquad (5-41)$$

当 $p_{CO}=p^{\ominus}$时,

$$a_{SiO_2}=\frac{a_{[Si]}}{K}=\frac{\gamma_{Si}\cdot x_{Si}}{K} \qquad (5-42)$$

式中,x_{Si}由化验分析获得,γ_{Si}可由热力学数据表获得,K 可根据反应式所对应的标准自由能数据计算求得。

注意:

(1) 由于使用标准 Gibbs 自由能等文献数据,测定结果将受引用数据的精度影响;

(2) 引用文献数据,一定要注意文献所选择的标准态。

5.5.1.2 邹元爔法

邹元爔法是 Chipman 法的拓展。为了避免 Chipman 法受引用数据精度的影响,邹元爔采用金属铜液(因为 Si 在 Cu 液中的溶解度很小,可以认为 Si 在 Cu 液中服从亨利定律)与 H_2/H_2O 混合气体测定渣中 SiO_2活度的方法。设计反应如下(选取 Cu 液中的[Si]以假想质量分数 1%为标准态):

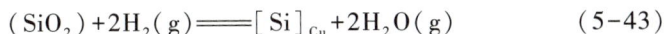

$$(SiO_2)+2H_2(g)=\!=\!=[Si]_{Cu}+2H_2O(g) \qquad (5-43)$$

$$K=\frac{a_{[\mathrm{Si}]_{\mathrm{Cu(待测)}}}}{a_{(\mathrm{SiO_2})}}\cdot\left(\frac{p_{\mathrm{H_2O}}}{p_{\mathrm{H_2}}}\right)^2=\frac{[\%\mathrm{Si}]_{\mathrm{Cu(待测)}}}{a_{(\mathrm{SiO_2})}}\cdot\left(\frac{p_{\mathrm{H_2O}}}{p_{\mathrm{H_2}}}\right)^2 \tag{5-44}$$

当$\frac{p_{\mathrm{H_2O}}}{p_{\mathrm{H_2}}}$一定时，从式(5-44)可知，$a_{\mathrm{SiO_2}}$与$[\%\mathrm{Si}]_{\mathrm{Cu(待测)}}$成正比。

人物录 35. 邹元爔

邹元爔，冶金学家、半导体材料专家，我国冶金物理化学活度理论研究的先驱，中国科学院学部委员。1915年10月出生于浙江省平湖市。1947年获美国匹兹堡卡尼基理工学院冶金学科科学博士学位，博士论文《在液态铁和银之间某些元素的分配》中，利用液态铁和银互不相熔的特性，成功地测定和计算了铜、锰、硅和硫等元素在液态铁中的活度系数及其受铁中碳的影响，修正了炼钢过程中传统的脱硫机理，并为液态金属中元素活度的测定提供了新的途径。在活度测量中，邹元爔打破了黑色冶金工作者常用铁作金属相的传统做法，采用某些有色金属相，然后借助变通吉布斯-杜亥姆公式和两组元活度系数之和或商分别求得各组分的活度，从而成功地解决了国际上长期存在的坩埚材料选择和化学反应设计及微量元素活度测定等难题。此外，在含氟铁矿石及钒钛磁铁矿石进行高炉冶炼的研究中，在以硅铁还原法制取稀土硅铁合金的生产工艺方面，在纯金属冶金和砷化镓等化合物半导体材料制备等研究中，邹元爔均做出了创造性贡献。他是将冶金物理化学研究的对象从钢铁冶金、有色冶金延伸到高纯金属和半导体材料冶金的开拓者。

由于计算过程中需使用平衡常数K值，为了消除引用文献数据精度产生的影响，采用"参考渣"技术：在高温炉内同时放置两个坩埚，一个为待测渣、一个为参考渣(如SiO_2饱和渣，见图5-5)。关于待测渣用的坩埚材质，因为Cu与金属Mo不互溶，所以可使用Mo坩埚；而关于参考渣用的坩埚材质，因为使用的是SiO_2饱和渣，所以可使用石英坩埚。

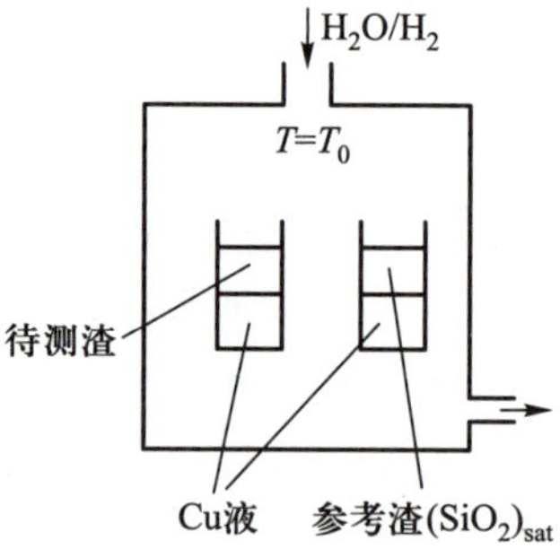

图5-5 邹元爔法测定熔渣的$a_{\mathrm{SiO_2}}$

对于参考渣：

$$(\mathrm{SiO_2})_{饱和}+2\mathrm{H_2}=\!=\!=[\mathrm{Si}]_{\mathrm{Cu(饱和)}}+2\mathrm{H_2O_{(g)}} \tag{5-45}$$

$$K=\frac{[\%\mathrm{Si}]_{\mathrm{Cu(饱和)}}}{a_{(\mathrm{SiO_2})(饱和)}}\cdot\left(\frac{p_{\mathrm{H_2O}}}{p_{\mathrm{H_2}}}\right)^2\Bigg|_{a_{(\mathrm{SiO_2})(饱和)}=1} \tag{5-46}$$

因为待测渣与SiO_2饱和渣的坩埚处于同一气氛中，且平衡常数相同，所以联立式(5-44)和式(5-46)，得

$$a_{(SiO_2)}=\frac{[\%Si]_{Cu(待测)}}{[\%Si]_{Cu(饱和)}} \tag{5-47}$$

因此通过化学分析测定$[\%Si]_{Cu(待测)}$和$[\%Si]_{Cu(饱和)}$即可求得a_{SiO_2}。

5.5.2 CaO 活度的测定

从测定 SiO_2活度实验可知：选择金属液（溶剂）很重要，测定 CaO 活度时亦如此。选择 Sn 为溶剂，因为 Ca 在 Sn 中溶解度极微，可认为服从亨利定律，并选择 CaO 饱和渣系为参考渣。

设计反应

$$(CaO)+C=\!=\!=[Ca]_{Sn}+CO(g) \tag{5-48}$$

$$K=\frac{a_{[Ca]}\cdot\frac{p_{CO}}{p^{\ominus}}}{a_{(CaO)(待测)}\cdot a_C}=\frac{f_{[Ca]}\cdot[\%Ca]}{a_{(CaO)(待测)}\cdot a_C}\cdot\left(\frac{p_{CO}}{p^{\ominus}}\right) \tag{5-49}$$

① 为了简化，采用石墨碳还原，则 $a_C=1$。

② 因为 Ca 在 Sn 溶液中溶解度很小，则溶液可视为稀溶液，$f_{[Ca]}=1$。

所以式(5-49)中平衡常数 K 的计算可简化为

$$K=\frac{[\%Ca]}{a_{(CaO)(待测)}}\left(\frac{p_{CO}}{p^{\ominus}}\right) \tag{5-50}$$

采用“参考渣”技术，有

$$K=[\%Ca]_{饱和}\cdot\frac{p_{CO}}{p^{\ominus}}=\frac{[\%Ca]}{a_{(CaO)待测}}\cdot\frac{p_{CO}}{P^{\ominus}} \tag{5-51}$$

所以

$$a_{(CaO)待测}=\frac{[\%Ca]}{[\%Ca]_{饱和}} \tag{5-52}$$

因此，当反应达到平衡后，测定与待测渣平衡的 Sn 溶液中 Ca 的浓度$[\%Ca]$，进而再测定与 CaO 饱和渣平衡的 Sn 溶液中 Ca 的浓度$[\%Ca]_{饱和}$，即可求得熔渣中 $a_{(CaO)待测}$。

5.5.3 MnO 活度的测定

5.5.3.1 FeO-MnO 二元系

因为 FeO 与 MnO 性质较为接近，故二者可以形成理想溶液。反应式：

$$(FeO)+[Mn]=\!=\!=(MnO)+[Fe]\quad \Delta G^{\ominus}=(-132\ 280+52.16T/\mathrm{K})\ \mathrm{J\cdot mol^{-1}} \tag{5-53}$$

$$K=\frac{x_{(MnO)}}{x_{(FeO)}}\cdot\frac{1}{[\%Mn]} \tag{5-54}$$

因为 FeO-MnO 为理想溶液，所以活度等于浓度，另外，设 Mn 在铁液中服从亨利定律，所以 $f_{[Mn]}=1$。因此利用标准 Gibbs 自由能计算平衡常数 K，再由化验分析获得 x_{FeO}，利用式(5-54)可求得 x_{MnO}，即求得 $a_{MnO}=x_{MnO}$。诚然由于假设 FeO-MnO 为理想溶液，也可以直接由化验分析获得

平衡后渣中的 x_{MnO}，进而获得 a_{MnO}。

5.5.3.2 FeO-MnO-SiO$_2$三元系

由于加入了 SiO_2使得溶液偏离了理想溶液。为了测定三元系渣中的 a_{MnO}，可以采用 MgO 坩埚测定 Mn 在三元渣与铁液中的分配比，进而求得 a_{MnO}。

对于反应式(5-53)的平衡常数 K 可应用经验式计算：

$$\lg K=\lg\frac{a_{MnO}}{a_{FeO}\cdot a_{Mn}}=\lg\frac{\gamma_{MnO}}{\gamma_{FeO}}\cdot\frac{x_{MnO}}{x_{FeO}\cdot[\%Mn]}=\frac{6\ 440}{T/\mathrm{K}}-2.95 \quad (5-55)$$

所以

$$\lg\gamma_{MnO}=\frac{6\ 440}{T/\mathrm{K}}-2.95+\lg\gamma_{FeO}-\lg\frac{x_{MnO}}{x_{FeO}[\%Mn]} \quad (5-56)$$

可见，若已知 γ_{FeO}即可确定 γ_{MnO}。

关于 γ_{FeO}的测定，可在相同温度条件下，让该渣系与铁液平衡，利用

$$(FeO)=\!=\!=Fe(l)+[O] \quad (5-57)$$

根据前已述及的利用$(a_{FeO})_{待测}=\frac{[\%O]}{[\%O]_{sat}}$方法，由铁液中的[%O]确定 a_{FeO}，进而可求出 γ_{FeO}。

因此，以上的测定步骤为：

① 由渣-铁平衡实验确定[%O]，确定 γ_{FeO}；

② 由渣-含 Mn 铁液平衡求得 x_{MnO}、[%Mn]，然后确定 γ_{MnO}，最后求得 a_{MnO}。

5.6 熔渣的硫容与磷容

为了表征熔渣的脱硫、脱磷能力，通过铁液脱硫和脱磷过程的热力学分析，引出硫容与磷容的概念。以下分别介绍熔渣的硫容与磷容。

5.6.1 脱硫

5.6.1.1 脱硫热力学

1. 脱硫的意义

若钢材中含有过量的硫将导致钢材在轧制过程中出现“热脆”现象。根据 Fe-S 二元相图(图 5-6)，FeS 的熔点为 1 190 ℃，液态时 FeS 与 Fe 无限互溶，当处于奥氏体(γ_{Fe})固态时，1 365 ℃温度条件下，奥氏体中[%S]为最大，$[\%S]_{1\ 365\ ℃}=0.05$，在共晶温度 988 ℃条件下，奥氏体中[%S]=0.013。

在冷却过程中，原来存在 γ_{Fe}中过量的[S]将以 FeS 的 ε 固溶体形式析出并富集在晶界处，当钢材进行升温轧制加工时，在轧钢温度(1 000~1 200 ℃)下，由于超过 988 ℃的共晶温度，晶界处出现液相，破坏金属晶粒之间的联结，造成钢材破裂，因为是在加热状态出现的脆断现象，故俗

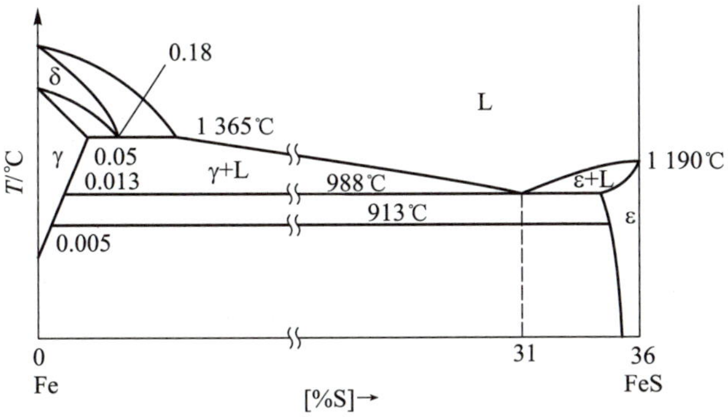

图 5-6 Fe-S 二元相图

称“热脆”。根据 Fe-S 二元相图，若[%S]<0.013，由于冷却过程中不会发生 FeS 固溶体的析出，因此在升温轧制时就不会发生“热脆”。因此应设法使钢材中的含硫量降至 0.013% 以下。但由于一般生铁含 [S]≥0.013%，所以要进行脱硫。

对于炼铁工艺，按生铁含硫量划分生铁的等级：

合格品：[%S]≤0.07

一级品：[%S]≤0.02

对于炼钢工艺，按钢液含硫量也划分为：

低硫钢：[%S]≤0.001

优质钢：[%S]≤0.02

普通钢：[%S]≤0.05

注意，有时钢中含硫即使低于 0.013% 时也要进行脱硫，如生产超洁净钢，其原因在于虽然总体含硫量较低，轧制时不会发生“热脆”，但少量硫仍使钢材的力学性能有所降低，无法满足高规格钢材的要求，因此有时在低硫情况下也需脱硫。

2. 硫在渣中的存在形态

硫在渣中的存在形态可能有两种：(S^{2-})或(SO_4^{2-})，那么实际上硫究竟是以何种形态存在呢？设反应为

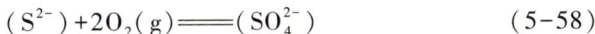

$$(S^{2-})+2O_2(g)=\!=\!=(SO_4^{2-}) \tag{5-58}$$

由于缺乏相关的热力学数据，无法进行反应式(5-58)的热力学计算，因此一般采用如下反应：

$$(CaS)+2O_2(g)=\!=\!=(CaSO_4) \qquad \Delta G^{\ominus}=(-952\ 000+377.4T/\mathrm{K})\ \mathrm{J\cdot mol^{-1}} \tag{5-59}$$

设$\dfrac{a_{SO_4^{2-}}}{a_{S^{2-}}}=1$，则由热力学计算得平衡氧分压为

$$\ln\left(\frac{p_{O_2}}{p^{\ominus}}\right)=-7.87(T=1\ 873\ \mathrm{K}),\quad \frac{p_{O_2}}{p^{\ominus}}=3.82\times10^{-4} \tag{5-60}$$

$$\ln\left(\frac{p_{O_2}}{p^{\ominus}}\right)=-9.59(T=1\ 773\ \mathrm{K}),\quad \frac{p_{O_2}}{p^{\ominus}}=6.84\times10^{-5} \tag{5-61}$$

由式(5-60)和式(5-61)可推断：$\frac{p_{O_2}}{p^{\ominus}}>10^{-4}$条件下，渣中S以$(SO_4^{2-})$形态存在；而$\frac{p_{O_2}}{p^{\ominus}}<10^{-4}$时，则渣中S则以$(S^{2-})$形态存在。对于高炉炼铁工艺，由于$\frac{p_{O_2}}{p^{\ominus}}=10^{-16}\sim10^{-14}$，而对于电炉炼钢工艺还原期$\frac{p_{O_2}}{p^{\ominus}}=10^{-9}\sim10^{-8}$，因此可以判定钢铁冶金过程中，渣中的S以$(S^{2-})$形态存在。

3. 脱硫热力学分析

脱硫反应：

$$[S]+(CaO)═══(CaS)+[O]\quad \Delta G^{\ominus}=(109\ 000-29.25T/\mathrm{K})\ \mathrm{J\cdot mol^{-1}} \tag{5-62}$$

$$K=\frac{a_{(CaS)}a_{[O]}}{a_{(CaO)}a_{[S]}}=\frac{a_{(CaS)}a_{[O]}}{a_{(CaO)}\cdot f_{[S]}[\%S]} \tag{5-63}$$

所以

$$[\%S]=\frac{1}{K\cdot f_{[S]}}\frac{a_{(CaS)}a_{[O]}}{a_{(CaO)}} \tag{5-64}$$

从式(5-64)可知：钢液中[%S]含量是钢液成分(活度系数$f_{[S]}$)、温度(平衡常数K)、熔渣成分或熔渣碱度$a_{(CaO)}$的函数。进而转化为硫在渣-铁中的分配比L_S：

$$L_S=\frac{(\%S)}{[\%S]}=\frac{Kf_{[S]}a_{CaO}}{f_{(S^{2-})}a_{[O]}}$$

可见L_S与钢液中的氧势$a_{[O]}$，即与熔渣中的FeO含量有关，图5-7给出了

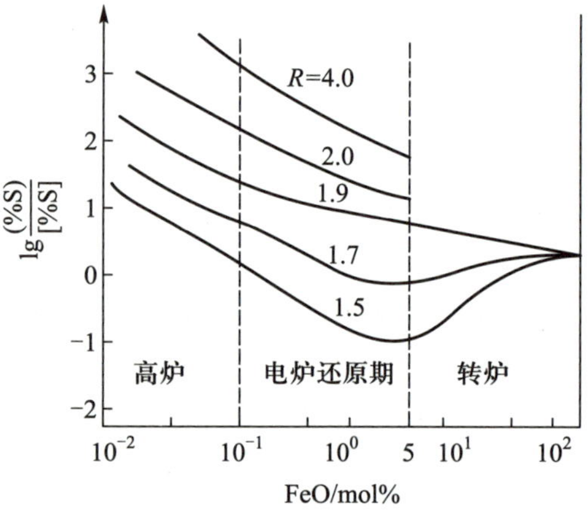

图5-7 硫的分配比与熔渣中FeO含量之间的关系

硫的分配比$\left(L_S=\frac{(\%S)}{[\%S]}\right)$与熔渣中FeO含量之间的关系。

从图5-7可见：

① 随熔渣碱度的提高，L_S呈增加趋势。

② 当 FeO 的摩尔百分含量小于 10%时，随着 FeO 含量的上升，硫的分配比(L_S)呈下降趋势，这是因为钢液中氧的活度($a_{[O]}$)随 FeO 含量增加而上升的缘故。

③ 在碱度低于 1.7 范围内($R \leqslant 1.7$)，当 FeO 的摩尔百分含量大于 10%时，硫的分配比(L_S)呈升高趋势，原因在于：随 FeO 含量的进一步增加，反应

$$(FeO) = Fe^{2+} + O^{2-}$$

向右进行，使得渣中氧负离子活度($a_{O^{2-}}$)上升，相当于提高了熔渣的碱度，因而使得 L_S 升高。

所以影响脱硫效果的因素包括：

① 硫的活度系数 $f_{[S]}$，即 $a_{[S]}$ 问题，根据钢液中第三组元对硫的相互作用(见图 2-12)，可见：

(ⅰ) 若提高[C]、[Si]、[P]含量，可有效提高 $f_{[S]}$，有利于脱硫；

(ⅱ) 若增加[Mn]、[S]含量，则降低 $f_{[S]}$，不利于脱硫。

② 温度 T，因为脱硫反应式(5-62)的 $\Delta H>0$，为吸热反应，所以提高温度，将使平衡常数 K 增大，有利于脱硫；

③ 气氛，即氧势，从式(5-64)可见，低氧势有利于脱硫，降低钢液中[O]含量，将使[%S]下降，有利于脱硫。

生产实践中为了有效地降低氧势，常采用“插铝脱氧”技术，生产低硫钢种，其目的在于利用氧铝平衡，降低钢液氧势。

以下举例说明应用化学反应平衡移动原理(Le Chatelier's principle，也称勒夏特列平衡移动原理)优化脱硫过程操作参数的思路。因为式(5-62)给出的脱硫反应：

$$(CaO) + [S] = (CaS) + [O] \tag{5-65}$$

而对于 Al-O 反应

$$\frac{2}{3}[Al] + [O] = \frac{1}{3}(Al_2O_3) \tag{5-66}$$

把式(5-65)和式(5-66)两反应相组合，得到“插铝”条件下的脱硫反应：

$$(CaO) + [S] + \frac{2}{3}[Al] = (CaS) + \frac{1}{3}(Al_2O_3) \tag{5-67}$$

为了有效地脱硫，必须让反应向右进行。因此根据化学反应平衡移动原理，可分析确定生产过程中应优先调整的工艺参数。

(ⅰ) 因为脱硫反应式(5-67)为吸热反应，所以高温有助于脱硫；

(ⅱ) 通过改变参与化学反应的各物质浓度，促进脱硫反应。从热力学的观点，以下方法均可促进脱硫反应式(5-67)向右进行：

a. 提高 CaO 活度 $a_{(CaO)}$，可通过提高碱度 R 实现；

b. 降低 CaS 活度 $a_{(CaS)}$，可采用“扒渣”手段实现；

c. 提高[%S]，$a_{[S]}$ 升高；

d. 提高 $f_{[S]}$，$a_{[S]}$ 升高；

e. 提高[%Al];

f. 降低(Al_2O_3)活度 $a_{(Al_2O_3)}$,等等。

虽然以上方法在热力学条件上均可促进脱硫反应式(5-67)向右进行,但实际上 c 因提高[%S]增加了脱硫的负担,不可采用;e 因为钢液中残余铝量升高后将影响钢材的性能,也不可采用;b 因“扒渣”将延长冶炼时间,降低生产效率,一般不提倡采用;另外,d 虽然可行,但对于成分固定的钢种,无法再进一步调整钢液的成分,因此 d 手段也受限。因此受生产条件的制约,通用的方法只能提高 $a_{(CaO)}$ 和降低 $a_{(Al_2O_3)}$。以下分析在提高 $a_{(CaO)}$ 与降低 $a_{(Al_2O_3)}$ 两项选择中,调整哪个参数应更有效?更优先?

针对脱硫反应式(5-67),由质量作用定律:

$$K=\frac{a_{(CaS)}\cdot a_{(Al_2O_3)}^{1/3}}{a_{(CaO)}\cdot a_{[S]}\cdot a_{[Al]}^{2/3}}=\frac{a_{(CaS)}}{f_{[S]}\cdot a_{[Al]}^{2/3}}\cdot\frac{1}{[\%S]}\cdot\frac{a_{(Al_2O_3)}^{1/3}}{a_{(CaO)}} \tag{5-68}$$

因为恒温($T=T_o$),平衡常数 K 恒定,当 $a_{(CaO)}$ 和 $a_{(Al_2O_3)}$ 同样变化 1 000 倍时,若 CaO 活度升高 1 000 倍,由式(5-68)可知[%S]含量将随之降低 1 000 倍,而若 Al_2O_3 活度降低 1 000 倍,则[%S]只能降低 10 倍,所以在提高 $a_{(CaO)}$ 与降低 $a_{(Al_2O_3)}$ 两者中应优先选择提高 CaO 的活度。

(ⅲ) 渣成分,提高 $a_{(CaO)}$ 将提高 $a_{(O^{2-})}$,即提高熔渣碱度 R,有利于脱硫,但 CaO 过多,将使熔渣的流动性下降,破坏脱硫动力学条件反而不利于脱硫。

归纳最佳脱硫热力学条件为:a. 高温,b. 高碱度,c. 还原性气氛(低氧势),d. 含高碳、硅铁水。

5.6.1.2 硫容及应用

1. 硫容的定义式

为了表征熔渣脱硫(容纳 S)能力,在恒温条件下,令比例一定的$\frac{p_{S_2}}{p_{O_2}}$混合气体与熔渣平衡:

$$\frac{1}{2}S_2+(O^{2-})=\!=\!=(S^{2-})+\frac{1}{2}O_2 \tag{5-69}$$

因为(O^{2-})和(S^{2-})的热力学数据欠缺,所以选取如下反应:

$$\frac{1}{2}S_2+(CaO)=\!=\!=(CaS)+\frac{1}{2}O_2 \tag{5-70}$$

$$\Delta G^{\ominus}=(97\ 111-5.61T/K)\ J\cdot mol^{-1}$$

反应式(5-69)的平衡常数 K

$$K=\frac{(\%S)f_{S^{2-}}\left(\frac{p_{O_2}}{p^{\ominus}}\right)^{1/2}}{a_{O^{2-}}\left(\frac{p_{S_2}}{p^{\ominus}}\right)^{1/2}}=(\%S)\left(\frac{p_{O_2}}{p_{S_2}}\right)^{1/2}\cdot\frac{f_{S^{2-}}}{a_{O^{2-}}} \tag{5-71}$$

定义硫容 C_S：

$$C_S=(\%S)\left(\frac{p_{O_2}}{p_{S_2}}\right)^{1/2} \tag{5-72}$$

结合式(5-71)与式(5-72)可知：恒温条件下（平衡常数 K 不变），若提高碱度 R，即提高 $a_{(O^{2-})}$，则 C_S 随之升高，或者说高碱度熔渣的吸收硫能力强。

应指出：若气氛 $\frac{p_{O_2}}{p^{\ominus}}>10^{-4}$，则对于 SO_4^{2-} 也有相应的硫酸盐容，此时选择反应：

$$\frac{1}{2}S_2+(O^{2-})+\frac{3}{2}O_2 = (SO_4^{2-}) \tag{5-73}$$

$$K=\frac{(\%SO_4^{2-})f_{SO_4^{2-}}}{a_{O^{2-}}(p_{S_2})^{1/2}(p_{O_2})^{3/2}}(p^{\ominus})^2 \tag{5-74}$$

所以定义硫酸盐容：

$$C_S=(\%SO_4^{2-})\frac{(p^{\ominus})^2}{(p_{S_2})^{1/2}(p_{O_2})^{3/2}} \tag{5-75}$$

2. C_S 与熔渣组成之间的关系

（1）二元渣系　二元渣系 $CaO-CaF_2$ 的 C_S 较大，其原因在于：

① CaO 解离释放出 O^{2-} 较强：$CaO = Ca^{2+}+O^{2-}$

② CaF_2 与 SiO_2 相结合释放 O^{2-}：$2CaF_2+SiO_2 = 2Ca^{2+}+2O^{2-}+SiF_4(g)$

由于 $CaO-CaF_2$ 渣系有效地释放了 O^{2-}，增强了熔渣的碱性，所以增强了熔渣的硫容 C_S。

注意：由于氟对环境的副作用较大，一般工业生产中应尽可能减少含氟物质的使用。

（2）三元渣系　图 5-8 是 $CaO-CaF_2-Al_2O_3$ 三元渣系的等 C_S 图，可见随 CaO 含量的升高，熔渣碱度升高，熔渣的硫容 C_S 也随之增大。

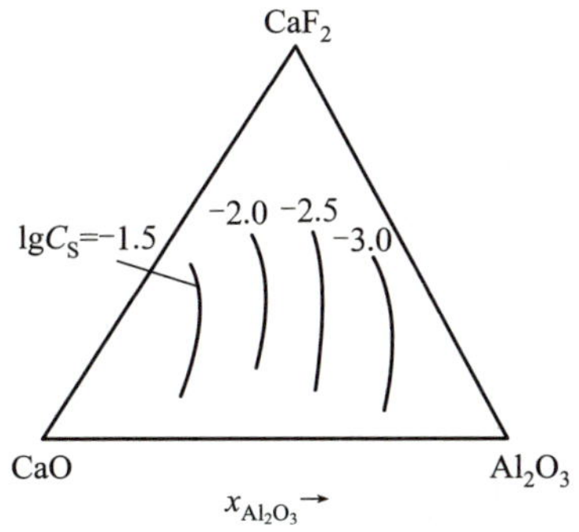

图 5-8　$CaO-CaF_2-Al_2O_3$ 三元渣系的等 C_S 图

（3）四元渣系　对于 $CaO-MgO-Al_2O_3-SiO_2$ 的高炉渣，1 500 ℃时，硫容与碱度之间的关系经验式为

$$\lg C_S=-5.57+1.39B \tag{5-76}$$

式中
$$B=\frac{x_{CaO}+\frac{1}{2}x_{MgO}}{x_{SiO_2}+\frac{1}{3}x_{Al_2O_3}} \tag{5-77}$$

若将摩尔分数换算成质量分数，并考虑温度影响，则硫容与碱度之间的关系经验式：

$$\lg C_S=1.35\frac{1.79(\%CaO)+1.24(\%MgO)}{1.66(\%SiO_2)+0.33(\%Al_2O_3)}-\frac{6\ 911}{T/K}-1.649 \tag{5-78}$$

而对于 CaO－MgO－SiO$_2$－FeO 炼钢渣系，若令 $x_{碱}=x_{CaO}+0.8x_{FeO}+0.5x_{MgO}$，当 $x_{碱}>0.5$ 时，$C_S=-0.161+0.33x_{碱}$。

3. C_S的应用

C_S广泛地应用于计算硫的分配比 $L_S(=(\%S)/[\%S])$。以下采用实例说明硫容在生产实际过程中的应用。

例 1 527 ℃及 $p=p^{\ominus}$气氛下，求碳饱和铁液（[%C]=4.96、[%Mn]=1.0、[%Si]=1.0，[%S]<0.02）与高炉渣[（%SiO$_2$）=37.5、（%Al$_2$O$_3$）=10、（%CaO）=42.5、（%MgO）=10]平衡时硫的分配比 L_S。

已知：$e_S^S=-0.028, e_S^C=0.113, e_S^{Mn}=-0.026, e_S^{Si}=0.065$

$$\frac{1}{2}S_2(g)=\!=\!=[S] \tag{5-79}$$

$$\lg K_{5-79}=\frac{7\ 056}{T/K}-1.224 \tag{5-80}$$

$$[C]_{sat}+\frac{1}{2}O_2(g)=\!=\!=CO(g) \tag{5-81}$$

$$\lg K_{5-81}=\frac{5\ 849}{T/K}+4.59 \tag{5-82}$$

由于铁液中的C处于饱和状态，所以[C]选取以纯物质为标准态。

解：设计反应

$$\frac{1}{2}S_2(g)+(O^{2-})=\!=\!=(S^{2-})+\frac{1}{2}O_2 \tag{5-83}$$

$$\lg K_{5-83}=\lg\left(C_S\frac{f_{(S^{2-})}}{a_{(O^{2-})}}\right) \tag{5-84}$$

所以

$$\lg C_S=\lg\left[(\%S)\left(\frac{p_{O_2}}{p_{S_2}}\right)^{1/2}\right]=\lg(\%S)+\frac{1}{2}\lg\left(\frac{p_{O_2}}{p_{S_2}}\right)=\lg\left(K_{5-83}\frac{a_{(O^{2-})}}{f_{(S^{2-})}}\right) \tag{5-85}$$

式(5-83)－式(5-79)，得

$$[S]+(O^{2-})=\!=\!=(S^{2-})+\frac{1}{2}O_2 \tag{5-86}$$

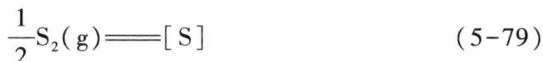

$$
\begin{aligned}
\lg K_{5-86} &= \lg \frac{a_{(S^{2-})}(p_{O_2}/p^{\ominus})^{1/2}}{a_{(O^{2-})}a_{[S]}} \\
&= \lg\left[\frac{(\%S)\cdot f_{(S^{2-})}}{a_{(O^{2-})}\cdot[\%S]\cdot f_{[S]}}(p_{O_2}/p^{\ominus})^{1/2}\right] \\
&= \lg\frac{(\%S)}{[\%S]}+\lg\frac{f_{(S^{2-})}}{a_{(O^{2-})}}-\lg f_{[S]}+\frac{1}{2}\lg(p_{O_2}/p^{\ominus}) \\
&= \lg L_S+\lg\frac{f_{(S^{2-})}}{a_{(O^{2-})}}-\lg f_{[S]}+\frac{1}{2}\lg(p_{O_2}/p^{\ominus}) \\
&= \lg K_{5-83}-\lg K_{5-79} \\
&= \left(\lg C_S+\lg\frac{f_{(S^{2-})}}{a_{(O^{2-})}}\right)-\left(\frac{7\ 056}{T/\mathrm{K}}-1.224\right)
\end{aligned}
$$

所以

$$
\lg L_S=\lg\frac{(\%S)}{[\%S]}=\lg C_S+\lg f_{[S]}-\frac{1}{2}\lg(p_{O_2}/p^{\ominus})-\frac{7\ 056}{T/\mathrm{K}}+1.224 \tag{5-87}
$$

可见,硫的分配比与熔渣成分(C_S)、铁液成分($f_{[S]}$)、气氛(p_{O_2})和温度(T)有关。式(5-87)中,

① 硫容 C_S 可采用经验公式计算:

$$
\lg C_S=-5.57+1.39B
$$

$$
B=\frac{x_{CaO}+0.5x_{MgO}}{x_{SiO_2}+0.33x_{Al_2O_3}}
$$

② 氧分压 p_{O_2} 可由如下反应的平衡氧分压计算:

$$
[C]_{sat}+\frac{1}{2}O_2 = CO
$$

平衡常数为

$$
\lg K=\frac{5\ 849}{T/\mathrm{K}}+4.59=\lg\frac{\dfrac{p_{CO}}{p^{\ominus}}}{a_{[C]}\cdot\left(\dfrac{p_{O_2}}{p^{\ominus}}\right)^{1/2}}
$$

所以

$$
\frac{1}{2}\lg\left(\frac{p_{O_2}}{p^{\ominus}}\right)=\lg\frac{p_{CO}}{p^{\ominus}}-\lg a_{[C]}-\frac{5\ 849}{T/\mathrm{K}}-4.59
$$

因为碳饱和,$a_{[C]}=1$(以纯物质为标态),且$\dfrac{p_{CO}}{p^{\ominus}}=1$,所以

$$
\frac{1}{2}\lg\left(\frac{p_{O_2}}{p^{\ominus}}\right)=-\frac{5\ 849}{T/\mathrm{K}}-4.59
$$

③ $f_{[S]}$ 可由 i 组元对硫的相互作用系数 e_S^i 计算,所以硫的分配比 L_S 可求。

对于本例中给出的熔渣，$x_{CaO}=0.437$，$x_{MgO}=0.144$，$x_{SiO_2}=0.360$，$x_{Al_2O_3}=0.06$，故 $B=1.33$，由经验式，$\lg C_S=-5.57+1.39\times1.33=-3.72$

由给出的铁液成分可计算

$$\lg f_{[S]}=e_S^S[\%S]+e_S^{Si}[\%Si]+e_S^{Mn}[\%Mn]+e_S^C[\%C]$$

因为 $[\%S]<0.02$ 较小，所以 $e_S^S[\%S]$ 可忽略，所以

$$\lg f_{[S]}=0.065\times1.0-0.026\times1.0+0.113\times4.96=0.599$$

将 C_S、$f_{[S]}$ 和 p_{O_2} 等数据代入式(5-87)，可得

$$\lg\frac{(\%S)}{[\%S]}=(-3.72)+(0.599)-\left(-\frac{5\ 849}{1\ 800}-4.59\right)-\frac{7\ 056}{1\ 800}+1.224=2.02$$

所以

$$L_S=\frac{(\%S)}{[\%S]}=104.7 \tag{5-88}$$

可见高炉渣脱硫能力相比于炼钢渣$\left(\text{参见 5.3.3 例 2}, L_S=\frac{(\%S)}{[\%S]}=\frac{0.45}{0.041}=10.98\right)$是比较强的。

5.6.1.3 有关脱硫的其他事项

1. 脱硫方式

(1) 气化脱硫　铁液中硫[S]转为 SO_2 气体被脱除。

(2) 渣化脱硫　渣化脱硫是脱硫的主要形式，通过熔渣中碱性物质将硫固化于渣中，从而达到脱硫的目的。

2. 提高熔渣脱硫能力即提高 L_S 的措施

(1) 提高温度 T；

(2) 增大 $f_{[S]}$；

(3) 提高 $a_{O^{2-}}$，即采用高碱度；

(4) 降低熔渣中硫的活度系数 $f_{(S)}$，可采用高碱度或“扒渣”等措施；

(5) 降低 $a_{[O]}$，采用强还原性气氛。

3. 常用的脱硫剂

冶金中常用的脱硫剂有生石灰(CaO)、电石(CaC_2)、苏打(Na_2CO_3)等。

(1) 生石灰(CaO)　脱硫反应

$$CaO(s)+[S]==(CaS)(s)+[O]\quad \Delta G^\ominus=(109\ 000-29.25T/K)\ J\cdot mol^{-1} \tag{5-89}$$

$T=1\ 400$ ℃条件下，

$$K=\frac{a_{[O]}}{a_{[S]}}=\frac{f_{[O]}[\%O]}{f_{[S]}[\%S]}=0.013 \tag{5-90}$$

由于活度系数与铁液成分有关，以下分别讨论不同铁液成分或者不同体系条件下的脱硫效果。

① Fe-S-O 体系:借用 1 600 ℃温度条件下的活度相互作用系数数据:

$$e_O^O=-0.183 \quad e_O^S=-0.133 \quad e_S^S=-0.028 \quad e_S^O=-0.27$$

若已知铁液成分,则 $f_{[O]}$,$f_{[S]}$ 可求。

进而计算当[%O]=0.001 时对应的平衡硫含量 $[\%S]_{平衡}=0.0755$,此平衡数据高于生铁合格品的要求,可见在此体系下 CaO 的脱硫能力有限。

② Fe-S-O-C-Si 体系:活度相互作用系数由上述 Fe-S-O 体系中的 4 个再增加 e_S^C,e_O^C,e_S^{Si},e_O^{Si},增至 8 个。

设铁液成分:[%C]=1.0,[%Si]=0.5,[%O]=0.001,计算求得平衡时的硫含量 $[\%S]_{平衡}=0.0165$。

若进一步增加铁水中碳含量:[%C]=4.9,[%Si]=0.5,[%O]=0.001,计算求得平衡硫含量 $[\%S]_{平衡}=1.17\times10^{-4}$。

可见,铁液中若存在[Si]、[C]元素,生石灰的脱硫效果显著提高,尤其是随[%C]的增加,$f_{[S]}$ 大幅度上升,$[\%S]_{平衡}$ 大幅度下降,因此,高炉冶炼条件下,熔渣的脱硫能力非常强。

(2)电石(CaC_2) 脱硫反应

$$CaC_2(s)+[S]==CaS(s)+2[C] \quad \Delta G^{\ominus}=(-359\,000+109.4T/K)\ J\cdot mol^{-1} \tag{5-91}$$

在 T=1 400 ℃,[%C]=4.9,[%Si]=0.5,[%O]=0.001 条件下,求得平衡时的硫含量

$$[\%S]_{平衡}=8.93\times10^{-7}$$

可见相同条件下,CaC_2 的脱硫能力远大于 CaO 的脱硫能力。

(3)苏打(Na_2CO_3) Na_2CO_3 的脱硫能力较强,每吨铁水使用 4~6 kg Na_2CO_3,可使[S]由 0.1%下降至 0.008%。但应注意使用苏打脱硫时,将产生大量烟雾,影响环境。这是因为脱硫反应

$$Na_2CO_3+[S]+2[C]==(Na_2S)+3CO(g) \tag{5-92}$$

脱硫产物 Na_2S 在空气中再氧化

$$Na_2S+3/2O_2==Na_2O+SO_2(g) \tag{5-93}$$

产物 Na_2O 再被碳还原,生成 Na 蒸气和 CO 气体,

$$Na_2O+C==2Na(g)+CO(g) \tag{5-94}$$

因为脱硫过程的副反应产生了大量的 CO、SO_2 和 Na(g)等烟气,因而恶化了环境。

5.6.2 脱磷

由于高炉无法脱磷,铁水中[%P]=0.1~0.2,高于钢材中磷含量的要求([%P]≤0.015),因此,必须在炼钢过程中将铁水中的[P]除去。

5.6.2.1 脱磷热力学

1. 脱磷的意义

对于绝大多数钢种，磷属于有害元素，因为磷含量高会引起钢材的“冷脆”，即在较低温度条件下，冲击韧性降低、钢材易脆裂。关于“冷脆”的机理，经研究确认因为磷富集在铁素体（α-Fe）晶粒间形成“固溶强化”，引起了脆断。当[%P]>0.1%时，冷脆现象更加显著。从 Fe-P 二元相图（图 5-9）可见，在室温下，α-Fe 中 P 的溶解量达 1.2%，使得脆性显著增加。但是磷有时也有有利之处，① 高磷铁水流动性好，有利于生产浇铸件；② 由于固溶强化，可提高钢材强度；③ 有助于提高钢材在大气中的耐腐蚀性；④ 生产炮弹钢，由于适当磷含量可以提高钢的脆性，从而增加炮弹的杀伤力。

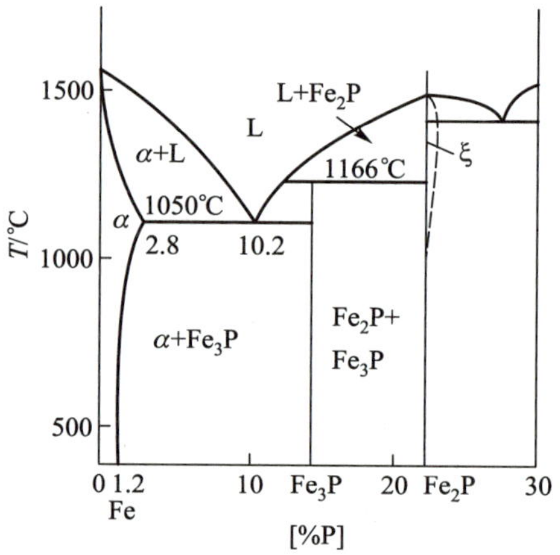

图 5-9 Fe-P 二元相图

2. 脱磷方法

高炉内发生如下磷还原反应：

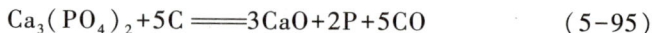

$$Ca_3(PO_4)_2+5C = 3CaO+2P+5CO \quad (5-95)$$

若有 SiO_2 存在，通过如下反应磷更容易被还原：

$$Ca_3(PO_4)_2+3SiO_2+5C = 3CaSiO_3+2P+5CO \quad (5-96)$$

由于矿石中的磷在高炉条件下几乎 100%还原进入铁水，所以脱磷过程只能在铁水预处理或炼钢过程中进行。

关于脱磷方法分为气化脱磷和渣化脱磷。

（1）气化脱磷　脱磷反应

$$2[P]+5[O] = P_2O_5(g) \quad \Delta G^\ominus = (-742\ 032+532.71T)\ J\cdot mol^{-1} \quad (5-97)$$

当 T=1 600 ℃且各物质处于标准态条件下，$\Delta G^\ominus_{1\ 873\ K}$ = 255 734 J · mol^{-1}。由于 $\Delta G^\ominus_{1\ 873\ K}>0$，所以标准态下不能进行气化脱磷。

在非标准态情况下，设$[\%P]=1.0$，$[\%O]=0.1$，$\frac{p_{P_2O_5(g)}}{p^{\ominus}}=10^{-4}$，并假设$f_{[O]}=1$，$f_{[P]}=1$，则当$T>900$ ℃时，计算得$\Delta G>0$，可见在冶金常见温度且非标准态下气化脱磷也难以进行。

（2）渣化脱磷　由于熔渣中CaO，MgO，FeO等组元易与P_2O_5生成稳定的磷酸盐化合物（一般$\gamma_{P_2O_5}\approx10^{-18}\sim10^{-15}$），所以通过渣-金反应可以达到脱磷的目的。

关于$\gamma_{P_2O_5}$的计算，可采用如下经验式：

$$\lg\gamma_{P_2O_5}=-1.12(22x_{CaO}+15x_{MgO}+13x_{MnO}+12x_{FeO}-2x_{SiO_2})-\frac{42\ 000}{T/K}+23.58 \tag{5-98}$$

在$T=1\ 600$ ℃，$x_{CaO}=0.6$，$x_{MgO}=0.05$，$x_{MnO}=0.01$，$x_{FeO}=0.15$，$x_{SiO_2}=0.18$，$x_{P_2O_5}=0.01$条件下计算求得$\gamma_{P_2O_5}=3.98\times10^{-18}$，可见渣中$P_2O_5$非常稳定，因此渣化脱磷是可行的。

渣化脱磷的过程主要是氧化脱磷。氧化脱磷是通过如下渣-金反应完成的：

$$2[P]+5(FeO)+4(CaO)=\!=\!=4CaO\cdot P_2O_5+5[Fe]$$

$$\Delta G^{\ominus}=(-767\ 168+288.36T/K)\ J\cdot mol^{-1} \tag{5-99}$$

$$\lg K=\frac{40\ 067}{T/K}-15.06 \tag{5-100}$$

$$K=\frac{a_{(4CaO\cdot P_2O_5)}\cdot a_{Fe}^5}{a_{[P]}^2\cdot a_{(FeO)}^5\cdot a_{(CaO)}^4}\Bigg|_{a_{Fe}=1}\propto\frac{a_{P_2O_5}}{[\%P]^2\cdot f_P^2\cdot a_{FeO}^5\cdot a_{CaO}^4} \tag{5-101}$$

所以

$$[\%P]=\sqrt{\frac{a_{P_2O_5}}{K}\cdot\frac{1}{f_P^2}\cdot\frac{1}{a_{FeO}^5}\cdot\frac{1}{a_{CaO}^4}} \tag{5-102}$$

讨论：

① 氧势越高，a_{FeO}越大，$[\%P]$越低，有利于脱磷；

② 碱度R越大，a_{CaO}越大，$[\%P]$越低，有利于脱磷；

③ 由于脱磷反应是放热（$\Delta H<0$），所以温度越低，平衡常数值K越大，$[\%P]$越低，有利于脱磷；

④ $a_{P_2O_5}$越小（如“扒渣操作”），$[\%P]$越低，有利于脱磷。

综上所述，脱磷最佳热力学条件：① 氧化性气氛；② 高碱度；③ 低温。相对于前述的脱硫条件（还原性气氛，高碱度，高温）有所不同。

3. 磷的分配比

对于氧化脱磷[参见式（5-99）]

$$2[P]+5(FeO)+4(CaO)=\!=\!=4CaO\cdot P_2O_5+5[Fe]$$

$$L_P = \frac{x_{P_2O_5}}{[\%P]^2}\Bigg|_{f_P=1} = \frac{K}{\gamma_{P_2O_5}} \cdot a_{FeO}^5 \cdot a_{CaO}^4 \qquad (5-103)$$

式中的 K 及 $\gamma_{P_2O_5}$ 分别由式(5-100)和式(5-98)确定。

工业上为了使用方便,L_P有时也采用如下定义式:

$$L_P = \frac{(\%P_2O_5)}{[\%P]^2} \quad 或 \quad L_P = \frac{(\%P_2O_5)}{[\%P]} \qquad (5-104)$$

关于 L_P 的确定方法

(1) 查图法　通过查阅等 L_P 图,确定 L_P。例如,从图 5-10 所示的 $\sum$CaO-FeO-(SiO_2+P_2O_5)拟三元等 L_P 图可以看出,若(SiO_2+P_2O_5)含量上升,则$L_P = \frac{x_{P_2O_5}}{[\%P]^2}$急剧下降。

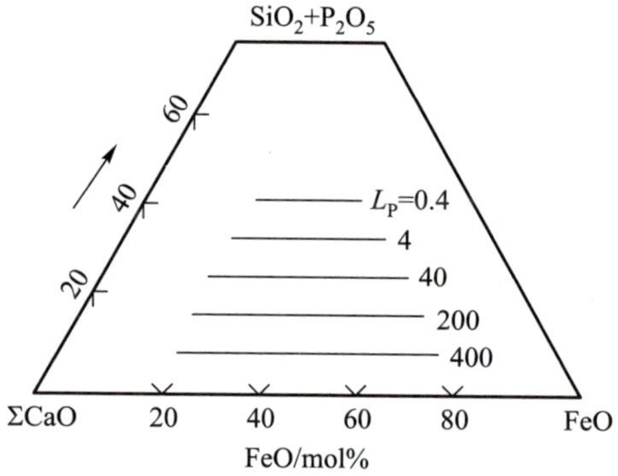

图 5-10　$\sum$CaO-FeO-(SiO_2+P_2O_5)拟三元等 L_P 图$\left(L_P = \frac{x_{P_2O_5}}{[\%P]^2}\right)$

(2) 熔渣 FeO 含量影响　图 5-11 给出了渣中 FeO 含量与磷分配比 $L_P = \frac{(\%P_2O_5)}{[\%P]}$的关系,可见当渣中 FeO 含量低于约 15%时,随渣中(%FeO)含量的上升,磷的分配比 L_P 不断增大。

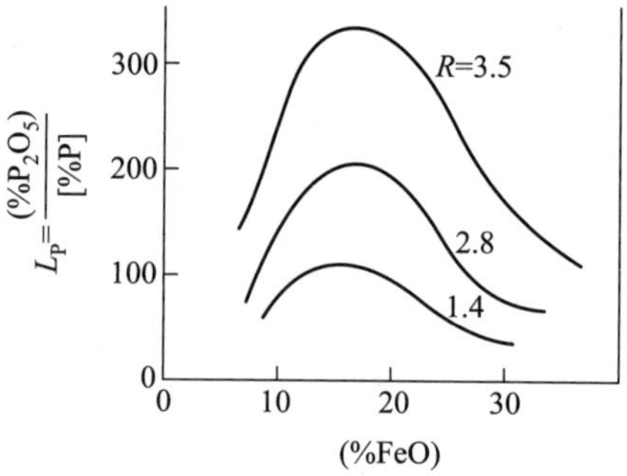

图 5-11　渣中 FeO 含量对 L_P 的影响

但从图 5-11 也可看出：若(%FeO)过高，磷的分配比 L_P 呈下降趋势，这是由于 FeO 过高，将使 PO_4^{3-} 产生形变，增大了 $\gamma_{P_2O_5}$，导致磷酸盐稳定性变差，即 L_P 下降。

(3) 熔渣碱度的影响　图 5-11 也给出了碱度变化对 L_P 的影响规律，可见随碱度 R 的增加，磷的分配比 L_P 呈上升趋势。

5.6.2.2　磷容及应用

1. 磷容的定义式

对于氧化脱磷

$$\frac{1}{2}P_2(g)+\frac{5}{4}O_2(g)+\frac{3}{2}O^{2-}=\!=\!=(PO_4^{3-}) \tag{5-105}$$

定义氧化脱磷条件下的磷容

$$C_{PO_4^{3-}}\equiv\frac{(\%PO_4^{3-})}{p_{P_2}^{1/2}\cdot p_{O_2}^{5/4}}\cdot(p^{\ominus})^{7/4}=\frac{a_{O^{2-}}^{3/2}}{f_{PO_4^{3-}}}\cdot K_{5-105} \tag{5-106}$$

对于还原脱磷

$$\frac{1}{2}P_2(g)+\frac{3}{2}O^{2-}=\!=\!=(P^{3-})+\frac{3}{4}O_2(g) \tag{5-107}$$

定义还原脱磷条件下的磷容

$$C_{P^{3-}}\equiv\frac{(\%P^{3-})\cdot p_{O_2}^{3/4}}{p_{P_2}^{1/2}}\cdot\frac{1}{(p^{\ominus})^{1/4}}=\frac{a_{O^{2-}}^{3/2}}{f_{P^{3-}}}\cdot K_{5-107} \tag{5-108}$$

与硫容相比磷容的研究较少，一般多为二元渣系，如图 5-12 给出了 1 500 ℃条件下 CaO-CaF_2体系磷容($C_{PO_4^{3-}}$和 $C_{P^{3-}}$)与熔渣中(%CaO)的关系。可见，随 CaO 含量上升，即碱度上升，$C_{PO_4^{3-}}$和 $C_{P^{3-}}$均呈上升趋势。

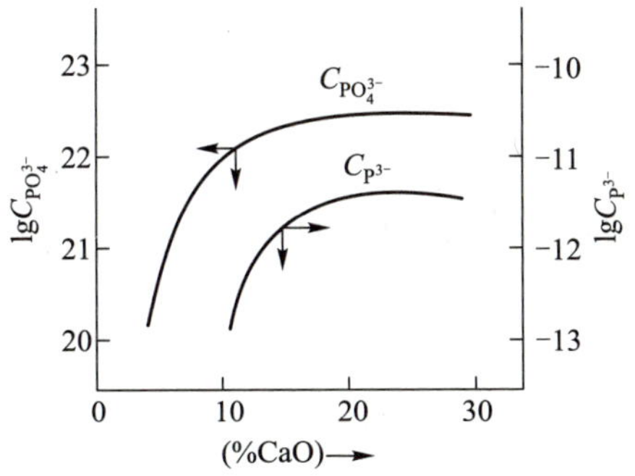

图 5-12　磷容($C_{PO_4^{3-}}$和 $C_{P^{3-}}$)与熔渣中(%CaO)的关系

2. 磷容的应用

(1) 氧化脱磷过程中利用 $C_{PO_4^{3-}}$计算 L_P　定义磷的分配比 L_P：

$$L_P=\frac{(\%PO_4^{3-})}{[\%P]} \tag{5-109}$$

因为 P 的溶解反应

$$\frac{1}{2}P_2 = [P] \tag{5-110}$$

$$K=\frac{f_{[P]}\cdot[\%P]}{(p_{P_2}/p^{\ominus})^{1/2}} \tag{5-111}$$

所以

$$(p_{P_2}/p^{\ominus})^{1/2}=\frac{f_{[P]}\cdot[\%P]}{K} \tag{5-112}$$

根据磷容定义

$$C_{PO_4^{3-}}=\frac{(\%PO_4^{3-})}{(p_{P_2}/p^{\ominus})^{1/2}\cdot(p_{O_2}/p^{\ominus})^{5/4}} \tag{5-113}$$

将式(5-112)代入式(5-113)得

$$C_{PO_4^{3-}}=\frac{(\%PO_4^{3-})\cdot K}{f_{[P]}\cdot[\%P]\cdot(p_{O_2}/p^{\ominus})^{5/4}} \tag{5-114}$$

所以

$$\lg C_{PO_4^{3-}}=\lg\frac{(\%PO_4^{3-})}{[\%P]}-\lg f_{[P]}-\frac{5}{4}\lg(p_{O_2}/p^{\ominus})+\lg K \tag{5-115}$$

故

$$\lg L_P=\lg\frac{(\%PO_4^{3-})}{[\%P]}=\lg C_{PO_4^{3-}}+\lg f_{[P]}+\frac{5}{4}\lg(p_{O_2}/p^{\ominus})-\lg K \tag{5-116}$$

式中,K 是 P 的溶解反应式(5-110)的平衡常数。

从式(5-116)可见,若提高氧势(p_{O_2}),则使磷的分配比 L_P 增加,提高磷容($C_{PO_4^{3-}}$)也使磷的分配比 L_P 增加。

关于 $C_{PO_4^{3-}}$的计算,对于 $CaO-MgO-FeO-Fe_2O_3-SiO_2$渣系,日本学者提出如下经验式:

$$\lg C_{PO_4^{3-}}=\frac{53\ 200}{T/K}-18.15+11.6x_{CaO}+8.6x_{MgO}+4.0x_{FeO} \tag{5-117}$$

(2) 还原脱磷过程中利用 $C_{P^{3-}}$计算 L_P　将式(5-112)代入 $C_{P^{3-}}$定义式

$$C_{P^{3-}}=\frac{(\%P^{3-})\cdot(p_{O_2}/p^{\ominus})^{3/4}}{(p_{P_2}/p^{\ominus})^{1/2}}=\frac{(\%P^{3-})\cdot(p_{O_2}/p^{\ominus})^{3/4}\cdot K}{f_{[P]}\cdot[\%P]} \tag{5-118}$$

整理得

$$\lg L_P=\lg\frac{(\%P^{3-})}{[\%P]}=\lg C_{P^{3-}}+\lg f_{[P]}-\frac{3}{4}\lg(p_{O_2}/p^{\ominus})-\lg K \tag{5-119}$$

可见,若提高氧势(p_{O_2}),则还原脱磷的分配比 L_P 下降,若提高磷容($C_{P^{3-}}$)将使还原脱磷的分配比 L_P 增加。

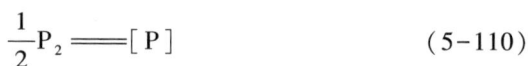

—————● **5.7 气体在渣中的溶解** ●—————

熔渣覆盖在金属液表面有防止金属液直接吸收气体的作用,但由于熔渣本身也具有溶解气体的性质,所以金属液通过渣具有间接吸收气体的途径,因此研究熔渣的气体溶解性很有必要。

5.7.1 氢的溶解

1. 特点

H 多以 H_2O 的形态存在于渣中,服从平方根定律:

$$(\%H) = K_{H_2O} \cdot \sqrt{p_{H_2O}/p^\ominus} \tag{5-120}$$

① 因为氢的溶解反应为吸热反应,所以提高温度 T 将使熔渣中$(\%H_2O)$升高;

② 水蒸气的分压 p_{H_2O} 越高,渣中$(\%H_2O)$将随之升高;

③ 熔渣碱度 R 为中性时,$(\%H_2O)$为最小。

2. 吸 H 机理

(1) 碱性渣　由于碱性渣中存在下列反应

$$H_2O(g) + (O^{2-}) = 2(OH^-) \tag{5-121}$$

所以随熔渣碱度 R 的升高,熔渣中的(OH^-)升高,或说$(\%H_2O)$升高。

(2) 酸性渣　与碱性渣不同,酸性渣中存在下列反应

$$H_2O(g) + (O^\circ) = 2(OH) \tag{5-122}$$

即

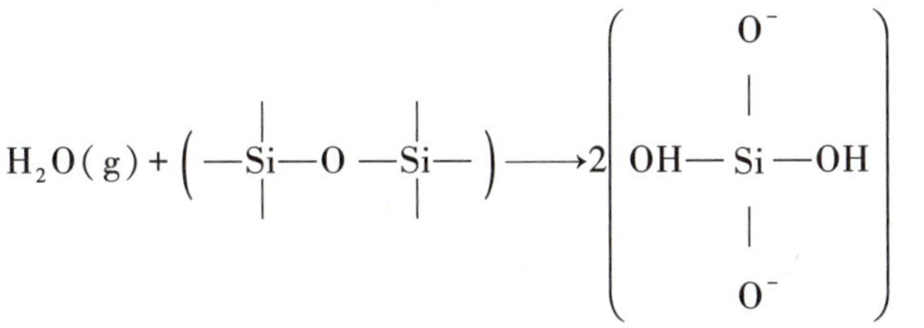

$$H_2O(g) + \left(\begin{array}{c} | \\ -Si-O-Si- \\ | \quad\quad | \end{array} \right) \longrightarrow 2 \left(\begin{array}{c} O^- \\ | \\ OH-Si-OH \\ | \\ O^- \end{array} \right) \tag{5-123}$$

所以熔渣酸性增强也使得熔渣中的$(\%H_2O)$升高,因此当熔渣碱度 R 为中性时,熔渣中的$(\%H_2O)$最小,或说熔渣碱度为中性时,防止吸氢效果最好。

5.7.2 氮的溶解

1. 特点

氮易溶于还原性渣中,所以提高渣的氧化性,有利于防止氮溶入;另外提高熔渣碱度 R,将提高氮的溶解度。

2. 机理

熔渣吸氮反应

$$\frac{1}{2}N_2(g)+\frac{3}{2}(O^{2-})══\frac{3}{4}O_2(g)+(N^{3-}) \quad (5-124)$$

可见：

① 若增加氮气分压 p_{N_2} 将提高氮在熔渣中的溶解量；

② 若提高氧气分压 p_{O_2} 将降低氮在熔渣中的溶解量，因此转炉炼钢过程中吹氧期钢液中的氮含量[N]最低；

③ 提高熔渣碱度 R，将提高氮在熔渣中的溶解量。

5.7.3 氢、氮元素的溶解规律

综上，电炉炼钢过程中氢、氮在熔渣中的溶解规律为

1. 氧化期

① 因为氧势较高，所以 N_2 基本不溶于熔渣中；

② 初期时 CaO 尚未完全溶解，熔渣的真实碱度较低，OH^- 也难以被熔渣吸收；

③ 因为氧化脱碳，将生成大量 CO 气体，相当于气泡冶金（参见 6.5.3 节），脱[N]、[H]，最终使熔渣中(N)、(H)低，钢液中[N]、[H]也很低。

2. 还原期

① 氧势下降，氮易被熔渣吸收；

② 此时 CaO 已充分溶解，熔渣的真实碱度上升，使得(%H_2O)上升；

③ 钢液中[C]的氧化反应基本结束，CO 气泡效果变差，所以在电炉冶炼还原期的熔渣中(N)、(H)较高，钢液中的[N]、[H]也将随之增加。

因此电炉冶炼过程中，应防止还原期的钢液与大气接触，以免增加[N]、[H]。

习题

1. 依据离子理论观点，何谓氧化性熔渣、还原性熔渣？

2. 通常，熔渣氧化能力如何表征？为什么？

3. 有人认为："渣-金两相间存在如下反应：$(O^{2-})-2e^-══[O]$，因此渣中 $a_{O^{2-}}$ 大，此渣的氧化性就强。"此说法对否？为什么？

4. 写出熔渣脱硫的离子反应式，强化脱硫的热力学条件是什么？

5. 写出氧化脱磷的离子反应式，强化脱磷的热力学条件是什么？

6. 高炉炼铁比转炉炼钢具有哪些脱硫的有利条件？依据离子理论分析阐述之。

7. 根据热力学原理分析高炉炼铁过程能够脱硫却无法脱磷的原因。

8. 炼钢过程中去除 H、N 元素的方法有哪些？其热力学实质是什么？

9. 设计两种测定炉渣中 a_{FeO} 的方法。

10. 熔渣组成质量分数为：CaO 45.0%，SiO_2 16.0%，FeO 18.0%，Fe_2O_3 2.0%，MnO 6.0%，MgO 5.0%，P_2O_5 2.0%，Al_2O_3 6.0%。利用下列方法求 1 600 ℃时 a_{FeO}：(1) 查等 a_{FeO} 图；(2) 采用完全离子模型计算；(3) 采用电当量模型计算。

第 6 章　热力学在冶金过程中的应用（Ⅰ）

本章主要介绍热力学在钢铁冶金中的应用。

6.1　氧　势　图

6.1.1　氧势图的提出

前已述及，讨论指定过程是否自发进行可采用化学反应等温方程式判断。对于化学反应等温方程式：

$$\Delta G = \Delta G^{\ominus} + RT\ln J_p = f(T, p_i, a_i) \tag{6-1}$$

从式(6-1)可知，ΔG 是温度、参与化学反应 i 物质的分压或活度的函数。若在反应无溶液参加，只有气-固相间反应的条件下，式(6-1)可简化为

$$\Delta G = f(T, p) \tag{6-2}$$

气-固反应在冶金工艺中占有很重要的地位，如

① 铁矿石还原：

$$FeO(s) + CO(g) \!=\!=\!= Fe(s) + CO_2(g) \tag{6-3}$$

② 金属氧化或氧化物热分解：

$$2Fe(s) + O_2(g) \!=\!=\!= 2FeO(s) \tag{6-4}$$

③ 碳的燃烧：

$$C(s) + O_2(g) \!=\!=\!= CO_2(g) \tag{6-5}$$

④ 氯化处理：

$$Ti(s) + 2Cl_2(g) \!=\!=\!= TiCl_4(g) \tag{6-6}$$

等等，均属于气-固反应。

通常冶金过程要求确定：

① 反应的开始还原温度；

② 反应的开始分解温度；

③ 某指定温度条件下氧化物（化合物）的稳定顺序；

④ CO/CO_2 或 H_2/H_2O 混合气体条件下的氧势

等热力学参数。对于上述要求采用热力学数据计算均可以获得，但如能采用图解方式则更为简洁。为此，英国学者埃林厄姆（Ellingham）提出了氧势图的概念（因此氧势图又称 Ellingham 图），是反映氧的 Gibbs 自由能随温度变化的图，采用氧势图再配加氧标尺（$p_{O_2}/p^{\ominus}$）、p_{H_2}/p_{H_2O}标尺、p_{CO}/p_{CO_2}标尺等可以较好地满足上述要求。

6.1.2 氧势图的构成

6.1.2.1 坐标的选择

以铁氧化为例，与 1 mol O_2生成氧化物的反应方程式为

$$2Fe+O_2 =\!=\!= 2FeO \tag{6-7}$$

注意：反应方程式的写法是有格式的，规定 O_2前面的系数必须是 1，而不能写成诸如

$$Fe+\frac{1}{2}O_2 =\!=\!= FeO$$

非 1 mol O_2的形式。

式（6-7）的 Gibbs 自由能变化为

$$\Delta G=\Delta G^{\ominus}+RT\ln\left(\frac{1}{\frac{p_{O_2}}{p^{\ominus}}}\right)=\Delta G^{\ominus}-RT\ln\left(\frac{p_{O_2}}{p^{\ominus}}\right) \tag{6-8}$$

平衡状态下，因为 $\Delta G=0$，所以

$$RT\ln\left(\frac{p_{O_2}}{p^{\ominus}}\right)=\Delta G^{\ominus}=A+BT \tag{6-9}$$

定义

$$\text{氧势}=RT\ln\left(\frac{p_{O_2}}{p^{\ominus}}\right) \tag{6-10}$$

因此以氧势$\left[RT\ln\left(\frac{p_{O_2}}{p^{\ominus}}\right)\right]$为纵坐标，温度 T 为横坐标，则得到氧势$\left[RT\ln\left(\frac{p_{O_2}}{p^{\ominus}}\right)\right]$与 T 的直线关系。如图 6-1 所示，由于不同的反应，则直线对应式（6-9）中的 A，B 也不同，即直线的位置和斜率不同。

注意：氧势图的纵坐标一定是氧势$\left[RT\ln\left(\frac{p_{O_2}}{p^{\ominus}}\right)\right]$，而不是 $\Delta G^{\ominus}$，两者概念不同。因为氧势是强度性质的物理量，而 $\Delta G^{\ominus}$是容量性质的物理量，但是两者在上述条件下的数值是相等的。

6.1.2.2 图形特点

本小节讨论图 6-1 所示的氧势图的图形特点。因为

$$RT\ln\left(\frac{p_{O_2}}{p^{\ominus}}\right)=A+BT=\Delta G^{\ominus} \tag{6-11}$$

▶ **人物录 36. 埃林厄姆**

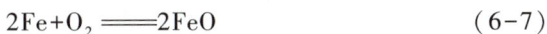

埃林厄姆（Harold Johann Thomas Ellingham），英国物理化学家，1897 年出生。1914 至 1916 年就读于皇家科学院，1919 年成为大学助教，1937 年成为物理化学领域的一名讲师。1944 至 1963 年任英国皇家化学学会会长。1949 年当选为帝国理工学院研究员，并且于 1962 年获得大英帝国勋章。埃林厄姆在归纳大量萃取冶金数据的基础上，提出了氧势图的概念，所绘制的反应吉布斯自由能变化图对丰富热力学理论做出了巨大的贡献。

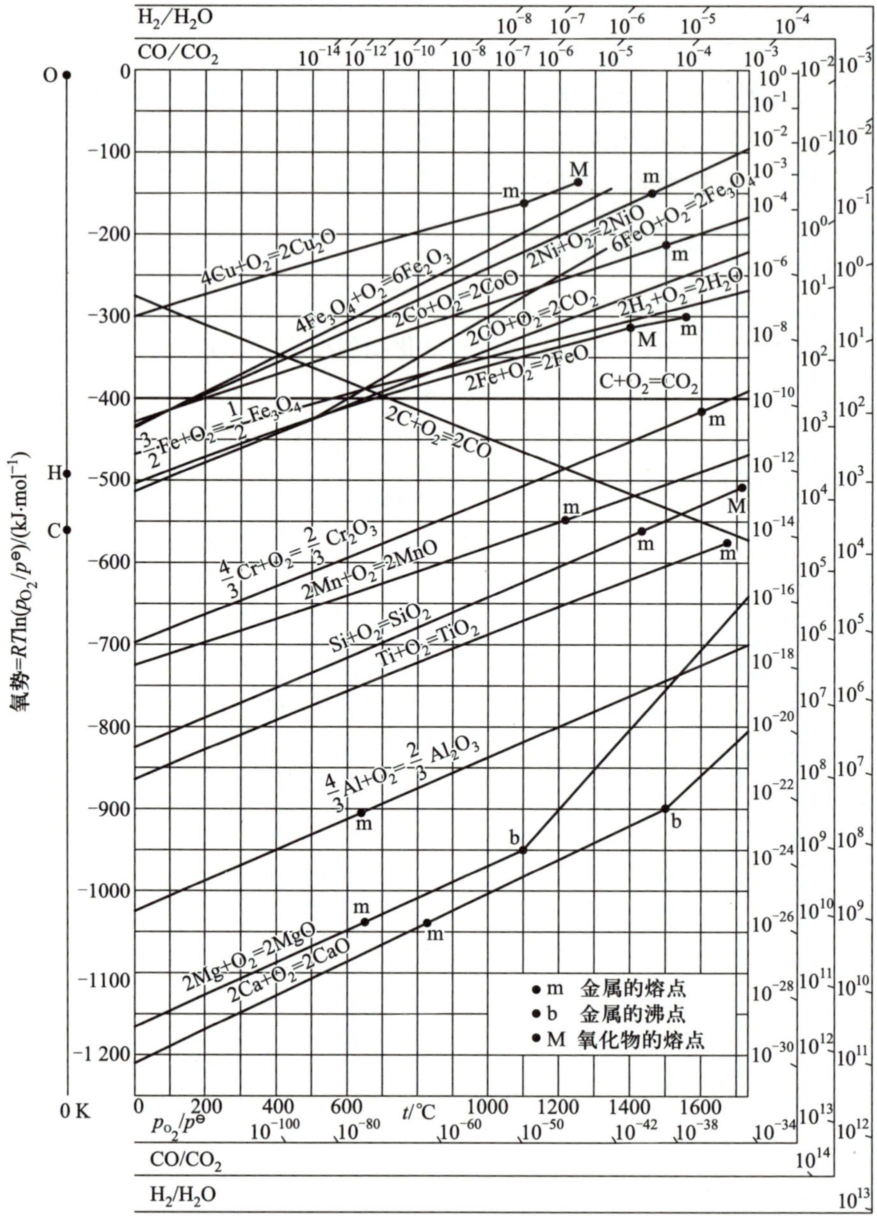

图 6-1　氧势图

所以氧势图的特点：

（1）氧势在数值上，必须对应 1 mol O_2 的反应式。

（2）直线的斜率（见图 6-2）。

① 对于气体物质的量减少的反应，如元素的氧化反应：

$$M+O_2 \xlongequal{\quad} MO_2 \qquad \Delta G^{\ominus}=\Delta H^{\ominus}-T\Delta S^{\ominus}=A+BT$$

由于反应使得气体物质的量下降，导致反应的 $\Delta S^{\ominus}<0$，所以直线斜率为正，即直线上斜，如 FeO、SiO_2 等。

② 对于气体物质的量无变化的反应，如碳的完全燃烧反应：

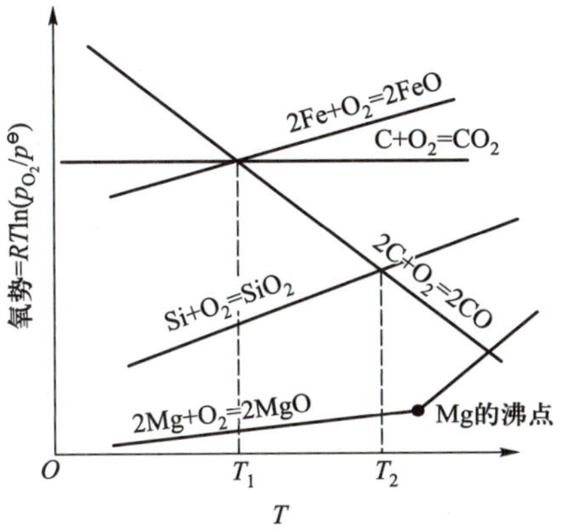

图 6-2　氧化物的氧势与温度之间的关系

$$C+O_2 \xlongequal{} CO_2$$

由于反应前后气体物质的量不变，所以反应的 $\Delta S^\ominus \approx 0$，所以直线斜率接近为零。

③ 对于气体物质的量增加的反应，如碳的不完全燃烧反应：

$$2C+O_2 \xlongequal{} 2CO$$

因为反应的 $\Delta S^\ominus > 0$，所以直线斜率为负，即直线下斜。

(3) 直线折点　如果生成物(氧化物)或反应物(金属)发生相变，由于 $\Delta H^\ominus$ 的变化，导致 $\Delta S^\ominus = \dfrac{\Delta H^\ominus}{T}$ 的变化，所以直线在该温度对应之处出现折点。

6.1.3　氧势图的应用

6.1.3.1　确定氧化物稳定顺序

在指定温度条件下，不同氧化物对应直线的位置越低，则表明该氧化物越稳定。如在给定任意温度下 FeO、SiO_2、MgO 的稳定性依次增强。

注意：比较稳定性，必须在同一温度下($T=T_0$)，这是由于判定物质稳定性的热力学基础是 Gibbs 等温方程式，要求必须同一温度。

关于判断物质稳定顺序的方法可以归纳为以下几种。

1. 使用标准 $\Delta G^\ominus$ 判定

(1) 对于要比较的氧化物，均取 1 mol O_2 对应的 $\Delta G^\ominus$，则哪种氧化物对应的 $\Delta G^\ominus$ 越小，表明该氧化物越稳定。

(2) 对于某元素形成的不同化合物，如 Ca 元素，若要比较 CaO、CaS、CaS_2 的稳定性，均取 1 mol Ca 对应的 $\Delta G^\ominus$，同样，哪种含 Ca 的物质对应的 $\Delta G^\ominus$ 越小，表明该种物质越稳定。

(3) 对于由同一种简单化合物形成的不同复合化合物，如 CaO · SiO_2、2CaO · SiO_2、4CaO · P_2O_5，均取 1 mol CaO 对应的 $\Delta G^\ominus$，含 CaO 的复合化合物对应的 $\Delta G^\ominus$ 越小，表明该复合化合物越稳定。

2. 使用分解压判定

对于氧化物,在指定温度下,分解压越小,表明该氧化物越稳定。

3. 使用氧势图判定

通过查氧势图(Ellingham 图),在指定温度下,氧化物位置越低,表明该氧化物越稳定。

6.1.3.2 确定某氧化物被碳元素还原的开始温度

冶金生产中,C 是最广泛使用的还原剂,假定 $p_{CO}/p^{\ominus}=1$,$2C+O_2=\!=\!=2CO$ 直线与该氧化物的直线交点对应的温度就是 C 还原该氧化物的开始温度。如图 6-2 中,T_1 为 FeO 被 C 还原的开始温度,T_2 为SiO_2 被 C 还原的开始温度。$T_2>T_1$,这是由于SiO_2 较 FeO 更稳定、更难还原的缘故。

对于 FeO,当 $T>T_1$ 时,CO 的直线位置低于 FeO,表明在 $T>T_1$ 温度范围内 CO 比 FeO 稳定,所以 FeO 中的氧要被 C 夺走,生成稳定的 CO,即 FeO 被 C 还原。反之,在 $T<T_1$ 温度范围内,CO 的位置高于 FeO,表明此温度范围内 CO 不如 FeO 稳定,所以 FeO 中的氧不能被 C 夺走,因此 FeO 不能被 C 还原。

6.1.4 氧势图的扩展功能

单纯使用氧势图,只能确定氧化物的稳定顺序和 C 为还原剂时的开始还原温度,应用功能有限,因此需在氧势图的基础上配加其他标尺以扩大其功能。

6.1.4.1 氧标尺及其应用

1. 氧标尺的制作

因为氧势图的纵坐标为氧势:$RT\ln\left(\frac{p_{O_2}}{p^{\ominus}}\right)$,即 $y=RT\ln\left(\frac{p_{O_2}}{p^{\ominus}}\right)$,令 $\ln\left(\frac{p_{O_2}}{p^{\ominus}}\right)=A$,则得到过原点的直线:

$$y=AT \tag{6-12}$$

式中,$A=R\ln\left(\frac{p_{O_2}}{p^{\ominus}}\right)$。

若以$\left(\frac{p_{O_2}}{p^{\ominus}}\right)$为参数,则可以得到过原点(0,0)的直线族(见图 6-3),进而在氧势图右边作标尺,标尺的刻度对应不同的$\frac{p_{O_2}}{p^{\ominus}}$,这个标尺就叫氧标尺。

2. 氧标尺的应用

(1)已知温度可以确定某氧化物的分解压 确定方法:指定温度,如 $T=T_0$,过某氧化物 MO 直线和 T_0温度的交点与原点(0,0)连线,外延至氧标尺某点,则该点对应的氧分压就是氧化物 MO 在 T_0温度下的分解压,如 FeO 在 1 200 ℃下的分解压$\frac{p_{O_2}}{p^{\ominus}}\approx10^{-12}$。

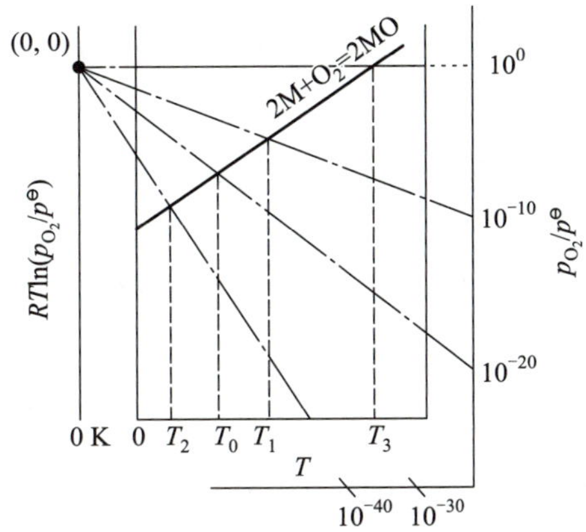

图 6-3　氧标尺的制作

（2）已知气相中氧的分压可以确定某氧化物开始分解温度　确定方法：指定$\frac{p_{O_2}}{p^\ominus}$，如$\frac{p_{O_2}}{p^\ominus}=10^{-10}$，则氧标尺上该分压和原点连线与某氧化物的直线交点对应的温度就是该氧化物的开始分解温度。如应用图 6-1，FeO 在$\frac{p_{O_2}}{p^\ominus}=10^{-10}$的气氛中开始分解温度约为 1 400 ℃，而在$\frac{p_{O_2}}{p^\ominus}=10^{-20}$气氛中的开始分解温度约为 750 ℃。可见气相中氧分压越低，FeO 氧化物的分解温度也随之降低，表明低氧分压条件下，氧化物更易于分解。

6.1.4.2　$\frac{p_{H_2}}{p_{H_2O}}$标尺及其应用

1. $\frac{p_{H_2}}{p_{H_2O}}$标尺的制作

对于反应

$$2H_2+O_2 \!=\!=\!= 2H_2O \quad \Delta G^\ominus=(-494\ 784+111.70T/\mathrm{K})\ \mathrm{J\cdot mol^{-1}}=A+BT \tag{6-13}$$

反应的 Gibbs 自由能变化：

$$\begin{aligned}\Delta G &= \Delta G^\ominus+RT\ln\left[\left(\frac{p_{H_2O}}{p_{H_2}}\right)^2\cdot\frac{1}{(p_{O_2}/p^\ominus)}\right]\\ &=A+BT-2RT\ln\frac{p_{H_2}}{p_{H_2O}}-RT\ln\left(\frac{p_{O_2}}{p^\ominus}\right)\end{aligned} \tag{6-14}$$

因为氧势图是平衡状态下的图，反应式（6-13）平衡时，由于 $\Delta G=0$，所以式（6-14）可改写为

$$RT\ln\left(\frac{p_{O_2}}{p^\ominus}\right)=A+BT-2RT\ln\frac{p_{H_2}}{p_{H_2O}} \tag{6-15}$$

可见，此时的氧势是温度和 H_2/H_2O 比值的函数，即氧势$=f\left(T,\frac{p_{H_2}}{p_{H_2O}}\right)$。

由式(6-15)可知,以$\frac{p_{H_2}}{p_{H_2O}}$为参数,可以得到过(0,A)点的直线族(图6-4)。同样在氧势图的右边再作一标尺,刻度就是不同的$\frac{p_{H_2}}{p_{H_2O}}$,这个标尺就叫$\frac{p_{H_2}}{p_{H_2O}}$标尺。习惯上,把(0,A)点记为H点(见图6-1)。

2. $\frac{p_{H_2}}{p_{H_2O}}$标尺的应用

(1) 若已知$\frac{p_{H_2}}{p_{H_2O}}$比值,可以确定用该H_2/H_2O混合气体还原某金属氧化物的开始还原温度　确定方法:连接$\frac{p_{H_2}}{p_{H_2O}}$标尺上的该$\frac{p_{H_2}}{p_{H_2O}}$点与H点的连线,取连线与某氧化物直线的交点,则该交点对应的温度就是用给定的H_2/H_2O混合气体还原某氧化物的开始还原温度。

(2) 若已知温度,可以确定最低的还原气体组成$\frac{p_{H_2}}{p_{H_2O}}$　确定方法:设温度$T=T_1$,过某氧化物直线上对应该温度的点与H点连线,然后外延该连线交至$\frac{p_{H_2}}{p_{H_2O}}$标尺,则$\frac{p_{H_2}}{p_{H_2O}}$标尺所显示的比值就是在给定温度下,用H_2/H_2O混合气体还原时最低的$\frac{p_{H_2}}{p_{H_2O}}$比值(见图6-4)。

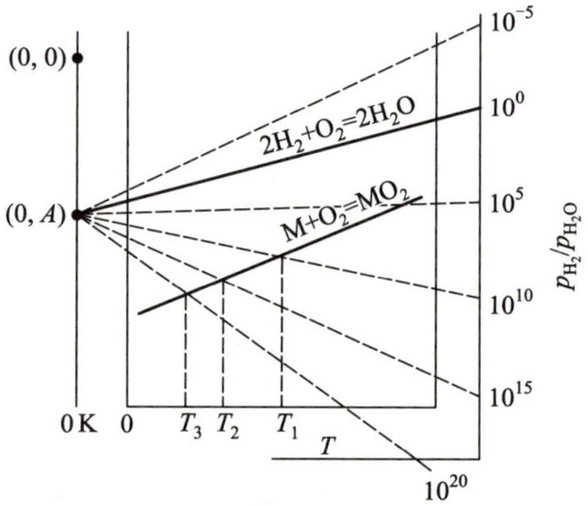

图6-4　$\frac{p_{H_2}}{p_{H_2O}}$标尺的制作

(3) 已知温度,配合氧标尺,确定指定的$\frac{p_{H_2}}{p_{H_2O}}$气氛中的氧分压(氧势)　确定方法:连接标尺上给定$\frac{p_{H_2}}{p_{H_2O}}$与H点连线,并在该线上找到对应给定温度的点,然后连接该点与原点的连线,外延至氧标尺上,读出的数据就是给定温度和$\frac{p_{H_2}}{p_{H_2O}}$比例条件下气氛中的氧分压。

6.1.4.3 $\frac{p_{CO}}{p_{CO_2}}$标尺及其应用

1. $\frac{p_{CO}}{p_{CO_2}}$标尺的制作

$\frac{p_{CO}}{p_{CO_2}}$标尺的制作方法与$\frac{p_{H_2}}{p_{H_2O}}$标尺的制作相类似，选择反应

$$2CO+O_2 = 2CO_2 \quad \Delta G^{\ominus} = (-558\ 680+169.3T/K)\ J \cdot mol^{-1} = A'+B'T \tag{6-16}$$

因为

$$\Delta G = \Delta G^{\ominus} + RT\ln\left[\left(\frac{p_{CO_2}}{p_{CO}}\right)^2 \cdot \frac{1}{(p_{O_2}/p^{\ominus})}\right] = 0$$

所以

$$RT\ln\left(\frac{p_{O_2}}{p^{\ominus}}\right) = A'+B'T-2RT\ln\frac{p_{CO}}{p_{CO_2}} = f\left(T,\frac{p_{CO}}{p_{CO_2}}\right)$$

因此以$\frac{p_{CO}}{p_{CO_2}}$比值为参数获得过(0,A')点(一般记为 C 点)的直线族，进而在氧势图右侧制作$\frac{p_{CO}}{p_{CO_2}}$标尺(见图 6-1)。

2. $\frac{p_{CO}}{p_{CO_2}}$标尺的应用

① 若已知$\frac{p_{CO}}{p_{CO_2}}$比值，可以确定用该 CO/CO_2混合气体还原某金属氧化物的开始还原温度；

② 若已知温度，可以确定最低的还原气体组成$\frac{p_{CO}}{p_{CO_2}}$；

③ 已知温度，配合氧标尺，确定指定的$\frac{p_{CO}}{p_{CO_2}}$气氛中的氧分压(氧势)。

关于配加$\frac{p_{CO}}{p_{CO_2}}$标尺后氧势图扩展功能的具体确定方法与配加$\frac{p_{H_2}}{p_{H_2O}}$标尺类似，不赘述。

6.1.5 其他势图

6.1.5.1 硫势图

对于某+2 价 M 金属与 $S_2(g)$反应通式为

$$2M+S_2(g) = 2MS \tag{6-17}$$

定义

$$硫势 = RT\ln\left(\frac{p_{S_2}}{p^{\ominus}}\right) \tag{6-18}$$

得到硫势图示于图 6-5。

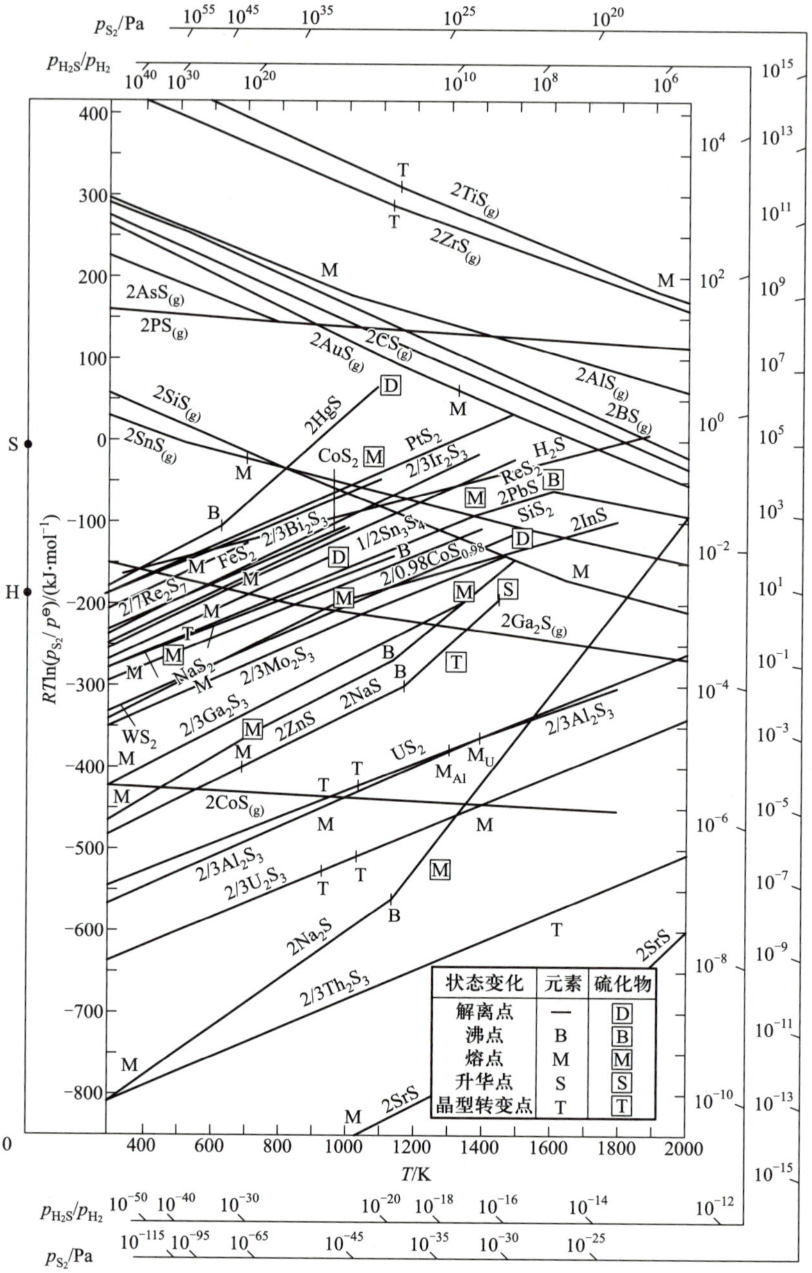

图 6-5 硫势图

同理，可以配加硫标尺$\left(\frac{p_{S_2}}{p^{\ominus}}\right)$和$\frac{p_{H_2}}{p_{H_2S}}$标尺来扩展硫势图的应用功能。

注意，制作$\frac{p_{H_2}}{p_{H_2S}}$标尺时对应的化学反应：

$$2H_2+S_2(g)=\!=\!=2H_2S \quad \Delta G^{\ominus}=(-183\ 200+101.2T/K)\ J\cdot mol^{-1}$$
(6-19)

6.1.5.2 氮势图

对于某+y 价 M 金属与呈-x 价 N 的反应通式为

$$\frac{2x}{y}M+N_2=\!=\!=\frac{2}{y}M_xN_y \tag{6-20}$$

定义

$$\text{氮势}=RT\ln\left(\frac{p_{N_2}}{p^{\ominus}}\right) \tag{6-21}$$

得到氮势图示于图 6-6。配加氮标尺$\left(\frac{p_{N_2}}{p^{\ominus}}\right)$和$\frac{p_{NH_3}^2}{p_{H_2}^3}$标尺（对应的反应：$N_2+3H_2=\!=\!=2NH_3$）。

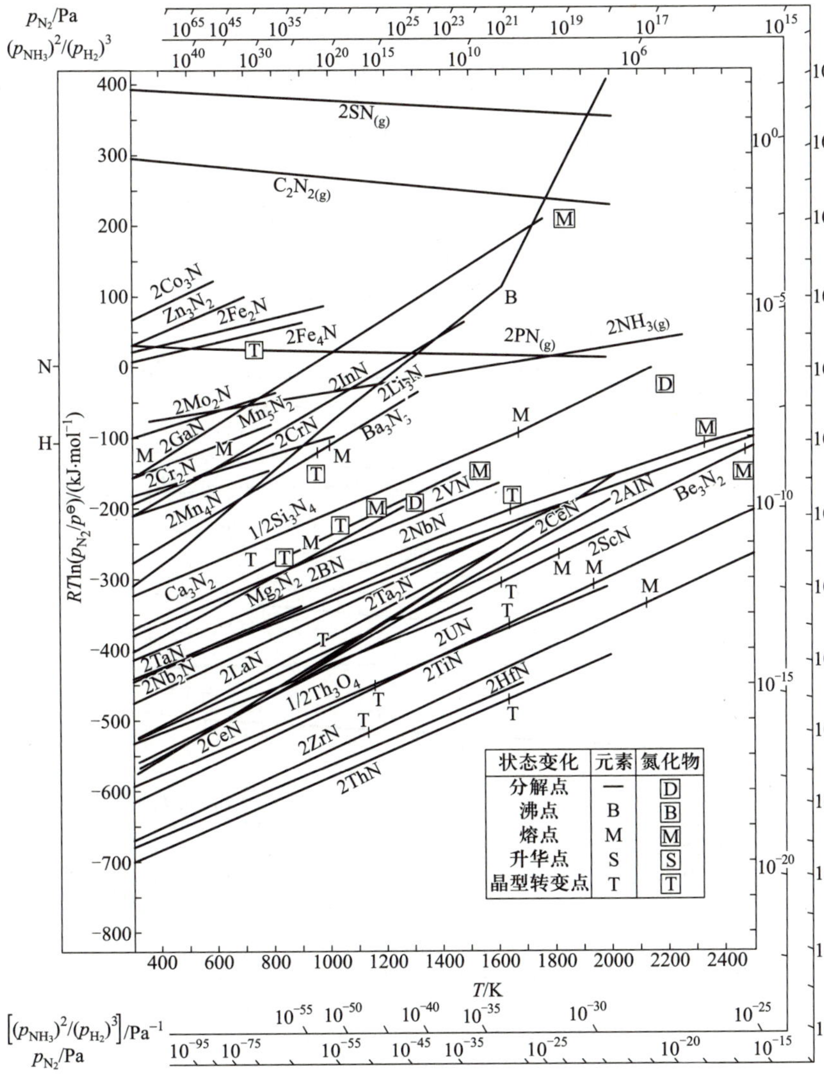

图 6-6 氮势图

6.1.5.3 碳势图

对于金属 M 与 C 的反应通式：

$$xM+C=\!=\!=M_xC \qquad (6-22)$$

定义

$$碳势=RT\ln a_C \qquad (6-23)$$

得到碳势图示于图 6-7，也可配加$\left(\dfrac{p_{CO}^2}{p_{CO_2}}\right)$标尺（对应的反应：$C+CO_2=\!=\!=2CO$）

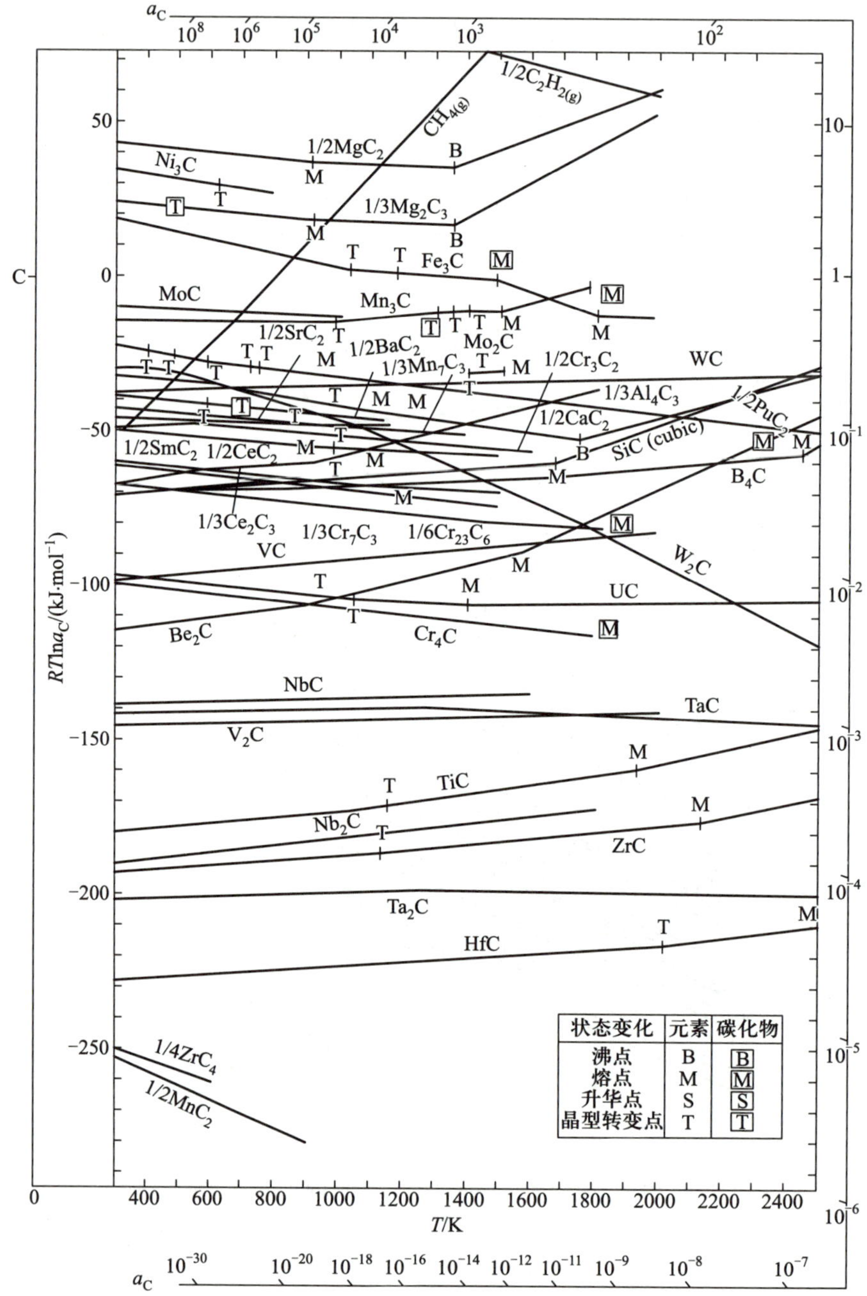

图 6-7 碳势图

和$\frac{p_{CH_4}}{p_{H_2}^2}$标尺(对应的反应:$C+2H_2 = CH_4$),请读者自行配加。

6.2 Fe-O 体系热力学

有些元素具有不同的价态,至于能形成哪种价态的化合物取决于体系的热力学条件。本节以 Fe 元素为例,介绍具有不同价态的元素参加反应的平衡热力学问题。

6.2.1 Fe-O 体系相图

Fe-O 二元相图示于图 6-8。

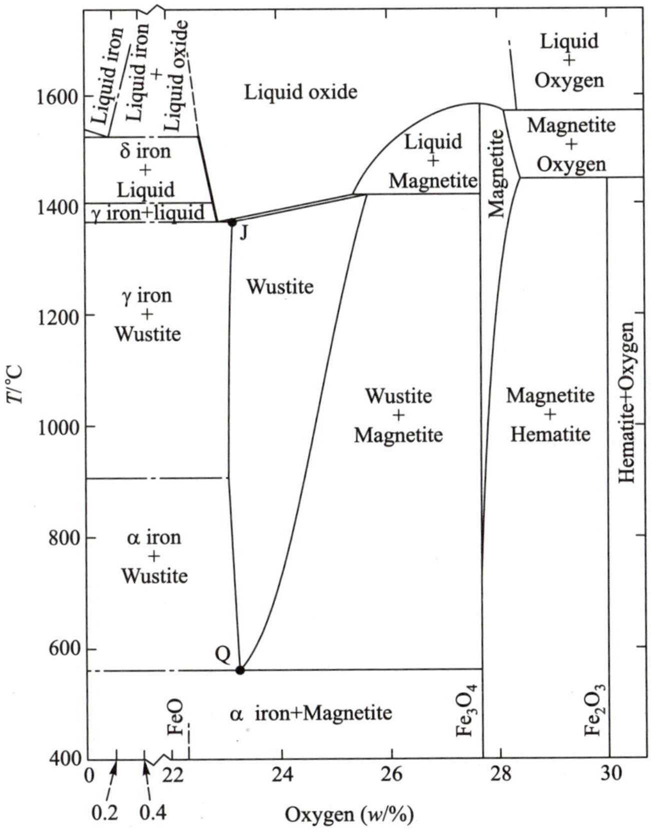

图 6-8 Fe-O 二元相图

(1) Fe 有三种不同价态的化合物 Fe_xO, Fe_3O_4, Fe_2O_3。其中 Fe_xO 属于缺 Fe 式 FeO, $x=0.83\sim0.95$。

(2) Fe_xO 存在的热力学条件 关于 Fe_xO 存在条件,从相图可知:

① 适宜的成分:O 含量为 23.3%~25.8%。

② 适宜的温度:$T>570$ ℃,若 $T<570$ ℃,则发生如下分解反应

$$Fe_xO \longrightarrow Fe+Fe_3O_4 \tag{6-24}$$

即 Fe_xO 在 570 ℃以下不能稳定存在。其原因如下：

因为

$$2Fe(s)+O_2 = 2FeO(s)$$

$$\Delta G^\ominus_{6-25}=(-539\ 600+141.0T/K)\ J\cdot mol^{-1} \tag{6-25}$$

$$6FeO(s)+O_2 = 2Fe_3O_4(s)$$

$$\Delta G^\ominus_{6-26}=(-636\ 700+255.9T/K)\ J\cdot mol^{-1} \tag{6-26}$$

[式(6-26)-式(6-25)]/2，得

$$4FeO(s) = Fe(s)+Fe_3O_4(s)$$

$$\Delta G^\ominus_{6-27}=\frac{1}{2}(\Delta G^\ominus_{6-26}-\Delta G^\ominus_{6-25})=(-48\ 550+57.45T/K)\ J\cdot mol^{-1} \tag{6-27}$$

反应式(6-27)达到平衡时，

$$\Delta G=\Delta G^\ominus=0 \tag{6-28}$$

求得平衡温度：

$$T_{平衡}=845\ K=572\ ℃$$

此平衡温度的计算值与相图的数据(570 ℃)非常接近。因此从反应式(6-27)知：当 $T<T_{平衡}$ 时，$\Delta G<0$，FeO 不稳定；当 $T>T_{平衡}$ 时，$\Delta G>0$，FeO 稳定存在。因此热力学分析证明：570 ℃以下 FeO 不能稳定存在，与相图结果一致。

6.2.2 Fe 氧化热力学

对于铁的氧化反应，当 $T>570$ ℃，

$$2Fe(s)+O_2 = 2FeO(s)\quad \Delta G^\ominus_{6-29}=A_{6-29}+B_{6-29}T \tag{6-29}$$

所以有

$$\Delta G^\ominus_{6-29}=RT\ln\left(\frac{p_{O_2}}{p^\ominus}\right)=A_{6-29}+B_{6-29}T \tag{6-30}$$

得

$$\lg\left(\frac{p_{O_2}}{p^\ominus}\right)=f(T)\qquad (T>570\ ℃) \tag{6-31}$$

令 $\lg\left(\frac{p_{O_2}}{p^\ominus}\right)$ 为纵坐标，温度 T 为横坐标作 $\lg\left(\frac{p_{O_2}}{p^\ominus}\right)\sim T$ 二维优势区域图。绘制曲线①(见图 6-9)，在曲线上 Fe 与 FeO 平衡共存，当温度一定时，若氧势 $\lg\left(\frac{p_{O_2}}{p^\ominus}\right)$ 高于该温度对应的平衡氧势，则反应式(6-29)将自发向右移动，直至 Fe 相消失，说明此条件下 FeO 相稳定；反之若 $\lg\left(\frac{p_{O_2}}{p^\ominus}\right)$

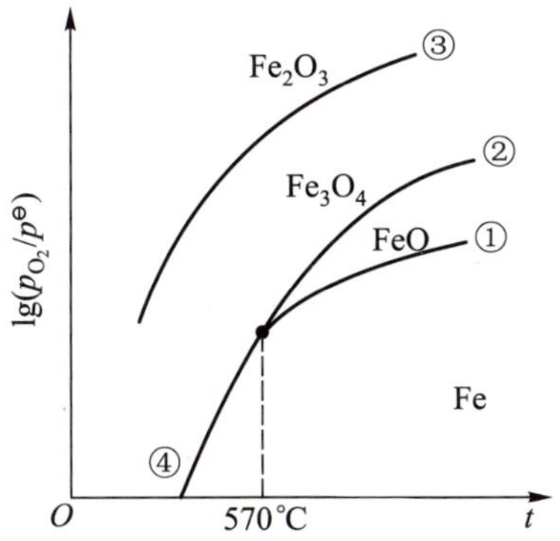

图 6-9　Fe-O 体系的 $\lg\left(\frac{p_{O_2}}{p^\ominus}\right)\sim T$ 二维优势区域图

低于该温度对应的平衡氧势，则反应式(6-29)将自发向左移动，直至 FeO 相消失，Fe 相稳定。

同理，当 $T>570$ ℃

$$6FeO(s)+O_2 = 2Fe_3O_4(s)$$

$$\Delta G^\ominus_{6-32}=A_{6-32}+B_{6-32}T \qquad (6-32)$$

绘制 $\lg\left(\frac{p_{O_2}}{p^\ominus}\right)\sim T$ 曲线②，同样曲线②也将曲线上下分为 Fe_3O_4 优势区域和 FeO 优势区域。

同理，分别绘制反应式(6-33)和反应式(6-34)的 $\lg\left(\frac{p_{O_2}}{p^\ominus}\right)\sim T$ 曲线③和曲线④。

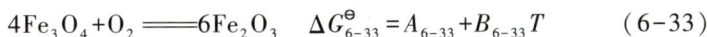

$$4Fe_3O_4+O_2 = 6Fe_2O_3 \quad \Delta G^\ominus_{6-33}=A_{6-33}+B_{6-33}T \qquad (6-33)$$

$$\frac{3}{2}Fe+O_2 = \frac{1}{2}Fe_3O_4(T<570\ ℃) \quad \Delta G^\ominus_{6-34}=A_{6-34}+B_{6-34}T \qquad (6-34)$$

曲线①、②、④在 570 ℃时交于一点。图 6-9 就是 Fe-O 体系优势区域图。

6.2.3　逐级转变规则

金属氧化物在分解或还原时，通常总是由高价氧化物依次转变为低价氧化物，最终转变为金属单质，该规则称为逐级转变原则。该规则可以从 Fe-O 体系优势区域图得到很好的说明。例如，设 $T=T_o$($T_o>570$ ℃)，当氧势逐渐下降(相当于逐渐增加还原势)时，铁氧化物将从 $Fe_2O_3 \to Fe_3O_4 \to FeO \to Fe$ 逐渐从高级氧化物转变为低级氧化物直至还原为单质铁。

注意：只有当氧化物、金属均为固相时，才遵守逐级转变规则；若氧化物或金属为气相或溶液时，可能不遵守该规则。

6.2.4　Fe 氧化物还原热力学

1. Fe-C-O 体系

(1) 以 C 为还原剂　还原反应

$$FeO+C \xlongequal{} Fe+CO \tag{6-35}$$

为了确定开始还原温度，可以通过查阅氧势图确定开始还原温度。

（2）以 CO 为还原剂　还原反应

$$3Fe_2O_3+CO \xlongequal{} 2Fe_3O_4+CO_2$$

$$\Delta G^{\ominus}_{6-36}=(-52\ 200-41.05T/K)\ J\cdot mol^{-1} \tag{6-36}$$

$T>570$ ℃，

$$Fe_3O_4+CO \xlongequal{} 3FeO+CO_2$$

$$\Delta G^{\ominus}_{6-37}=(35\ 400-40.29T/K)\ J\cdot mol^{-1} \tag{6-37}$$

$$FeO+CO \xlongequal{} Fe+CO_2$$

$$\Delta G^{\ominus}_{6-38}=(-22\ 800+24.27T/K)\ J\cdot mol^{-1} \tag{6-38}$$

$T<570$ ℃，

$$\frac{1}{4}Fe_3O_4+CO \xlongequal{} \frac{3}{4}Fe+CO_2$$

$$\Delta G^{\ominus}_{6-39}=(-9\ 832+8.58T/K)\ J\cdot mol^{-1} \tag{6-39}$$

因为反应式(6-36)~(6-39)的平衡常数 $K_{6-36}\sim K_{6-39}$ 均可写成

$$K_i=\frac{p_{CO_2}}{p_{CO}}=\frac{[\%CO_2]}{[\%CO]}\quad (i=6-36,6-37,6-38,6-39) \tag{6-40}$$

又因为

$$[\%CO]+[\%CO_2]=100 \tag{6-41}$$

所以联立式(6-40)与式(6-41)，得

$$[\%CO]=\frac{100}{K_i+1}=f(T) \tag{6-42}$$

$$[\%CO_2]=\frac{100K_i}{K_i+1}=f(T) \tag{6-43}$$

从式(6-42)可知：式(6-36)~(6-39)任何一个反应均可得到平衡气相组成[%CO]与温度的函数关系。因此以[%CO]为纵坐标、温度 t(℃)为横坐标作图，分别绘制反应式(6-36)~(6-39)的[%CO]~t(℃)的关系曲线，得到以 CO 为还原剂条件下的 Fe-C-O 体系优势区域图(见图 6-10)。由于该图类似“叉子”形状，故俗称“叉子曲线”。

2. Fe-H-O 体系

若用 H_2 作还原剂，采用类似的方法制作优势区域图。反应式为

$$3Fe_2O_3+H_2 \xlongequal{} 2Fe_3O_4+H_2O$$

$$\Delta G^{\ominus}_{6-44}=(-15\ 560-74.52T/K)\ J\cdot mol^{-1} \tag{6-44}$$

$T>570$ ℃，

$$Fe_3O_4+H_2 \xlongequal{} 3FeO+H_2O$$

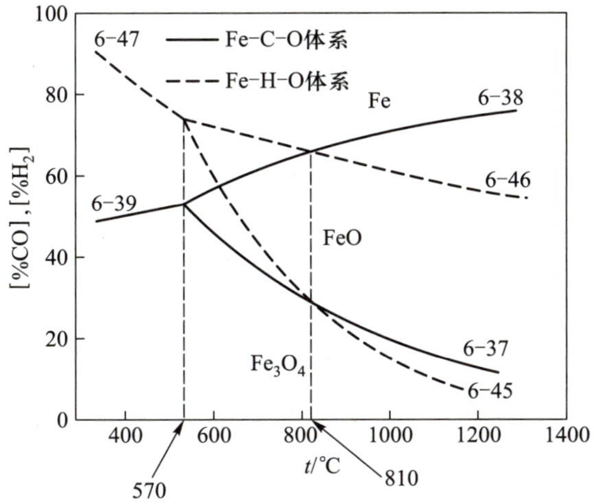

图 6-10 Fe-C(H)-O 体系优势区域图(叉子曲线)

$$\Delta G^\ominus_{6-45}=(72\ 010-73.68T/K)\ J\cdot mol^{-1} \tag{6-45}$$

$$FeO+H_2 = Fe+H_2O$$

$$\Delta G^\ominus_{6-46}=(23\ 430-16.15T/K)\ J\cdot mol^{-1} \tag{6-46}$$

T<570 ℃,

$$\frac{1}{4}Fe_3O_4+H_2 = \frac{3}{4}Fe+H_2O$$

$$\Delta G^\ominus_{6-47}=(35\ 560-30.42T/K)\ J\cdot mol^{-1} \tag{6-47}$$

得到的式(6-44)~(6-47)各反应对应的[$\%H_2$]~t(℃)关系曲线也绘制于图6-10 中,得到 Fe-H-O 体系"叉子曲线"。

注意:

(1) 570 ℃对应点只与 Fe-O 体系本身有关,与还原剂种类无关;

(2) 从图 6-10 可见,Fe-C-O 体系叉子曲线的(6-37)、(6-38)线与 Fe-H-O 体系叉子曲线的(6-45)、(6-46)线交汇于 810 ℃。这表明:在 810 ℃温度时,H_2 与 CO 的还原能力相同,若温度低于 810 ℃,H_2 的还原能力不及 CO,而温度高于 810 ℃时,H_2 的还原能力大于 CO。

3. 浮士体还原热力学

因为 Fe_xO 为非化学计量形式:x=0.95~0.83,还原时,Fe_xO 中的氧含量连续下降,直达到该温度的最小值[参见 Fe-O 二元相图(图 6-8)中的 QJ 线],才开始出现 Fe。

反应式为

$$Fe_xO+CO = xFe+CO_2 \tag{6-48}$$

或

$$[O]_{浮士体}+CO = CO_2 \tag{6-49}$$

所以

$$K=\frac{p_{CO_2}}{p_{CO}}\cdot\frac{1}{a_{[O]}}=\frac{[\%CO_2]}{[\%CO]}\cdot\frac{1}{a_{[O]}} \tag{6-50}$$

因此

$$[\%CO]=\frac{100}{1+K\cdot a_{[O]}} \quad 或 \quad a_{[O]}=\frac{100-[\%CO]}{K\cdot[\%CO]} \tag{6-51}$$

可见平衡气相组成随 $a_{[O]}$ 发生变化，$a_{[O]}$ 减小时 $[\%CO]$ 增大，即还原难度增大（见图 6-11）。

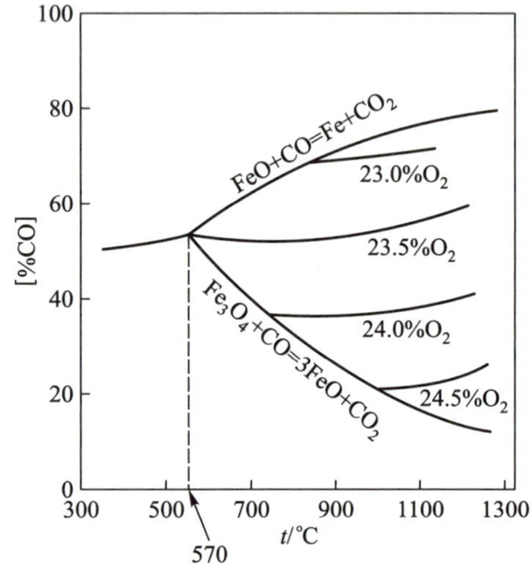

图 6-11　浮士体中的等氧势分布

▶ 人物录 37. 贝波

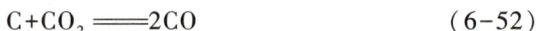

贝波（Octave Leopold Boudouard），化学家，法国国立工艺学院教授，1872 年出生。贝波曾在应用化学的许多领域，如燃料和黏土化学方面从事研究，其中最重要的研究是关于高炉铁氧化物的化学平衡。1905 年提出了著名的贝波反应，即 C 和 CO_2 在高温下反应生成 CO。

6.2.5　过剩碳存在条件下铁氧化物还原热力学

当有过剩碳存在条件下，将发生碳的气化反应，也称为贝波反应：

$$C+CO_2 \xlongequal{} 2CO \tag{6-52}$$

注意：由于碳过剩，则体系受贝波反应控制，即体系处于稳定时，贝波反应一定达到了平衡状态，但其他反应不一定能够达到平衡状态。

由于贝波反应为主导反应，气氛组成由贝波反应控制，所以气相内的成分组成计算如下：

贝波反应　　$C+CO_2 \xlongequal{} 2CO$

$$\Delta G^{\ominus}=(172\ 130-177.46T/K)\ J\cdot mol^{-1} \tag{6-53}$$

$$K=\frac{p_{CO}^2}{p_{CO_2}}\cdot\frac{1}{p^{\ominus}} \tag{6-54}$$

体系总压

$$p_{总}=p_{CO}+p_{CO_2} \tag{6-55}$$

将式（6-54）与式（6-55）联立，得

$$p_{CO}^2=K(p_{总}-p_{CO})\cdot p^{\ominus} \tag{6-56}$$

整理

$$p_{CO}^2+K\cdot p_{CO}\cdot p^{\ominus}-K\cdot p_{总}\cdot p^{\ominus}=0$$

$$p_{CO}=\frac{-b\pm\sqrt{b^2-4ac}}{2a}\overset{\text{取正根}}{=\!=\!=}\frac{1}{2}\left(-K\cdot p^{\ominus}+\sqrt{(K\cdot p^{\ominus})^2+4K\cdot p_{总}\cdot p^{\ominus}}\right)$$
$$=p^{\ominus}\left(\frac{-K}{2}+\sqrt{\frac{K^2}{4}+K\frac{p_{总}}{p^{\ominus}}}\right)$$
$$=f(K,p_{总}) \tag{6-57}$$

从式(6-57)可知,贝波反应的平衡 CO 分压(p_{CO})也可整理为温度(即平衡常数 K)和总压($p_{总}$)的函数关系(见图 6-12)。

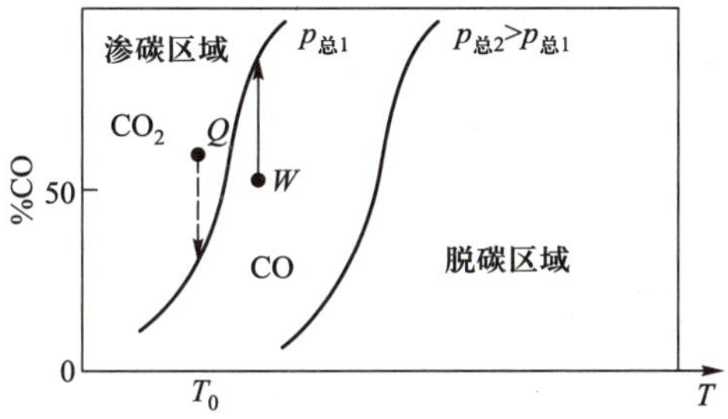

图 6-12 贝波反应的平衡 CO 分压(p_{CO})与温度(K)和总压($p_{总}$)的关系

从图可见:

① 稳定区域:在曲线上方为 CO_2 稳定区域;在曲线下方为 C 的不稳定区域;在曲线上贝波反应达到平衡。

② 以 $p_{总}$ 为参数,随 $p_{总}$ 增大,CO_2 的区域增大。

③ 渗碳、脱碳区域:利用图 6-12 可以制定由 CO–CO_2 混合气体的渗碳、脱碳工艺参数。在 $p_{总}=p_{总1}$ 条件下,若将工艺参数设定在曲线上方的 CO_2 稳定区域,如图中的 Q 点,可达到渗碳的目的,反之,将工艺参数设定的曲线下方可实现脱 C 的目的,如图中的 W 点。

以总压($p_{总}$)为参数作[%CO]与温度 t(℃)的关系曲线,叠加到"叉子曲线"上(见图 6-13)。由于碳过剩,气氛稳定组成由贝波反应所控制,结

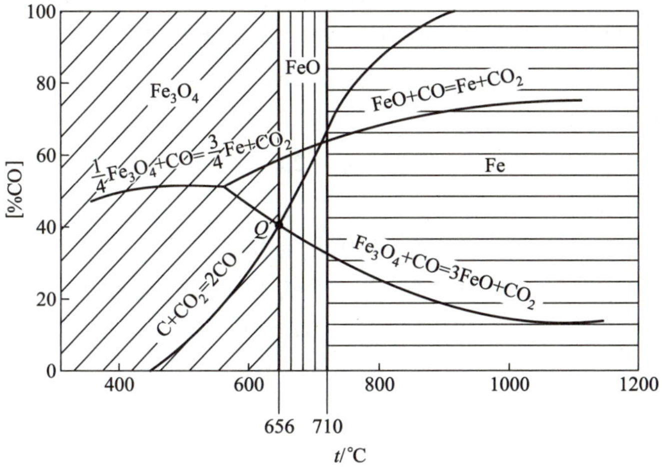

图 6-13 碳过剩条件下的 Fe–C–O 体系优势区域图

合“叉子曲线”,可见:当温度低于 656 ℃时,因为气氛中 CO 浓度低于图 6-13 中的 Q 点对应的 CO 浓度,所以铁的氧化物以 Fe_3O_4 形式稳定存在;同理,当温度处于 656~710 ℃区间时,铁以 FeO 形式稳定存在;而当温度高于 710 ℃时铁以单质铁的形式稳定存在。

6.3 依据物料平衡的相关计算

以下举例说明物料平衡的计算方法。

例 1 设总压 $p_{总}=101\ 325$ Pa,$T=973$ K,试计算用 $H_2O(g)$ 气化碳达到平衡时的气相组成。已知:

$$C+CO_2 = 2CO \quad ① \quad \Delta G_1^{\ominus}=(172\ 130-177.46T/K)\ J\cdot mol^{-1}$$

$$CO_2+H_2 = H_2O+CO \quad ② \quad \Delta G_2^{\ominus}=(36\ 620-33.5T/K)\ J\cdot mol^{-1}$$

解:对于反应① $C+CO_2 = 2CO$

$$K_1=\frac{(p_{CO}/p^{\ominus})^2}{(p_{CO_2}/p^{\ominus})}=\frac{p_{CO}^2}{p_{CO_2}\cdot p^{\ominus}} \quad ③$$

对于反应② $CO_2+H_2 = H_2O+CO$

$$K_2=\frac{(p_{H_2O}/p^{\ominus})\cdot(p_{CO}/p^{\ominus})}{(p_{CO_2}/p^{\ominus})\cdot(p_{H_2}/p^{\ominus})}=\frac{p_{H_2O}\cdot p_{CO}}{p_{CO_2}\cdot p_{H_2}} \quad ④$$

由于体系存在 4 种气体,必有

$$p_{CO}+p_{H_2O}+p_{CO_2}+p_{H_2}=p_{总}=101\ 325\ Pa \quad ⑤$$

因为③~⑤3 个方程中存在 4 个未知数,为了求解必须建立第 4 个方程。以下采用物料平衡原理建立第 4 个方程。

由于用 H_2O 气化碳,所以气相中所有的 H 与 O 均来自 H_2O,又因为 H_2O 中 H_2 与 O 的物质的量之比为

$$n_{H_2}:n_O=1:1$$

所以,生成的 H_2 物质的量必然与生成的 CO 物质的量和 2 倍 CO_2 物质的量之和相等。由此,利用物料平衡建立第 4 个方程:

$$n_{H_2}=n_{CO}+2n_{CO_2} \quad ⑥$$

进而,由道尔顿分压定律得

$$p_{H_2}=p_{CO}+2p_{CO_2} \quad ⑦$$

因为 $T=973$ K 时,

$$K_1=1.0,K_2=0.6$$

所以联立③、④、⑤、⑦4 个方程,求出平衡时气相组成为

$$\begin{cases} p_{CO}=31\ 373\ Pa \\ p_{CO_2}=9\ 714\ Pa \\ p_{H_2O}=9\ 438\ Pa \\ p_{H_2}=50\ 801\ Pa \end{cases}$$

注意：此体系没有提及过剩物质问题，所以，反应①与反应②均达到平衡，且平衡组成在温度恒定条件下为定值。

例 2 试计算 101 325 Pa、697 ℃下，用空气燃烧过剩固体碳时的最终气相组成。设空气组成为 O_2 21%，N_2 79%。

解：因为碳过剩，所以最终气相中没有 O_2，同时也是因为碳过剩，所以贝波反应必然达到平衡状态，最终气相中的组分为 CO、CO_2、N_2。

利用已知条件，列出关系式：

(1) 压力条件：

$$p_{CO}+p_{CO_2}+p_{N_2}=p_{总}=101\ 325\ \text{Pa} \tag{①}$$

(2) 利用贝波反应平衡条件：

$$C+CO_2 = 2CO \quad \Delta G^{\ominus}=(172\ 130-177.46T/\text{K})\ \text{J}\cdot\text{mol}^{-1}$$

$$\ln K=-\frac{\Delta G^{\ominus}}{RT}=\ln\frac{p_{CO}^2}{p_{CO_2}\cdot p^{\ominus}} \tag{②}$$

(3) 物质守恒：

$$(n_O)_{初}=(n_O)_{终}$$

$$(n_N)_{初}=(n_N)_{终}$$

而

$$(n_O)_{初}=2\left(\frac{p_{O_2}}{p_{总}}\times\sum n_{i(初)}\right)$$

$$(n_N)_{初}=2\left(\frac{p_{N_2}}{p_{总}}\times\sum n_{i(初)}\right)$$

同理

$$(n_O)_{终}=\left(\frac{p_{CO}}{p_{总}}\times\sum n_{i(终)}\right)+2\left(\frac{p_{CO_2}}{p_{总}}\times\sum n_{i(终)}\right)$$

$$(n_N)_{终}=2\left(\frac{p_{N_2}}{p_{总}}\times\sum n_{i(终)}\right)$$

所以

$$\left[2\left(\frac{p_{O_2}}{p_{总}}\times\sum n_{i(初)}\right)\right]_{初}=\left[\left(\frac{p_{CO}}{p_{总}}\times\sum n_{i(终)}\right)+2\left(\frac{p_{CO_2}}{p_{总}}\times\sum n_{i(终)}\right)\right]_{终} \tag{③}$$

$$\left[2\left(\frac{p_{N_2}}{p_{总}}\times\sum n_{i(初)}\right)\right]_{初}=\left[2\left(\frac{p_{N_2}}{p_{总}}\times\sum n_{i(终)}\right)\right]_{终} \tag{④}$$

$\frac{③}{④}$ 左右同除，整理得

$$\left(\frac{p_{O_2}}{p_{N_2}}\right)_{初}=\left(\frac{p_{CO}+2p_{CO_2}}{2p_{N_2}}\right)_{终}$$

因为

$$\left(\frac{p_{O_2}}{p_{N_2}}\right)_{初}=\frac{0.21}{0.79}=0.266$$

所以

$$0.266=\frac{p_{CO}+2p_{CO_2}}{2p_{N_2}} \quad ⑤$$

联立①、②、⑤式，

$$\begin{cases} p_{CO}+p_{CO_2}+p_{N_2}=101\ 325\ \text{Pa} \\ K=\dfrac{p_{CO}^2}{p_{CO_2}\cdot p^{\ominus}}=1.00 \\ 0.266=\dfrac{p_{CO}+2p_{CO_2}}{2p_{N_2}} \end{cases}$$

得出最终气相平衡组成为

$$\begin{cases} p_{CO}=0.247p^{\ominus} \\ p_{CO_2}=0.060p^{\ominus} \\ p_{N_2}=0.692p^{\ominus} \end{cases}$$

例 3 试计算在 1 000 K H_2-CO_2 混合气氛中处理 Fe（$p_{总}=101\ 325$ Pa）时，

（1）为了防止 Fe 氧化，H_2/CO_2 的最小比值为多少？

（2）当 H_2/CO_2 最小时，Fe 中的 $a_{[C]}=$？

（3）若 Fe 中 C 饱和（$a_{[C]}=1$），此时气相的总压＝？

已知：$C+\frac{1}{2}O_2 = CO$ ① $\Delta G_1^{\ominus}=(-111\ 700-87.65T/K)\ J\cdot mol^{-1}$

$C+O_2 = CO_2$ ② $\Delta G_2^{\ominus}=(-394\ 100-0.84T/K)\ J\cdot mol^{-1}$

$H_2+\frac{1}{2}O_2 = H_2O$ ③ $\Delta G_3^{\ominus}=(-246\ 400+54.81T/K)\ J\cdot mol^{-1}$

$Fe+\frac{1}{2}O_2 = FeO$ ④ $\Delta G_4^{\ominus}=(-259\ 600+62.55T/K)\ J\cdot mol^{-1}$

解：（1）求最小的 H_2/CO_2 比值

Fe 被 CO_2 及 H_2O 氧化的反应：

①－②＋④

$CO_2+Fe = FeO+CO$ ⑤ $\Delta G_5^{\ominus}=(22\ 800-24.26T/K)\ J\cdot mol^{-1}$

④－③

$H_2O+Fe = FeO+H_2$ ⑥ $\Delta G_6^{\ominus}=(-13\ 200+7.74T/K)\ J\cdot mol^{-1}$

因为体系达到平衡时，反应⑤、⑥同时达到平衡，所以

$$K_5=\left.\frac{p_{CO}}{p_{CO_2}}\right|_{T=1\ 000\ K}=1.193 \quad ⑦$$

$$K_6=\left.\frac{p_{H_2}}{p_{H_2O}}\right|_{T=1\ 000\ K}=1.924 \quad ⑧$$

设

$$(n_{H_2}/n_{CO_2})_{初}=x$$

方便起见，令

$$n_{CO_2}=1$$

所以初始时：

$$n_{H_2}+n_{CO_2}=1+x$$

再次线性组合反应：①-②+③得

$$CO_2+H_2 \longrightarrow H_2O+CO$$

对于体系内，若生成 α 摩尔 H_2O 和 α 摩尔 CO，则必然使 CO_2 和 H_2 分别减少 α 摩尔，即任意时刻

$$\left.\begin{cases} n_{CO_2}=1-\alpha \\ n_{H_2}=x-\alpha \\ n_{H_2O}=\alpha \\ n_{CO}=\alpha \end{cases}\right\} \sum n_{总}=1+x$$

进而求得各组分的分压：

$$p_{CO}=\frac{\alpha}{1+x}p_{总} \qquad ⑨$$

$$p_{H_2}=\frac{x-\alpha}{1+x}p_{总} \qquad ⑩$$

$$p_{H_2O}=\frac{\alpha}{1+x}p_{总} \qquad ⑪$$

$$p_{CO_2}=\frac{1-\alpha}{1+x}p_{总} \qquad ⑫$$

根据压力条件：

$$p_{总}=p_{CO}+p_{H_2}+p_{H_2O}+p_{CO_2}=101\ 325\ \text{Pa} \qquad ⑬$$

针对 p_{CO}、p_{H_2}、p_{H_2O}、p_{CO_2}、x、α、$p_{总}$ 7 个未知数，联立⑦～⑬7 个方程，得

$$\begin{cases} \alpha=0.544\ \text{mol} \\ x=1.591\ \text{mol} \end{cases} \Rightarrow \frac{n_{H_2}}{n_{CO_2}}=\left(\frac{p_{H_2}}{p_{CO_2}}\right)_{初}=1.591$$

即若 $H_2/CO_2 \geqslant 1.591$，Fe 就不会被氧化。

(2) 求上述条件下（$H_2/CO_2=1.591$ 时）铁中 $a_{[C]}=?$

对于反应

$$[C]+CO_2 \longrightarrow 2CO \qquad ⑭$$

若取[C]以纯物质为标态，则碳溶解反应：

$$C=[C] \quad \Delta G^{\ominus}_{(15)}=0 \qquad ⑮$$

即①×2-②-⑮=⑭，所以

$$\Delta G^{\ominus}_{(14)}=(170\ 700-174.46T/\text{K})\ \text{J}\cdot\text{mol}^{-1}$$

平衡时反应⑭的自由能变化：

$$\Delta G_{(14)}=\Delta G^{\ominus}_{(14)}+RT\ln\frac{p_{CO}^2}{p_{CO_2}\cdot p^{\ominus}}\cdot\frac{1}{a_{[C]}}=0(平衡)$$

因为

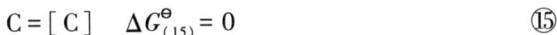

$$\begin{cases} p_{CO}=\dfrac{\alpha}{1+x}p_{总} \\ p_{CO_2}=\dfrac{1-\alpha}{1+x}p_{总} \end{cases} \quad \begin{matrix} p_{总}=p^{\ominus}=101\ 325\ \text{Pa} \\ \alpha=0.544 \\ x=1.591 \\ T=1\ 000\ \text{K} \end{matrix}$$

所以解得

$$a_{[C]}=0.159 \quad （以纯物质为标态）$$

(3) 关于 Fe 中 C 饱和($a_{[C]}=1$)时的气相总压的计算，因为碳饱和，当以纯物质为标态时，$a_{[C]}=1$，所以由反应⑭的自由能变化式

$$\Delta G_{(14)}=0=\Delta G^{\ominus}_{(14)}+RT\ln\frac{\left(\dfrac{\alpha}{1+x}\right)^2\cdot\dfrac{p_{总}}{p^{\ominus}}}{\left(\dfrac{1-\alpha}{1+x}\right)}\cdot\frac{1}{1}=0$$

$$p_{总}=6.29\times p^{\ominus}=637\ 334\ \text{Pa}$$

从上例可见，利用$[C]+CO_2 \Longrightarrow 2CO$ 反应可以进行渗碳或脱碳工艺，由于

$$a_{[C]}=f(T,p_{总},[\%CO])$$

根据 $x_{[C]}$ 与 $a_{[C]}$ 关系，以[%C]为参数作 Fe-C-O 体系下的[%CO]~t(℃)图(见图 6-14)。图中 $FeO+CO \Longrightarrow Fe+CO_2$ 曲线上方的各曲线代表不同的含碳量条件下[%CO]与温度 t(℃)的对应关系。因此利用此图可以确定渗碳、脱碳的工艺参数。例如，在 875 ℃条件下，已知某钢中含碳为 0.3%(图中 W 点)，因此若为了渗碳，必须控制气相中[%CO]含量高于 0.3%含碳量对应的气相组成，反之，为了脱碳则应控制气相中[%CO]含量低于 0.3%含碳量对应的气相组成。

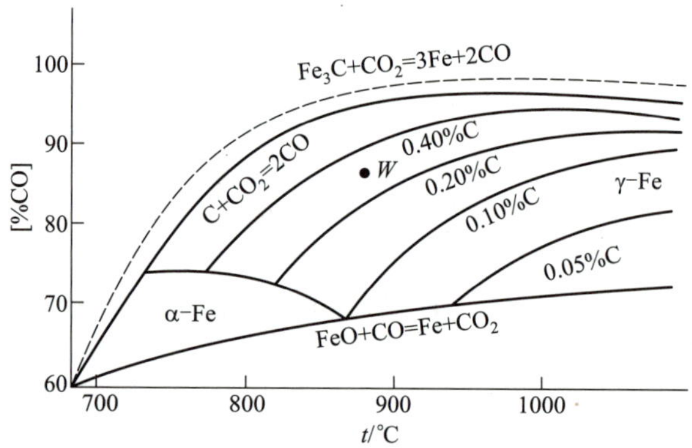

图 6-14 Fe-C-O 体系下[%CO]~t(℃)图

6.4 H-C-O 体系质量与化学平衡衡算图及其应用

本节介绍 H-C-O 体系质量与化学平衡衡算图，并以富氢还原气体制备过程中析碳控制热力学分析为例，将 H-C-O 衡算图、相律以及化学平

衡原理有机结合，确定多种反应共存条件下平衡组成的计算方法。

6.4.1 概述

两种典型的直接还原铁工艺 Midrex 法和 HYL 法均采用还原气中有效成分（H_2和 CO）摩尔分数合量达到 90%甚至 95%以上（以下设有效气体成分合量为 92%）的富氢还原气体，但对还原气组成要求各有不同，Midrex 法要求还原气 H_2/CO 摩尔比约为 2.0，而 HYL 法要求还原气 H_2/CO 摩尔比约为 5.0。这里应说明的是：无论是 H_2/CO 比例的要求还是有效成分合量的要求均是为了提高还原铁生产效率以及减轻或避免还原过程中含铁原料（如球团矿等）的还原膨胀或黏结等，因此制备满足直接还原铁工艺要求的富氢还原气体是确保直接还原铁工艺稳定顺行的关键环节之一。一般说来，制备富氢还原气体多采用天然气或焦炉煤气重整方法，有甲烷水蒸气重整（SMR）法、甲烷 CO_2重整（CDR）法、甲烷部分氧化（POM）法等，通过重整将不具还原能力的甲烷气体转化为强还原性的富氢还原气体。但是在天然气重整制备富氢还原气体时，若操作参数控制不当将会发生析碳副反应，出现碳的析出问题，影响制备富氢气体工序生产的稳定性和高效性，因此控制富氢还原气体制备过程析碳问题非常必要。

以下聚焦制备富氢还原气体过程的副反应析碳问题，在创建“H-C-O 体系质量及化学平衡衡算图”基础上，给出了确定 H_2/CO 比值可控的富氢还原气体制备工艺参数，进而应用相律及多物种反应并存体系平衡原理，分析碳析出与 H_2/CO 比值以及制备温度及总压之间的对应关系，从热力学角度并结合“H-C-O 体系质量及化学平衡衡算图”探讨制备富氢还原气体过程中的析碳行为，给出控制析碳且能满足直接还原铁要求的富氢还原气体制备温度与压力等的适宜工艺参数和降低制备富氢还原气体工序能耗的努力方向。

6.4.2 H-C-O 体系质量及化学平衡衡算图

为了科学确定制备富氢还原气体工艺参数，基于物质衡算及化学热力学平衡原理，开发创建了 H-C-O 体系质量及化学平衡衡算图（H-C-O mass and chemical equilibrium diagram）。以下介绍该衡算图以及基于该衡算图确定制备富氢还原气体工艺参数的方法。

6.4.2.1 H-C-O 体系质量及化学平衡衡算图的制作

图 6-15 是 H-C-O 体系质量及化学平衡衡算图的二维图，选取 H/C 和 O/C 的摩尔比为纵坐标和横坐标。对于 CH_4气体，由于 1 mol CH_4气体中含有 4 mol H、1 mol C 和 0 mol O，所以 H/C = 4、O/C = 0，因此纯 CH_4气体处于（0,4）点；同理，纯 CO 气体处于（1,0）点、纯 CO_2气体处于（2,0）点。进而配加 H_2O/CH_4标尺（摩尔比）和 CO_2/CH_4标尺（摩尔比）。其中，H_2O/CH_4标尺是过图 6-15 中（2,0）点的等 H_2O/CH_4摩尔比放射状直线

族(放射状虚线族)。

若假设体系中只有 CH_4、H_2O、CO_2 三种气体,并设 $H_2O+CH_4>0$、$CO_2=0$ 则在 H-C-O 二维图中绘制 L_1 直线,同理,若 $CO_2+CH_4>0$、$H_2O=0$ 和 $CO_2+H_2O>0$,$CH_4=0$ 时可绘制 L_2 和 L_3 直线。所谓 CO_2/CH_4 标尺是在 H-C-O 二维图中作平行于 L_1 直线的等 CO_2/CH_4 摩尔比直线族(平行状虚线族)。

关于 H_2O/CH_4 标尺和 CO_2/CH_4 标尺具体制作方法如下;

首先,关注 CH_4 点(0,4)和 CO_2 点(2,0)连线即 L_2 线,因为此连线上只有 CH_4 和 CO_2 两种气体,$H_2O=0$,因此该线延长方向就是标尺 $H_2O/CH_4=0$ 的位置,关于 H_2O/CH_4 标尺的其他刻度,如 $H_2O/CH_4=1.0$ 的确定,设体系中只有 H_2O 和 CH_4 两种气体,当 $H_2O/CH_4=1.0$ 时,对应的横、纵坐标 O/C 和 H/C 为(1,6),因此 CO_2(2,0)和(1,6)两点连线就是 $H_2O/CH_4=1.0$ 的方向,其他 H_2O/CH_4 标尺刻度采用类似方法均可获得。关于 CO_2/CH_4 标尺的制作,由上述计算知:坐标(1,6)点是由 1 mol H_2O 和 1 mol CH_4 构成的,所以此点上的 $CO_2=0$,由于纯 CH_4(0,4)点也是 $CO_2=0$ 的点,所以连接 CH_4(0,4)与(1,6)点,其连线上 $CO_2=0$、该线(即 L_1)的方向就是标尺 $CO_2/CH_4=0$ 方向,其他 CO_2/CH_4 标尺刻度的制作方法,与制作 H_2O/CH_4 标尺刻度类似,在 $H_2O=0$ 条件下,给出不同的 CO_2/CH_4 比值对应的横、纵坐标,因为 $H_2O=0$,所以该点必然落在 L_2 线上,过该点作 L_1 平行线,即得到 CO_2/CH_4 标尺。

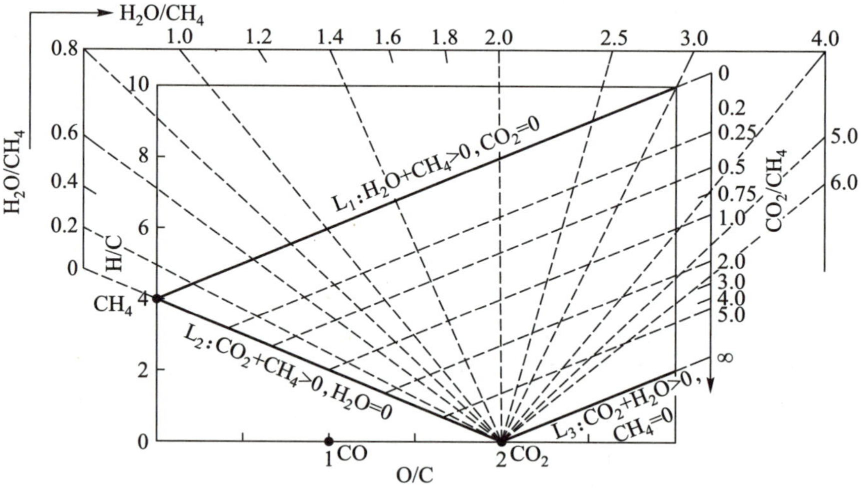

图 6-15　H-C-O 体系质量及化学平衡衡算图

6.4.2.2　H-C-O 体系质量及化学平衡衡算图使用方法

(1) 任意组成气体在 H-C-O 体系质量及化学平衡衡算图中的位置。依据气体的 O/C 和 H/C,可以确定任意组成气体在 H-C-O 体系质量及化学平衡衡算图中的位置。例如,前述的纯 CH_4、CO 和 CO_2 气体分别处于(0,4)、(1,0)和(2,0)点,而对于类似天然气成分比较复杂的气体,亦可给出相应的位置。例如，设某天然气(NG)成分为 $CH_4=94.6\%$、$CO_2=0.7\%$、$C_2H_6=2.7\%$ 等，若忽略其他少量成分，认为天然气只由 CH_4 和 CO_2 组成，则上述天然气成分可折算为：$CH_4=99.3\%$、$CO_2=0.7\%$，根据 O/C 和 H/O 计算 NG 的坐标为(0.01,3.97)；又如，对于焦炉煤气(COG)：一般焦炉煤气成分为 $H_2=54\%\sim59\%$、$CH_4=24\%\sim30\%$、$CO=5.5\%\sim7\%$、$N_2=3\%\sim5\%$、$CO_2=1\%\sim3\%$、$C_nH_m=2\%\sim3\%$，若忽略 N_2 和 C_nH_m 气体，可求得：$H_2=60\%$、$CH_4=30\%$、$CO=7\%$、$CO_2=3\%$，进而计算 COG 的坐标为(0.3,6.0)。NG 和 COG 在 H-C-O 体系质量及化学平衡衡算图的位置点示于图 6-16。

因此，使用 H-C-O 体系质量及化学平衡衡算图可以描述任何组成的气体位置，即根据体系中的 O/C 比和 H/C 比可以精准地给出已知气体组成的具体坐标。

(2) 利用 H-C-O 体系质量及化学平衡衡算图确定制备富氢还原气体工艺参数　关于天然气重整工艺配气参数，对于 1 mol CH_4 气体须配加水蒸气或 CO_2 的摩尔理论值可由 H-C-O 衡算图确定。首先根据给定的 H_2/CO 还原气体确定该还原气体在图中的位置，进而利用 H_2O/CH_4 标尺和 CO_2/CH_4 标尺可方便地读出针对 1 mol CH_4 气体，H_2O 和 CO_2(或 CO_2+CO)的配加量。

例如，设图 6-16 中 A 点为某种富氢还原气体组成，其坐标为(0.3,4.0)，则选择制备 A 点富氢还原气体的工艺参数方法如下：在图 6-16 中过 A 点作 A 点与(2,0)点的连线(点画线)并反向延长至 H_2O/CH_4 标尺上，读得交点数据约为 0.3，同样再过 A 点作平行于 L_1 直线(双点画线)，交于 CO_2/CH_4 标尺上的 0.2，因此可知：为了获得 A 点组成的还原气体，对于 1 mol CH_4，需配加 0.3 mol H_2O 和 0.2 mol CO_2。

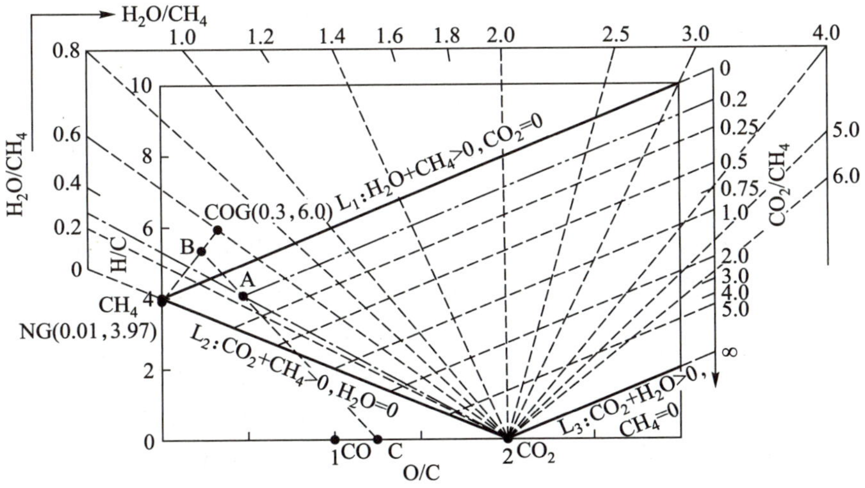

图 6-16　H-C-O 体系质量及化学平衡衡算图中任意给定组成气体的位置

若选用其他气体作为制备所需还原气体的气源,如使用天然气(NG)与焦炉煤气(COG)的混合气体作制备还原气体的气源,则制备富氢还原气体工艺参数的确定方法如下:设混合气源为70%COG+30%NG,即图6-16中B点,为了制取A点组成的还原气体,可将A-B两点连线并延长至横轴交于C点,由于C点是CO和CO_2的混合气体,根据杠杆原理可知C点的CO/CO_2比值等于线段$\overline{C2}$与$\overline{1C}$的比值,因此,为了制备A点组成的还原气体,需将B点COG和NG混合气体与C点CO和CO_2混合气体按一定比例再次混合。根据杠杆原理,70%焦炉煤气和30%天然气混合气源(B点)与CO和CO_2混合气(C点)的比例等于线段$\overline{AC}$和$\overline{BA}$之比。以此类推可确定由任意气源制备指定H_2/CO比值的富氢还原气体。

因此,H-C-O体系质量及化学平衡衡算图具有如下功能:

(1) 统一了还原气体的表述方式,可以明确表达已知气体组成的存在域;

(2) 根据气源条件可以确定制备H_2/CO比值可控的任意富氢还原气体工艺配气参数。

6.4.3 制备富氢还原气体工艺中的析碳控制热力学

6.4.3.1 假设条件

(1) 对于采用天然气重整或焦炉煤气重整制备富氢还原气体工艺,若体系处于临界析碳状态,则体系内将存在CO、H_2O、CO_2、H_2、CH_4及固体C共六种物质,设体系达到平衡时的CO、H_2O、CO_2、H_2、CH_4的摩尔分数分别为x_1、x_2、x_3、x_4和x_5。

(2) 根据还原气的要求,还原气中的有效成分需满足:$\dfrac{CO+H_2}{CO+H_2O+CO_2+H_2+CH_4}=\dfrac{x_1+x_4}{\sum_{i=1}^{5}x_i}\geqslant B$(如$B=0.92$)和$\dfrac{H_2}{CO}=\dfrac{x_4}{x_1}=A$(如$A=2$)。

(3) 重整反应总压为:p_{tot}(atm)。

6.4.3.2 临界析碳平衡组成热力学分析

为了求算临界析碳状态时体系内的平衡气相组成,需根据相律原理确定体系自由度f。由第4章给出的相律表达式(4-2):

$$f=(C'-r)-\phi+2 \tag{4-2}$$

式中,C'为临界析碳状态下体系内存在的物种数,本体系$C'=6$;r为独立反应数,因为若体系内某元素发生价态变化,则取$r=C'-$元素数$+0$,若体系内所有元素均无价态变化,则取$r=C'-$元素数$+1$;由于本体系内的碳元素存在价态变化,因此独立反应数$r=6-3+0=3$;ϕ为体系内相数,本体系$\phi=2$。

因此,计算求得体系自由度为3,意味着体系达到平衡时的气相组成应由3个可以独立变化且具有强度性质的物理量决定,因此,若给定总压

p_{tot}、重整反应温度 T、还原气要求的 H_2/CO 摩尔比 3 个能够独立变化且具有强度性质的物理量为参数，则可确定体系内处于临界析碳状态时的平衡气相组成。

依据前述分析，由于临界析碳状态时体系的独立反应为 3，选择以下 3 个化学反应为独立反应：

(1) $CO_2+C \xlongequal{} 2CO$ $\quad \Delta G^\circ = 170\ 700-174.46T \quad J\cdot mol^{-1}$

(2) $CO+H_2O \xlongequal{} H_2+CO_2$ $\quad \Delta G^\circ = -33\ 600+29.4T \quad J\cdot mol^{-1}$

(3) $CH_4 \xlongequal{} C+2H_2$ $\quad \Delta G^\circ = 86\ 250-107.64T \quad J\cdot mol^{-1}$

当体系处于临界析碳状态时 6 种物质平衡共存，因存在固体碳，若选取纯碳物质为碳的活度标准态，则碳的活度为 1，即

$$a_C = 1$$

因此可求得体系达到平衡时各平衡物质的摩尔分数 x_i 与平衡常数之间的关系式：

$$\left.\begin{aligned}
&K_{(1)} = \left.\frac{CO^2}{CO_2\cdot a_C}\right|_{a_C=1} = \frac{(x_1p_{tot})^2}{x_3p_{tot}} && \text{即 } CO_2 = x_3 = \frac{x_1^2}{K_{(1)}}p_{tot}\\
&K_{(2)} = \frac{H_2}{CO}\cdot\frac{CO_2}{H_2O} = \frac{x_4p_{tot}}{x_1p_{tot}}\cdot\frac{x_3p_{tot}}{x_2p_{tot}} && \text{即 } H_2O = x_2 = \frac{x_4}{K_{(2)}}\cdot\frac{x_3}{x_1}\\
&K_{(3)} = \left.\frac{H_2^2\cdot a_C}{CH_4}\right|_{a_C=1} = \frac{(x_4p_{tot})^2}{x_5p_{tot}} && \text{即 } H_2 = x_4 = \sqrt{\frac{K_{(3)}\cdot x_5}{p_{tot}}}
\end{aligned}\right\} \tag{6-58}$$

考虑到平衡时的 5 个 mol 分数（x_1、x_2、x_3、x_4 和 x_5）和总压（p_{tot}）共 6 个未知数，而 3 个独立反应只给出了 3 个方程，因此为了计算 6 个未知数需寻求另外 3 个独立方程。由于制备富氢还原性气体时，还原气中 H_2 和 CO 的比值是还原工艺所指定的参数，所以依据还原工艺的要求，有

$$\frac{H_2}{CO} = \frac{x_4}{x_1} = A \tag{6-59}$$

依据所有气相物质的摩尔分数加和等于 1 的性质，有

$$CO+H_2O+CO_2+H_2+CH_4 = \sum_{i=1}^{5} x_i = 1 \tag{6-60}$$

另外，以体系总压为参数，可设为

$$p_{tot} = p_{tot,预设} \tag{6-61}$$

式中，$p_{tot,预设}$ 为设定的体系总压，atm。

所以，联立式(6-58)~式(6-61)，即可确定临界析碳状态时体系内各物质平衡组成，而且各物质平衡组成均是体系总压 p_{tot}、反应温度[即平衡常数 K_i，i=(1)、(2)、(3)]和给定 H_2/CO 摩尔比的函数 $f\left(T, p_{tot}, \frac{H_2}{CO}\right)$，所以一旦给定体系总压 $p_{tot,预设}$、温度 T 和欲制备还原气 H_2/CO 比值 A，即可确定临界析碳状态时的平衡气相组成。

以下设：$p_{tot,预设} = 1$ atm(101 325 Pa)，再令 $A = \frac{H_2}{CO} = \frac{x_4}{x_1} = 1, 2, 5, 8$

得到体系压力为 1 atm、给定温度和 H_2/CO 比值条件下的平衡气相组成,进而将体系平衡组成按式(6-62)和式(6-63)计算临界析碳点的 O/C 和 H/C 坐标,绘入 H-C-O 衡算图。临界析碳状态时临界析碳点的横、纵坐标分别为:

$$\frac{O}{C}=\frac{H_2O+CO+2CO_2}{CH_4+CO+CO_2}=\frac{x_2+x_1+2x_3}{x_5+x_1+x_3}=f_1\left(p_{tot},T,\frac{H_2}{CO}\right) \tag{6-62}$$

$$\frac{H}{C}=\frac{2H_2O+2H_2+4CH_4}{CH_4+CO+CO_2}=\frac{2x_2+2x_4+4x_5}{x_5+x_1+x_3}=f_2\left(p_{tot},T,\frac{H_2}{CO}\right) \tag{6-63}$$

图 6-17 是 p_{tot}为 1 atm 条件下临界析碳平衡组成在 H-C-O 衡算图中的位置,图中的点是总压为 1 atm 和给定 H_2/CO 比值及温度条件下的临界析碳点,将相同 H_2/CO 对应的不同温度下的临界点连线就是 1 atm和给定 H_2/CO 比值条件下的临界析碳曲线,该曲线的左侧为给定 H_2/CO 条件下的析碳区、右侧为非析碳区。从结果可见:在 $H_2/CO=2$,600℃温度条件下,临界析碳点(图中 R 点)对应的 H_2O/CH_4(相当于天然气制氢工艺中的水碳比)标尺约为 2.0(图中点画线)。表明:在 1 atm、600℃条件下,制备 $H_2/CO=2$ 还原气时的临界析碳平衡气体对应的H_2O/CH_4摩尔比为 2.0。因此为了控制体系的碳析出,体系中 H_2O 与 CH_4的摩尔比理论值须大于2.0,换言之1 atm、600℃时的理想水碳比为 2.0。若暂不考虑压力影响(压力影响将在后述章节中叙述),应用 H-C-O 衡算图可以从热力学角度给出降低水碳比(即降低重整工序能耗)的努力方向。

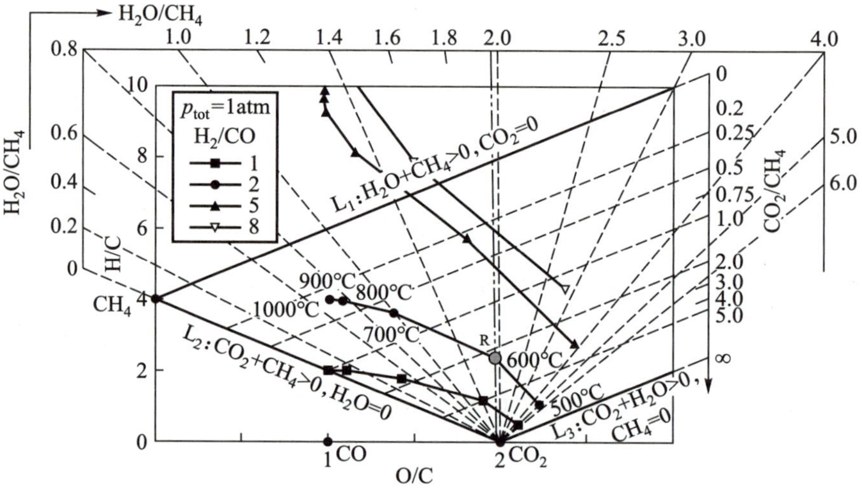

图 6-17 总压为 1 atm 条件下临界析碳曲线在 H-C-O 衡算图中的位置

6.4.4 制备富氢还原气体工艺中控制临界析碳热力学参数的确定

6.4.4.1 重整温度

根据多物种共存反应的热力学平衡,得到总压 p_{tot}为 1 atm 的临界析碳状态下，重整温度与平衡气体组成的对应关系（图 6-18），从图 6-18 可见：无论 H_2/CO 摩尔比为 2.0［图 6-18(a)］还是 5.0［图 6-18(b)］，随重整温度的升高，CH_4转化率均呈上升趋势。

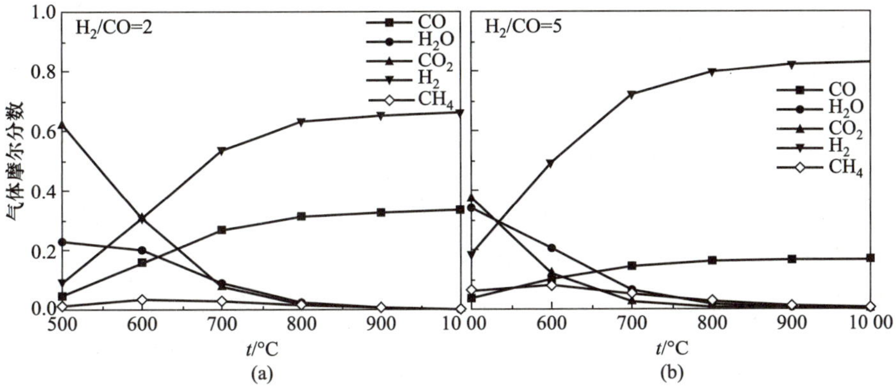

图 6-18　重整温度对平衡气相组成的影响（p_{tot} = 1atm）

但是，为了同时满足直接还原工艺对还原气体组成和有效成分含量的要求，以一定的总压和 H_2/CO 摩尔比为参数，绘制重整温度与有效成分（H_2+CO）含量的对应关系图（图 6-19），从图 6-19(a) 可见，总压为 1 atm 条件下，为了获得 H_2/CO = 2 且有效成分含量大于 92% 的富氢还原气体，重整温度必须高于 800℃。若维持总压不变，从图 6-19(b) 知，虽然提高 H_2/CO 比值有助于提高有效成分含量，但如果温度不合适，仍难以满足还原工艺对有效成分含量的要求。

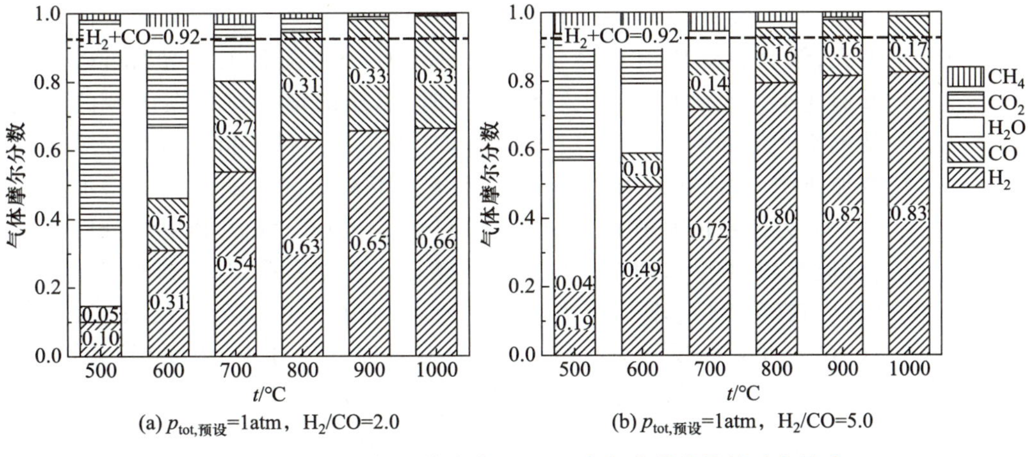

图 6-19　重整温度与有效成分 H_2+CO 摩尔分数含量的对应关系

6.4.4.2　体系总压

考察体系总压对天然气重整过程的影响。在维持 H_2/CO 摩尔比（如 H_2/CO = 2）不变的前提下，平衡气体成分与体系总压对应关系示于图 6-20。由图 6-20 可看出，①无论是在 600℃ 还是 900℃ 的温度条件下，随总压的升高，CH_4的转化率呈下降趋势，②若总压过高将无法达到还原气有效成分含量(H_2+CO)大于92%的要求。因此,从化学平衡的角度出发,体系总压不宜过高,但考虑到增加体系总压在天然气重整转化反应管长度不变的前提下可以增加气体在重整反应管内的停留时间,或说在天然气转化时间不变的前提下可以缩短反应管长度、减小设备体积,因此在生产中应根据具体情况确定既能满足还原气体成分要求又能使设备最小化的适宜总压。

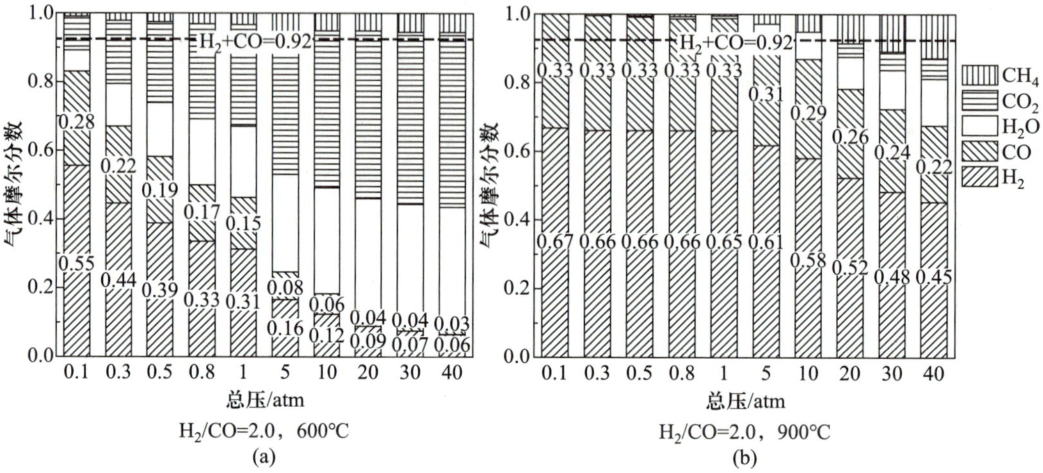

图6-20 天然气转化体系总压对还原气平衡组成及有效成分含量的影响

另一方面,提高体系总压,临界析碳区域也将发生变化,图6-21是基于热力学分析得到的体系总压对临界析碳曲线的影响趋势图。从图可见:对于低H_2/CO摩尔比(如H_2/CO=2),随总压的增加析碳区域将增大,但对于高H_2/CO摩尔比(如H_2/CO=5),随总压的增加析碳区域反而变小。经测算,当H_2/CO=3.0时,总压的增加对析碳区域的增减基本不产生影响。之所以在低H_2/CO摩尔比条件下析碳区域随总压的增加而增大,而在高H_2/CO摩尔比条件下析碳区域随总压的增加而缩小是因为体系内存在碳的气化反应[反应式(6-58)]和甲烷分解反应[反应式(6-60)],两个反应对于析碳存在竞争关系,对于碳的气化反应[反应式(6-58)]增加压力有助于析碳,而对于甲烷分解反应[反应式(6-60)]恰好相反。因此,在H_2/CO较低时,CO分压(浓度)较大,析碳的主流反应为碳的气化反应,所以随压力的增加使得析碳现象更为严重,反之当H_2/CO较高时,CO分压相对下降、H_2分压显著升高,使得甲烷分解反应成为析碳的主流反应,由于压力升高不利于甲烷分解,因此抑制了析碳。

关于增加压力不利于H_2+CO摩尔含量的提升,亦可以应用勒夏特列平衡移动原理给予解释。因为无论是碳的气化反应还是甲烷的分解反应都存在压力增加反应平衡将向减少CO或H_2生成方向移动,所以增加体系压力不利于制备有效成分(H_2+CO)含量高的富氢还原气体。

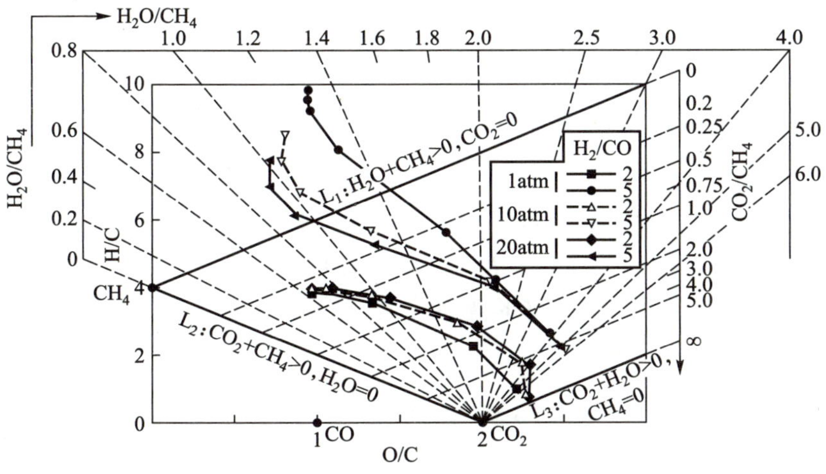

图 6-21　体系总压对临界析碳曲线的影响

6.5　铁液中碳氧反应

6.5.1　铁液脱碳的意义及条件

为了保证钢材具有一定的力学性能与机械加工性能，要求铁液含碳量有适当的数值，由于此值远低于生铁中约 4.3% 的含碳量，所以必须给予脱除，一般采用氧化的方式进行脱碳。

关于铁液中 C 氧化条件，由于铁液含有一定量的[Si]，由氧势图可知，在低于 1 550 ℃ 条件下，与[C]相比，[Si]更容易氧化，因此铁液中的[C]需在[Si]氧化完毕后才能进行；另外，在高温条件下（如温度高于 1 600 ℃），有利于铁液中碳的氧化。

6.5.2　脱碳热力学

脱碳反应有直接氧化和间接氧化两种形式。

直接氧化：

$$[\mathrm{C}]+\frac{1}{2}\mathrm{O}_2 = \mathrm{CO(g)} \tag{6-64}$$

间接氧化：

$$[\mathrm{C}]+(\mathrm{FeO}) = \mathrm{Fe}+\mathrm{CO} \tag{6-65}$$

一般采用通用形式：

$$[\mathrm{C}]+[\mathrm{O}] = \mathrm{CO} \quad \Delta G^{\ominus}=(-22\ 200-38.37T/\mathrm{K})\ \mathrm{J}\cdot\mathrm{mol}^{-1} \tag{6-66}$$

$$\lg K=\frac{1\ 160}{T/\mathrm{K}}+2.003 \tag{6-67}$$

因为[%O]<0.01 时，[%O]对活度系数的影响可以忽略，所以

$$\lg f_{C}=\lg f_{C}^{C}+\lg f_{C}^{O}\approx\lg f_{C}^{C}\approx 0.19[\%C] \tag{6-68}$$

$$\lg f_{O}=\lg f_{O}^{C}+\lg f_{O}^{O}\approx\lg f_{O}^{C}\approx -0.44[\%C] \tag{6-69}$$

6.5.3 脱碳反应的基本规律

1. 碳氧积 m

因为脱碳反应式(6-66)在 1 873 K 温度条件下的平衡常数 K 为

$$K\big|_{T=1\,873\ \mathrm{K}}=419 \tag{6-70}$$

设 $p_{CO}=p^{\ominus}$，所以 1 873 K 温度条件下的铁液中平衡[%C][%O]乘积为(设 $f_C=1, f_O=1$)

$$K=\frac{(p_{CO}/p^{\ominus})}{f_C[\%C]\cdot f_O[\%O]}\Bigg|_{\substack{p_{CO}=p^{\ominus}\\ f_C\approx 1\\ f_O\approx 1}}=\frac{1}{[\%C][\%O]}=419 \tag{6-71}$$

定义铁液中的碳氧积 m：

$$m=[\%C][\%O] \tag{6-72}$$

所以 $p_{CO}=p^{\ominus}$、1 873 K 条件下的碳氧积：

$$m\Big|_{\substack{T=1\,873\ \mathrm{K}\\ p_{CO}=p^{\ominus}}}=[\%C][\%O]=0.002\ 3 \tag{6-73}$$

应该指出，由于钢液成分对活度系数的影响导致 m 随钢液成分的不同稍有变化，当[%C]<0.5，1 873 K 温度条件下，

$$m\big|_{T=1\,873\ \mathrm{K}}=[\%C]\ [\%O]\big|_{T=1\,873\ \mathrm{K}}=0.002\sim0.002\ 5 \tag{6-74}$$

另外，由于反应的 $\Delta H^{\ominus}$值不十分大，平衡常数受温度影响较小，所以式(6-77)的结果可扩展至 1 550～1 650 ℃温度范围，一般取 $m=0.002\ 5$。

实际上，在炼钢生产过程中，$m=[\%C]\ [\%O]=0.003\sim0.005$，略高于理论值(见图 6-22)。

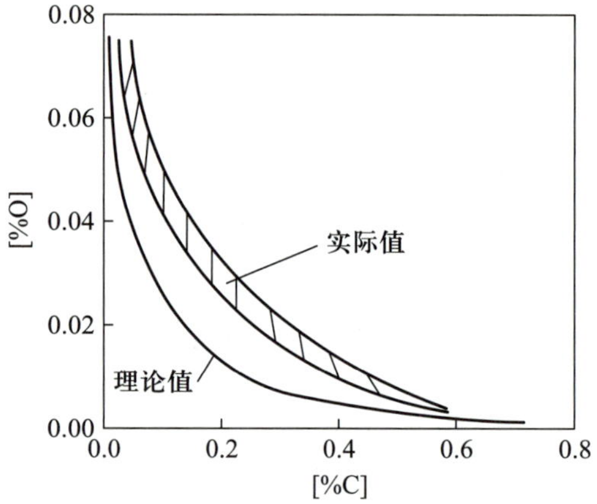

图 6-22　理论碳氧积 m 与实际碳氧乘积的比较

2. 真空度的影响

提高真空度使得 p_{CO}下降，有利于碳氧反应正向进行，使[%C][%O]下降，即真空操作有利于脱碳。

6.6 钢液脱氧反应热力学

6.6.1 钢液脱氧的意义

钢液中的[O]可显著地降低钢材的力学性能，如图 6-23 所示，轴承寿命与钢中氧含量[O]成指数关系递减。

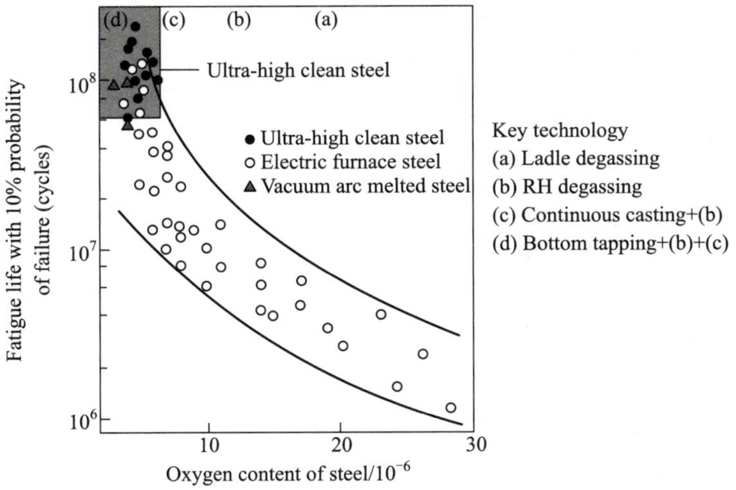

图 6-23　轴承寿命与钢中氧含量的关系

另外，若[%O]较高，则钢水凝固时，可能会发生[C]+[O]══CO 反应，产生如下危害：

① 若反应生成的 CO 来不及排除，残存在钢中，则钢材中会出现气泡，降低钢材的性能。

② CO 即使可排除，但在 CO 排除的通路处形成 FeO 膜，由于 FeO 熔点较低，可能导致轧制时产生裂纹。

因此钢水脱氧十分必要。

6.6.2 钢水脱氧

6.6.2.1 脱氧方式

由氧势图知，1 600 ℃时 FeO ══ $Fe+\frac{1}{2}O_2$。当钢液与纯(FeO)平衡时，氧分压 = 10^{-4} ~ 10^{-3} Pa，由于目前的技术尚无法实现适用于工业生产的 10^{-4} ~ 10^{-3} Pa 级真空度，所以采用 FeO 热分解方式难以实现脱氧。

1. 沉淀脱氧

沉淀脱氧是指在钢液中加入脱氧剂，让[O]与脱氧剂反应生成氧化物，然后以沉淀物的形式进入渣中，从而实现脱氧的目的。

(1) 脱氧反应

$$[M]+[O]=\!=\!=(MO) \tag{6-75}$$

式中，M 为脱氧剂，一般为金属。

平衡常数：

$$K=\frac{a_{(MO)}}{a_{[M]}a_{[O]}}\bigg|_{\text{设}a_{MO}=1(\text{生成固体})} \tag{6-76}$$

则令 $K_M=\frac{1}{K}=a_{[M]}\cdot a_{[O]}$，称为金属 M 的脱氧常数。

一般情况下，[M]与[O]含量较低，所以可认为 $f_M\approx1, f_{[O]}\approx1$，因此脱氧常数 $K_M=[\%M][\%O]$，也称为浓度积。

(2) 脱氧剂

① Mn：常用脱氧剂之一，但脱氧能力有限。

② Si：通过反应

$$[Si]+2[O]=\!=\!=SiO_2(s)$$

$$\Delta G^\ominus=(-594\ 128+230T/K)\ J\cdot mol^{-1} \tag{6-77}$$

可计算求得，1 873 K 下，

$$K_{Si}=[\%Si][\%O]^2=2.78\times10^{-5} \tag{6-78}$$

所以[%Si]=0.278 时，平衡氧浓度为

$$[\%O]_{平}=0.01$$

③ Al：最常用的脱氧剂，具有很强的脱氧能力。[Al]-[O]反应形式与钢液中[%O]含量的多寡有关。

若[%O]≤0.06，则脱氧反应：

$$2[Al]+3[O]=\!=\!=Al_2O_3(s)$$

$$\Delta G^\ominus=(-1\ 226\ 832+390.66T/K)\ J\cdot mol^{-1} \tag{6-79}$$

$$K_{Al}=[\%Al]^2[\%O]^3=1.55\times10^{-14} \tag{6-80}$$

若[%O]>0.06，则脱氧反应：

$$Fe+2[Al]+4[O]=\!=\!=(FeO\cdot Al_2O_3)(s)$$

$$\Delta G^\ominus=(-1\ 373\ 060+445T/K)\ J\cdot mol^{-1} \tag{6-81}$$

[%O]=0.06 是脱氧反应变化的分水岭，一般称为“脱氧阈值”。关于脱氧阈值的确定：因为当钢液中[%O]含量处于阈值时，必然有 Al_2O_3 与 $FeO\cdot Al_2O_3$ 两种产物共存，所以反应式(6-81)-式(6-79)得

$$Al_2O_3+[O]+Fe=\!=\!=FeO\cdot Al_2O_3$$

$$\Delta G^\ominus=(-146\ 228+54.3T/K)\ J\cdot mol^{-1} \tag{6-82}$$

因 1 600 ℃温度下平衡时，

$$\Delta G=\Delta G^\ominus+RT\ln\frac{1}{a_{[O]}}=0 \tag{6-83}$$

解得

$$a_{[O]}=[\%O]=0.058 \tag{6-84}$$

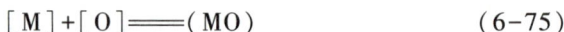

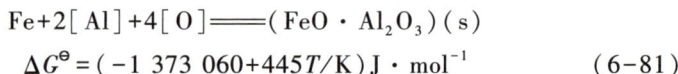

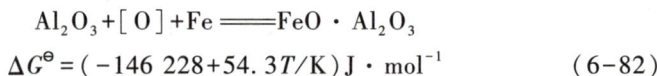

可见：若[%O]≤0.058，反应(6-85)逆向进行，Al_2O_3稳定，若[%O]>0.058，反应(6-85)正向进行，$FeO \cdot Al_2O_3$ 稳定。

应指出：目前多用复合脱氧剂，如 SiAlBaSr 复合脱氧剂等。使用复合脱氧剂的原因在于：

① 廉价，成本低；

② 易形成复合化合物，具有降低产物活度的效果，有利于脱氧；

③ 形成低熔点化合物，易聚合长大，从钢液中上浮去除。

2. 扩散脱氧

扩散脱氧实际上是通过熔渣进行脱氧，其脱氧反应为

$$Fe+[O]═══(FeO)$$

为了反应正方向进行，要求熔渣为还原性渣，一般要求 $\sum FeO$ 低于0.5%。

由于沉淀脱氧，可能会产生一次、二次夹杂，若夹杂不能及时从钢中排出，将影响钢材的质量，而采用扩散脱氧，因为用渣脱氧，不会产生二次夹杂，可以生产优质钢。

但扩散脱氧也存在缺点：

① 反应速率慢（扩散速率慢）；

② 渣侵蚀炉衬。

因此，实际生产中多采用沉淀-扩散综合脱氧方式。

3. 真空脱氧

前已述及，无法单纯通过真空使 FeO 分解来脱氧，这里表述的真空脱氧是指通过真空使气氛中 p_{CO} 下降，进而使反应[O]+[C]═══CO 的$[\%O]_{平衡}$降低，达到脱氧的目的。

6.6.2.2 脱氧剂的用量

沉淀脱氧时的脱氧剂用量由两部分组成：① 脱氧所需的脱氧剂用量；② 平衡最终[%O]所需的脱氧剂用量。以下举例说明脱氧剂用量的计算方法。

例 1 600 ℃对转炉终期[%C]=0.021 的钢液进行“插 Al”脱氧，欲使$[\%O]_{终}$=0.002，计算每吨钢加 Al 量（设 $p_{CO}=p^{\ominus}$）。

解：因为 Al 脱氧与[%O]有关，所以必须计算初始的氧含量，因为是转炉终期的钢液，所以可认为钢液中的碳氧达到了平衡值。根据 $p_{CO}=p^{\ominus}$、1 600 ℃的碳氧积（m=0.002 5）可求得$[\%O]_{初}$=0.12。因氧含量高于铝氧反应的阈值（[%O]=0.06），所以脱氧反应分两步：

(1) 设[%O]=0.12 降至 0.06 所需的 Al 的质量为 x，因为反应为

$$\begin{array}{ccccc} Fe(l) & + \quad 2Al & + & 4[O] & ═══(FeO\cdot Al_2O_3) \\ & 2\times 27 & & 4\times 16 & \\ & x & & (0.12-0.06)\times\dfrac{1\ 000}{100}\ \text{kg} & \end{array}$$

所以

$$x=\frac{2\times27\times(0.12-0.06)\times10}{4\times16}\text{ kg}=0.506\text{ kg}$$

(2) 设[%O]=0.06 降至 0.002 所需的 Al 的质量为 y,因为反应为

$$\begin{array}{lll} 2[\mathrm{Al}] & + \quad 3[\mathrm{O}] & = \mathrm{Al_2O_3} \\ 2\times27 & \quad 3\times16 & \\ y & (0.06-0.002)\times\dfrac{1\,000}{100}\text{kg} & \end{array}$$

所以

$$y=0.653\text{ kg}$$

(3) 设 1 600 ℃温度条件下与$[\%\mathrm{O}]_{终}=0.002$平衡的 Al 的质量为 z,因为反应

$$2[\mathrm{Al}]+3[\mathrm{O}]=\mathrm{Al_2O_3}\quad K=[\%\mathrm{Al}]^2[\%\mathrm{O}]^3=1.55\times10^{-14}$$

又因为$[\%\mathrm{O}]_{终}=0.002$,得$[\%\mathrm{Al}]_{终}=0.001\,4$。

1 t 钢液中平衡$[\%\mathrm{O}]_{终}$用 Al 的质量为

$$z=0.001\,4\times\frac{1\,000}{100}\text{kg}=0.014\text{ kg}$$

所以每吨钢总的用 Al 量:

$$\sum\mathrm{Al}=x+y+z=(0.506+0.653+0.014)\text{ kg}=1.171\text{ kg}$$

6.6.3 气泡冶金

根据气泡携带原理,去除[N]、[H]一般采用吹气方法,称为气泡冶金。

对于吹入气体的要求:

① 不参与反应;

② 钢液中溶解度很小。一般使用惰性气体,如氩气等。

6.6.3.1 气泡冶金原理

因为原始气泡中 $p_{\mathrm{H_2}}\approx0$、$p_{\mathrm{N_2}}\approx0$,所以在浓度差的驱动力下使钢液中[%H]或[%N]向气泡内扩散,然后随气泡一同上浮逸出,实现脱除钢液中 N、H 的目的。

6.6.3.2 吹气量的计算

以脱 H 为例介绍吹气量的计算方法。

脱 H 反应:

$$\frac{1}{2}\mathrm{H_2}=[\mathrm{H}]\quad \Delta G^{\ominus}=(36\,480+30.46T/\mathrm{K})\ \mathrm{J\cdot mol^{-1}}\tag{6-85}$$

1 600 ℃下平衡常数 K:

$$K=2.46\times10^{-3}\tag{6-86}$$

由平方根定律:

$$p_{\mathrm{H_2}}=\left(\frac{[\%\mathrm{H}]}{K}\right)^2p^{\ominus}=x_{\mathrm{H_2}}p_{总}\tag{6-87}$$

若将钢液中 H 含量从$[\%H]_0$降到$[\%H]$，所用吹气量的计算方法如下：

设惰性气体体积 dV m^3、气泡中 H_2 分压 $p_{H_2}/p_{总}$（相对体积分数）、若 $p_{总}=p^{\ominus}$，则由气泡携带走的 H_2 量为

$$2\cdot\frac{dV}{22.4\times10^{-3}}\cdot\frac{p_{H_2}}{p_{总}}=2\cdot\frac{dV}{22.4\times10^{-3}}\cdot\frac{p_{H_2}}{p^{\ominus}}\ (g) \quad ①$$

另一方面，由于气泡冶金使钢液中含氢量减少 $d[\%H]$，则钢液中的减少的 H_2 量为

$$W\cdot\frac{d[\%H]}{100}\times10^6\ (g) \quad ②$$

式中，W 为钢液的质量，t。

因为①=②，且 $d[\%H]<0$，所以联立①、②两式：

$$2\cdot\frac{dV}{22.4\times10^{-3}}\cdot\frac{p_{H_2}}{p^{\ominus}}=-W\cdot\frac{d[\%H]}{100}\times10^6$$

将$\frac{p_{H_2}}{p^{\ominus}}=\left(\frac{[\%H]}{K}\right)^2$代入，得微分表达式：

$$dV=-112W\cdot K^2\cdot\frac{d[\%H]}{[\%H]^2} \quad (6-88)$$

因为惰性气体体积由 0 增加至 V，同时钢液中的 H 含量由$[\%H]_0$降至$[\%H]$，所以积分得

$$V=112W\cdot K^2\cdot\left(\frac{1}{[\%H]}-\frac{1}{[\%H]_0}\right) \quad (6-89)$$

因为$[\%H]_0$、$[\%H]$、W 均已知，K 可计算，所以 V 可求。

注意：

① V 为标准状态，即 101 325 Pa、273 K 条件下的体积（m^3），若 $p_{总}$ 和 T 不是标准状态，需进行修正。

② 惰性气体若带入少量的 H_2 应进行修正。

例 1 600 ℃温度条件下吹 Ar 脱氢。欲使 H 含量从 7×10^{-6} 降到 2×10^{-6}，计算吨钢吹 Ar 量。对于$\frac{1}{2}H_2$ ═══ $[H]$反应，已知 $\lg K=-\frac{1\ 905}{T/K}-1.591$。

解：因为

$$V=112W\cdot K^2\cdot\left(\frac{1}{[\%H]}-\frac{1}{[\%H]_0}\right)$$

$$K|_{T=1\ 873\ K}=2.47\times10^{-3}$$

$$[\%H]_0=0.000\ 7,[\%H]=0.000\ 2,W=1,$$

所以 $V=2.44\ Nm^3$

即每吨钢吹 Ar 量为 2.44 Nm^3。

6.7 选择性氧化

6.7.1 概述

冶炼特种钢时,为了保证钢材的成分,常遇到选择性氧化问题,即在冶炼过程中有时需要去除某种元素,而同时保留另一种元素,如在冶炼不锈钢时需要去除钢液中过量的碳而保留宝贵的铬元素,这就需要探讨选择性氧化的热力学条件问题。现以冶炼 1Cr18Ni9 不锈钢为例,介绍"去C保Cr"的热力学条件的确定方法。

1Cr18Ni9 不锈钢的化学组成为:[%C]=0.08~0.12、[%Cr]=17~19、[%Ni]=8~9、[%P]≤0.035、[%S]≤0.02。通常,初始钢液中碳含量高于不锈钢对碳含量的要求,因此在冶炼过程中多采用氧化方法去除过剩的碳,但是,如果冶炼参数控制不当,在氧化去碳的同时也可能将不锈钢中所必需的铬元素氧化掉,因此,根据热力学分析确定冶炼不锈钢时"去C保Cr"的工艺参数非常重要。

6.7.2 "去C保Cr"热力学分析

6.7.2.1 钢液中[C]氧化热力学

碳氧化热力学相关的化学反应有

$$\mathrm{C}+\frac{1}{2}\mathrm{O}_2 = \mathrm{CO(g)} \quad ① \quad \Delta G_1^\ominus=(-112\ 877-86.51T/\mathrm{K})\ \mathrm{J\cdot mol^{-1}}$$

$$\mathrm{C} = [\mathrm{C}]_{\%} \quad ② \quad \Delta G_2^\ominus=(22\ 590-42.26T/\mathrm{K})\ \mathrm{J\cdot mol^{-1}}$$

$$\frac{1}{2}\mathrm{O}_2 = [\mathrm{O}]_{\%} \quad ③ \quad \Delta G_3^\ominus=(-117\ 150-2.89T/\mathrm{K})\ \mathrm{J\cdot mol^{-1}}$$

①-②-③得

$$[\mathrm{C}]+[\mathrm{O}] = \mathrm{CO} \quad (\mathrm{a}) \quad \Delta G_\mathrm{a}^\ominus=(-18\ 317-41.36T/\mathrm{K})\ \mathrm{J\cdot mol^{-1}}$$

所以

$$\ln a_{[\mathrm{O}]}=\ln(p_{\mathrm{CO}}/p^\ominus)-\ln a_{[\mathrm{C}]}-\frac{2\ 203}{T/\mathrm{K}}-4.975 \quad ④$$

设 $p_{\mathrm{CO}}=p^\ominus=101\ 325\ \mathrm{Pa}$,并假设冶炼 1Cr18Ni9 不锈钢初始含碳量 $[\%\mathrm{C}]_{初}=0.5$,则

$$\begin{aligned}\lg f_\mathrm{C} &= e_\mathrm{C}^\mathrm{C}[\%\mathrm{C}]+e_\mathrm{C}^\mathrm{Cr}[\%\mathrm{Cr}]+e_\mathrm{C}^\mathrm{Ni}[\%\mathrm{Ni}]\\ &=0.19\times0.5+(-0.024\times18)+0.012\times9\\ &=-0.229\end{aligned}$$

所以

$$f_\mathrm{C}=0.59$$

代入式④得

$$\ln a_{[O]}=\ln 1-\ln(f_C\times 0.5)\Big|_{f_C=0.59}-\frac{2\ 203}{T/K}-4.975$$

$$=-\frac{2\ 203}{T/K}-3.75$$

同理，若钢液初始含碳量$[\%C]_{初}=0.2$，则$\lg f_C=-0.286$，$f_C=0.52$，得

$$\ln a_{[O]}=-\frac{2\ 203}{T/K}-2.71$$

以$\ln a_{[O]}$为纵坐标、$\frac{1}{T}$为横坐标并以钢液中初始含碳量为参数作图（见图 6-24），从图 6-24 可见：

① 当$[\%C]$恒定时，随着$\frac{1}{T}$的下降（温度升高），平衡$\ln a_{[O]}$呈增加趋势；

② 当T恒定时，随初始含碳量$[\%C]$的增加，$\ln a_{[O]}$呈下降趋势；

③ 若氧势（$\ln a_{[O]}$）高于平衡线，反应（a）将向正方向进行，[C]被氧化；反之若低于平衡线时，[C]不能被氧化。

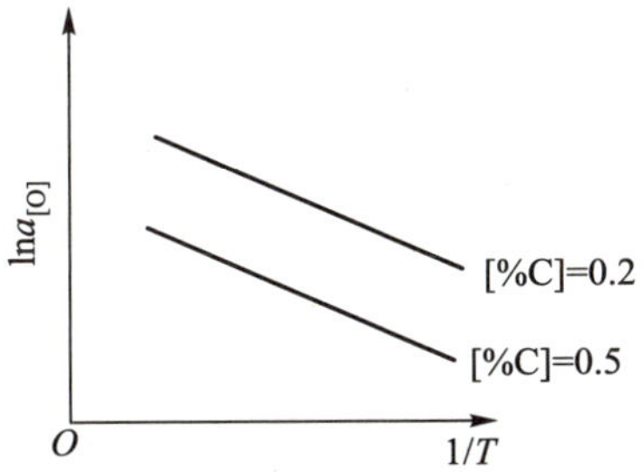

图 6-24 碳氧反应的平衡$\ln a_{[O]}$与$\frac{1}{T}$之间的关系

6.7.2.2 钢液中[Cr]氧化热力学

铬氧化热力学相关的化学反应有

$$2Cr(s)+\frac{3}{2}O_2 = Cr_2O_3(s)$$

$$\Delta G_5^\ominus=(-1\ 110\ 140-247.32T/K)\ J\cdot mol^{-1} \qquad ⑤$$

$$Cr(s) = [Cr] \quad \Delta G_6^\ominus=(-19\ 250-46.86T/K)\ J\cdot mol^{-1} \qquad ⑥$$

因此，⑤-3×③-2×⑥，得

$$2[Cr]+3[O] = Cr_2O_3(s) \qquad (b)$$

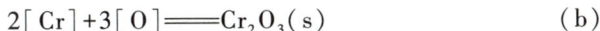

$$\Delta G_b^\ominus=(-720\ 190+349.71T/K)\ J\cdot mol^{-1}$$

$$\ln a_{[O]}=\frac{1}{3}\ln a_{Cr_2O_3}-\frac{2}{3}\ln a_{[Cr]}-\frac{28\ 875}{T/K}+14.02 \qquad ⑦$$

又因为Cr_2O_3的熔点较高（$T_{m,Cr_2O_3}=1\ 650$ ℃），在冶炼温度下呈固态，所以$a_{Cr_2O_3}=1$。

因此式⑦改写为

$$\ln a_{[\text{O}]}=-\frac{2}{3}\ln(f_{[\text{Cr}]}\cdot[\%\text{Cr}])-\frac{28\ 875}{T/\text{K}}+14.02 \qquad ⑧$$

同样,对于 1Cr18Ni9 不锈钢,设初始含碳量$[\%\text{C}]_{初}=0.5$,则

$$\begin{aligned}\lg f_{\text{Cr}}&=e_{\text{Cr}}^{\text{Cr}}[\%\text{Cr}]+e_{\text{Cr}}^{\text{C}}[\%\text{C}]+e_{\text{Cr}}^{\text{Ni}}[\%\text{Ni}]\\&=0.024\times18+(-0.118\times0.5)+(-0.009\times9)\\&=0.292\end{aligned}$$

所以

$$f_{\text{Cr}}=1.959$$

代入式⑧,得

$$\ln a_{[\text{O}]}=-\frac{28\ 875}{T/\text{K}}+11.645$$

同样,以 $\ln a_{[\text{O}]}$ 为纵坐标、$\frac{1}{T}$ 为横坐标作图(见图 6-25),从图 6-25 可见:

① 随着$\frac{1}{T}$的下降(温度升高),$\ln a_{[\text{O}]}$ 也呈增加趋势,且增加的幅度大于碳氧反应;

② 若氧势($\ln a_{[\text{O}]}$)高于平衡线时,反应(b)将向正方向进行,[Cr]被氧化;反之若低于平衡线时,[Cr]不能被氧化。

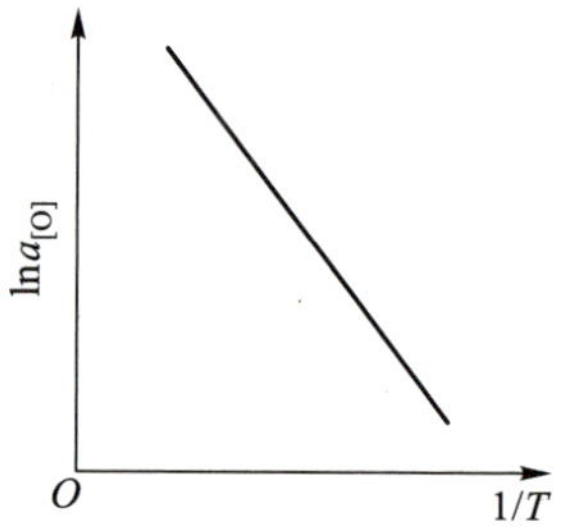

图 6-25 铬氧反应的平衡 $\ln a_{[\text{O}]}$ 与$\frac{1}{T}$之间的关系

6.7.2.3 [C]、[Cr]共存时氧化热力学

将图 6-24 与图 6-25 合并为图 6-26,设初始含碳量$[\%\text{C}]_{初}=0.5$。以下分析讨论图 6-26。

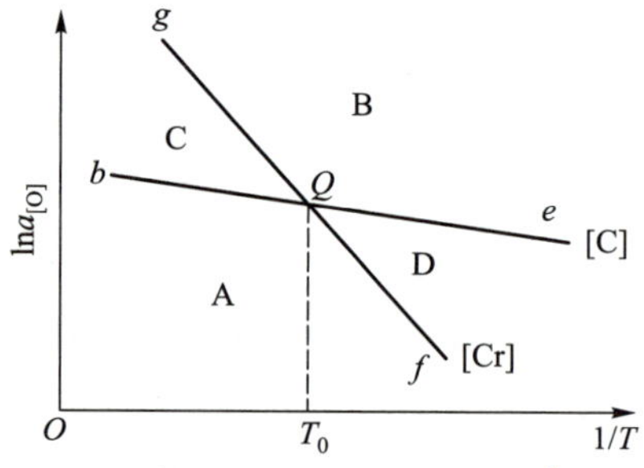

图 6-26 碳氧-铬氧反应时的 $\ln a_{[\text{O}]}$ 与$\frac{1}{T}$之间的关系

1. *be* 线

在该线上,[%C]~[%O]反应达到平衡,在 *be* 线的上方[C]被氧化,而在 *be* 线的下方[C]不会被氧化。

2. *gf* 线

在该线上,[%Cr]~[%O]反应达到平衡,在 *gf* 线的上方[Cr]被氧

化，而在 gf 线的下方[Cr]不会被氧化。

3. 图中 Q 点

Q 点是[C]-[Cr]-[O]体系反应的平衡点，设该点对应的温度为 T_0。称 $T=T_0$ 为转换温度，转换温度的确定方法如下：

因为 Q 点是 be 线与 gf 线交点，即在 Q 点处，

$$\ln a_{[O]}=-\frac{2\ 203}{T/\mathrm{K}}-3.75=-\frac{28\ 875}{T/\mathrm{K}}+11.645$$

所以计算出转换温度：

$$T=T_0=1\ 733\ \mathrm{K}=1\ 460\ ℃$$

因此，

（1）温度高于 T_0：

① 若 $\ln a_{[O]}$ 低于 gf 线但高于 be 线，此时[C]被氧化，而[Cr]不会被氧化；

② 若 $\ln a_{[O]}$ 同时高于 gf 线与 be 线，此时[C]、[Cr]同时被氧化；

③ 若 $\ln a_{[O]}$ 同时低于 gf 线与 be 线，此时[C]、[Cr]均不会被氧化。

（2）温度低于 T_0：

① 若 $\ln a_{[O]}$ 同时低于 gf 线与 be 线，此时[C]、[Cr]均不会被氧化；

② 若 $\ln a_{[O]}$ 同时高于 gf 线与 be 线，此时[C]、[Cr]同时被氧化；

③ 若 $\ln a_{[O]}$ 高于 gf 线但低于 be 线，此时[Cr]被氧化，而[C] 不会被氧化。

4. 区域

从图 6-26 可见：区域 A 为[C]、[Cr]均不被氧化区域；区域 B 为[C]、[Cr]均被氧化区域；区域 C 为[C]被氧化、[Cr]不被氧化区域；区域 D 为[Cr]被氧化、[C]不被氧化区域。

综上分析可知：为了达到“去 C 保 Cr”的目标，应控制工艺参数处于 C 区域，即

① $T>T_0$；

② $\ln a_{[O]}$ 高于[C]氧化的平衡氧势线，而低于[Cr]氧化的平衡氧势线。

注意：以上讨论均假设 $p_{CO}=p^{\ominus}$，若改变 CO 分压，则转换温度 T_0 与 $\ln a_{[O]}$ 均将发生变化。例如，若采用真空冶炼（$p_{CO}<p^{\ominus}$），将降低转换温度 T_0，有利于冶炼操作。

习题

1. 请绘制 H_2/H_2O 与铁氧化物和金属铁平衡的优势区域图。

2. 根据氧势图回答下列问题：

（1）为什么说碳元素是“万能”的还原剂？

（2）金属 Al 还原 MgO 的开始还原温度是多少？该点对应的氧分压是多少？

(3) 该温度下,若用 CO 和 CO_2 的混合气体来还原 MgO,CO/CO_2 的比值至少为多少?

3. 绘出以下反应的 $\Delta G^{\ominus}-T$ 图,比较碳化物的相对稳定性。已知:

$Ti(s)+C(s)==TiC$ ①

$\Delta G_1^{\ominus}=(-184\ 800+12.55T/K)\ J\cdot mol^{-1}$

$7Cr(s)+3C(s)==Cr_7C_3(s)$ ②

$\Delta G_2^{\ominus}=(-152\ 600-37.24T/K)\ J\cdot mol^{-1}$

$3Cr(s)+2C(s)==Cr_3C_2(s)$ ③

$\Delta G_3^{\ominus}=(-79\ 080-17.86T/K)\ J\cdot mol^{-1}$

$23Cr(s)+6C(s)==Cr_{23}C_6(s)$ ④

$\Delta G_4^{\ominus}=(-309\ 600-77.40T/K)\ J\cdot mol^{-1}$

4. 简要叙述钢液脱氧的常用方法及相应的基本原理。

5. 高炉冶炼钒钛矿可获得含钒铁水([%C]≈4.5,[%V]≈0.4)。在适宜温度条件下对含钒铁水进行吹氧冶炼,可得到富钒渣($\%V_2O_3$)≈14。请分析该工艺的热力学原理。

6. 已知 1 873 K 时钢液中 Al、Mn、Ca、Zr 的脱氧反应如下,比较其脱氧能力。

$2[Al]+3[O]==(Al_2O_3)$ ①

$\Delta G_1^{\ominus}|_{1\ 873\ K}=(-1\ 226\ 832+390.66T/K)\ J\cdot mol^{-1}$

$[Mn]+[O]==(MnO)$ ②

$\Delta G_2^{\ominus}|_{1\ 873\ K}=(-316\ 950+143.17T/K)\ J\cdot mol^{-1}$

$[Ca]+[O]==(CaO)$ ③

$\Delta G_3^{\ominus}|_{1\ 873\ K}=-315.5\ kJ\cdot mol^{-1}$

$[Zr]+2[O]==(ZrO_2)$ ④

$\Delta G_4^{\ominus}|_{1\ 873\ K}=-374.4\ kJ\cdot mol^{-1}$

7. 1 600 ℃插铝脱氧,钢水含氧量由 0.08%降到 0.001%,求每吨钢水需加入多少铝?

已知:$Fe(l)+2[Al]+4[O]==FeO.Al_2O_3(s)$ ①

$\Delta G_1^{\ominus}=(-1\ 373\ 060+445.00T/K)\ J\cdot mol^{-1}$

$2[Al]+3[O]==Al_2O_3(s)$ ②

$\Delta G_2^{\ominus}=(-1\ 226\ 832+390.66T/K)\ J\cdot mol^{-1}$

8. 高炉冶炼含钒矿石时,渣中(VO)被碳还原的反应为:(VO)+C(s)==[V]+CO

已知:$p_{CO}=101\ 325$ Pa,生铁中[%V]=0.45,[%C]=4.0,[%Si]=0.8,渣中(x_{VO})=0.001 53。计算 1 500 ℃条件下,与生铁平衡的渣中(VO)的活度和活度系数。已知:$e_V^C=-0.34$,$e_V^{Si}=0.042$,$e_V^V=0.015$。设渣中的(VO)以纯物质为标准态。

$C(s)+\frac{1}{2}O_2==CO(g)$ ①

$\Delta G_1^\ominus = (-114\ 400 - 85.77T/\mathrm{K})\ \mathrm{J \cdot mol^{-1}}$

$$V(s) + \frac{1}{2}O_2 = VO(s) \quad ②$$

$\Delta G_2^\ominus = (-424\ 700 + 80.0T/\mathrm{K})\ \mathrm{J \cdot mol^{-1}}$

$$V(s) = [V](\%) \quad ③$$

$\Delta G_3^\ominus = (-20\ 700 - 45.6T/K)\ \mathrm{J \cdot mol^{-1}}$

9. 电弧炉吹氧冶炼不锈钢，熔池中[%Ni]=9.0，要求吹炼终点[%C]=0.05、[%Cr]=10.0。已知：$3[C] + Cr_2O_3 = 2[Cr] + 3CO \quad \lg K = -\frac{38\ 840}{T/\mathrm{K}} + 24.95$

$e_{Cr}^{Cr} = 0.024, e_{Cr}^{C} = -0.118, e_{Cr}^{Ni} = -0.009, e_C^C = 0.19, e_C^{Cr} = -0.024$, $e_C^{Ni} = 0.012$。求：

(1) 适宜的吹炼终点的钢液温度是多少？（设 $p_{CO} = 101\ 325$ Pa，$a_{Cr_2O_3} = 1$）

(2) 若冶炼温度为 1 600 ℃，p_{CO}分压应降低至多少？

10. 冶炼铬 18.0%，镍 9.0%的不锈钢，要求最终脱碳达 0.02%，钢液温度不高于 1 650 ℃，若在真空下进行吹氧处理时，求真空度为多少？已知：

$$2[Cr] + 3[O] = Cr_2O_3(s) \quad ① \quad \lg K_1 = \frac{42\ 300}{T/\mathrm{K}} - 18.95$$

$$[C] + [O] = CO(g) \quad ② \quad \lg K_2 = \frac{1\ 160}{T/\mathrm{K}} + 2.003$$

$$e_C^C = 0.19, e_C^{Cr} = -0.024, e_C^{Ni} = 0.012$$

$$e_{Cr}^{Cr} = 0.024, e_{Cr}^{C} = -0.118, e_{Cr}^{Ni} = -0.009$$

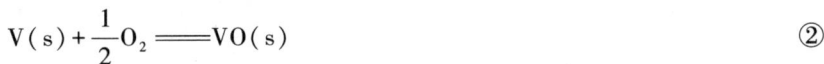

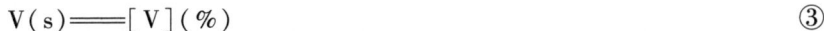

第 7 章　热力学在冶金过程中的应用（Ⅱ）

热力学也广泛地应用于有色冶金过程。

7.1　优势区域图

实际的冶金反应体系中反应较为复杂，其特点在于：

① 反应物与生成物共存；

② 同一种反应物参与不同的反应，即同一种反应物对应多种产物；

③ 产物之间发生二次反应，生成第三种产物，等等。

为了有效地控制目标反应，需控制体系中的某些反应条件，常见的控制因素有：

① 温度；

② 分压；

③ 浓度。

在生产中确定反应条件，可以采用热力学计算，但烦琐且需大量的热力学数据，不方便判断也不够直观；若使用热力学数据制作优势区域图，可应用优势区域图确定工艺参数。

7.1.1　优势区域图的制作

以 WO_2 生产 W 工艺为例，介绍优势区域图的制作和应用。

制作温度 1 000 K、混合气体 CO/CO_2 条件下，W-O-C 体系的优势区域图，并确定还原 WO_2 制备金属 W 的气氛条件。已知：

$$W(s)+O_2 = WO_2(s) \qquad ①$$

$$\Delta G_1^\ominus=(-579\ 500+153.1T/K)\ J\cdot mol^{-1}$$

$$W(s)+C = WC(s) \qquad ②$$

$$\Delta G_2^\ominus=(-37\ 160+1.67T/K)\ J\cdot mol^{-1}$$

$$C(s)+\frac{1}{2}O_2 = CO(g) \qquad ③$$

$$\Delta G_3^\ominus=(-112\ 000-97.86T/K)\ J\cdot mol^{-1}$$

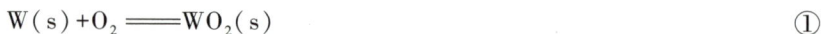

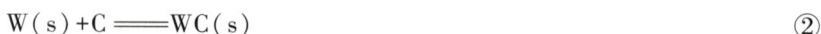

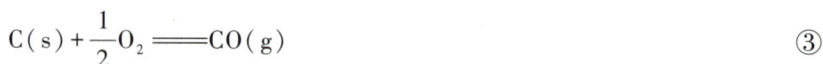

$C(s)+O_2 = CO_2(g)$ ④

$\Delta G_4^\ominus=(-394\ 400-1.26T/K)\ J\cdot mol^{-1}$

由于体系内可能存在 WO_2、W 和 WC 三种含钨的物质，因此应分别讨论：

(1) 确定 WO_2 与 WC 共存的气氛条件　设计反应：②-①-③×2+④，即

$WO_2+2CO = WC+CO_2+O_2$ ⑤

$\Delta G_5^\ominus=(371\ 940+43.03T/K)\ J\cdot mol^{-1}$

$$\lg K_5=\lg\frac{p_{CO_2}}{p_{CO}^2}p^\ominus+\lg\left(\frac{p_{O_2}}{p^\ominus}\right)=-\frac{\Delta G_5^\ominus}{2.303RT}$$

当 $T=1\ 000$ K，得

$$\lg\frac{p_{CO_2}}{p_{CO}^2}p^\ominus+\lg\left(\frac{p_{O_2}}{p^\ominus}\right)=-21.67$$

整理得

$$\lg\frac{p_{CO}^2}{p_{CO_2}p^\ominus}=\lg\left(\frac{p_{O_2}}{p^\ominus}\right)+21.67$$

以 $\lg\frac{p_{CO}^2}{p_{CO_2}p^\ominus}$ 为纵坐标，$\lg\left(\frac{p_{O_2}}{p^\ominus}\right)$ 为横坐标，作图即可得到 WO_2-WC 两相平衡共存直线（图 7-1 中直线⑤）。当气氛组成处于直线⑤上方时，反应⑤自发正向进行，则 WC 稳定；反之，当气氛组成处于直线⑤下方时，反应⑤自发反向进行，则 WO_2 稳定。

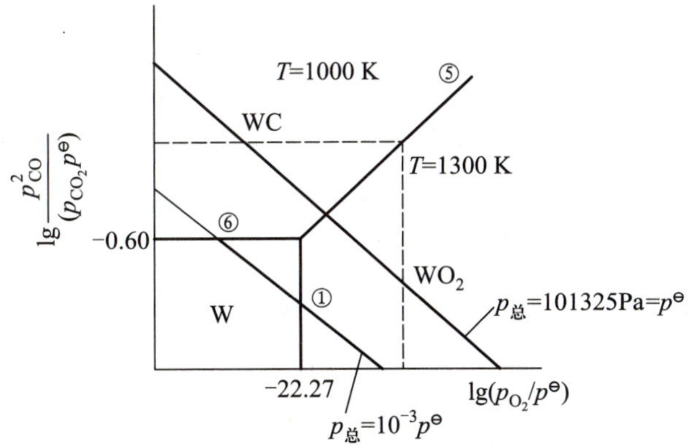

图 7-1　W-O-C 体系优势区域图

(2) 确定 WC 与 W 共存的气氛条件　设计反应：③×2-④-②，即

$WC+CO_2 = W+2CO$ ⑥

$\Delta G_6^\ominus=(207\ 560-196.13T/K)\ J\cdot mol^{-1}$

$$\lg K_6=\lg\frac{p_{CO}^2}{p_{CO_2}p^\ominus}=-\frac{\Delta G_6^\ominus}{2.303RT}\bigg|_{T=1\ 000\ K}=-0.6$$

同样将 $\lg \frac{p_{CO}^2}{p_{CO_2}p^\ominus}=-0.6$ 作图并叠加在图 7-1 上，得到 WC 与 W 平衡共存直线(图 7-1 中的直线⑥)。当气氛组成处于直线⑥上方时，因为 CO 浓度高于平衡浓度，反应⑥自发反向进行，则 WC 稳定；当气氛组成处于直线⑥下方时，反应⑥自发正向进行，则 W 稳定。

(3) 确定 WO_2 与 W 共存气氛条件　设计反应，即选择反应①：

$$W(s)+O_2 \xlongequal{} WO_2(s)$$

$$\Delta G_1^\ominus=(-579\ 500+153.1T/K)\ J\cdot mol^{-1}$$

$$\lg K_1=-\lg(p_{O_2}/p^\ominus)=-\left.\frac{\Delta G_1^\ominus}{2.303RT}\right|_{T=1\ 000\ K}=22.27$$

所以

$$\lg(p_{O_2}/p^\ominus)=-22.27$$

同样将 $\lg(p_{O_2}/p^\ominus)=-22.27$ 关系式绘制于图 7-1 中，得到 WO_2 与 W 平衡共存直线(图 7-1 中的直线①)。当气氛组成处于直线①左方时，因为氧势低于平衡氧势，反应①自发反向进行，则 W 稳定；当气氛组成处于直线①右方时，因为氧势高于平衡氧势，反应①自发正向进行，则 WO_2 稳定。

综上，从图 7-1 可知：在 1 000 K 温度、CO/CO_2 混合气体条件下，欲得到金属 W，必须控制气相组成为

$$\begin{cases}\lg \dfrac{p_{CO}^2}{p_{CO_2}p^\ominus}\leqslant -0.60\\ \lg(p_{O_2}/p^\ominus)\leqslant -22.27\end{cases}$$

可见还原势不能过强，氧势也不能过高。那么如何同时满足上述两个条件呢?

分析如下：由于 $p_{O_2}/p^\ominus$ 较小，可以认为体系内的总压力：

$$p_{总}=p_{CO}+p_{CO_2}$$

由反应③-④得

$$CO_2 \xlongequal{} CO+\frac{1}{2}O_2 \quad ⑦ \quad \Delta G_7^\ominus=(282\ 400-96.6T/K)\ J\cdot mol^{-1}$$

所以

$$\lg K_7=\lg \frac{p_{CO}}{p_{CO_2}}+\frac{1}{2}\lg(p_{O_2}/p^\ominus)=-\left.\frac{\Delta G_7^\ominus}{2.303RT}\right|_{T=1\ 000\ K}=-9.70 \qquad ⑧$$

因为图 7-1 中的纵坐标与横坐标分别为 $\lg \frac{p_{CO}^2}{p_{CO_2}p^\ominus}$ 和 $\lg \frac{p_{O_2}}{p^\ominus}$，令 $R=\frac{p_{CO}}{p_{CO_2}}$，所以式⑧可改写为

$$\lg R=-\frac{1}{2}\lg(p_{O_2}/p^\ominus)-9.70 \qquad ⑨$$

又由于

$$\frac{p_{CO}^2}{p_{CO_2}p^\ominus}=R^2\left(\frac{p_{CO_2}}{p^\ominus}\right) \quad ⑩$$

因为 $p_{总}=p_{CO}+p_{CO_2}$，同除 p_{CO_2} 得

$$p_{CO_2}=\frac{p_{总}}{1+R}$$

将 p_{CO_2} 代入式⑩得

$$\frac{p_{CO}^2}{p_{CO_2}p^\ominus}=R^2\cdot\frac{p_{总}}{R+1}\cdot\frac{1}{p^\ominus}$$

所以

$$\lg\frac{p_{CO}^2}{p_{CO_2}p^\ominus}=2\lg R+\lg p_{总}-\lg(R+1)-\lg p^\ominus$$

将式⑨代入上式，得

$$\lg\frac{p_{CO}^2}{p_{CO_2}p^\ominus}=2\left(-\frac{1}{2}\lg\left[\frac{p_{O_2}}{p^\ominus}\right]-9.70\right)+\lg p_{总}-\lg(R+1)-\lg p^\ominus\Big|_{p^\ominus=101\ 325\ \mathrm{Pa}}$$

$$=-\lg\left(\frac{p_{O_2}}{p^\ominus}\right)-19.40-\lg 101\ 325+\lg p_{总}-\lg(R+1)$$

$$=-\lg\left(\frac{p_{O_2}}{p^\ominus}\right)+\lg p_{总}-\lg(R+1)-25.40 \quad ⑪$$

因此得到以 $p_{总}$ 为参数的图形，叠加到图 7-1，得到 W-O-C 体系优势区域图。

从 W-O-C 体系优势区域图清晰可见，当 $p_{总}=p^\ominus=101\ 325$ Pa 时，无法获得金属 W，但若控制 $p_{总}=10^{-3}p^\ominus$ 以下，可以由 WO_2 制取 W。

实际上，制备工艺参数的选择，除了气氛还有温度条件，设定温度为 1 300 K，同样可获得优势区域图（图中的虚线），与 $T=1\ 000$ K 相比，W 的稳定存在区域明显增加，使得制备金属 W 的气氛条件变得易于控制。

7.1.2 优势区域图的特点及形式

优势区域图具有如下特点：

① 体系为平衡状态；

② 每个区域只能对应一个稳定相；

③ 每条线两边的区域必须是能形成平衡的相，即设计的反应真实存在。

优势区域图的形式多种多样。例如：

① 横坐标为温度 T、纵坐标为气氛，如 Fe-C-O 体系的"叉子曲线"；

② 横、纵坐标均为气氛，如上述的 W-O-C 体系：$\lg\frac{p_{CO}^2}{p_{CO_2}p^\ominus}\sim\lg(p_{O_2}/p^\ominus)$

或 M-S-O 体系参见下节：$\lg\frac{p_{SO_2}}{p^\ominus}\sim\lg\frac{p_{O_2}}{p^\ominus}$；

③ 横坐标也可采用 $1/T$，纵坐标为气氛，如 $\lg\frac{p_{O_2}}{p^\ominus}\sim\frac{1}{T}$。

7.1.3 平衡相的确定

1. 对角线不相容原理

如对于 M-S-O 体系，如图 7-2 所示，图中 MS-MO 线段与 M-SO_2 线段相交叉，根据对角线不相容原理，两条线只能有一条是真实存在的。为了确定稳定存在的线可采用如下方法：

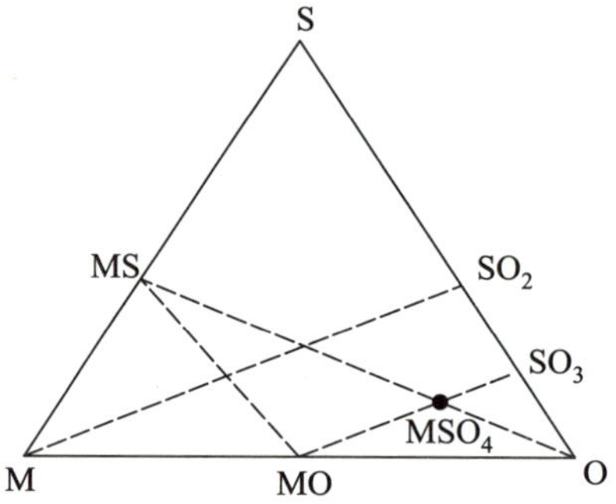

图 7-2 M-S-O 体系

设计反应

$$3M+SO_2 = MS+2MO$$

计算标准状态下的 Gibbs 自由能变化 $\Delta G^\ominus$，若反应的 $\Delta G^\ominus<0$，则说明 MS 和 MO 物质稳定，即 MS-MO 线真实存在；反之，若反应的 $\Delta G^\ominus>0$，则说明 M 和 SO_2物质稳定，即 M-SO_2线真实存在。

2. M-S-O 体系的优势区域图

对于 M-S-O 体系，温度恒定($T=T_0$)条件下：

$$MS+O_2 = M+SO_2 \quad ① \quad K_1=\frac{p_{SO_2}/p^\ominus}{p_{O_2}/p^\ominus}$$

即

$$\lg\left(\frac{p_{SO_2}}{p^\ominus}\right)=\lg\left(\frac{p_{O_2}}{p^\ominus}\right)+\lg K_1$$

$$2M+O_2 = 2MO \quad ② \quad K_2=\frac{1}{(p_{O_2}/p^\ominus)}$$

即

$$\lg\left(\frac{p_{O_2}}{p^\ominus}\right)=-\lg K_2$$

反应 2×①+②，得

$$2MS+3O_2 = 2MO+2SO_2 \quad ③ \quad K_3=\frac{(p_{SO_2}/p^\ominus)^2}{(p_{O_2}/p^\ominus)^3}$$

即
$$\lg\left(\frac{p_{SO_2}}{p^\ominus}\right)=\frac{3}{2}\lg\left(\frac{p_{O_2}}{p^\ominus}\right)+\frac{1}{2}\lg K_3$$

$$2MO+O_2+2SO_2 \xlongequal{} 2MSO_4 \quad ④ \quad K_4=\frac{1}{(p_{O_2}/p^\ominus)(p_{SO_2}/p^\ominus)^2}$$

即
$$\lg\left(\frac{p_{SO_2}}{p^\ominus}\right)=-\frac{1}{2}\lg\left(\frac{p_{O_2}}{p^\ominus}\right)-\frac{1}{2}\lg K_4$$

反应(③+④)×$\frac{1}{2}$，得

$$MS+2O_2 \xlongequal{} MSO_4 \quad ⑤ \quad K_5=\frac{1}{(p_{O_2}/p^\ominus)^2}$$

即
$$\lg\left(\frac{p_{O_2}}{p^\ominus}\right)=-\frac{1}{2}\lg K_5$$

由于式①～⑤均为 $\lg\left(\frac{p_{SO_2}}{p^\ominus}\right)\sim\lg\left(\frac{p_{O_2}}{p^\ominus}\right)$ 的形式，所以，以 $\lg(p_{SO_2}/p^\ominus)$ 为纵坐标、以 $\lg(p_{O_2}/p^\ominus)$ 为横坐标作图，即可得到 $T=T_0$ 温度条件下 M-S-O 体系的优势区域图（见图 7-3）。

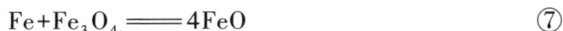

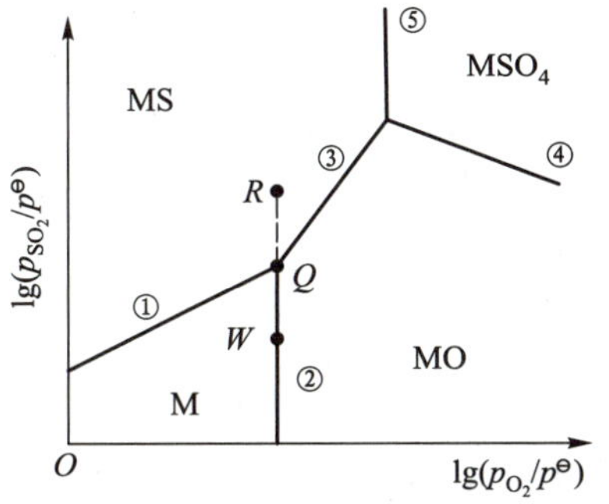

图 7-3 M-S-O 体系的优势区域图

3. 关于虚实线的取舍

关于虚实线的确定，以图 7-3 为例，如对于反应②，作图时取的是 QW 实线，而不是 QR 虚线，理由如下。首先设计反应 -3×①-②：

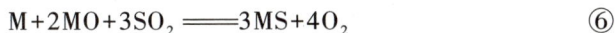

$$M+2MO+3SO_2 \xlongequal{} 3MS+4O_2 \quad ⑥$$

从反应⑥可知，M-MO-MS 三相共存的气氛条件为 Q 点，对于 R 点，p_{SO_2} 分压高于平衡分压，若其他条件保持不变，根据勒夏特列平衡移动原理，反应⑥自发正向进行，金属 M 和金属氧化物 MO 将消失，金属硫化物 MS 稳定存在，反应②在 R 点不能存在，故为虚线，反之在 W 点，反应⑥自发反向进行，MS 消失，M 和 MO 稳定，即反应②真实存在，故为实线。

同理对于 Fe-C-O 体系，对于反应

$$Fe+Fe_3O_4 \xlongequal{} 4FeO \quad ⑦$$

当 $T<570$ ℃时，计算得 $\Delta G>0$，反应反向进行，FeO 消失，故 Fe 与 Fe_3O_4 共存，即图 7-4 中的 UJ 实线保留；反之，当 $T>570$ ℃时，计算得 $\Delta G<0$，即反应正向进行，直到 Fe 或 Fe_3O_4 同时消失或消失其中的一相，剩余相与 FeO 共存，因此 JR 虚线去除(见图 7-4)。

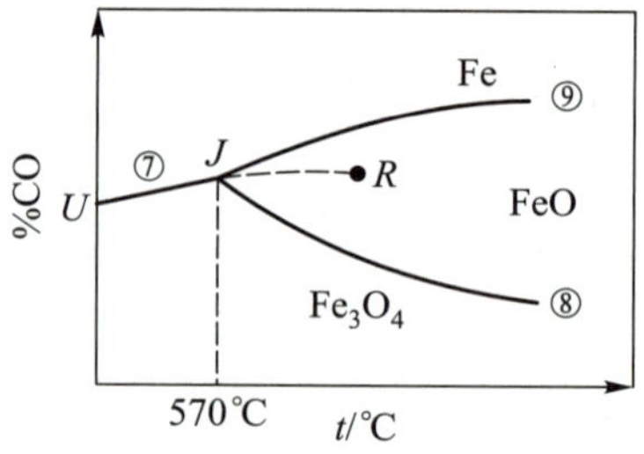

图 7-4 “叉子曲线”制作时虚实线的取舍

对于反应⑦自发向右进行仅消失一相时，若消失 Fe_3O_4 剩余相为 Fe，则曲线上移变为曲线⑨，Fe 与 FeO 共存；若消失 Fe 剩余相为 Fe_3O_4，则曲线下移变为曲线⑧，Fe_3O_4 与 FeO 共存(参见第 6 章图 6-10)。

7.1.4 选择性焙烧

冶金过程中时常采用焙烧工艺分离不同的有价元素。例如，对于含 Cu、Ni、Co、Fe 的混合硫酸盐矿物，可以通过选择性焙烧对 Cu、Ni、Co、Fe 等元素进行分离。通过适当的焙烧处理，使 Fe 的硫酸盐转变为 Fe_2O_3，然后进行水浸，Cu、Ni、Co 等硫酸盐溶于水溶液中，而 Fe 元素以 Fe_2O_3 形态沉淀，实现 Fe 元素与其他元素的分离。但是，如何才能实现只允许 Fe 元素氧化为氧化物，而其他元素不被氧化呢？

(1) 控制气氛　选定焙烧温度，并绘制该温度下的 M-S-O 体系优势区域图(见图 7-5)。从图可见，若控制 $\lg\left(\frac{p_{O_2}}{p^\ominus}\right)$ 在 $a \sim b$ 之间、$\lg\left(\frac{p_{SO_2}}{p^\ominus}\right)$ 在 $a' \sim b'$ 之间，即图 7-5 中的阴影区域，即可实现 Fe 元素被氧化，其他元素仍以硫酸盐形式存在的设想。

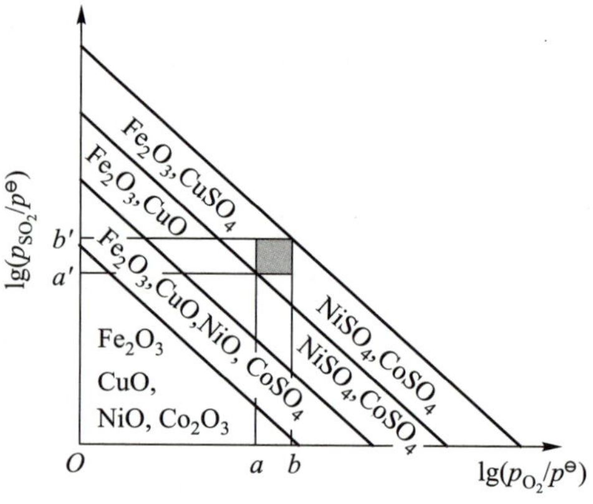

图 7-5 M-S-O 体系优势区域图

（2）控制温度　当焙烧气氛条件固定时，如焙烧时使用某工艺尾气，若该尾气成分为

$$SO_2 = 3\% \sim 10\%$$
$$O_2 = 2\% \sim 3\%$$
$$p_{总} = 101\ 325\ \text{Pa}$$

则可根据 M-S-O 图确定适宜的焙烧温度，实现焙烧分离。

7.1.5　三维优势区域图

上述分析可知，采用焙烧工艺对于混合矿物可以通过控制气氛或温度分离有价元素，若将气氛、温度的影响表现在同一张图中，这样的图就是三维优势区域图。

例如，对于 Ni-S-O 体系，由热力学数据计算可得

	lgK 1 000 K	lgK 1 150K
① $Ni+\frac{1}{2}O_2 = NiO$	7.67	6.04
② $Ni_3S_2+2O_2 = 3Ni+2SO_2$	21.39	18.73
③ $3NiS+O_2 = Ni_3S_2+SO_2$	12.23	10.50
④ $Ni_3S_2+\frac{7}{2}O_2 = 3NiO+2SO_2$	44.40	36.85
⑤ $NiS+\frac{3}{2}O_2 = NiO+SO_2$	18.87	15.79
⑥ $NiO+SO_2+\frac{1}{2}O_2 = NiSO_4$	2.72	0.52
⑦ $NiS+2O_2 = NiSO_4$	21.60	16.31

以 $\lg\left(\frac{p_{SO_2}}{p^\ominus}\right)$、$\lg\left(\frac{p_{O_2}}{p^\ominus}\right)$ 及 $\frac{1}{T}$ 三项指标为坐标轴作图，即可得到三维优势区域图（见图 7-6）。

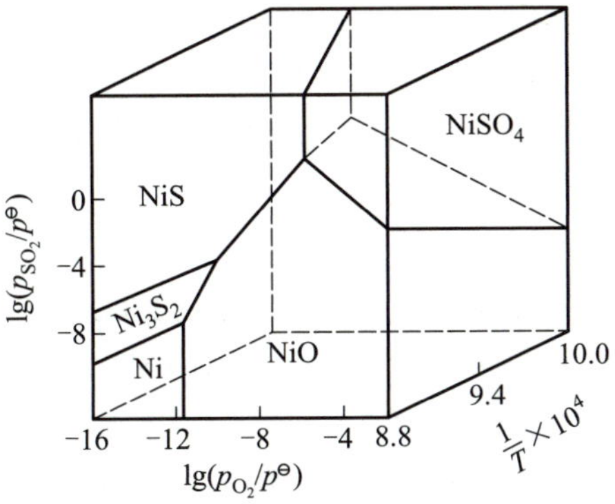

图 7-6　Ni-S-O 体系三维优势区域图

7.2 锍及造锍熔炼

7.2.1 锍

锍也称熔锍，是由某种低价金属硫化物与 FeS 组成的液态溶液（金属硫化物的高温熔体），一般记为 $y\text{MS}\cdot x\text{FeS}$，其中 M 为金属。锍的共同特点是均含有 FeS，如铜锍（冰铜）$Cu_2S\cdot FeS$，镍锍（冰镍）$Ni_3S_2\cdot FeS$，钴锍 $CoS\cdot FeS$，等等。

7.2.2 造锍的目的

有色金属矿物多为硫化矿，如黄铜矿 $CuS\cdot FeS(CuFeS_2)$，含 Cu 约 10%、含 Fe 约 30%，由于含铜量较低，若直接熔炼提铜，将产生大量的含铜炉渣，使 Cu 收得率下降，因此采用造锍工艺可以将 Cu 富集于冰铜中，提高 Cu 收得率，同时也能有效地将含 Cu 冰铜相与渣相分离。

7.2.3 造锍主要过程

黄铜矿在高温焙烧条件下，去除部分 S 的同时，生成部分的 Cu_2O，但若有 FeS 存在将发生如下反应：

$$Cu_2O(l)+FeS(l)=\!=\!=FeO(l)+Cu_2S(l) \tag{7-1}$$

Cu_2O 将重新硫化，这是由于 FeO 比 Cu_2O 更稳定的缘故。依据热力学计算，对于反应式(7-1)，查得 $\Delta G^\ominus=(-69\ 664-42.76T/\text{K})\ \text{J}\cdot\text{mol}^{-1}$，$T=1\ 200$ ℃条件下，可得 $\Delta G^\ominus|_{1\ 200\ ℃}=-132\ 649\ \text{J}\cdot\text{mol}^{-1}$。反应式(7-1)的平衡常数为

$$K=\frac{a_{Cu_2S}\cdot a_{FeO}}{a_{Cu_2O}\cdot a_{FeS}}$$

当渣中 $a_{FeO}=0.3\sim0.9$ 时，$a_{Cu_2S}=2.4\times10^{-5}\sim7.1\times10^{-5}$。由于 Cu_2S 活度很小，说明 Cu_2S 在冰铜中比较稳定，或说 FeS 存在条件下，反应式(7-1)进行得比较完全，即在高温焙烧阶段 Cu 将以 Cu_2S 形式存在。

另外，高温焙烧条件下，在 CuS 转化为 Cu_2S 的同时还伴有如下反应：

$$2FeS+3O_2=\!=\!=2FeO+2SO_2 \tag{7-2}$$

$$2FeO+SiO_2=\!=\!=2FeO\cdot SiO_2 \tag{7-3}$$

$$Cu_2S+FeS=\!=\!=Cu_2S\cdot FeS \tag{7-4}$$

反应式(7-3)生成的 $2FeO\cdot SiO_2$ 进入炉渣，而反应式(7-4)则生成冰铜。在造锍过程中控制气氛条件，且保证有足够的 FeS 存在，就可以实现 Cu 以 Cu_2S 形式进入冰铜。由于冰铜与渣的密度不同且不互溶，易于

实现冰铜与渣相的液态分离。这种氧化富集过程对于冶炼 Ni、Co 也类似。

7.2.4 Cu-Fe-S 三元相图

通常,锍中的金属 M,Fe 与 S 三者总量为 80%~90%,因此可以应用 Cu-Fe-S 三元相图分析造锍过程。

7.2.4.1 相图读解

Cu-Fe-S 三元相图示于图 7-7,对于造铜锍过程,只需考察 Cu-Fe-Cu_2S-FeS 部分(见图 7-8)。为了便于分析相图,将相应的二元相图绘制于图 7-8 中。

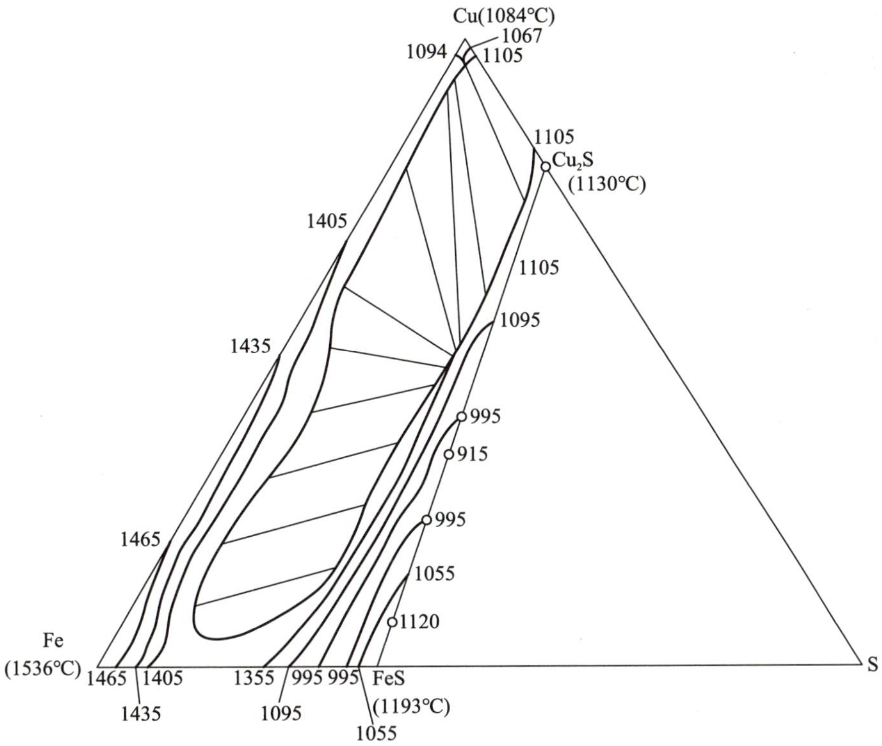

图 7-7 Cu-Fe-S 三元相图

从图 7-8 中的四个二元相图可见,当冶炼温度足够高时,Cu-Fe、Fe-FeS 及 Cu_2S-FeS 均可互溶,但 Cu-Cu_2S 则形成液相分层区。对于图 7-8 所示的 Cu-Fe-Cu_2S-FeS 相图中存在 4 个初晶区、1 个液相分层区、5 条二元共晶线、1 条二元包晶线、2 个 4 相共存点,具体如下:

(1) 4 个初晶区

① Cu(固溶体)初晶区:CuE_1PP_1Cu 所围区域;

② Fe(固溶体)初晶区:$P_1PDKFEE_2$FeP_1所围区域;

③ FeS 初晶区:FeSE_2EE_3FeS 所围区域;

④ Cu_2S 初晶区:由 IV_1+IV_2 两个区域构成,即 $fFEE_3Cu_2Sf$ 所围区域

(Ⅳ$_1$)及 E_1PDdE_1 所围区域(Ⅳ$_2$);

(2) 1 个液相分层区　液相分层区由 V_1 和 V_2 组成:均为液相 L_1 与液相 L_2 共存,其中 V_1 为 $dDFfd$ 所围区域、V_2 为 $DKFD$ 所围区域。

(3) 5 条二元共晶线

① PE_1 二元共晶线,冷却时该线上的液相将共同析出 Cu 固溶体与 Cu_2S:$L \rightarrow Cu_{SS}+Cu_2S$(注:下角 SS 表示固溶体,下同);

② E_2E 二元共晶线,冷却时该线上的液相将共同析出 Fe 固溶体与 FeS:$L \rightarrow Fe_{SS}+FeS$;

③ E_3E 二元共晶线,冷却时该线上的液相将共同析出 Cu_2S 与 FeS:$L \rightarrow Cu_2S+FeS$;

④ FE 二元共晶线,冷却时该线上的液相将共同析出 Fe 固溶体与 Cu_2S:$L \rightarrow Fe_{SS}+Cu_2S$;

⑤ DP 二元共晶线,与 DP 线相同,冷却时该线上的液相将共同析出 Fe 固溶体与 Cu_2S:$L \rightarrow Cu_2S+Fe_{SS}$。

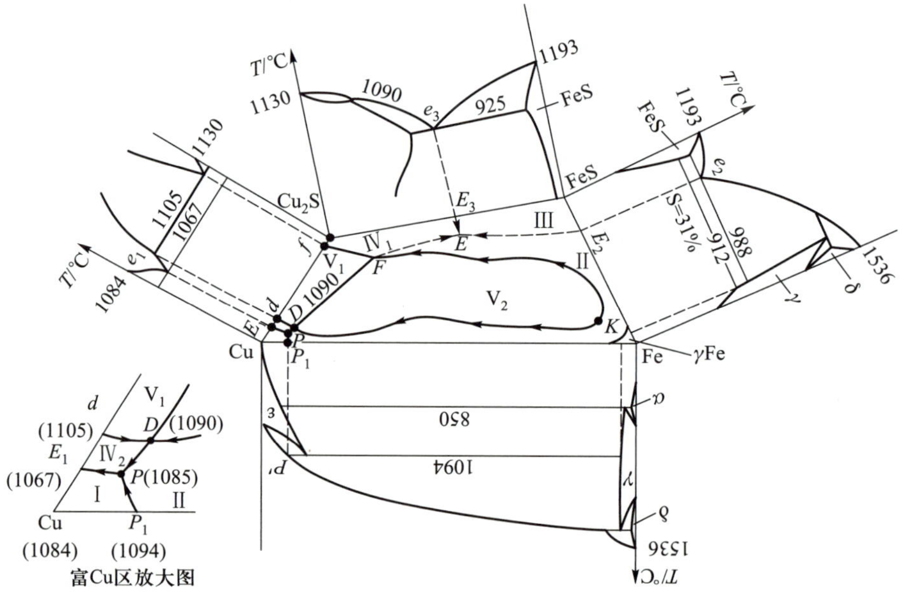

图 7-8　Cu-Fe-S 体系相图及相关的二元相图

(4) 1 条二元包晶线　P_1P 二元包晶线,冷却时该线上的液相与已析出的 Fe 固溶体生成 Cu 固溶体:$L+Fe_{SS}(\gamma) \rightarrow Cu_{SS}(\varepsilon)$。

(5) 2 个 4 相共存点

① E 点(温度 915 K),在该点发生三元共晶反应,液相同时析出 Cu_2S、FeS、Fe_{SS}:$L \rightarrow Cu_2S+FeS+Fe_{SS}$;

② P 点(温度 1 085 K):在该点发生三元包晶反应,液相与已析出的 Fe 固溶体生成 Cu 固溶体与 Cu_2S:$L+Fe_{SS} \rightarrow Cu_{SS}+Cu_2S$。

注意:

① 上述提及的 Cu、Fe 均为固溶体;

② 相图中存在近似成分，不符合完全平衡条件，但可满足工艺分析的要求。

7.2.4.2 等温截面图分析

制作 $T=1\ 150$ ℃及 $T=1\ 350$ ℃条件下的 Cu-Fe-S 等温截面图，示于图 7-9(a)、(b)。比较两图可知：

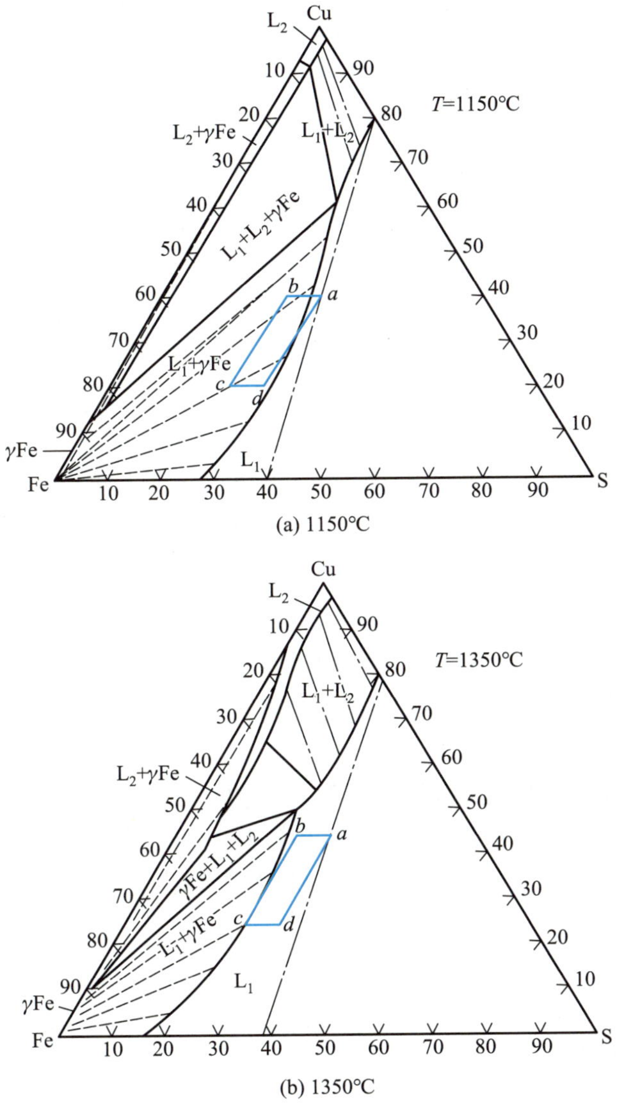

图 7-9 Cu-Fe-S 三元系等温截面图

① T 升高，可使铜锍液相 L_1 区域变大，有利于冶炼；反之 L_1 区域变得狭窄，物系点易进入液相分层区或进入 Fe 固溶体与液相构成的两相区，析出 Fe，不利于冶炼。

② 适宜的冰铜组成处于 L_1 区域中 *abcd* 所围成的区域，此时冰铜的组成为：Cu21%～45%、Fe21%～48%、S23%～26%。

注意：冰铜中的 Cu 含量不宜过高，否则使 Cu 收得率下降。这是因为

Cu 在锍与渣中的分配比为定值，$\frac{(\mathrm{Cu})_{渣}}{(\mathrm{Cu})_{锍}}=K_{\mathrm{Cu}}$，若冰铜中 Cu 浓度过高，则渣中 Cu 浓度也将升高(见图 7-10)。

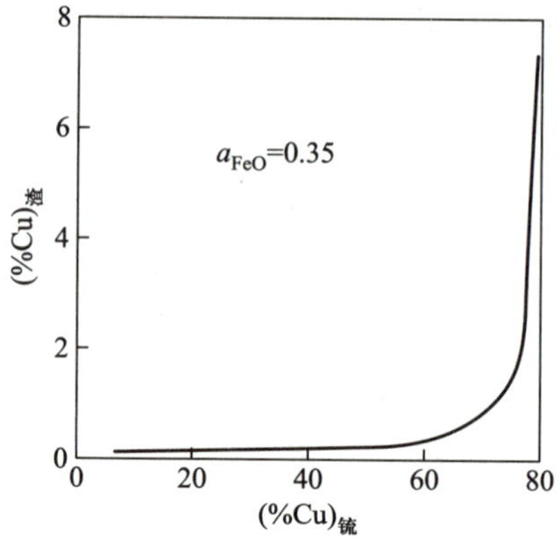

图 7-10 熔渣中 Cu 含量与锍中 Cu 含量的对应关系

7.2.5 冰铜的理化性质

关于冰铜的组成，理论上讲，Cu_2S 与 FeS 无限互溶，但在工业冶炼中适宜的组成为 Cu 20%～40%，S 24.3%～25.8%(一般取 25%)，对于该组成的冰铜其理化性质如下：

① 密度：由于 Cu_2S 密度为 5 550 kg · m^{-3}，FeS 密度为 4 600 kg · m^{-3}，所以冰铜的密度处于 4 600～5 550 kg · m^{-3}之间。

② 熔点：对于 Cu=30%～40%的冰铜，$T_{熔}$=900～1 050 ℃，若混入 Fe_3O_4，$T_{熔}$上升。

③ 黏度：冰铜的黏度较小，约为 0.01 Pa · s。

④ 导电性：冰铜的电导率为 3×10^4～1×10^5 m$^{-1}\Omega^{-1}$。

对于纯 Cu_2S，Cu 含量为 70.8%，此时冰铜呈钢灰色，称白冰铜或纯冰铜。

7.2.6 锍吹炼过程热力学

锍的吹炼方式有：

① 普通转炉空气吹炼锍；

② 回转式转炉氧气吹炼锍。

现以吹炼冰铜为例，一般分为两个阶段(周期)：即除铁获得高纯铜锍阶段和铜锍吹炼制备粗铜阶段。

1. 吹锍除铁

吹锍除铁过程反应

$$\frac{2}{3}Cu_2S(l)+O_2 = \frac{2}{3}Cu_2O(l)+\frac{2}{3}SO_2$$

$$\Delta G^{\ominus}_{7-5}=(-256\ 898+81.17T/\mathrm{K})\ \mathrm{J\cdot mol^{-1}} \quad (7-5)$$

$$\frac{2}{3}FeS(l)+O_2 = \frac{2}{3}FeO(l)+\frac{2}{3}SO_2$$

$$\Delta G^{\ominus}_{7-6}=(-303\ 340+52.68T/K)\ J\cdot mol^{-1} \qquad (7-6)$$

由$\frac{3}{2}\times$[式(7-6)-式(7-5)]得

$$Cu_2O+FeS = Cu_2S+FeO$$

$$\Delta G^{\ominus}_{7-7}=(-69\ 664-42.76T/K)J\cdot mol^{-1} \qquad (7-7)$$

标准状态下，$\Delta G_{7-7}=\Delta G^{\ominus}_{7-7}<0$，反应自发正方向进行，即 FeS 优先被氧化。

注意：反应过程中即使生成少量的 Cu_2O 也将被 FeS 再次转化为 Cu_2S。进而 FeO 再与 SiO_2 发生反应式(7-8)，生成 $2FeO\cdot SiO_2$ 进入熔渣而除去。

$$2FeO+SiO_2 = 2FeO\cdot SiO_2 \qquad (7-8)$$

2. 制备粗铜

去除 Fe 后如继续吹氧，将发生反应式(7-9)、(7-10)制得粗铜。

$$Cu_2S+\frac{3}{2}O_2 = Cu_2O+SO_2 \qquad (7-9)$$

$$2Cu_2O+Cu_2S = 6Cu+SO_2$$

$$\Delta G^{\ominus}_{7-10}=(35\ 982-58.87T/K)J\cdot mol^{-1} \qquad (7-10)$$

应该说明的是，在吹锍除铁阶段，由于有 FeS 存在，Cu_2O 不稳定，所以不能发生反应式(7-10)，只有 FeS 全部被氧化之后，才能进入制备粗铜阶段，发生反应式(7-10)。这就是火法炼铜过程分为两个阶段(周期)吹炼铜锍的原因。

关于锍的吹炼，还应留意以下几点：

(1) 冰镍的冶炼　吹炼冰镍与吹炼冰铜类似，但由于反应式(7-11)：

$$\frac{1}{2}Ni_3S_2(l)+2NiO(l) = \frac{7}{2}Ni(l)+SO_2$$

$$\Delta G^{\ominus}_{7-11}=(293\ 842-166.52T/K)J\cdot mol^{-1} \qquad (7-11)$$

在标准状态下的开始反应温度 $T_{开}$ = 1 764 K(1 491 ℃)，高于吹炼温度(一般为 1 200~1 300 ℃)，因此在 Ni 冶炼时，不能直接得到粗镍，第一步只能得到冰镍。

(2) $2FeO\cdot SiO_2$ 的作用　关于 FeO 能否参与反应式(7-12)，讨论如下：

$$6FeO+O_2 = 2Fe_3O_4$$

$$\Delta G^{\ominus}_{7-12}=(-636\ 130+255.67T/K)J\cdot mol^{-1} \qquad (7-12)$$

由于 T=1 573 K(1 300 ℃)条件下，$\Delta G^{\ominus}_{7-12}=-226\ 000\ J\cdot mol^{-1}$，因此 FeO 有可能通过反应式(7-12)生成难熔的 Fe_3O_4，使熔渣熔点上升，冶炼操作变得困难。因此应确保在体系中存在一定量的 SiO_2，使 SiO_2 与 FeO 结合生成 $2FeO\cdot SiO_2$，进入渣中，从而降低 FeO 活度，抑制反应式(7-12)的进行。

(3) 杂质的去除　一般说来锍中存在 Zn、Pb 等杂质,可通过如下反应去除:

① 除 Zn:$T>1\ 179$ K(906 ℃)将发生反应式(7-13):

$$ZnS+2ZnO \xlongequal{} 3Zn(g)+SO_2 \quad (7-13)$$

由于 Zn 的蒸气压较大,所以生成的 Zn 可以蒸发去除。

若进一步提高温度($T>1\ 453$ K),生成的气态锌又进一步被氧化[反应式(7-14)],再以 ZnO 形态随炉气逸出。

$$Zn(g)+\frac{1}{2}O_2 \longrightarrow ZnO \quad (7-14)$$

② 除 Pb:锍中的杂质铅 PbS 可以通过反应式(7-15)生成 Pb 挥发除去。

$$PbS+2PbO \xlongequal{} 3Pb+SO_2 \quad (7-15)$$

或生成的 PbO 与 SiO_2 造渣去除。

7.3 火法氯化冶金及火法精炼

7.3.1 氯化冶金

利用金属氯化物低熔点、高挥发性、易溶于水等特性,进行金属提取或精炼的过程称为氯化冶金。

7.3.1.1 金属氯化

对于各种元素 M 与 1 mol 氯气发生的氯化反应:

$$xM+Cl_2 \xlongequal{} M_xCl_2 \quad (7-16)$$

定义

$$氯势=RT\ln\left(\frac{p_{Cl_2}}{p^{\ominus}}\right) \quad (7-17)$$

式中,p_{Cl_2}为氯气分压,Pa。

以氯势为纵坐标,温度为横坐标,制作氯势图(见图 7-11)。

根据氯势图给出的氯化物稳定性确定金属还原剂,如还原 $TiCl_4$可采用金属 Mg 为还原剂,反应为

$$Mg+\frac{1}{2}TiCl_4 \xlongequal{} MgCl_2+\frac{1}{2}Ti,\Delta G^{\ominus}=\Delta G^{\ominus}_{MgCl_2}-\frac{1}{2}\Delta G^{\ominus}_{TiCl_4} \quad (7-18)$$

7.3.1.2 金属氧化物的氯化

反应为

$$MO+Cl_2 \xlongequal{} MCl_2+\frac{1}{2}O_2,\Delta G^{\ominus}=\Delta G^{\ominus}_{MCl_2}-\Delta G^{\ominus}_{MO} \quad (7-19)$$

制作金属氧化物与氯气反应的 $\Delta G^{\ominus}-T$ 图(见图 7-12)。

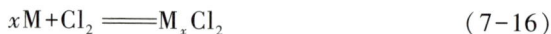

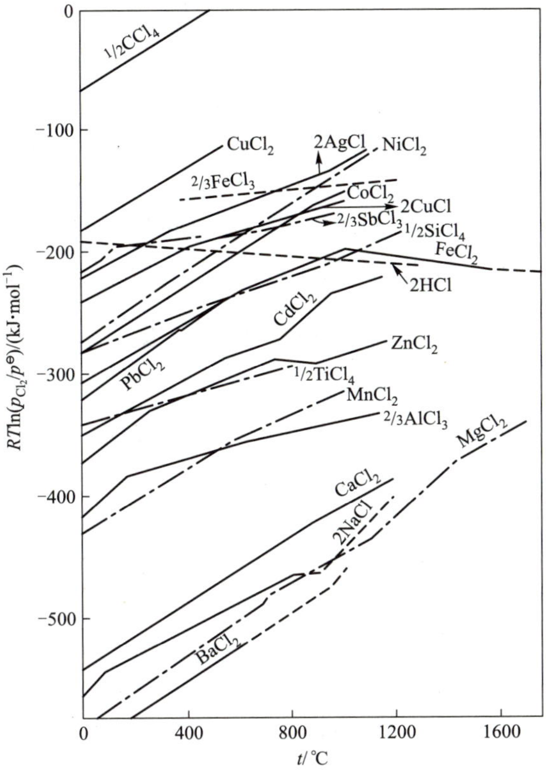

图 7-11 氯势图

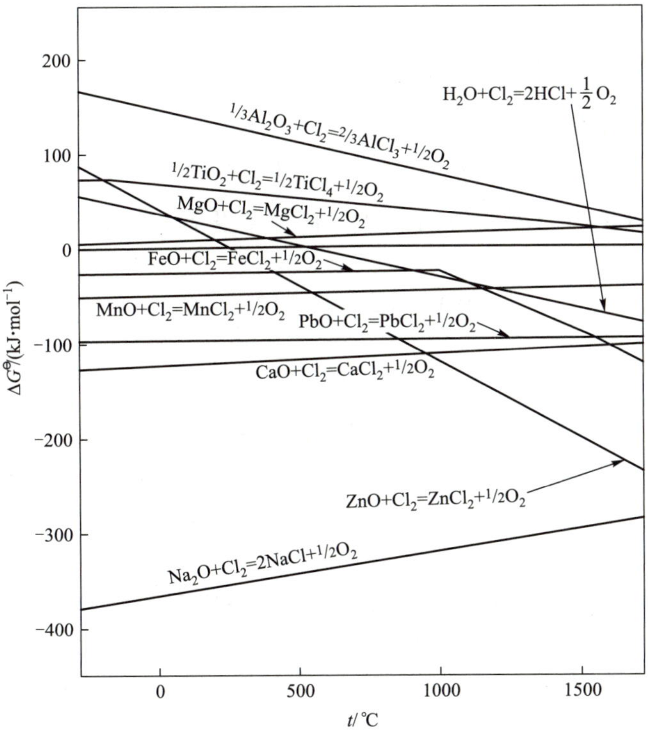

图 7-12 金属氧化物与氯气反应的 $\Delta G^{\ominus}-T$ 图

$\Delta G^{\ominus}-T$ 图特点在于反应式左边为 1 mol Cl_2，右边为$\frac{1}{2}$mol O_2。

从图可见：Al_2O_3、TiO_2、MgO 等氧化物在标准状态下难以被氯化，而 CaO、ZnO、Na_2O 等氧化物则易于被氯化。

7.3.1.3 加碳氯化

对于类似 Al_2O_3、TiO_2、SiO_2等不易被氯化的氧化物，若欲氯化之，则可采用加碳方法促进氯化。如对于反应式(7-20)

$$MO+Cl_2 = MCl_2+\frac{1}{2}O_2 \tag{7-20}$$

加 C 后反应为

$$2MO+C+2Cl_2 = 2MCl_2+CO_2 \tag{7-21}$$

或

$$MO+C+Cl_2 = MCl_2+CO \tag{7-22}$$

以 TiO_2为例，由图 7-12 可知：TiO_2难以被直接氯化，若加碳后，反应为

$$\frac{1}{2}TiO_2+C+Cl_2 = \frac{1}{2}TiCl_4+CO$$

$$\Delta G^{\ominus}=(-31\ 171-115.90T/K)\ J\cdot mol^{-1} \tag{7-23}$$

标准状态下，反应将自发正向进行，可见加碳后，易于 TiO_2的氯化。

7.3.1.4 其他

(1) 硫化物氯化

$$MS + Cl_2 = MCl_2+ 1/2S_2 \tag{7-24}$$

(2) 氯化剂为 HCl 时的氯化

$$MO+2HCl = MCl_2+H_2O \tag{7-25}$$

(3) 氯化剂为固体时的氯化　固体氯化剂有 $CaCl_2$、NaCl 等，氯化反应：

$$MO+CaCl_2 = MCl_2+CaO \tag{7-26}$$

7.3.2 火法精炼

火法精炼是在高温下将纯度较低的金属(俗称粗金属)通过一定的工艺提炼为高纯金属的过程。方法有熔析精炼、萃取精炼、区域精炼、氧化精炼等。

7.3.2.1 熔析精炼

所谓熔析是指熔体在熔融状态或高温熔体在缓冷中，使液相之间或液相与高纯固相间分离的工艺过程。

均匀合金(粗金属)通过加热或缓冷方式变为"液+液"或"液+固"多相体系，进而通过密度的差异分离或使用捞渣器等手段将物相进行分离。例如，对于含有少量 Cu 的粗铅，可采用熔析精炼法除 Cu。现以

Pb-Cu 二元相图(见图 7-13)说明粗铅去铜提纯的原理。

从图 7-13 可见,当温度处于 326 ℃,可使得 Pb 纯度达 99.9%以上的液体与 Cu 固体共存,使纯 Cu 固相与高纯 Pb 液相之间固液分离,得到高纯 Pb 液相,从而达到精炼的目的。

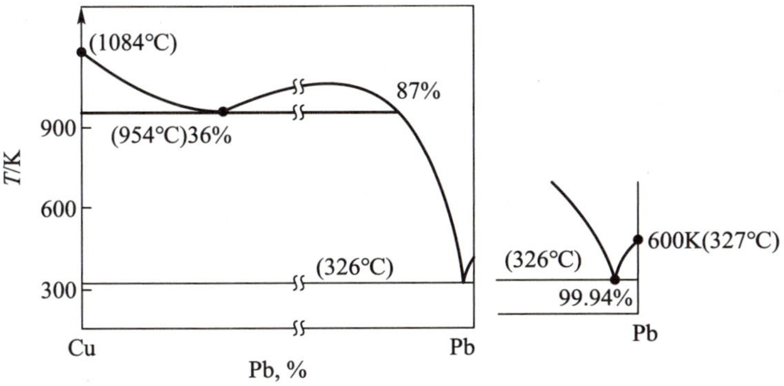

图 7-13 Pb-Cu 二元相图

7.3.2.2 萃取精炼

恒温条件下,在熔融粗金属中加入第三种物质,并让添加物与杂质反应生成固相化合物析出而去除。

例如,为了除去 Pb 液中少量的 Ag,500 ℃条件下向粗 Pb 中加少量 Zn,搅拌后稍加冷却就可形成 Ag_2Zn_3的富银渣壳,因此,在获得高纯度 Pb 液的同时还可以回收 Ag,此方法称为帕克斯法。

反应:

$$2Ag(l)+3Zn(l)=\!=\!=Ag_2Zn_3(s),$$

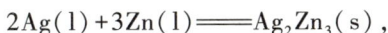

$$\Delta G^{\ominus}\big|_{T=773\ K}=-127\ 612\ J\cdot mol^{-1}$$

且$(\gamma_{Zn}^{\ominus})_{Pb}=11$,$(\gamma_{Ag}^{\ominus})_{Pb}=2.3$。

以实际生产为例,采用帕克斯法在 500 ℃加 Zn 除银,设粗 Pb 中含 Ag 0.777 5%,若去除 98%的 Ag,则计算每吨粗 Pb 加入 Zn 量的方法如下:

由于加入 Zn 量由两部分构成,其一是与被脱除 Ag 反应的 Zn 量,其二是进入 Pb 液中与残留 Ag 平衡的 Zn 量。因为每吨粗 Pb 中初始组成(kmol)为

$$Ag:\frac{0.777\ 5\%\times 1\ 000}{107.9}\ kmol=0.072\ kmol$$

$$Pb:\frac{992.225}{207.2}\ kmol=4.789\ kmol$$

又由已知热力学参数计算求得 773 K 条件下反应的平衡常数:

$$\lg K=-\frac{\Delta G^{\ominus}}{2.303RT}=8.62$$

即

$$K=\left.\frac{a_{Ag_2Zn_3}}{a_{Ag}^2\cdot a_{Zn}^3}\right|_{a_{Ag_2Zn_3}=1}=4.17\times10^8$$

所以

$$a_{Ag}^2\cdot a_{Zn}^3=2.4\times10^{-9}=x_{Ag}^2\cdot\gamma_{Ag}^{\ominus2}\cdot x_{Zn}^3\cdot\gamma_{Zn}^{\ominus3}$$

因为要去除98%的Ag,所以残留在高纯铅液中的银量为

$$(1-0.98)\times0.072\ \text{kmol}=1.44\times10^{-3}\ \text{kmol}$$

折算残存Ag的摩尔分数为

$$x_{Ag}=\frac{1.44\times10^{-3}}{4.789+1.44\times10^{-3}}=3.0\times10^{-4}$$

所以与纯 Ag_2Zn_3 平衡的Pb液中锌的摩尔分数为

$$x_{Zn}=\left(\frac{a_{Ag}^2\cdot a_{Zn}^3}{(x_{Ag}\gamma_{Ag}^{\ominus})^2\cdot(\gamma_{Zn}^{\ominus})^3}\right)^{\frac{1}{3}}=\left(\frac{2.4\times10^{-9}}{(3\times10^{-4}\times2.3)^2\times11^3}\right)^{\frac{1}{3}}=0.015\ 6$$

所以平衡所用的锌量 $(W_{Zn})_{平衡}$ 为

$$(W_{Zn})_{平衡}=x_{Zn}\times4.789\times M_{Zn}=0.015\ 6\times4.789\times65.4=4.886\ \text{kg}$$

反应用Zn量 $(W_{Zn})_{反应}$ 为

$$(W_{Zn})_{反应}=\frac{0.98\times0.777\ 5\%\times1\ 000\times65.4\times3}{2\times107.9}\text{kg}=6.927\ \text{kg}$$

所以需要加入的总锌量:

$$W_{总}=(W_{Zn})_{平衡}+(W_{Zn})_{反应}=11.81\ \text{kg}$$

7.3.2.3 区域精炼

为了获得高纯甚至超高纯金属,常采用区域精炼。其精炼方法的示意图示于图7-14。

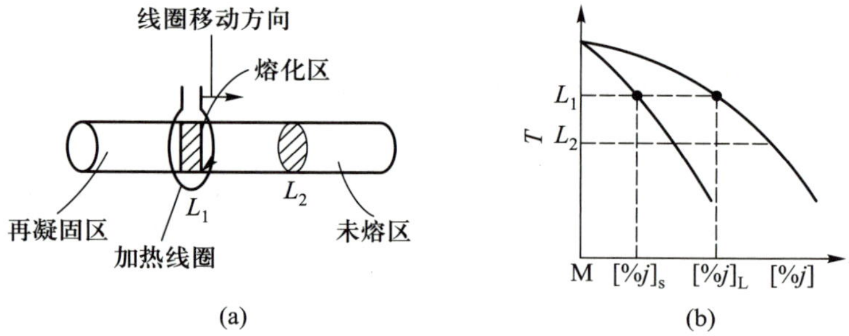

图7-14 区域精炼示意图

让棒材从一端向另外一端依次进行区域熔化再使其凝固[见图7-14(a)],使杂质富集在液相中[见图7-14(b)],反复多次可使杂质集中在棒材的一端,而棒材的另一端纯度显著提高,达到高纯度化。例如,提纯锗、硅等元素时采用区域精炼,经反复熔化凝固,可得到杂质为bbm(10^{-9})级的超高纯物质。金属凝固过程中的偏析现象在凝固过程中

(如连铸)会经常遇到,所不同的是连铸过程中应尽可能地避免出现偏析(参见 8.6.2 节)。

7.3.2.4 蒸馏精炼

以 Zn-Cd 二元相图为例,如图 7-15 所示。

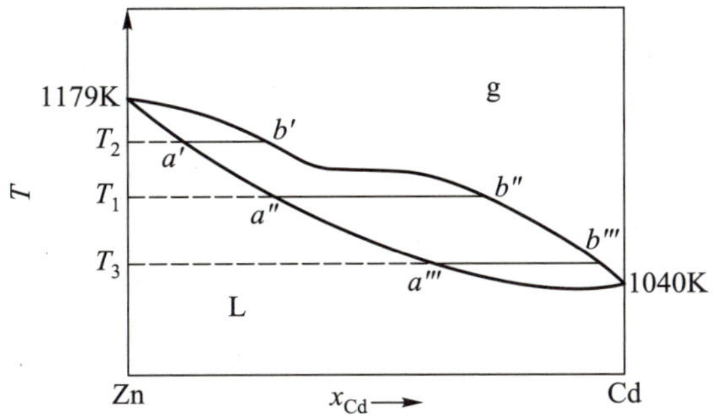

图 7-15 Zn-Cd 二元相图

利用气相与液相组成不同,可根据各组成的沸点采用精馏方法使溶液组元分离。如为了使 Pb 从 Zn、Cd、Pb 混合溶液中分离,可采用蒸馏精炼方式。因为 $T_{Zn沸}$ = 1 179 K,$T_{Cd沸}$ = 1 040 K,$T_{Pb沸}$ = 1 798 K;若加热 Zn、Cd、Pb 混合溶液至 1 273 K,则 Zn、Cd 同时汽化逸出,与不能汽化逸出的 Pb(此时 Pb 的蒸气压仅为 133 Pa)等杂质分离;进而为了分离 Zn、Cd,可将温度控制图 7-15 中的 T_1,使得 $a''_{(高Zn)}$ 液相与 $b''_{(低Zn)}$ 气相共存,分离后可得到富 Zn 溶液,再将富 Zn 溶液升温至 T_2,则液相(a')中 Zn 得到进一步富集,同时气体中 Cd 也得到了富集。同理若将气体温度降到温度 T_3 处,此时得到的液-气平衡($a'''-b'''$)中的气相 Cd 浓度将更高。

7.3.2.5 氧化、硫化精炼

1. 氧化精炼

原理:如果粗金属熔体中的杂质属于易氧化物质,则可利用氧与其反应生成氧化物、若该氧化物不溶于粗金属溶液,则可以熔渣形式与金属熔体分离,实现去除杂质的目的。例如,利用氧化精炼方法进行粗铜除 Fe,若粗铜中含有 0.5%~1.0% Fe、Ni、S、Zn 等杂质,可在 1 200 ℃下,利用 FeO 与 Cu_2O 的稳定顺序不同,氧化去除 Fe。并根据热力学计算可预测氧化除 Fe 的限度。

2. 硫化精炼

粗 Pb 中的 Cu 以及粗 Sn 中的 Cu、Fe 均可采用硫化方法使之形成 MS 除去。

以粗 Sn 硫化除 Cu、Fe 反应为例,因为对于 Sn 液体加 $S_2(g)$ 后,生成 SnS 固体,再通过下列反应去除 Cu 和 Fe。

$$SnS(s)+2[Cu]═══Cu_2S(s)+Sn$$

$$SnS(s)+[Fe]═══FeS(s)+Sn$$

7.4 水溶液热力学——电位-pH图

电位-pH图是20世纪50年代才发展起来的,电位-pH图最初由比利时化学家布拜(Pourbaix,1904—1998)提出,因此也称布拜图,主要用于有关金属腐蚀的研究。1953年,Halpern将之用于湿法冶金,以后不断发展,逐渐成为湿法冶金的热力学基础。通常电位是pH、温度T、分压p_i、活度a_i的函数,在定温(一般$T=298$ K)、定压($p_i=p^\ominus$)、定浓度(一般$a_{M^+}=10^0$或10^{-6})条件下,电位是pH的单值函数,即为电位-pH图。

电位-pH图属于优势区域图的一种,其纵坐标为电极电位ε,横坐标为pH。根据pH的定义:

$$pH=-\lg a_{H^+}=-\lg[H^+]$$

式中,H^+浓度的单位为$mol\cdot L^{-1}$。

7.4.1 平衡电位(电极电位)

将金属作为电极放置水中(溶液),界面上将产生电位差。此电位差称为电极电位(ε)。

当金属电极与水溶液达到平衡时产生的电极电位称为平衡电位($\varepsilon_{平衡}$)。对于电极反应

$$氧化态(Ox)+ne^-═══还原态(Re) \quad (7-27)$$

若电极反应达到平衡,反应式(7-27)两边的化学势必相等,即

$$\mu_{Ox}+n\mu_e=\mu_{Re} \quad (7-28)$$

因为i物质的化学势μ_i为

$$\mu_i=\mu_i^\ominus+RT\ln a_i \quad (7-29)$$

又因为1 mol电子的化学势μ_e为

$$\mu_e=-F\varepsilon \quad (7-30)$$

式中,ε为平衡电极电位,V;F为法拉第常数,$F=96\ 500\ C\cdot mol^{-1}$。

若电极电位升高,导致$\mu_e=-F\varepsilon$下降,物质的氧化态趋于稳定,或进行如下解释:电极电位升高相当于电子数下降,因而从电极反应式(7-27)可知,反应将反向进行,氧化态趋于稳定。

将式(7-29),式(7-30)代入式(7-28),得

$$\mu_{Ox}^\ominus+RT\ln a_{Ox}+n(-F\varepsilon)=\mu_{Re}^\ominus+RT\ln a_{Re} \quad (7-31)$$

所以

$$-nF\varepsilon=\mu_{Re}^\ominus-\mu_{Ox}^\ominus+RT\ln\frac{a_{Re}}{a_{Ox}} \quad (7-32)$$

因为

$$\Delta G=\mu_{末}-\mu_{始} \quad (7-33)$$

且标准电极电位$\varepsilon^\ominus$为

$$\varepsilon^{\ominus}=\frac{-\Delta G^{\ominus}}{nF} \tag{7-34}$$

所以

$$\varepsilon=\varepsilon^{\ominus}-\frac{RT}{nF}\ln\frac{a_{\mathrm{Re}}}{a_{\mathrm{Ox}}} \tag{7-35}$$

对于电位-pH图，因为水的存在，所以反应式(7-27)通常写成

$$a\mathrm{Ox}+m\mathrm{H}^{+}+ne^{-}=\!=\!=b\mathrm{Re}+c\mathrm{H_2O} \tag{7-36}$$

所以电极电位为

$$\varepsilon=\varepsilon^{\ominus}-\frac{RT}{nF}\ln\frac{a_{\mathrm{Re}}^{b}\cdot a_{\mathrm{H_2O}}^{c}}{a_{\mathrm{Ox}}^{a}\cdot a_{\mathrm{H^+}}^{m}} \tag{7-37}$$

标准电极电位为

$$\varepsilon^{\ominus}=\frac{-\Delta G^{\ominus}}{nF}$$

$$\Delta G^{\ominus}=b\mu_{\mathrm{Re}}^{\ominus}+c\mu_{\mathrm{H_2O}}^{\ominus}-a\mu_{\mathrm{Ox}}^{\ominus}-m\mu_{\mathrm{H^+}}^{\ominus}$$

由于$\mu_{离子}^{\ominus}$目前无法测得，所以热力学上规定$\mu_{\mathrm{H^+}}^{\ominus}=0$，同时规定单质$\mu_i^{\ominus}=0$，即$\mu_{\mathrm{H_2}}^{\ominus}=0$，所以电极反应$2\mathrm{H}^{+}+2\mathrm{e}^{-}=\!=\!=\mathrm{H_2}$的标准电极电位为

$$\varepsilon^{\ominus}=-\frac{\Delta G^{\ominus}}{nF}=-\frac{1}{nF}(\mu_{\mathrm{H_2}}^{\ominus}-2\mu_{\mathrm{H^+}}^{\ominus})=0$$

对于其他元素的标准电极电位，利用图7-16所示的测试装置，将$\mathrm{M}^{n+}+ne^{-}=\!=\!=\mathrm{M}$与$2\mathrm{H}^{+}+2\mathrm{e}^{-}=\!=\!=\mathrm{H_2}$进行比较，获得各元素的标准电极电位$\varepsilon^{\ominus}$。

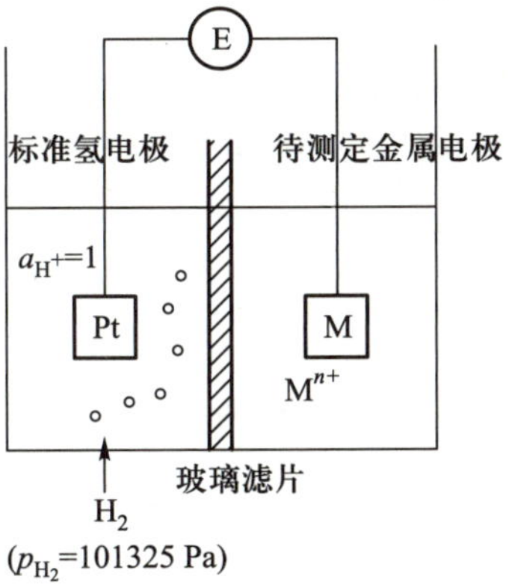

图7-16 测定各种元素标准电极电位装置示意图

如Zn、Fe、Cu、Ni等元素：

$$\varepsilon_{\mathrm{Zn/Zn^{2+}}}^{\ominus}=-0.763\ \mathrm{V}$$

$$\varepsilon_{\mathrm{Fe/Fe^{2+}}}^{\ominus}=-0.440\ \mathrm{V}$$

$$\varepsilon_{\mathrm{Ni/Ni^{2+}}}^{\ominus}=-0.250\ \mathrm{V}$$

$$\varepsilon_{\mathrm{Cu/Cu^{2+}}}^{\ominus}=0.337\ \mathrm{V}$$

可见：金属离子倾向越小，标准电极电位$\varepsilon^{\ominus}$越正。将25 ℃条件下的部分元素电极反应、标准电极电位及标准化学势列于表7-1。

表 7-1　25 ℃部分物质的标准化学势

	物质	电极反应	$\varepsilon^{\ominus}$/V	$\mu^{\ominus}_{0x}$/(kJ·mol^{-1})
H	H_2	—	0	0
	H^+	—	0	0
Fe	Fe	—	0	0
	Fe^{2+}	$Fe^{2+}+2e^-$ ══ Fe	-0.44	-84.9
	Fe^{3+}	$Fe^{3+}+3e^-$ ══ Fe	-0.036	-10.6
	$Fe(OH)_2$	$Fe(OH)_2+2e^-$ ══ $Fe+2OH^-$	-0.877	-483.5
Ni	Ni	—	0	0
	Ni^{2+}	$Ni^{2+}+2e^-$ ══ Ni	-0.250	-48.0
	$Ni(OH)_2$	$Ni(OH)_2+2e^-$ ══ $Ni+2OH^-$	-0.720	-453.1
Mg	Mg	0	0	0
	Mg^{2+}	$Mg^{2+}+2e^-$ ══ Mg	-2.363	-456.06
	$Mg(OH)_2$	$Mg(OH)_2+2e^-$ ══ $Mg+2OH^-$	-2.69	-833.77
O	O_2	—	0	0
	H_2O	$1/2O_2+2H^++2e^-$ ══ $H_2O(l)$	1.229	-237.2
	OH^-	$1/2H_2O+1/4O_2+e^-$ ══ HO^-	0.401	-157.3

7.4.2　电位-pH 图的绘制

7.4.2.1　M-H_2O 系电位-pH 图

根据物质形态的不同，绘制电位-pH 图的复杂程度也不同。任何物质一般至少具有：金属、金属离子、金属氢氧化合物三种形态。

以下以 Fe 元素为例介绍 Fe-H_2O 系电位-pH 图的绘制方法。

1. 确定 Fe/Fe^{2+}稳定区域

电极反应：

$$Fe^{2+}+2e^- = Fe \qquad ①$$

$$\Delta G=-nF\varepsilon$$

$$\varepsilon=\varepsilon^{\ominus}-\frac{RT}{nF}\ln\frac{a_{Fe}}{a_{Fe^{2+}}}\bigg|_{a_{Fe}=1}=\varepsilon^{\ominus}+\frac{RT}{nF}\ln a_{Fe^{2+}}$$

式中，标准电极电位 $\varepsilon^{\ominus}$为

$$\varepsilon^{\ominus}=\frac{-\Delta G^{\ominus}}{nF}=-\frac{\mu^{\ominus}_{Fe}-\mu^{\ominus}_{Fe^{2+}}}{nF}=-\frac{0-(-84\ 900)}{2\times 96\ 500}\ V=-0.440\ V$$

可见该数据与表 7-1 数据一致。

由于 $\varepsilon_{Fe/Fe^{2+}}$与 $a_{Fe^{2+}}$有关，所以以 $a_{Fe^{2+}}$为参数作图，理论上 $a_{Fe^{2+}}$可以任意指定，但一般取 10^0或 10^{-6}。(电位-pH 图中的各线旁边标注 0、-2、-6 等数字分别代表 a_{M^+}的浓度为 10^0 mol·kg^{-1}、10^{-2} mol·kg^{-1}、10^{-6} mol·kg^{-1}。)

若取 $a_{Fe^{2+}}=10^{-6}$，

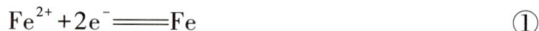

$$\varepsilon_{Fe/Fe^{2+}}\Big|_{a_{Fe^{2+}}=10^{-6}}=-0.440\ V+\frac{8.314\times298}{2\times96\ 500}\ V\cdot\ln10^{-6}=-0.617\ V$$

将 $\varepsilon_{Fe/Fe^{2+}}=-0.617$ V 直线绘制于电位-pH 图中(图 7-17 中①线)。

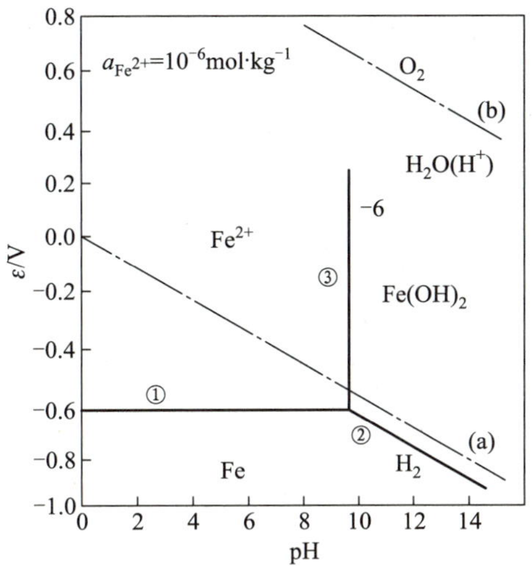

图 7-17　$Fe-H_2O$ 系电位-pH 图

讨论:

① 若 $\varepsilon=-0.617$ V,Fe 与 $Fe^{2+}(a_{Fe^{2+}}=10^{-6})$平衡;

② 若 $\varepsilon>-0.617$ V,金属 Fe 不稳定,为 Fe^{2+}稳定区域;

③ 若 $\varepsilon<-0.617$ V,为金属 Fe 稳定区域。

2. 确定 $Fe/Fe(OH)_2$的稳定区域

电极反应:

$$Fe(OH)_2+2H^++2e^-=\!=\!=Fe+2H_2O \qquad ②$$

电极电位为

$$\varepsilon_{Fe/Fe(OH)_2}=\varepsilon^{\ominus}_{Fe/Fe(OH)_2}-\frac{RT}{nF}\ln\frac{a_{Fe}\cdot a^2_{H_2O}}{a_{Fe(OH)_2}\cdot a^2_{H^+}}\Bigg|_{\substack{a_{Fe}=1\\a_{H_2O}=1\\a_{Fe(OH)_2}=1}}$$

$$=\varepsilon^{\ominus}_{Fe/Fe(OH)_2}+\frac{2RT}{nF}\ln a_{H^+}$$

因为标准电极电位为

$$\varepsilon^{\ominus}_{Fe/Fe(OH)_2}=-\frac{1}{2F}(\mu^{\ominus}_{Fe}+2\mu^{\ominus}_{H_2O}-\mu^{\ominus}_{Fe(OH)_2}-2\mu^{\ominus}_{H^+})=-0.047\ V$$

所以

$$\varepsilon_{Fe/Fe(OH)_2}=-0.047\ V+\frac{2RT}{nF}(\lg a_{H^+})\Bigg|_{\substack{n=2\\T=298\ K}}$$

$$=-0.047\ V-0.059\ VpH$$

同样将 $\varepsilon_{Fe/Fe(OH)_2}=-0.047$ V-0.059 VpH 绘制于电位-pH 图中(图 7-17 中线②),从图可见:

① 若电极电位 ε 处于②线上，即 $\varepsilon_{Fe/Fe(OH)_2}=-0.047\ V-0.059\ VpH$ 时，Fe 与 $Fe(OH)_2$ 平衡；

② 若 ε 高于②线，则金属 Fe 不稳定，为 $Fe(OH)_2$ 稳定区域；

③ 若 ε 低于②线，金属 Fe 稳定，为金属 Fe 稳定区域。

3. 确定 $Fe^{2+}/Fe(OH)_2$ 稳定区域

因为 Fe^{2+} 与 $Fe(OH)_2$ 中的 Fe 均为+2 价，反应过程中不发生电子转移，故反应与电极电位 ε 无关。对于反应

$$Fe(OH)_2+2H^+ \!=\!=\!= Fe^{2+}+2H_2O \qquad ③$$

标准 Gibbs 自由能变化为

$$\begin{aligned}\Delta G^{\ominus}&=2\mu^{\ominus}_{H_2O}+\mu^{\ominus}_{Fe^{2+}}-\mu^{\ominus}_{Fe(OH)_2}-2\mu^{\ominus}_{H^+}\\&=-75\ 800\ J\cdot mol^{-1}\end{aligned}$$

又因为反应达到平衡时，有

$$\Delta G^{\ominus}=-RT\ln\left.\frac{a_{Fe^{2+}}}{a^2_{H^+}}\right|_{a_{Fe^{2+}}=10^{-6}}$$

所以

$$-75\ 800\ J\cdot mol^{-1}=-RT(\ln 10^{-6})+2RT\times 2.303(\lg a_{H^+})$$

故

$$pH=-\lg a_{H^+}=9.64$$

可见反应③的平衡与电位无关。绘制 pH = 9.64 于电位-pH 图中（图 7-17 中③线），当 pH>9.64，由于 a_{H^+} 下降，反应③反向进行，$Fe(OH)_2$ 稳定，故 pH>9.64 为 $Fe(OH)_2$ 稳定区域。而当 pH<9.64 反应③正向进行，为 Fe^{2+} 稳定区域。

4. H_2O 的稳定区域

对于 $Fe-H_2O$ 系，除了考虑 Fe 的氧化还原电极反应行为以外，还必须考虑 H_2O 的电极反应行为。从水电解实验可知：对 Pt 电极施加电压，若电压过小，则电极上不发生反应，当电压超过某值（1.229 V）时，水开始发生分解：Pt 阴极析出 H_2，阳极析出 O_2。即当电压小于分解电压时 H_2O 稳定不发生分解反应，而当电压大于分解电压时 H_2O 将发生分解反应，H_2O 不稳定。因此在制作 $Fe-H_2O$ 系电位-pH 图时应考虑 H_2O 的稳定性问题。

(1) H_2/H_2O 平衡　对于水的解离反应

$$H_2O \!=\!=\!= H^+ +(OH)^-$$

因为 H_2/H^+ 之间的平衡等价于 H_2/H_2O 的平衡，即 H^+ 稳定就表明 H_2O 稳定。

考虑电极反应

$$2H^+ +2e^- \!=\!=\!= H_2 \qquad (a)$$

电极电位为

$$\varepsilon_{H^+/H_2}=\varepsilon^{\ominus}_{H^+/H_2}-\frac{RT}{nF}\ln\left.\frac{(p_{H_2}/p^{\ominus})}{a^2_{H^+}}\right|_{\substack{p_{H_2}=p^{\ominus}\\R=8.314\ J\cdot mol^{-1}\cdot K^{-1}\\T=298\ K}}=-0.059\ VpH \qquad ④$$

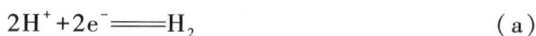

式④也可通过如下推导获得：

设电极反应

$$2H_2O+2e^- \!=\!=\!= H_2+2OH^-$$

因为

$$\Delta G^{\ominus}=2\mu^{\ominus}_{OH^-}-2\mu^{\ominus}_{H_2O}$$
$$=2\times(-157\ 300)\ J\cdot mol^{-1}-2\times(-237\ 200)\ J\cdot mol^{-1}$$
$$=159\ 800\ J\cdot mol^{-1}$$

所以

$$\varepsilon^{\ominus}=-\frac{\Delta G^{\ominus}}{nF}=-0.828\ V$$

考虑到 298 K 条件下，水中的 $a_{OH^-}\cdot a_{H^+}=10^{-14}$，所以

$$\varepsilon=\varepsilon^{\ominus}-\frac{RT}{nF}\ln\frac{a^2_{OH^-}(p_{H_2}/p^{\ominus})}{a^2_{H_2O}}\Bigg|_{\substack{p_{H_2}=p^{\ominus}\\ a_{H_2O}=1\\ a_{OH^-}=\frac{10^{-14}}{a_{H^+}}}}$$

$$=-0.828\ V-\frac{8.314\times298}{2\times96\ 500}\times2.303\times\lg\left(\frac{10^{-14}}{a_{H^+}}\right)^2\ V$$

$$=-0.828\ V-0.059\ V\lg10^{-14}+0.059\ V(\lg a_{H^+})$$

$$=-0.828\ V+0.828\ V-0.059\ V\text{pH}$$

$$=-0.059\ V\text{pH}$$

推导毕。

将 $\varepsilon=-0.059$ VpH 直线[(a)线]叠加绘制在 Fe-H_2O 系的电位-pH 图(见图 7-17)上。

讨论：

① 当电极电位高于(a)线时，H^+稳定，即 H_2O 稳定。

② 当电极电位低于(a)线时，H_2稳定，即 H_2O 不稳定，将发生分解反应。

(2) O_2/H_2O 平衡线　电极反应

$$O_2+4H^++4e^- \!=\!=\!= 2H_2O \qquad (b)$$

标准电极电位为

$$\varepsilon^{\ominus}=-\frac{\Delta G^{\ominus}}{nF}=-\frac{2\mu^{\ominus}_{H_2O}}{nF}\Bigg|_{\substack{\mu^{\ominus}_{H_2O}=-237\ 200\ J\cdot mol^{-1}\\ n=4\\ F=96\ 500C\cdot mol^{-1}}}=1.229\ V$$

所以电极电位

$$\varepsilon=\varepsilon^{\ominus}-\frac{RT}{nF}\ln\frac{a^2_{H_2O}}{a^4_{H^+}(p_{O_2}/p^{\ominus})}\Bigg|_{\substack{p_{O_2}=p^{\ominus}\\ a_{H_2O}=1}}$$

$$=1.229\ V-0.059\ V\text{pH}$$

将 $\varepsilon=1.229$ V-0.059 VpH 直线叠加绘制于电位-pH 图中，即图 7-17(b)线。

讨论：

① 当电极电位高于(b)线时，由于电极电位升高，电子数减少，电极

反应反向进行，O_2稳定，水将发生分解。

② 当电极电位低于(b)线时，H_2O 稳定。

结合金属腐蚀现象，由于金属腐蚀需要氧化剂。作为氧化剂一般有两种：一种为 H^+(H^+得到电子后自身被还原为 H_2)，另一种为 O_2(O_2得到电子后自身被还原与 H^+结合生成 OH^-)。

综合(a)、(b)线，可知当 H^+为氧化剂时，即位于(a)线下方，此时发生的腐蚀称为"析氢腐蚀"。当 O_2为氧化剂时，即位于(b)线下方，因为相当于氧被"吸入"水中，所以此时发生的腐蚀称为"吸氧腐蚀"。

7.4.2.2 其他体系电位-pH 图

1. 硫-H_2O 系

硫在水溶液中赋存形式比较复杂，可能存在的形式有：S^{2-}、S^0、H_2S、HS^-、SO_4^{2-}、HSO_4^- 等。

硫可能参与的反应有

$$HSO_4^- \longrightarrow H^+ + SO_4^{2-} \quad ①$$

$$pH = 1.91 + \lg \frac{a_{SO_4^{2-}}}{a_{HSO_4^-}}$$

$$H_2S\ (aq) \longrightarrow H^+ + HS^- \quad ②$$

$$pH = 7.00 + \lg \frac{a_{HS^-}}{a_{H_2S(aq)}}$$

$$HS^- \longrightarrow H^+ + S^{2-} \quad ③$$

$$pH = 14.00 + \lg \frac{a_{S^{2-}}}{a_{HS^-}}$$

$$HSO_4^- + 7H^+ + 6e^- \longrightarrow S^0 + 4H_2O \quad ④$$

$$\varepsilon_4 = 0.338\ V - 0.069\ VpH + 0.009\ 9\ Vlg a_{HSO_4^-}$$

$$SO_4^{2-} + 8H^+ + 6e^- \longrightarrow S^0 + 4H_2O \quad ⑤$$

$$\varepsilon_5 = 0.357\ V - 0.079\ VpH + 0.009\ 9\ Vlg a_{SO_4^{2-}}$$

$$S^0 + 2H^+ + 2e^- \longrightarrow H_2S \quad ⑥$$

$$\varepsilon_6 = 0.142\ V - 0.059\ VpH - 0.029\ 5\ Vlg a_{H_2S(aq)}$$

$$S^0 + H^+ + 2e^- \longrightarrow HS^- \quad ⑦$$

$$\varepsilon_7 = -0.065\ V - 0.029\ 5\ VpH - 0.029\ 5\ Vlg a_{HS^-}$$

$$SO_4^{2-} + 9H^+ + 8e^- \longrightarrow HS^- + 4H_2O \quad ⑧$$

$$\varepsilon_8 = 0.252\ V - 0.067\ VpH + 0.007\ 4\ Vlg \frac{a_{SO_4^{2-}}}{a_{HS^-}}$$

$$SO_4^{2-} + 10H^+ + 8e^- \longrightarrow H_2S\ (aq) + 4H_2O \quad ⑨$$

$$\varepsilon_9 = 0.303\ V - 0.074\ VpH + 0.007\ 4\ Vlg \frac{a_{SO_4^{2-}}}{a_{H_2S(aq)}}$$

式中，H_2S (aq)表示 H_2S 存在于水溶液中。

根据以上式①~⑨制作 S-H_2O 系的电位-pH 图(见图 7-18)。

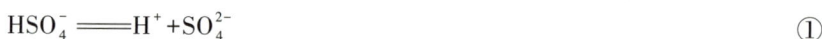

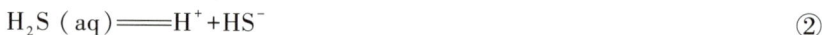

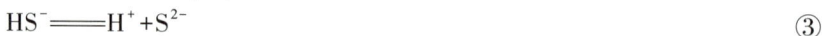

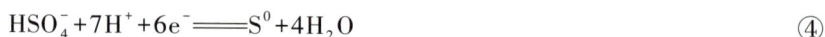

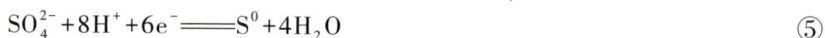

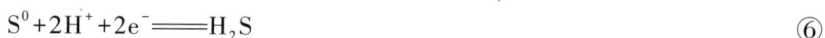

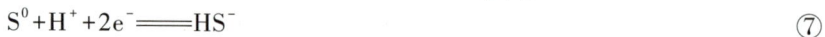

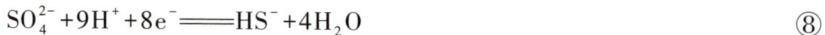

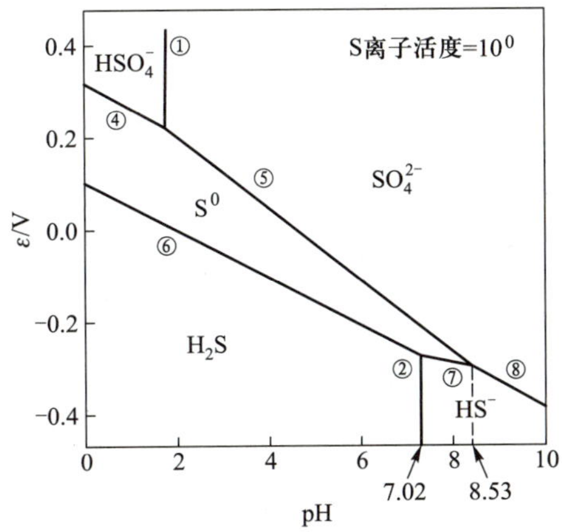

图 7-18 S-H_2O 系的电位-pH 图($a_i=10^0$)

注意：

① 若 S-H_2O 体系物质的活度大于 10^{-1}，反应式⑨不存在，而当 a_i 值较小时，如 $a_i=10^{-4}$或 10^{-6}时，反应式⑨才可能存在。

② 因为 S^0具有较高的经济价值，且 H_2S 具有毒性，所以为了确保硫以 S^0形式存在，而不以 H_2S 形式存在，需选取适宜的溶液 pH，以控制反应式⑥的逆向进行。关于 pH 上下限的确定方法介绍如下。

对于 pH 的上限：可由反应式⑤、⑦、⑧对应的直线交点确定。如当 $a_i=10^0$($i=SO_4^{2-}$、HS^-)时，$pH_{上限}=8.53$；当 $a_i=10^{-1}$时，$pH_{上限}=7.71$(见图 7-19)。

而对于 pH 的下限：可由反应式②、⑥、⑦对应的直线交点确定，但无论 $a_i=10^0$或 $a_i=10^{-1}$($i=H_2S_{(aq)}$、HS^-)时，$pH_{下限}=7.02$(见图 7-18 和图 7-19)。

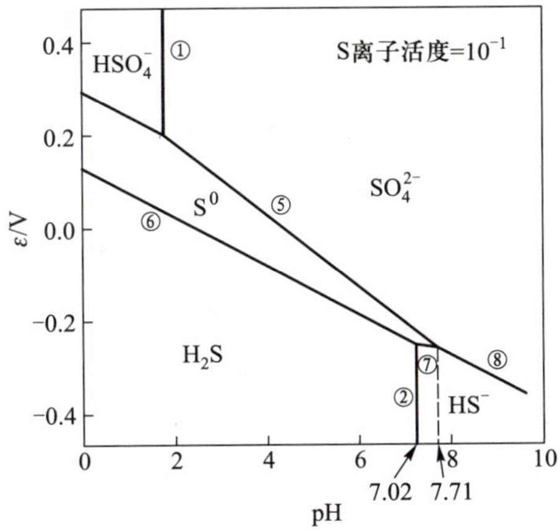

图 7-19 不同溶质活度条件下的 S-H_2O 系的电位-pH 图($a_i=10^{-1}$)

2. 金属-硫-H_2O 系

M-S-H_2O 系即为 MS-H_2O 系。图 7-20 为 M-S-H_2O 系的电位-pH 图。

注意：

① 存在氧化剂条件下，FeS_2不稳定，将氧化为 S^0、SO_4^{2-} 和 HSO_4^- 等。

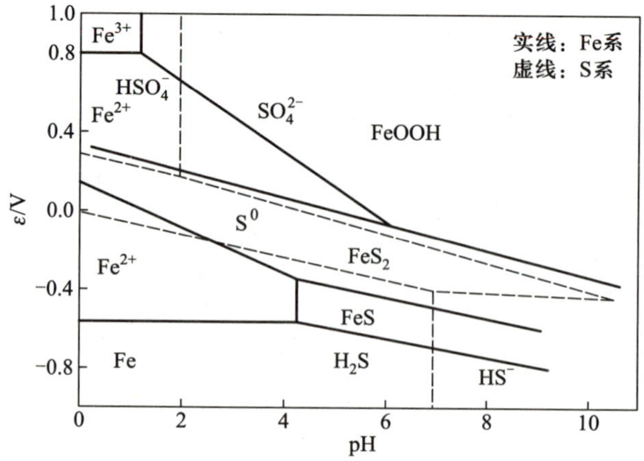

图 7-20　M-S-H_2O 系的电位-pH 图

② 对于 M-S-H_2O 系，为了获得 S^0 并抑制 H_2S 的生成，也存在溶液适宜 pH 的选取问题。

25 ℃、$a_{SO_4^{2-}} = a_{HSO_4^-} = 10^0\ mol \cdot kg^{-1}$、$a_{M^{n+}} = 10^0\ mol \cdot kg^{-1}$、$a_{H_2S(aq)} = 10^{-1}\ mol \cdot kg^{-1}$条件下，图 7-21 给出了不同金属-$H_2O$ 系 M^{n+} 和单质硫 S^0 稳定共存的 pH 范围（见表 7-2）。

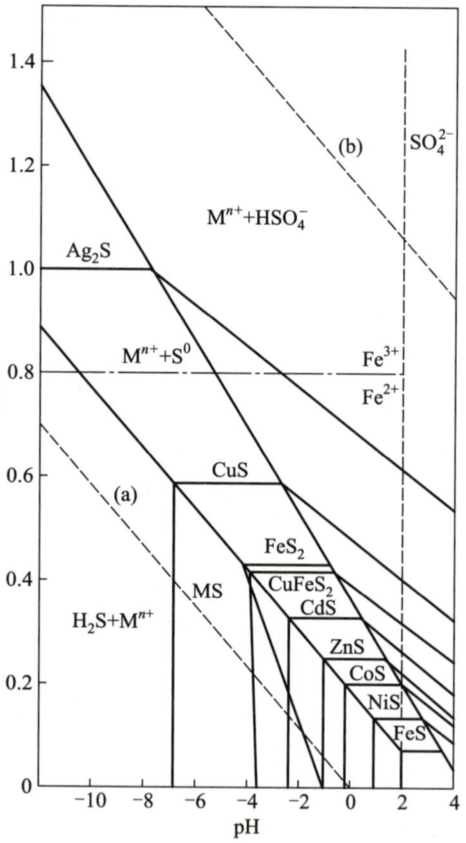

图 7-21　不同金属-H_2O 系 M^{n+} 和单质硫 S^0 稳定共存的 pH 范围

表 7-2 水溶液中金属硫化物与单质硫稳定存在区域

MS	FeS	Ni_3S_2	NiS	CoS	ZnS	CdS	$CuFeS_2$	FeS_2	Cu_2S	CuS
$pH_{上限}$	3.94	3.35	2.80	1.71	1.07	0.174	-1.10	-1.19	-3.50	-3.65
$pH_{下限}$	1.78	0.47	0.45	-0.83	-1.60	-2.60	-3.80	—	-8.04	-7.10
$\varepsilon^{\ominus}/V$	0.066	0.097	0.145	0.22	0.26	0.33	0.41	0.42	0.56	0.59

从图 7-21 可见，对于 CuS 矿 Cu^{2+} 与 S^0 共存 pH 范围为 -7.10～-3.65，此时的电极电位为 0.59 V。

3. M-配合物-H_2O 系

对于电极电位较高或说正电性较大的金属，如 Au、Ag 等贵金属，由于难以形成金属离子，因此多采用配合物形式降低其电极电位。

(1) 配位剂　作为配位剂，一般有 CN^-、Cl^- 等。以 CN^- 为例介绍金属-配合物-H_2O 系的电位-pH 图。

(2) 配位反应式

$$M^{n+}+zL \xlongequal{} (ML_z)^{n+} \tag{7-38}$$

式中，L 为配位剂，$(ML_z)^{n+}$ 为配位离子。

平衡常数 K_f：

$$K_f=\frac{a_{(ML_z)^{n+}}}{a_{M^{n+}}\cdot a_L^z} \tag{7-39}$$

(3) 配位反应对电位的影响　关于配位离子放电反应

$$(ML_z)^{n+}+ne^- \xlongequal{} M+zL \tag{7-40}$$

电极电位表达式为

$$\varepsilon_{(ML_z)^{n+}/M}=\varepsilon^{\ominus}_{(ML_z)^{n+}/M}+\frac{0.059\ V}{n}\lg\frac{a_{(ML_z)^{n+}}}{a_L^z} \tag{7-41}$$

式中，$\varepsilon^{\ominus}_{(ML_z)^{n+}/M}$是配位离子放电反应式(7-40)的标准电极电位，V。

关于配位离子放电反应式(7-40)标准电极电位 $\varepsilon^{\ominus}_{(ML_z)^{n+}/M}$ 确定方法如下。

对于标准态下的配位离子放电反应式(7-40)等价于

$$M^{n+}+ne^- \xlongequal{} M \tag{7-42}$$

只是反应式(7-42)中的 M^{n+} 活度是由配位离子 $(ML_z)^{n+}$ 解离平衡所控制的（这是由于配位反应速率很快，可以决定体系内有关物质的平衡浓度）。

$$(ML_z)^{n+} \xlongequal{} M^{n+}+zL \tag{7-43}$$

因为反应式(7-43)平衡常数 K_d（也称配合物不稳定常数）为

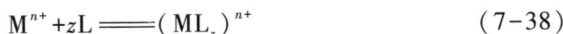

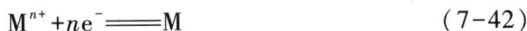

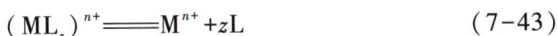

$$K_d=\frac{a_{M^{n+}}\cdot a_L^z}{a_{(ML_z)^{n+}}}=\frac{1}{K_f} \tag{7-44}$$

可见反应式(7-40)标准态下($a_L=1$、$a_{(ML_z)^{n+}}=1$),$a_{M^{n+}}=K_d$,因此配位离子放电反应的标准电极电位为

$$\varepsilon^{\ominus}_{(ML_z)^{n+}/M}=\varepsilon_{M^{n+}/M}=\varepsilon^{\ominus}_{M^{n+}/M}+\frac{0.059\ \mathrm{V}}{n}\lg a_{M^{n+}}\Big|_{a_{M^{n+}}=K_d} \tag{7-45}$$

可见,由于配位反应式(7-38)的存在,金属离子 M^{n+} 的浓度或活度显著降低,进而由式(7-45)可以定量给出金属离子 M^{n+} 活度的降低导致配位离子放电反应标准电极电位的下降值。例如,对于金属 Ag,

$$Ag^++e^-=\!=\!=Ag \tag{7-46}$$

由热力学数据知:银离子 Ag^+ 放电反应式(7-46)在 25 ℃时的标准电极电位 $\varepsilon^{\ominus}_{Ag^+/Ag}=0.799\ \mathrm{V}$,该数据是溶液中 $a_{Ag^+}=10^0\ \mathrm{mol\cdot kg^{-1}}$ 条件下的电位值,若通过配位反应使得溶液中 a_{Ag^+} 降低,假设 a_{Ag^+} 下降至 $a_{Ag^+}=10^{-10}\ \mathrm{mol\cdot kg^{-1}}$,则此时反应式(7-46)的电极电位 0.209 V 就是配位离子放电反应的标准电极电位值(见图 7-22)。

由于配位反应式(7-38)的反应趋势很大,即平衡常数很大,所以配合物的不稳定常数 K_d 较小,如对于 Ag 氰化的 $(K_d)_{Ag}=10^{-18.8}$。

因为标准态下 $a_{M^{n+}}=K_d$,所以配位离子放电反应的标准电极电位表达式(7-45)可改写为

$$\varepsilon^{\ominus}_{(ML_z)^{n+}/M}=\varepsilon^{\ominus}_{M^{n+}/M}+\frac{0.059\ \mathrm{V}}{n}\lg K_d$$

因此若已知配合物不稳定常数 K_d 就可以计算配位离子放电反应的标准电极电位 $\varepsilon^{\ominus}_{(ML_z)^{n+}/M}$。

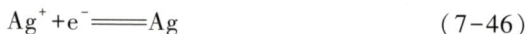

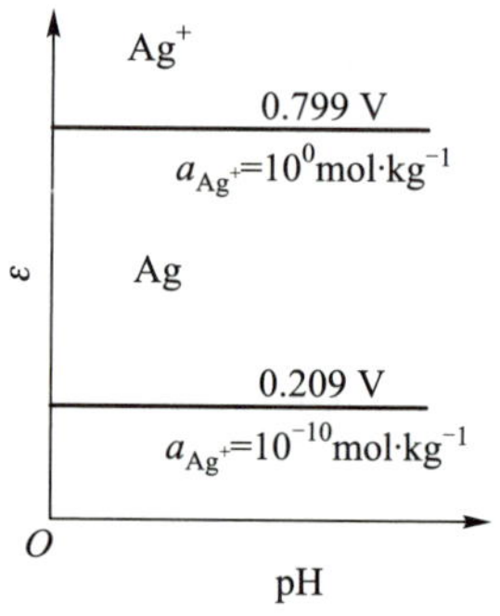

图 7-22 溶液金属 Ag^+ 浓度的降低导致 $\varepsilon_{Ag^+/Ag}$ 电位的下降

以 Ag 为例,已知 25 ℃温度条件下 $Ag^++e^-=\!=\!=Ag$,$\varepsilon^{\ominus}_{Ag^+/Ag}=0.799\ \mathrm{V}$,当 Ag 被氰化后形成配位离子 $[Ag(CN)_2]^-$,Ag 的氰化配位反应为

$$Ag+2KCN+\frac{1}{2}H_2O+\frac{1}{4}O_2=\!=\!=K[Ag(CN)_2]+KOH \tag{7-47}$$

Ag 氰化配位离子放电反应为

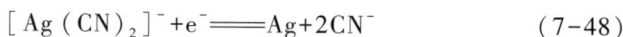

$$[Ag(CN)_2]^-+e^-=\!=\!=Ag+2CN^- \tag{7-48}$$

反应式(7-48)的电极电位表达式为

$$\varepsilon=\varepsilon^{\ominus}_{[Ag(CN)_2]^-/Ag}+\frac{0.059\ \mathrm{V}}{n}\lg\frac{a_{[Ag(CN)_2]^-}}{a^2_{CN^-}} \tag{7-49}$$

因为银氰化配合物的标准电极电位 $\varepsilon^{\ominus}_{[Ag(CN)_2]^-/Ag}$ 可写为

$$\varepsilon^{\ominus}_{[Ag(CN)_2]^-/Ag}=\varepsilon^{\ominus}_{Ag^+/Ag}+0.059\ \mathrm{V}\lg(K_d)_{Ag}\Big|_{(K_d)_{Ag}=10^{-18.8}}$$
$$=0.799\ \mathrm{V}-1.109\ \mathrm{V}$$
$$=-0.310\ \mathrm{V} \tag{7-50}$$

所以反应式(7-48)的电极电位[式(7-49)]可改写为

$$\varepsilon=-0.310\ \mathrm{V}+0.059\ \mathrm{V}\lg a_{[Ag(CN)_2]^-}-0.118\ \mathrm{V}\lg a_{CN^-} \tag{7-51}$$

采用类似于 pH 的定义方法定义 pCN，令

$$\mathrm{pCN}=-\lg a_{CN^-} \tag{7-52}$$

将 pCN 代入式(7-51)，则

$$\varepsilon=-0.310\ \mathrm{V}+0.059\ \mathrm{V}\lg a_{[Ag(CN)_2]^-}+0.118\ \mathrm{VpCN} \tag{7-53}$$

因此，根据式(7-53)可以制作关于银氰化配合物的电位-pCN 图。

(4) 配合物的电位-pCN 图　以金属银-配位剂(CN^-)-水系为例介绍配合物-水系的电位-pCN 图的制作过程。对于 $Ag-CN^--H_2O$ 系，25 ℃温度条件下其电极反应有

Ag^++CN^- ══ $AgCN$　① $K_{f1}=10^{13.8}$

即　$\mathrm{pCN}=13.8+\lg a_{Ag^+}$

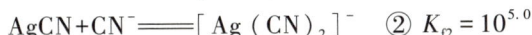

$AgCN+CN^-$ ══ $[Ag(CN)_2]^-$　② $K_{f2}=10^{5.0}$

即　$\mathrm{pCN}=5.0-\lg a_{[Ag(CN)_2]^-}$

或①+②，得

Ag^++2CN^- ══ $[Ag(CN)_2]^-$　③ $K_{f3}=10^{18.8}$

即　$\mathrm{pCN}=18.8-\lg\dfrac{a_{Ag^+}}{a_{[Ag(CN)_2]^-}}$

Ag^++e^- ══ Ag　④ $\varepsilon_4=0.799\ \mathrm{V}+0.059\ \mathrm{V}\lg a_{Ag^+}$

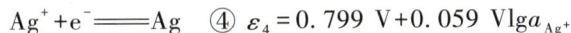

$AgCN+e^-$ ══ $Ag+CN^-$　⑤ $\varepsilon_5=-0.017\ \mathrm{V}+0.059\ \mathrm{VpCN}$

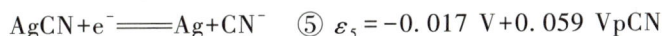

$[Ag(CN)_2]^-+e^-$ ══ $Ag+2CN^-$　⑥ $\varepsilon_6=-0.310\ \mathrm{V}+0.118\ \mathrm{VpCN}+0.059\ \mathrm{V}\lg a_{[Ag(CN)_2]^-}$

以电极电位为纵坐标，pCN 为横坐标对反应①、②、④、⑤、⑥作电位-pCN 图(见图 7-23)。

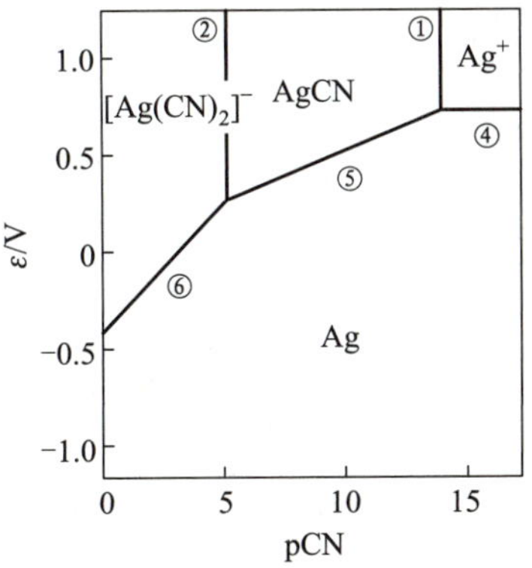

图 7-23　25 ℃温度条件下 $Ag-CN^--H_2O$ 系的电位-pCN 图($a_i=10^0$)

(5) pCN 与 pH 的换算　在实际应用中,有时需要将电位-pCN 图换算为电位-pH 图,因此有必要推导 pCN 与 pH 之间的关系式。当水溶液中含有配位剂 CN^- 时,将存在下列反应:

$$H^+ + CN^- \Longleftrightarrow HCN \tag{7-54}$$

已知 25 ℃时式(7-54)的平衡常数 $K_f = 10^{9.4}$,即

$$K_f = \frac{a_{HCN}}{a_{H^+} \cdot a_{CN^-}} = 10^{9.4} \tag{7-55}$$

结合实际生产,一般 NaCN 的添加量为 0.03%~0.08%,若按 0.05%计算,则 NaCN 的质量摩尔浓度 $b_{NaCN} = 10^{-2}$ mol·kg^{-1},因为反应式(7-54)中的 CN^- 和 HCN 均来自 NaCN,所以必然有

$$b_{HCN} + b_{CN^-} = (b_{CN})_{Total} = b_{NaCN} = 10^{-2}\ \text{mol} \cdot \text{kg}^{-1} \tag{7-56}$$

设活度与浓度相等,将式(7-55)代入式(7-56),得

$$(b_{H^+} \cdot b_{CN^-} \cdot K_f)\Big|_{K_f = 10^{9.4}} + b_{CN^-} = (b_{CN})_{Total} \tag{7-57}$$

整理得

$$b_{CN^-}(b_{H^+} \cdot 10^{9.4} + 1) = (b_{CN})_{Total} \tag{7-58}$$

取对数,并用 a_i 代替 b_i,得

$$\lg(a_{CN})_{Total} = \lg a_{CN^-} + \lg[(a_{H^+} \cdot 10^{9.4} + 1)] \tag{7-59}$$

将 pCN 及 pH 的定义式代入式(7-59),得

$$\begin{aligned}\lg(a_{CN})_{Total} &= -\text{pCN} + \lg\left[a_{H^+}\left(10^{9.4} + \frac{1}{a_{H^+}}\right)\right] \\ &= -\text{pCN} - \text{pH} + \lg(10^{9.4} + 10^{\text{pH}})\end{aligned} \tag{7-60}$$

整理,得

$$\text{pH} + \text{pCN} = 9.4 - \lg(a_{CN})_{Total} + \lg(10^{\text{pH}-9.4} + 1) \tag{7-61}$$

式(7-61)就是 25 ℃、$(CN)_{Total}$ 浓度为 10^{-2} mol·kg^{-1} 时的 pH 与 pCN 关系式。

使用式(7-61)作图(见图 7-24)即为 pCN 与 pH 的关系图。

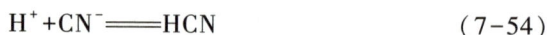

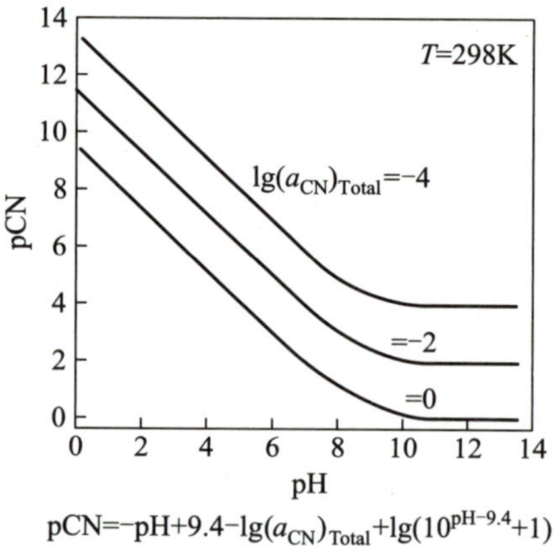

图 7-24　pCN 与 pH 的关系图

从图 7-24 可见：25 ℃时，

① 若 $pH<7.4$，$\lg(10^{pH-9.4}+1)\approx 0$，则 pCN 与 pH 之间呈线性关系：$pCN=9.4-\lg(a_{CN})_{Total}-pH$；

② 若 $pH>11.4$，$\lg(10^{pH-9.4}+1)\approx pH-9.4$，则 pCN 为定值：$pCN=-\lg(a_{CN})_{Total}$；

③ 当 $pH=7.4\sim11.4$，pCN 与 pH 关系按式(7-61)计算。

(6) 配合物-水系的电位-pH 图　以配合物$[Ag(CN)_2]^-$为例，介绍绘制$[Ag(CN)_2]^-$-H_2O 系的电位-pH 图的方法。

因为 pCN 和 pH 之间可以换算，所以可将图 7-23 所示的电位-pCN 图转换为电位-pH 图（见图 7-25）。

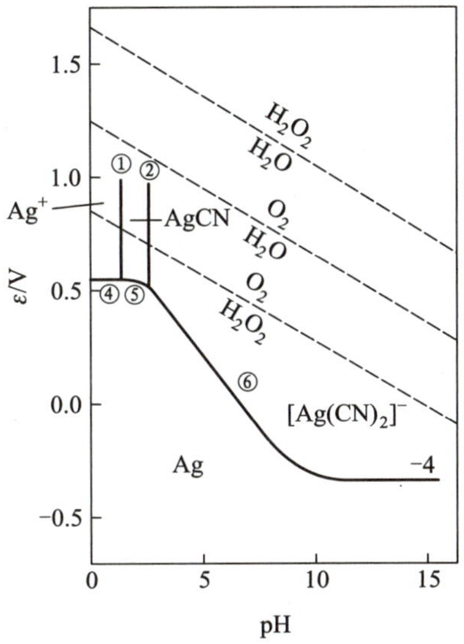

图 7-25　由图 7-23 的电位-pCN 图转换成的电位-pH 图

(7) 高温条件下的电位-pH 图　由热力学关系式知：

$$\Delta G^{\ominus}=\Delta H^{\ominus}-T\Delta S^{\ominus} \tag{7-62}$$

又因为

$$\Delta S^{\ominus}=\frac{\Delta H^{\ominus}}{T_m} \tag{7-63}$$

所以

$$\Delta G^{\ominus}=\Delta H^{\ominus}\left(1-\frac{T}{T_m}\right) \tag{7-64}$$

由于

$$\Delta H^{\ominus}=\int_{T_1}^{T_2}\Delta C_p \mathrm{d}T=f(T) \tag{7-65}$$

因此由式(7-64)可获得 $\Delta G^{\ominus}$的温度关系式，代入温度即可求得高温条件下的 $\Delta G^{\ominus}$，进而可以绘制高温条件下的电位-pH 图。由于篇幅限制，高温电位-pH 图的具体制作方法不再详述。

7.4.3 电位-pH 图应用

电位-pH 图广泛应用于浸出、净化和电沉积等湿法冶金领域。一般多采用电位-pH 图确定金属沉积、浸出与水溶液净化等工艺的操作参数。

① 金属沉积。设定适宜的电位及 pH 等条件,使工作点处于金属稳定区,即可实现金属的沉积。

② 浸出。使工作点(电位、pH)处于离子区即可,通常金属越活泼则对应的离子区就越大。

③ 净化。为了去除溶液中少量杂质,如欲去除某金属中的少量 Fe,可将工作点置于 $Fe(OH)_2$稳定区域,使 Fe 转化为 $Fe(OH)_2$沉淀除去,实现溶液的净化。

注意:金属电沉积时应注意控制阴极的电位,若控制不当,在阴极析出目标元素的同时还将析出 H_2,降低电流效率,增加电耗。

以下分别以电解精制铜为例介绍金属沉积和以 $Ni-H_2O$ 系为例介绍电位-pH 图在净化方面的应用,同时也将介绍电位-pH 图在金属防腐蚀方面的应用。

7.4.3.1 电解精制铜

电沉积(也称电解),常用于金属的精制,如铜的电解精制等。首先依据以下反应制作 $Cu-H_2O$ 系的电位-pH 图。

$$Cu^{2+}+2e^{-}=\!=\!=Cu \qquad ①$$

$$\varepsilon_1=0.337\ V+0.029\ 5\ Vlga_{Cu^{2+}}$$

$$Cu_2O+2H^{+}+2e^{-}=\!=\!=2Cu+H_2O \qquad ②$$

$$\varepsilon_2=0.471\ V-0.059\ VpH$$

$$2Cu^{2+}+H_2O+2e^{-}=\!=\!=Cu_2O+2H^{+} \qquad ③$$

$$\varepsilon_3=0.203\ V+0.059\ VpH+0.059\ Vlga_{Cu^{2+}}$$

$$2Cu^{2+}+H_2O=\!=\!=CuO+2H^{+} \qquad ④$$

$$pH=3.95-\frac{1}{2}lga_{Cu^{2+}}$$

$$2CuO+2H^{+}+2e^{-}=\!=\!=Cu_2O+H_2O \qquad ⑤$$

$$\varepsilon_5=0.670\ V-0.059\ VpH$$

依据式①~⑤,制作 $Cu-H_2O$ 系的电位-pH 图(见图 7-26)。

从图 7-26 可知,生产中应控制 pH 小于 2.0,否则工作点将进入 CuO 或 Cu_2O 区域,出现 CuO 或 Cu_2O 沉淀。因此电解铜时的电解液一般采用 $CuSO_4+H_2SO_4$混合溶液,pH=-0.9~-0.6,$a_{Cu^{2+}}=0.6\sim1.2\ mol\cdot kg^{-1}$。

电解时,分别将粗铜和精铜作为电解槽的阳极和阴极(见图 7-27),根据电位-pH 图(见图 7-28),通电前两电极的平衡电位均为 0.34 V(图 7-28 中 A 点),通电后,阳极电位升高达到 B 点,进入 Cu^{2+}稳定区域,使阳极铜发生溶解(即浸出)反应

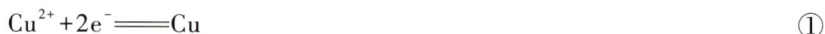

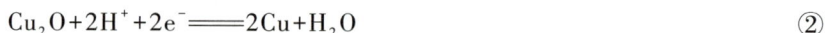

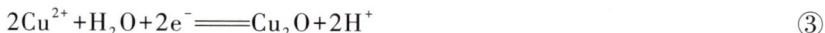

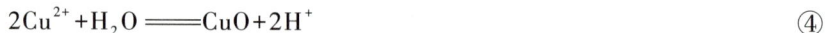

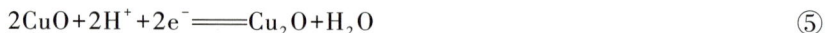

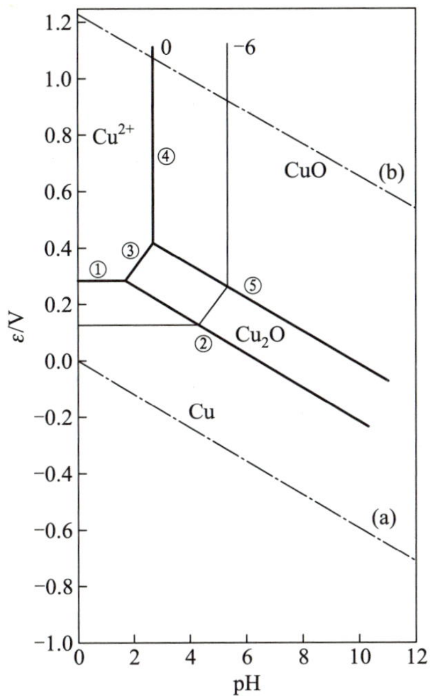

图 7-26　Cu-H_2O 系电位-pH 图

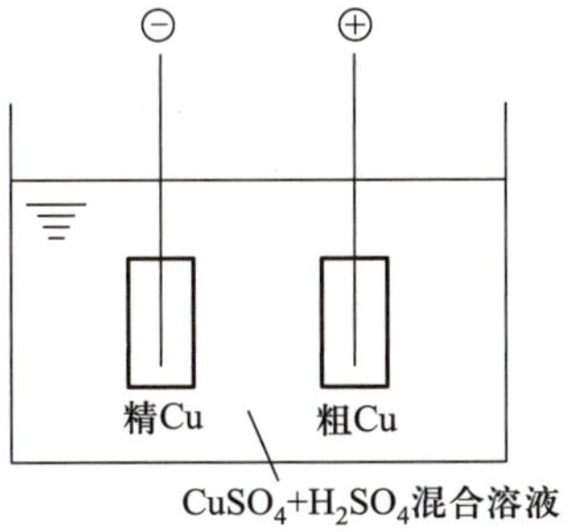

图 7-27　精制铜电解槽示意图

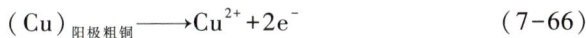

$$(Cu)_{阳极粗铜} \longrightarrow Cu^{2+} + 2e^- \tag{7-66}$$

阴极电位降低至 C 点，进入 Cu 稳定区域，Cu^{2+} 在阴极上获得电子发生 Cu 沉积反应：

$$Cu^{2+} + 2e^- \longrightarrow (Cu)_{阴极精铜} \tag{7-67}$$

综合阴极和阳极反应，获得总反应为

$$(Cu)_{阳极粗铜} = (Cu)_{阴极精铜} \tag{7-68}$$

因此电解过程就是将作为阳极的含杂质较多的粗铜转换为阴极的精铜的过程。

注意：

① 由于(b)线存在，正极电位不能高于(b)线，否则析出氧；

② 由于(a)线存在，若不考虑过电位（过电位参见 8.7 节），阴极电位不可低于(a)线，否则在阴极析出 Cu 的同时还要析出 H_2，不但影响精铜质量，而且降低电流效率，增加工序能耗。

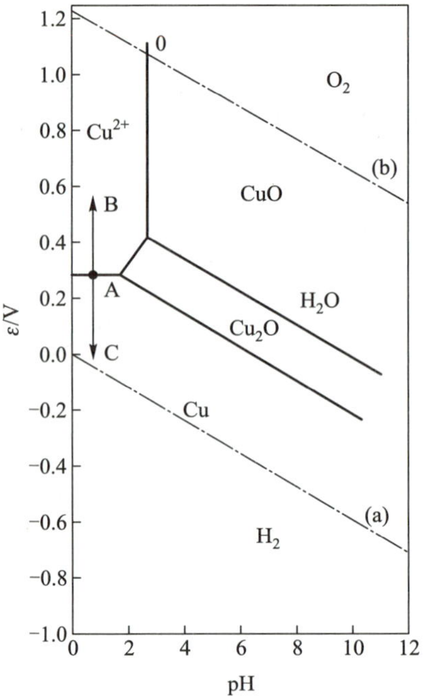

图 7-28 Cu-H_2O 系电位-pH 图

③ 要控制酸碱度，电解液的 pH 不能过大，如碱性过大，可能进入 Cu_2O 区域。

7.4.3.2 净化

在浸出过程中，有时目标元素以外的杂质元素也会被氧化以离子形式进入浸出液中，为了去除杂质离子，净化浸出液，一般可根据电位-pH 图，控制 pH、温度、电位（有时可通过添加氧化剂形式控制电位）等参数，使工作点处于杂质元素氧化物或氢氧化物的沉淀区域，即让杂质元素由离子状态转为沉淀物状态，从溶液中析出，从而实现净化浸出液的目的。以下介绍去除 Ni 离子溶液中少量 Fe 离子杂质的工艺参数选择依据。

对于 Ni 离子溶液中含有少量 Fe 离子杂质，因为是 Ni 的浸出液，所以 Ni 离子浓度较高，设 $a_{Ni^{2+}}=10^0\ mol\cdot kg^{-1}$，同时假设 $a_{Fe^{2+}}=10^0\ mol\cdot kg^{-1}$。根据电化学数据制作 Ni-$H_2O$ 系和 Fe-H_2O 系电位-pH 图，见图 7-29。

比较 $Ni(OH)_2/Ni^{2+}$ 线和 $Fe(OH)_2/Fe^{2+}$ 线，分别为

$$pH_{Ni(OH)_2/Ni^{2+}}=6.07-\frac{1}{2}\lg a_{Ni^{2+}} \tag{7-69}$$

和

$$pH_{Fe(OH)_2/Fe^{2+}}=6.65-\frac{1}{2}\lg a_{Fe^{2+}} \tag{7-70}$$

可见，在 $a_{Ni^{2+}}=10^0\ mol\cdot kg^{-1}$ 和 $a_{Fe^{2+}}=10^0\ mol\cdot kg^{-1}$ 浓度条件下，若通过控制 pH 大于 6.65 让 Fe^{2+} 以 $Fe(OH)_2$ 形式沉淀分离，则 Ni^{2+} 也必

将同时转变为 $Ni(OH)_2$ 沉淀，使得 Ni、Fe 无法分离。但是若将 Fe^{2+} 氧化成 Fe^{3+}，可以 $Fe(OH)_3$ 形式沉淀分离，因为此时 pH 的计算式为

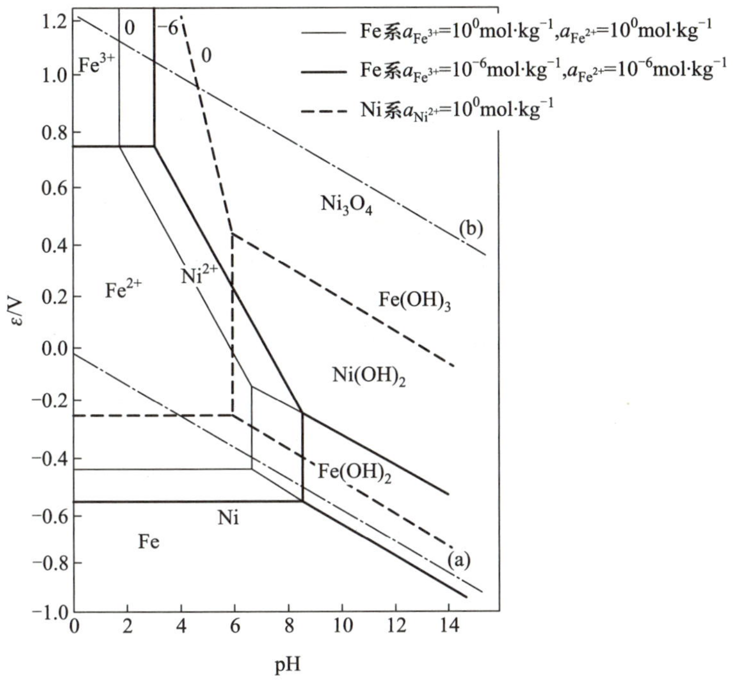

图 7-29　Ni-H_2O 系和 Fe-H_2O 系的电位-pH 图

$$pH_{Fe(OH)_3/Fe^{3+}} = 1.53 - \frac{1}{3}\lg a_{Fe^{3+}} \tag{7-71}$$

当 $a_{Fe^{3+}} = 10^0\ mol \cdot kg^{-1}$ 时，$pH_{Fe(OH)_3/Fe^{3+}} = 1.53$，因此只需将 pH 控制在 1.53～6.07 之间即可使 Fe^{3+} 转变为 $Fe(OH)_3$ 沉淀，而 Ni^{2+} 却依然保持离子状态，可实现 Fe 和 Ni 的分离和净化浸出液的目的。

另外，由式(7-71)可求得：若使 Fe^{3+} 浓度为 $10^{-6}\ mol \cdot kg^{-1}$，此时的 Fe^{3+} 与 $Fe(OH)_3$ 平衡 pH 为 3.53，因此控制 pH 范围为 3.53～6.07，仍可有效地去除 Fe 离子杂质，实现浸出液的深度净化。

7.4.3.3　金属腐蚀与防护(电化学腐蚀)

一般称金属稳定区域为保护区、离子稳定区域为腐蚀区、沉淀物稳定区域为钝化区。因此腐蚀就意味着金属浸出：

$$M \longrightarrow M^{2+}$$

产生腐蚀的原因：

① 存在外电压，使金属电位高于金属/金属离子平衡电位；

② 存在氧化剂 H^+ 或 O_2。

当 H^+ 存在时，若电位低于 H_2O/H_2 平衡线(a)，则发生“析氢腐蚀”，如 Zn 被酸腐蚀：

$$Zn + 2H^+ = Zn^{2+} + H_2$$

当 O_2 存在时，且电位低于 O_2/H_2O 平衡线(b)，则发生“吸氧腐蚀”，

如：

$$Zn+\frac{1}{2}O_2+2H^+ = Zn^{2+}+H_2O$$

1. 析氢腐蚀

对于析氢腐蚀反应，

氧化过程 $M \longrightarrow M^{n+}+ne^-$

或 $M+n\,OH^- \longrightarrow M(OH)_n+ne^-$

还原过程 $2H^+ +2e^- \longrightarrow H_2$

总反应为 $M+nH^+ = M^{n+}+\frac{n}{2}H_2$

或 $M+nH_2O = M(OH)_n+\frac{n}{2}H_2$

以下以具体事例说明析氢腐蚀现象（为了讨论方便，设金属离子浓度为 10^0 mol · kg^{-1}）。

对于 Fe，因为 Fe-H_2O 系电位-pH 图［图 7-30（a）］，从图可知，①②线均低于（a）线，所以在任何 pH 水溶液中铁总能发生析氢腐蚀，但是：

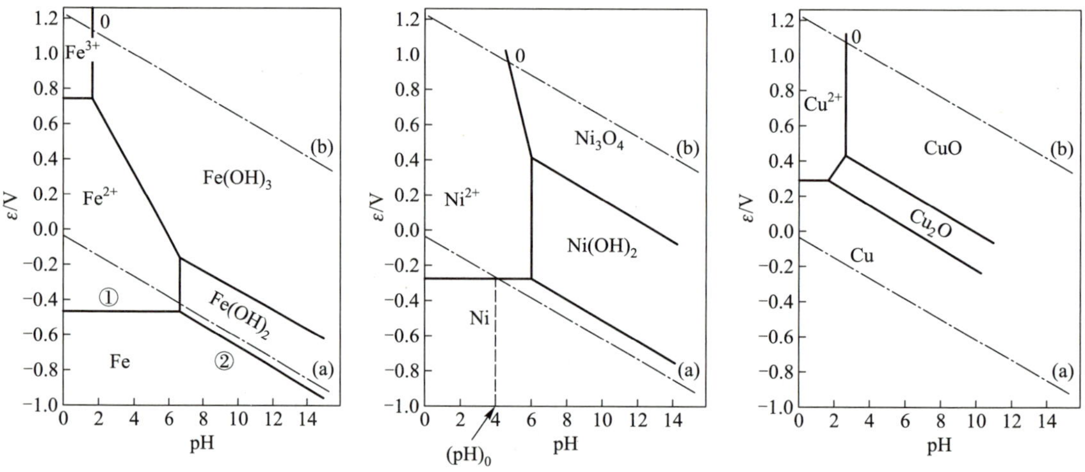

(a) Fe-H_2O系　(b) Ni-H_2O系　(c) Cu-H_2O系

图 7-30　M-H_2O 系电位-pH 图

当 pH≤6.65 时，金属 Fe 被腐蚀转变为 Fe^{2+}；

当 pH≥6.65 时，金属 Fe 被腐蚀转变为 $Fe(OH)_2$。

对于 Ni，金属 Ni-H_2O 系电位-pH 图［图 7-30（b）］可知，当 pH≤$(pH)_0$时将发生析氢腐蚀，而当 pH≥$(pH)_0$时由于电位高于（a）线，所以不会发生析氢腐蚀，也就是说金属 Ni 只有在 pH 较低的酸性溶液中才能被腐蚀。

对于 Cu，金属 Cu-H_2O 系电位-pH 图［图 7-30（c）］可知，无论 pH 处于何值，电位始终高于（a）线，所以对于金属 Cu 不会发生析氢腐蚀，也就是说金属 Cu 在酸中也很稳定,不被腐蚀。

2. 吸氧腐蚀

对于吸氧腐蚀反应,

氧化过程 $$M \longrightarrow M^{n+} + ne^-$$

或 $$M + nOH^- \longrightarrow M(OH)_n + ne^-$$

还原过程 $$\frac{n}{4}(O_2 + 4H^+ + 4e^- \longrightarrow 2H_2O)$$

总反应 $$M + \frac{n}{4}O_2 + nH^+ \longrightarrow M^{n+} + \frac{n}{2}H_2O$$

或 $$M + \frac{n}{4}O_2 + \frac{n}{2}H_2O \longrightarrow M(OH)_n$$

因为多数金属的电位低于(b)线,即处于 H_2O 稳定区域,因此在所有 pH 范围内,若有氧存在,一定会发生吸氧腐蚀。

3. 金属防腐的方法

由电位-pH 图可知,为了防止金属腐蚀,应从以下几个方面考虑。

(1) 将金属移出腐蚀区(离子区) 其手段有:

① 施加外电压,改变金属的电位值;

② 改变 pH;

③ 改变温度。

(2) 进入钝化区 在金属表面生成诸如氧化物的致密膜,防止金属进一步被腐蚀。

(3) 与氧化剂隔离 在金属表面镀层或涂防锈漆等,使金属与空气隔绝,防止金属发生吸氧腐蚀。

(4) 牺牲阳极法 将电位较低、易于腐蚀的金属与被保护金属连接在一起,共同处于电解液(即腐蚀环境)中构成电池:易于腐蚀的金属为阳极,被保护的金属为阴极。在遭遇腐蚀时阳极先被腐蚀,作为阴极的金属得到了保护。由于施加的阳极材料被腐蚀,故俗称牺牲阳极法。例如,对于金属 Fe 质管网的防腐,可采用施加 Zn 块的方法。

比较牺牲阳极法与施加外电压法两种方法的特点,归纳如下:

① 牺牲阳极法不需要外加电源,施加外电压法需要外加电源;

② 牺牲阳极法用活泼金属材料作阳极,施加外电压法使用惰性材料作阳极;

③ 牺牲阳极法消耗阳极材料,施加外电压法消耗电能;

④ 牺牲阳极法防腐规模较小,由于施加外电压法电流可调,保护范围较大。

7.5 熔盐及熔盐电化学

熔盐在冶金工业中得到了广泛的应用，为了科学合理地选择熔盐体系，本节主要介绍熔盐电化学的相关基础知识。

7.5.1 名词解释

7.5.1.1 熔盐

熔盐是指熔融状态的无机盐类。

在电位顺序中，极为活泼的金属不能从该金属盐类的水溶液中电解获得。例如，对于碱金属和碱土金属这类负电位较大的金属盐水溶液，因为碱金属或碱土金属盐类的分解电压大于水的分解电压，如果采用水溶液电解，水将先于碱金属或碱土金属盐类被电解，在阴极和阳极上只能有氢气和氧气析出，而金属并不能析出。即使是该金属在阴极上能析出，但由于其活泼性必然与水发生二次反应生成氢氧化物。因此，对于无法采用水溶液电解且难以采用热还原法冶炼的活泼金属，经常采用该金属熔盐或将该金属氧化物溶入熔盐中进行熔盐电解的方法来制取。应该说：熔盐的性质及其组成、金属离子和阴离子的性质都会影响电位顺序中各金属的相对位置。常见的熔盐有碱金属或碱土金属的卤化物、碳酸盐、硝酸盐、磷酸盐等。

7.5.1.2 熔盐电解

熔盐电解是用熔融盐作为电解质通过电解的方式提取或提纯金属的冶金过程。

与水溶液电解质一样，当金属与熔盐电解质接触时，两者之间将产生一定的电势差，即电极电势。在同一熔盐中插入两个电极，并施加一定的外电压，当电压达到一定的数值时，熔盐中的某些组分将分解，平衡状态下化合物开始分解的电压称为分解电压。

熔盐电解在 19 世纪初开始应用，随着熔盐电化学的迅速发展，至 19 世纪末期，熔盐电解铝、镁等轻金属的生产已达到工业规模。熔盐电解是某些金属主要的制备方法，如铝、钙、铍、锂、钠等，许多稀有金属也可用熔盐电解法制得，如钍、铌、锆、钽等。

7.5.1.3 熔盐电解质

熔盐电解质是离子熔体，有较高的电导率；在稍高于熔点温度条件下，晶体结构虽然由于热运动而松散、混乱，但在一定的距离内仍保持一定的有序性，为近程有序结构。

在熔盐电解中使用的熔盐电解质应具有较低的熔点，适当的黏度、密度和表面张力，足够高的电导率，以及较低的挥发性和不溶解目的金属等性质。一些常用熔盐在熔点附近时的物理化学性质示于表 7-3。

表 7-3　常见熔盐在熔点附近时的物理化学性质

熔盐	熔点 ℃	密度 $kg \cdot m^{-3}$	黏度 $mPa \cdot s$	电导率(对应温度) $\Omega^{-1} \cdot m^{-1}$(℃)	表面张力 $mN \cdot m^{-1}$	蒸气压 Pa
LiF	848	1 810	1.911	20.30(905)	235.7	1.2
NaF	996	1 948	1.520	401.0(1 000)	185.6	60.8
KF	858	1 910	1.339	414.0(860)	144.1	
LiCl	610	1 502	1.525 6	586.0(620)	126.5	3.9
NaCl	801	1 556	1.046 4	354.0(805)	114.1	45.3
KCl	771	1 527	1.116 3	242.0(800)	98.3	55.6
LiBr	552	2 528	1.814 1		109.5	
NaBr	747	2 342	1.476 6	306.0(800)	100.9	
KBr	734	2 127	1.249 8		90.1	
$LiNO_3$	253	1 781		86.7(265)	115.6	
$NaNO_3$	307	1 900	2.996	99.7(310)	116.3	
KNO_3	337	1 867	3.009	66.6(350)	111.2	
Li_2CO_3	720	1 836	7.43		244.2	
Na_2CO_3	858	1 972	4.06	237.0(850)	211.7	
K_2CO_3	891	1 896	3.01	212.0(950)	169.1	
Li_2SO_4	859	2 003			300.2	
Na_2SO_4	884	2 069	11.4	223.0(900)	192.6	
K_2SO_4	1 067	1 870		184.0(1 100)	142.6	
$MgCl_2$	714	1 680	2.197	170.0(800)	66.9	39.6
$CaCl_2$	775	2 085	3.338	267.0(800)	147.6	0.19

为了满足熔盐电解工艺对电解质的黏度、密度、熔点等要求，常使用由几种盐组成的混合物，它们比纯组分盐具有更低的熔点。一般说来，需通过实验选择和确定适宜的混合熔盐组成。通常，电解镁使用 $NaCl-KCl-CaCl_2-MgCl_2$、电解铝使用 $Na_3AlF_6-Al_2O_3$、电解钽使用 $K_2TaF_7-Ta_2O_5$、电解铍使用 $BeF_2-NaF-BaF_2$ 或 $NaCl-BeCl_2$ 混合熔盐电解质。常用的熔盐电解质组成示于表 7-4。

表 7-4 常用的熔盐电解质组成

熔盐	组成/%
铝电解的电解质	Na_3AlF_6(82% ~ 90%) - AlF_3(5% ~ 10%) - Al_2O_3(3% ~ 7%),添加剂(CaF_2、MgF_2、LiF 等,3% ~ 5%)
铝精炼的电解质(氟氯化物体系)	AlF_3(25% ~ 27%) - NaF(13% ~ 15%) - $BaCl_2$(50% ~ 60%) - NaCl(5% ~ 8%)
镁电解的电解质(电解氯化镁)	$MgCl_2$(10%) - $CaCl_2$(30% ~ 40%) - NaCl(50% ~ 60%) - KCl(6% ~ 10%)
锂电解的电解质	LiCl(60%) - KCl(40%)
钽电解的电解质	$K_2TaF_7-Ta_2O_5$
铍电解的电解质	$BeF_2-NaF-BaF_2$ 或 $NaCl-BeCl_2$

7.5.2 熔盐电解热力学

以下介绍与熔盐电解热力学有关的知识,包括熔盐相图、电极反应和分解电压。

7.5.2.1 熔盐相图

熔盐相图在熔盐理论研究和实际应用中具有重要意义,利用相图可以选择适宜的熔盐电解质体系及电解工艺参数。以下以电解铝为例介绍有关的熔盐相图。

前已述及,电解铝时使用的电解质主要由冰晶石(Na_3AlF_6)、氟化铝(AlF_3)和氧化铝(Al_2O_3)构成,其中冰晶石和氟化铝是熔剂,氧化铝是原料,但为了改善电解质的物理化学性质,通常还加入少量其他氟化物,如 CaF_2、MgF_2、LiF、NaF 等辅助电解质。由于冰晶石是由 NaF 和 AlF_3 合成的,因此 $NaF-AlF_3$ 二元系、$Na_3AlF_6-Al_2O_3$ 二元系以及 $Na_3AlF_6-AlF_3-Al_2O_3$ 三元系是铝电解质的基本体系。

(1) $NaF-AlF_3$ 二元相图　图 7-31 是 $NaF-AlF_3$ 二元相图,此二元系中有一个稳定化合物 Na_3AlF_6(冰晶石),熔点 1 010 ℃。固态下的冰晶石有三种晶格变化:分别是单斜晶系、立方晶系和六方晶系,其相变温度分别为 565 ℃和880 ℃。

根据给出的图 7-31,可以认为 $NaF-AlF_3$ 二元相图由 $NaF-Na_3AlF_6$ 和 $Na_3AlF_6-AlF_3$ 两个分二元系构成:$NaF-Na_3AlF_6$ 分二元系属于简单共晶型,共晶温度为 888 ℃;$Na_3AlF_6-AlF_3$ 分二元系中存在一个异分熔点化合物 $Na_5Al_3F_{14}$(亚冰晶石),亚冰晶石在 734 ℃发生包晶反应:

$$Na_3AlF_6+L = Na_5Al_3F_{14} \qquad (7-72)$$

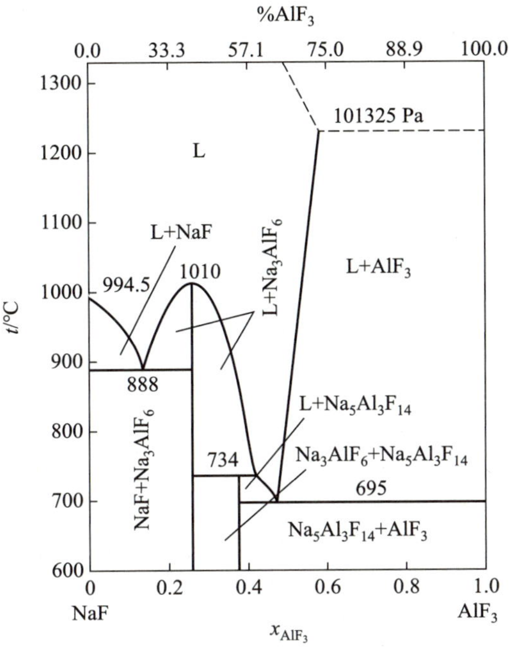

图 7-31　NaF-AlF_3 二元相图

此外,Na_3AlF_6-AlF_3 分二元系包含一个共晶点,共晶温度为 695 ℃。由于高浓度下的 AlF_3 具有较高的蒸气压,实际测定较为困难,因此高于 75% AlF_3 的 NaF-AlF_3 二元相图部分尚未被测定。

(2) Na_3AlF_6-Al_2O_3 二元相图　Na_3AlF_6-Al_2O_3 二元相图示于图 7-32。Na_3AlF_6-Al_2O_3 二元系为简单共晶型,共晶点的 Al_2O_3 含量为 10.0%~11.5%,共晶温度为 962.5 ℃。

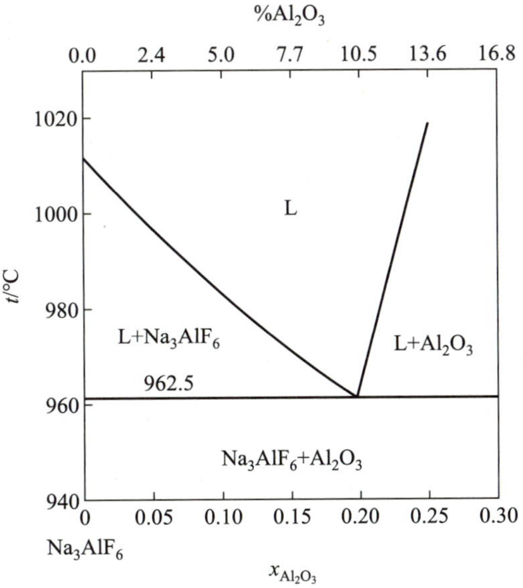

图 7-32　Na_3AlF_6-Al_2O_3 二元相图

(3) $Na_3AlF_6-AlF_3-Al_2O_3$ 三元相图　$Na_3AlF_6-AlF_3-Al_2O_3$ 三元系是研究铝电解的熔盐电解质热力学基础。但由于 AlF_3 的挥发性较大，$AlF_3-Al_2O_3$ 系的研究尚属空白，因此至今尚没有完整的 $Na_3AlF_6-AlF_3-Al_2O_3$ 三元相图，图 7-33 所示的是 $Na_3AlF_6-AlF_3-Al_2O_3$ 三元相图的局部。

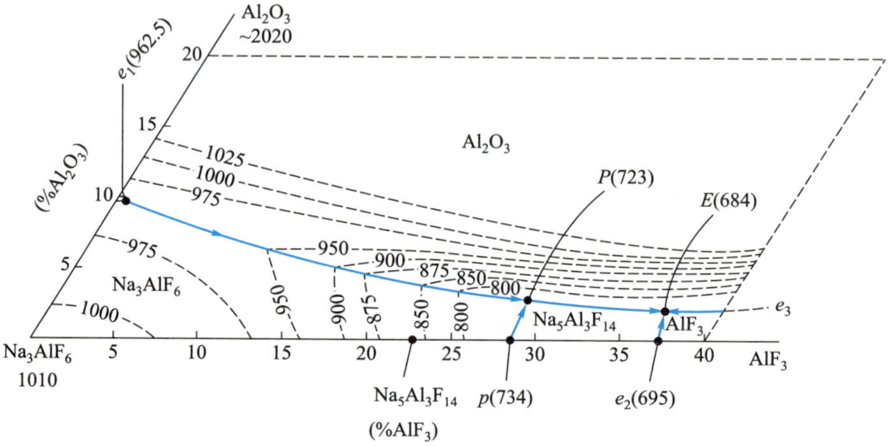

图 7-33　$Na_3AlF_6-AlF_3-Al_2O_3$ 三元相图(局部)

由图 7-33 可见，相图中共有 4 个初晶区，分别是 Na_3AlF_6、AlF_3、$Na_5Na_3F_{14}$和 Al_2O_3 的初晶区。4 条二元共晶线 e_1P、PE、e_2E、e_3E。1 条二元包晶线 pP，pP 线上的包晶反应为 $L+Na_3AlF_6 \rightarrow Na_5Al_3F_{14}$。1 个三元包晶点 P，其组成为($\%Na_3AlF_6$) = 67.3、($\%AlF_3$) = 28.3、($\%A1_2O_3$) = 4.4，温度为723 ℃。P 点的包晶反应生成亚冰晶石和氧化铝晶体：

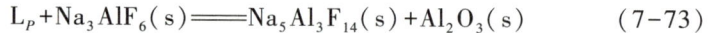

$$L_P+Na_3AlF_6(s) = Na_5Al_3F_{14}(s)+Al_2O_3(s) \qquad (7-73)$$

1 个三元共晶点 E，其组成为($\%Na_3AlF_6$) = 59.5、($\%AlF_3$) = 37.3、($\%A1_2O_3$) = 3.2，温度为 684 ℃。E 点的共晶反应是从熔体中同时析出亚冰晶石、氟化铝和氧化铝的晶体：

$$L_E = Na_5Al_3F_{14}(s)+Al_2O_3(s)+AlF_3 \qquad (7-74)$$

图 7-33 中还标出了相关二元系的共晶点和包晶点，其中 e_1 是 $Na_3AlF_6-Al_2O_3$ 二元系的共晶点(962.5 ℃)，e_2 和 p 分别是 $Na_3AlF_6-AlF_3$ 二元系的共晶点(695 ℃)和二元系的包晶点(734 ℃)，e_3 是 $AlF_3-Al_2O_3$ 二元系的共晶点(图中以部分虚线形式标出)。

由图 7-33 可以看出，在 $Na_3AlF_6-Al_2O_3$ 二元系中添加 AlF_3 后，使得冰晶石初晶温度下降。例如，添加 10% AlF_3 使 Na_3AlF_6 初晶温度降低约 20 ℃。因此在铝电解生产中，综合考虑熔化温度、黏度、电导、密度等物理化学性质，常采用的电解质组成为($\%Na_3AlF_6$) = 86～88、($\%AlF_3$) = 8～10、($\%A1_2O_3$) = 3～5，从相图可以读出此范围的初晶温度为 950～980 ℃，由于在冶炼时还需添加少量的 CaF_2 等添加剂，实际的初晶温度为 940~960 ℃，因此对于电解铝工艺，正常的电解质温度为 950~970 ℃。

7.5.2.2 电极反应

（1）阴极反应 熔盐电解过程中的阴极反应为目的金属离子在阴极上获得电子析出：

$$M^{n+}+ne^{-}\longrightarrow M \tag{7-75}$$

式中，M^{n+} 为金属离子，M 为金属，n 为得失电子数。

当熔盐温度高于目的金属熔点时，所得金属为液态。在工业生产中液态金属即可成为阴极表面，如电解铝。由于工艺要求及电解槽构造的不同，有时生成的液态金属需迅速离开阴极，如电解镁、锂、钠等。若熔盐温度低于金属熔点时，所得金属为固态。随着条件的不同，可以得到金属粉末、片状晶体或薄层覆盖物。熔盐电解法在高熔点金属制备中也有广泛的应用，如铍、锆、钽、铌、钍等都可采用熔盐电解方法制备。

（2）阳极反应 熔盐电解过程中的阳极反应一般为氯负离子放电析出氯气或氧负离子放电生成氧气，若阳极采用碳电极，氧负离子在阳极放电的同时生成 CO 或 CO_2 气体。

如在电解 $MgCl_2$ 制备金属 Mg 过程中，阳极反应为：

$$2Cl^{-}\longrightarrow Cl_2(g)+2e^{-} \tag{7-76}$$

如在以冰晶石为主的熔盐电解质中电解 Al_2O_3 制备金属 Al，因使用碳阳极，所以此时的阳极反应为：

$$2O^{2-}+C\longrightarrow CO_2(g)+4e^{-} \tag{7-77}$$

7.5.2.3 分解电压

一般说来，分解电压可由电流-电压曲线上的转折点近似获得，亦可由热力学计算求得。例如，在铝电解温度条件下，Al_2O_3 的分解电压可按以下步骤求出：

① 计算在铝电解温度（950 ℃）下反应 $Al_2O_3(s)\longrightarrow 2Al(l)+\frac{3}{2}O_2$ 的标准自由能变化：

$$\Delta G^{\ominus}=1\ 682\ 900-323.2T\mid_{T=1\ 223\text{K}}=1\ 287\ 630\ \text{Jmol}^{-1} \tag{7-78}$$

② 由 $E^{\ominus}=-\dfrac{\Delta G^{\ominus}}{nF}$ 关系式（取绝对值）计算求得分解电压为 2.22 V。

注意：该值是在氧分压为 101 325 Pa、Al_2O_3 溶解达到饱和并与固体 Al_2O_3 处于平衡的标准状态下 Al_2O_3 的理论分解电压。实际上，对于电池：Al(l)（阴极）| $Na_3AlF_6(Al_2O_3)$ | $O_2(g)$（阳极），其电池电动势的反向电压就是 Al_2O_3 的分解电压，若体系处于非标准状态，分解电压 E 计算式如下：

$$E=2.22-\frac{RT}{6F}\ln a_{Al_2O_3}+\frac{RT}{4F}\ln(p_{O_2}/p^{\ominus}) \tag{7-79}$$

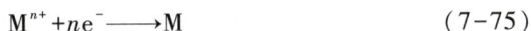

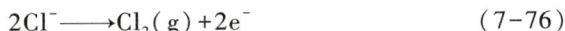

许多研究者测定了上述电池的电动势和 Al_2O_3 分解电压，其结果基本在 2.1~2.2 V 范围内，与理论值一致。

7.5.3 熔盐电解工艺

7.5.3.1 法拉第定律

法拉第定律描述了电极上通过的电荷量与电极反应物质量之间的关系，也称为电解定律，是电化学理论和电沉积技术的最基本定律。法拉第定律适用于任何温度和压力下的水溶液、非水溶液及熔盐的电解过程。

法拉第定律：在电极界面上发生化学变化物质的质量与通入的电荷量成正比。对单个电解池而言，在电解过程中，阴极上氧化物质析出的质量与所通过的电流强度和通电时间成正比。针对金属的电沉积质量可由式(7-80)计算：

$$M = K \cdot Q = K \cdot I \cdot t \tag{7-80}$$

式中，M 为析出金属的质量，g；K 为比例常数（电化当量或电化摩尔质量），g/C；Q 为通过的电荷量，C；I 为电流强度，A；t 为通电时间，s。

7.5.3.2 电流效率

实际电解工业中，由于物质或溶液纯度以及电解条件的控制存在一定的偏差，在电极上时常发生副反应、次级反应或自溶解过程，导致实际消耗的电量大于按照法拉第定律计算的理论电量，将两者之比定义为电流效率（η）。电流效率通常用百分数表示，其计算方法有以下两种：

① 当析出某物质数量一定时，

$$\eta = \frac{\text{按法拉第定律计算所需的电量}}{\text{实际消耗的电量}} \times 100\% \tag{7-81a}$$

② 当通过的电量一定时，

$$\eta = \frac{\text{电极上产生的实际质量}}{\text{按法拉第定律计算得到的产物质量}} \times 100\% \tag{7-81b}$$

通常，熔盐电解的电流效率要低于水溶液电解的电流效率。影响电流效率的因素有：

① 温度。温度过高将导致电流效率下降。这是由于温度升高，增加了金属在电解质中的溶解度，也加大了金属的挥发量等。但温度又不能过低，因为温度过低会使电解质黏度升高，使金属的机械损失增大。为了降低电解温度，同时又要保持电解质良好的流动性，实际电解生产中通常采用多组元混合熔盐的方法，如镁电解中所采用的电解质体系通常是四元系 $MgCl_2-CaCl_2-NaCl-KCl$。

② 电流密度。电解过程中，阳极或阴极上单位面积通过的电流称为电流密度（$A \cdot m^{-2}$），可用来反映电极反应速率的大小。通常，电流密度升高，电流效率提高，但是只能适可而止，因为电流密度过高，将会引起多

种离子共同放电，反而会降低电流效率。此外，电流密度过高，会使熔盐过热，导线和各接点处电压降增大，造成不必要的电能消耗。

③ 极间距离。金属产物的溶解速度与极间距离有关。增大极间距离，加长了阴极溶解下来的金属向阳极区扩散的路程，减少了金属溶解的损失，使得电流效率提高。但是，极间距离过大，电解质内的电压降也会增加，增大电能消耗。所以，必须在改善电解质导电率的前提下调整极间距离。

④ 电解槽结构。电解槽内的结构可直接影响槽内电解质循环对流状态、阳极气体从槽内排出状况以及对槽内温度、电解质浓度的均匀程度等，因此电解槽结构对电流效率将产生很大影响。应该说，合理的电解槽结构（槽型）是提高电流效率的重要途径之一。

⑤ 电解质组成。因为熔盐的密度、黏度、电导率、金属的溶解度、表面张力、蒸气压、迁移数等物理化学性质直接受电解质组成的影响，因此电解质的组成势必对电流效率产生影响。其中，电解质对金属的溶解是导致电流效率下降的主要因素之一。此外，析出的金属可能会从熔盐中置换出其他金属，也会对电流效率产生影响。

7.5.3.3 熔盐电解的电极过程

（1）阴极　在熔盐电解中，若金属产品以液态形式存在，有利于电解质与金属的分离、产品的浇铸，也有利于提高阴极电流密度。在制取高熔点金属时，为了避免阴极产品为固态金属，可在阴极上直接生产合金，如以铝为阴极生产 Al-Ti 合金。另外，某些金属化学性质非常活泼，为了避免电解过程中该金属发生二次反应，或者为了减少该金属在熔盐中溶解，一般采用惰性金属阴极，使目的金属与电极生成合金，然后再进行分离，如电解金属 Ca 时，采用 Cu 阴极，通过电解 $CaCl_2$ 使之生成 Cu-Ca 合金，然后用真空蒸馏的方法从 Cu-Ca 合金中获得纯钙。

（2）阳极　前已述及，阳极反应主要有两种：一种是阳极上氯离子放电和析出氯气，代表性的熔盐电解过程是镁电解、钙电解和锂电解，另一种是阳极上氧离子放电生成氧气或采用碳阳极时生成 CO 或 CO_2，代表性的熔盐电解过程是铝电解和稀有金属电解。另外，熔盐电解过程的过电位（有关过电位的概念参见第 8 章第 7 节）主要由阳极产生，如在铝电解过程中，阴极过电位很小，不足 0.1 V，但阳极过电位达 0.4～0.5 V；在钠电解过程中，阴极的钠析出过电位仅 0.04 V，而在阳极上的氯气析出过电位却达 0.2 V。另外，当阳极产物是气体时，气泡在逸出过程中对电解质形成强烈的搅拌，这种搅拌有利于电解质成分的均匀混合，但有时会在阳极表面形成气膜，增加电极表面的电阻，升高阳极的过电位。

7.5.3.4 熔盐电解工艺常用术语

由于熔盐电解是一门工艺科学，具体内容将在专业课教学中介绍。这里仅以铝电解为例，介绍一些有关熔盐电解工艺的常用术语。

(1) 辅助电解质　为了提高熔盐电导率或者促进目的金属与熔盐分离等,有时需添加一些其他无机盐调整熔盐的物理化学性质,应注意的是,添加的无机盐应具备自身不分解且分解电压大于目的金属盐的特点,这种无机盐称为辅助电解质。

(2) 电解温度　电解温度取决于电解质的熔点,对于铝电解工艺通常选择的电解温度比熔点高 10~20 ℃。前已述及,目前电解铝的电解质初晶温度为 940~960 ℃,所以电解温度设为 950~970 ℃。由于铝的熔点仅为 660 ℃,电解温度明显高于这一数值,较高的电解温度将增大 Al 在电解质中的溶解损失,因此降低电解温度是铝电解工艺的努力改进方向之一。

(3) 阳极效应　熔盐电解在采用不溶性阳极条件下,正常生产时,阳极产生的气体可连续从电极表面逸出,但如果电流密度提高到某一定值(临界电流密度),由于阳极产生气体的速率过快,阳极将被未及时逸出的气膜所覆盖,妨碍了电极与电解质之间接触,导致槽电压急剧上升,这一现象称为阳极效应。

对于铝电解生产,若发生阳极效应现象,可采用将铝液泼在阳极上的方法,使阳极和阴极短路或将阳极上下移动使之与铝液接触,消除阳极效应。

(4) 金属雾　当电解温度高于某一极限值时,阴极上析出的熔融金属以一种特有的颜色溶解进入熔盐,这种状态恰如在熔融金属表面上有雾笼罩,故称金属雾。关于金属雾的颜色,铝-冰晶石呈白色,$Pb-PbCl_3$ 呈黄褐色,Ag-AgCl 呈黑色,Na-NaCl 呈红褐色,$Zn-ZnCl_2$ 呈蓝色等。金属雾的生成将降低电流效率、增加能耗,实际生产中一般采用加入电位更负的局外离子的方法,降低金属的溶解度,避免金属雾的产生。

习题

1. 什么叫作熔锍?有什么特性?写出造锍的主要反应。

2. 铜吹炼可直接得到粗铜,而冰镍吹炼为什么不能直接得到金属镍?请依据热力学理论说明。

3. 为什么说“造锍熔炼时产出的锍品位越高,渣中铜的溶解损失就越大”?

4. 什么叫作吹炼?吹炼有几个周期?

5. 请写出铜的造锍熔炼过程中造锍和造渣的主要反应。

6. 为什么铝、镁、钠等轻金属冶炼使用熔盐电解方法,而不能采用水溶液电解方法?

7. 镍锍($FeS\cdot Ni_3S_2$)吹炼的目的是去[S]保[Ni]。已知,$[S]+2NiO(s)═SO_2(g)+2[Ni]$,$\Delta G^\ominus=(244\ 560-122.93\ T/K)\ J\cdot mol^{-1}$([Ni]选纯物质为标准态,$\gamma\approx1$;[S]选假想质量分数 1%为标准态,$f\approx1$);[%Ni] = 70 ($x_{Ni}=0.595$),[%S] = 21.2 ($x_S=0.333$),$p_{O_2}=p^\ominus$,$p_{SO_2}=0.7p^\ominus$,$T=$

1 200 ℃。

问:(1) 以上条件能否达到吹炼目的?

(2) T=1 700 K 时,能否达到吹炼目的?

(3) $\frac{[\%S]}{[\%Ni]}=\frac{21.2}{70}$降至$\frac{[\%S]}{[\%Ni]}=\frac{0.1}{91.1}$($x_{Ni}=0.915$),反应继续进行,温度至少应达到多少开尔文以上?

(4) 对于(3)问,当吹炼温度 T=2 000 K 时,p_{SO_2}应控制在多少?

8. 已知 T=298 K 时,Ni-H_2O 发生下列反应:

① $Ni^{2+}+2e^{-}=\!=\!=Ni$

$\varepsilon=-0.24\ V+0.030\ V\lg a_{Ni^{2+}}$

② $Ni^{2+}+2H_2O=\!=\!=Ni(OH)_2+2H^{+}$

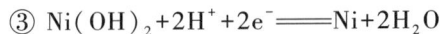

$pH=6.37\ V-0.5\ V\lg a_{Ni^{2+}}$

③ $Ni(OH)_2+2H^{+}+2e^{-}=\!=\!=Ni+2H_2O$

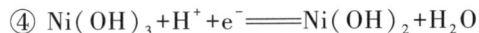

$\varepsilon=0.108\ V-0.059\ VpH$

④ $Ni(OH)_3+H^{+}+e^{-}=\!=\!=Ni(OH)_2+H_2O$

$\varepsilon=1.48\ V-0.059\ VpH$

⑤ $Ni(OH)_3+3H^{+}+e^{-}=\!=\!=Ni^{2+}+3H_2O$

$\varepsilon=2.23\ V-0.177\ VpH-0.059\ V\lg a_{Ni^{2+}}$

(1) 试绘出 Ni-H_2O 系的电位-pH 图;

(2) 标出各反应所对应的线以及各区域的稳定相。

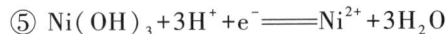

9. 图 7-34 所示为某金属元素 M 在 100 ℃时的 M-H_2O 系的电位-pH 图。

已知:

$HMO_2^{-}=\!=\!=MO_2^{2-}+H^{+}$ ① $\lg\frac{a_{[MO_2^{2-}]}}{a_{[HMO_2^{-}]}}=-13.14+pH$

$M^{2+}+2H_2O=\!=\!=HMO_2^{-}+3H^{+}$ ② $\lg\frac{a_{[HMO_2^{-}]}}{a_{[M^{2+}]}}=3pH-26.71$

$M^{2+}+e^{-}=\!=\!=M^{+}$ ③ $\varepsilon=0.153\ V+0.059\ V\lg\frac{a_{[M^{2+}]}}{a_{[M^{+}]}}$

$MO_2^{2-}+4H^{+}+e^{-}=\!=\!=2H_2O+M^{+}$ ④ $\varepsilon=2.510\ V-0.236\ VpH$

$HMO_2^{-}+3H^{+}+e^{-}=\!=\!=M^{+}+2H_2O$ ⑤ $\varepsilon=1.73\ V-0.177\ VpH$

(1) 写出图中 a、b、c、d、e 对应的平衡式。

(2) 写出图中 A、B、C、D 稳定区对应的物质。

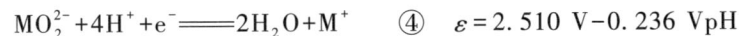

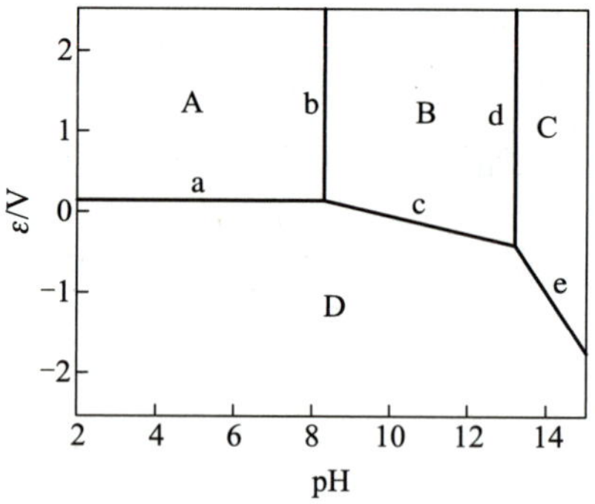

图 7-34 M-H_2O 系电位-pH 图(T=373 K)

第 8 章　冶金反应动力学基础及应用

8.1　概　述

动力学一般分为微观动力学和宏观动力学。微观动力学是动力学的基础,多指均相反应,如气-气反应。宏观动力学属于非均相反应,非均相反应在微观动力学基础上还受流体流动、传热和传质等影响,解析较为复杂。冶金反应基本是非均相反应,最简单的非均相反应有:

① 气-固相反应,如铁矿石还原、碳的燃烧、石灰石分解等反应。

② 液-液相反应,如冶金过程中熔渣-金属界面间的脱硫反应。

③ 气-液相反应,如钢液中脱碳反应 $[C]+[O]=CO(g)$ 和气泡冶金的脱气过程。

④ 液-固相反应,如钢液的凝固或钢的熔化过程,焦炭与熔渣反应等。

⑤ 固-固相反应,由于固-固相之间接触面积有限,一般要通过气体或液体作为媒介才能发生反应。例如,高炉内焦炭还原铁矿石,就是借助碳的气化反应,先将焦炭转化为气体 CO,再由 CO 还原铁矿石。

8.1.1　动力学的功能

为了确认动力学的功能,首先确认热力学的功能。热力学具有两大功能:

① 确定指定过程自发进行的条件;

② 确定指定过程的最大进行限度。

与热力学两大功能相比,动力学也具有两大功能:

① 确定指定过程的反应速率;

② 明确反应机理或明确指定过程的限制性环节。

如渣-金之间的脱硫反应

$$[S]+(O^{2-})=(S^{2-})+[O]$$

属于液-液间多相反应,图 8-1 是脱硫反应过程的示意图,可见脱硫过程由以下 5 个环节构成:

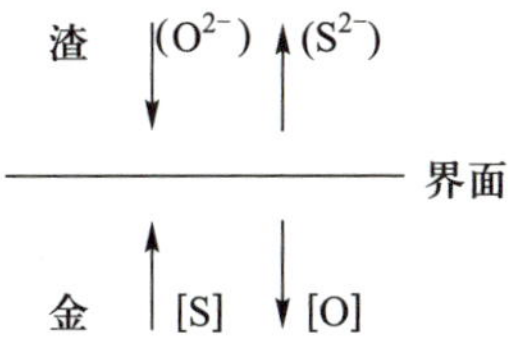

图 8-1　脱硫反应过程的示意图

① 反应物[S]从金属液内部扩散至

界面；

② 反应物(O^{2-})从熔渣内部扩散至界面；

③ 界面上发生化学反应：$[S]+(O^{2-})=\!=\!=(S^{2-})+[O]$；

④ 生成物(S^{2-})从界面向熔渣内部扩散；

⑤ 生成物[O]从界面向铁液内部扩散。

根据反应温度、熔渣黏度、反应物与生成物的扩散速率等具体条件，5个环节中反应进程速率最慢或说基元过程阻力最大的环节就是脱硫全过程的限制性环节，如判定(S^{2-})在熔渣中的扩散为限制性环节，则称此脱硫过程由熔渣中(S^{2-})扩散所控制，若要提升整体的脱硫反应速率就应该从提高(S^{2-})在熔渣中的扩散着手。分析限制性环节的过程称为确定反应机理的过程。分析指定过程反应机理时，若发现该过程由几个反应速率相当的环节控制，则称该过程为“混合控制”。

8.1.2 热力学与动力学之间的相互关系

① 热力学可行的指定过程，动力学不一定可行；

② 热力学不可行的指定过程，探讨动力学无意义。

8.2 动力学基础理论

8.2.1 化学反应速率

化学反应可分为简单反应和复杂反应：由单一反应构成的反应称为简单反应；由多个反应构成的反应称为复杂反应。

8.2.1.1 简单反应

1. 反应速率通式

对于简单反应 $A \longrightarrow B$，因为反应速率与反应物 A 物质浓度的 n 次幂成正比，即

$$-\frac{\mathrm{d}c_A}{\mathrm{d}t} \propto c_A^n \tag{8-1}$$

所以反应速率通式为

$$-\frac{\mathrm{d}c_A}{\mathrm{d}t} = kc_A^n \tag{8-2}$$

式中，k 为反应速率常数，由阿伦尼乌斯(Arrhenius)公式确定：

$$k = A\exp\left(-\frac{E}{RT}\right) \tag{8-3}$$

式中，A 为频率因子、E 为活化能$(\mathrm{J \cdot mol^{-1}})$，两者可由碰撞理论或过渡状态理论获得。

简单反应的速率式、反应级数及浓度与时间的关系列于表 8-1。

表 8-1 简单反应的速率式、反应级数及浓度与时间的关系

速率式	反应级数		浓度与时间关系
$-\dfrac{dc_A}{dt}=kc_A^n$	$n=0$	零级	$c_A=c_{A0}-kt$
	$n=1$	一级	$c_A=c_{A0}\exp(-kt)$
	$n=2$	二级	$\dfrac{1}{c_A}-\dfrac{1}{c_{A0}}=kt$

2. 半衰期

$c_A=\frac{1}{2}c_{A0}$时对应的反应时间称为半衰期 $t_{\frac{1}{2}}$。半衰期的表达式与反应级数 n 的取值有关:当 $n=1$ 时的半衰期为

$$t_{\frac{1}{2}}=\frac{\ln 2}{k}=\frac{0.693}{k} \tag{8-4}$$

当 $n\neq1$ 时的半衰期为

$$t_{\frac{1}{2}}=\frac{2^{n-1}-1}{(n-1)kc_{A0}^{n-1}} \tag{8-5}$$

所以若 $n=0$,则 $t_{\frac{1}{2}}=\frac{c_{A0}}{2k}$;

若 $n=2$,则 $t_{\frac{1}{2}}=\frac{1}{kc_{A0}}$。

8.2.1.2 复杂反应

常见的复杂反应有对峙反应、平行反应和连串反应。

1. 对峙反应

对峙反应的形式为

$$A \longleftrightarrow B \tag{8-6}$$

反应速率式

$$-\frac{dc_A}{dt}=k_1\left(c_A-\frac{c_B}{K}\right) \tag{8-7}$$

式中,$K=\frac{k_1}{k_2}$为对峙反应式(8-6)的平衡常数;k_1与 k_2分别为正、逆反应速率常数。

2. 平行反应

反应形式:

$$A \xrightarrow{k_1} B \quad A \xrightarrow{k_2} C \tag{8-8}$$

反应速率的微分表达式:

$$-\frac{dc_A}{dt}=(k_1+k_2)c_A \tag{8-9}$$

反应速率的积分表达式:

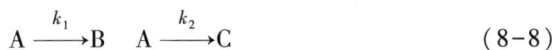

$$\ln \frac{c_A}{c_{A0}} = -(k_1+k_2)t \tag{8-10}$$

作为平行反应的特点，任意时刻总有

$$\frac{c_B}{c_C} = \frac{k_1}{k_2} = 常数 \tag{8-11}$$

3. 连串反应

反应形式：

$$A \xrightarrow{k_1} B \xrightarrow{k_2} C \tag{8-12}$$

高炉风口处氧元素的变化过程就是典型的连串反应，即 $O_2 \xrightarrow{+C} CO_2 \xrightarrow{+C} 2CO$

反应速率式：

$$-\frac{dc_A}{dt} = k_1 c_A \tag{8-13}$$

$$\frac{dc_B}{dt} = k_1 c_A - k_2 c_B \tag{8-14}$$

$$\frac{dc_C}{dt} = k_2 c_B \tag{8-15}$$

由式(8-13)求得

$$c_A = c_{A0} e^{-k_1 t} \tag{8-16}$$

将式(8-16)代入式(8-14)，得到一阶线性非齐次微分方程：

$$\frac{dc_B}{dt} = k_1(c_{A0} e^{-k_1 t}) - k_2 c_B \tag{8-17}$$

由于对于一阶线性非齐次方程$\frac{dc_B}{dt} + p(t)c_B = Q(t)$的通解为

$$c_B = e^{-\int p(t)dt}\left[\int Q(t) e^{\int p(t)dt} dt + C\right] \tag{8-18}$$

式中，C 为积分常数。

因为

$$p(t) = k_2$$

$$Q(t) = k_1(c_{A0} e^{-k_1 t})$$

代入式(8-18)并应用初始条件：

$$t = 0 \text{ 时}, c_B = 0$$

得到特殊解：

$$c_B = c_{A0} \frac{k_1}{k_2 - k_1}(e^{-k_1 t} - e^{-k_2 t}) \tag{8-19}$$

将式(8-19)代入式(8-15)，并利用 $c_C|_{t=0} = 0$ 的初始条件，得

$$c_C = c_{A0}\left(1 - \frac{k_2}{k_2 - k_1} e^{-k_1 t} + \frac{k_1}{k_2 - k_1} e^{-k_2 t}\right) \tag{8-20}$$

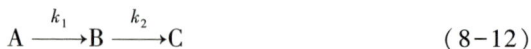

将式(8-16)、式(8-19)、式(8-20)所示的 c_A、c_B、c_C 各物质随时间的变化按 $\left(\frac{c_i}{c_{A0}}\right)-t(i=A、B、C)$ 作图，见图 8-2。

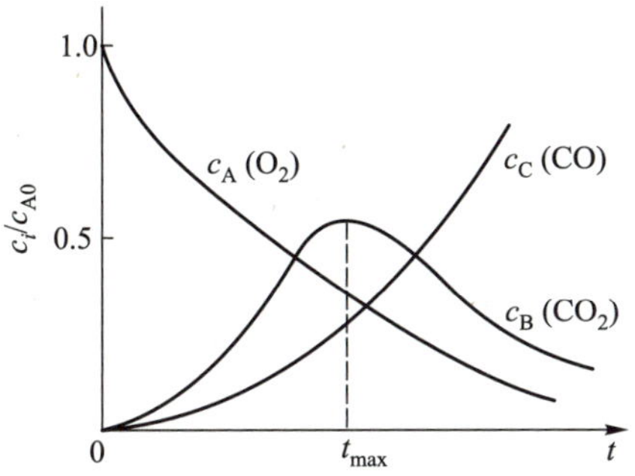

图 8-2　高炉风口前各物质随时间的变化规律

从图 8-2 可见，B 物质的浓度 c_B 存在极大值：

$$c_{B,max}=c_{A0}\left(\frac{k_1}{k_2}\right)^{\frac{k_2}{k_2-k_1}} \tag{8-21}$$

对应 B 物质为极大值时间为

$$t_{max}=\frac{\ln(k_2/k_1)}{k_2-k_1} \tag{8-22}$$

在 $k_2/k_1=0.5$ 的特殊条件下，

$$c_{B,max}=\frac{c_{A0}}{2}$$

$$t_{max}=\frac{2\ln 2}{k_1}$$

8.2.2　扩散或对流传质速率

8.2.2.1　扩散传质速率

扩散传质速率一般由菲克(Fick)定律确定。

1. 一维稳态传质

扩散通量 $J(\mathrm{mol\cdot m^{-2}\cdot s^{-1}})$

$$J=-D\frac{\mathrm{d}c}{\mathrm{d}x} \tag{8-23}$$

式(8-23)称为菲克(Fick)第一定律，特征是稳态过程，单位时间内任意微元体内的物质积累量为零，即微元体内

流入量=流出量

2. 一维非稳态传质

微元体内的物质积累量≠0，即

流入量≠流出量

► 人物录38. 菲克

阿道夫·尤金·菲克(Adolf Eugen Fick)，医生和生理学家。1829 年 9 月出生于德国卡塞尔市。1855 年提出了菲克扩散定律，适应于气体通过液体膜的扩散。

则由菲克(Fick)第二定律描述物质浓度随时间的变化率:

$$\frac{\partial c}{\partial t}=-\frac{\partial}{\partial x}\left(-D\frac{\partial c}{\partial x}\right)\bigg|_{D\neq f(x)}=D\frac{\partial^2 c}{\partial x^2} \tag{8-24}$$

若$\frac{\partial c}{\partial t}=0$,式(8-24)可退化为菲克第一定律形式。

3. 三维非稳态传质

浓度对时间的变化率由式(8-25)表示:

$$\frac{\partial c}{\partial t}=D\left(\frac{\partial^2 c}{\partial x^2}+\frac{\partial^2 c}{\partial y^2}+\frac{\partial^2 c}{\partial z^2}\right)=D\nabla^2 c \tag{8-25}$$

4. 浓度变化曲线

一维半无限大扩散过程属于一维非稳态过程,浓度变化曲线示于图 8-3。若设 $t=0$ 初始浓度为 c_0,$t=t$ 时 x 点处的浓度为 c,则

$$\frac{c-c_0}{c^*-c_0}=1-erf\left(\frac{x}{2\sqrt{Dt}}\right) \tag{8-26}$$

式中,$erf(x)=\frac{2}{\sqrt{\pi}}\int_0^x \exp(-t^2)\,\mathrm{d}t$ 为高斯误差函数;c^* 为界面浓度,$\mathrm{mol\cdot m^{-3}}$。

初始条件 $t=0,x\geqslant 0,c=c_0$;边界条件 $t>0,x=0,c=c^*$,

$$x=\infty \qquad c=c_0$$

进而由式(8-26)确定$\frac{\partial c}{\partial x}$并计算 $J\big|_{x=x}$。

注意:因为是非稳态过程,积累量≠0,所以当 x 不同时,J 亦不同。

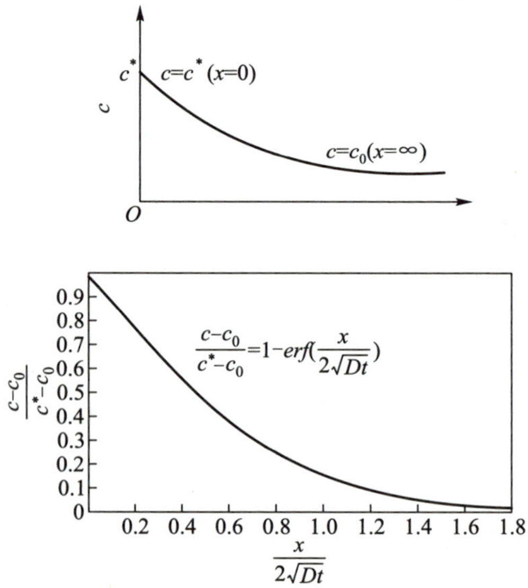

图 8-3 一维非稳态过程浓度变化曲线

8.2.2.2　对流传质速率

静止介质中的传质是通过分子的扩散进行的，而流动介质中的传质除了分子扩散传质同时还存在由流动产生的传质，因此流动介质中的传质是两者叠加的结果。

1. 对流传质通量

对流传质通量表达式为

$$J=D\frac{\partial^2 c}{\partial x^2}+v_x c \tag{8-27}$$

式中，J 为传质的通量，$mol\cdot m^{-2}\cdot s^{-1}$；$v_x$ 为流动介质 x 方向的流速，$m\cdot s^{-1}$。

若通过式（8-27）求得 $c=f(x)$，即可由

$$J=-D\frac{\partial c}{\partial x}\bigg|_{x=0} \tag{8-28}$$

确定对流传质通量 J。但是对于式（8-27）难以得到解析解，因此一般采用

$$J=\beta(c-c^*) \tag{8-29}$$

式中，β 为传质系数，$m\cdot s^{-1}$。

传质系数 β 是流体流速 u、黏度 η、密度 ρ、i 物质的扩散系数 D_i 及温度 T 等因素的函数：

$$\beta=f(u,\eta,\rho,D_i,T) \tag{8-30}$$

2. β 的确定方法

通常，确定传质系数 β 的方法有模型法和量纲分析法两种。

（1）模型法

① 边界层理论法：边界层分为速度边界层、温度边界层和物质扩散边界层。

速度边界层：流动流体与静止固体之间，流体流速由流体内部 u 到固体表面 0 的薄层，即存在速度梯度的薄层称为速度边界层。

温度边界层：传热时介质中存在温度梯度的薄层称为温度边界层。

物质扩散边界层：介质中存在浓度梯度的薄层称为物质扩散边界层。

由于边界层厚度的确定非常困难，一般采用“有效边界层”的概念。如图 8-4 所示，定义有效边界层厚度 $\delta_{有效}$ 为：在 c^* 处做切线，得到该切线与 $c=c_\infty$ 延长线上的交点 R，则线段 OR' 距离（Δx）就定义为有效边界层厚度。

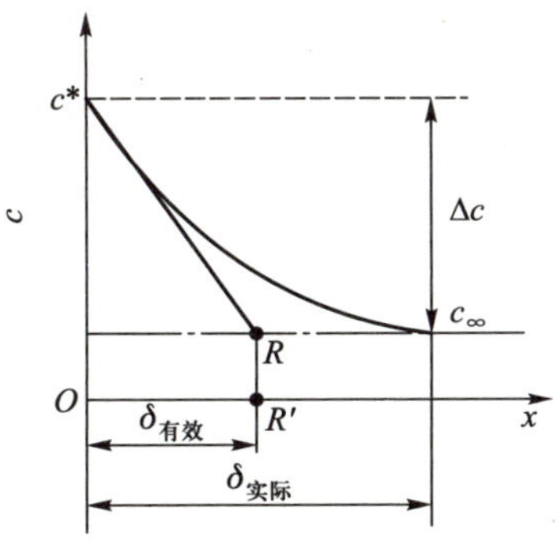

图 8-4　实际边界层和有效边界层示意图

有效边界层的数学描述如下：

$$\delta_{有效}=\frac{\Delta c}{\left(\frac{\partial c}{\partial x}\right)_{x=0}} \tag{8-31}$$

$$\left(\frac{\partial c}{\partial x}\right)_{x=0}=\frac{|c_{\infty}-c^{*}|}{\delta_{有效}}=\frac{\Delta c}{\Delta x} \tag{8-32}$$

式中,c 为物质的量浓度,$mol \cdot m^{-3}$。

有效边界层厚度 $\delta_{有效}$ 的特点:

(ⅰ)$\delta_{有效}$ 随流速的增加而变薄,使 $\delta=0$ 的最小流速称为临界流速 $u_{临}$。

(ⅱ)减薄 $\delta_{有效}$ 可减小扩散阻力,当 $u \geqslant u_{临}$ 时,扩散阻力为0。此时反应速率不受扩散影响。

(ⅲ)关于边界层理论法确定传质系数 β,因为浓度边界层内的传质过程可以用Fick第一定律描述,即

$$J=-D\frac{\Delta c}{\Delta x}=-\frac{D}{\delta}\Delta c \tag{8-33}$$

所以令 $\beta=\frac{D}{\delta}(m \cdot s^{-1})$,则式(8-33)可改写为

$$J=\beta(c_{\infty}-c^{*}) \tag{8-34}$$

可见边界层理论法是把对流传质问题简化为分子扩散传质的形式。

例1 对于渣铁间脱硫反应,已知初始铁水中含硫量 $[\%S]_0=0.80$,渣铁界面硫的平衡浓度 $[\%S]_{平}=0.0139$,并已知硫在铁水中的扩散系数 $D_S=3.9\times10^{-10}\ m^2 \cdot s^{-1}$,铁水密度 $\rho=7.2\times10^3\ kg \cdot m^{-3}$,在铁水深度 $L=0.0234\ m$ 处测得不同时间的硫含量 $[\%S]$ 为

t/min	0	10	20	30	40	50
[%S]	0.8	0.263	0.113	0.065	0.044	0.023

求硫在铁水中的传质系数及边界层厚度。

解: 因为

$$J=\beta(c_{\infty}-c^{*})\xrightarrow{任意时刻}\beta(c-c^{*}) \quad ①$$

又因为

$$J=-\frac{1}{A}\frac{dn}{dt}=-\frac{1}{A}\frac{d(Vc)}{dt} \quad ②$$

式中,n 为硫的物质的量,mol;A 为渣铁接触面积,m^2;V 为铁水的体积,m^3;

由于①=②,所以

$$\frac{1}{A}\frac{d(Vc)}{dt}=-\beta(c-c^{*})$$

即

$$\frac{dc}{c-c^{*}}=-\beta\frac{A}{V}dt$$

积分：

$$\int_{c=c_0}^{c} \frac{\mathrm{d}c}{c - c^*} = -\beta \frac{A}{V} \int_0^t \mathrm{d}t$$

$$\ln \frac{c-c^*}{c_0-c^*} = -\beta \frac{A}{V} t = -\frac{\beta}{L} t$$

式中，L 为铁水深度，m。

若将 L 深度、不同时刻测得的[%S]换算成物质的量浓度，加之 t，L，c_0，c^* 均已知，所以 β 可求。

进而绘制 $\ln \frac{c-c^*}{c_0-c^*}-t$ 曲线，如图 8-5，利用最小二乘法求得回归直线的斜率，即 $\frac{\beta}{L}=-1.27\times10^{-3}$，由此求出 $\beta=2.97\times10^{-5}$ m·s^{-1}。

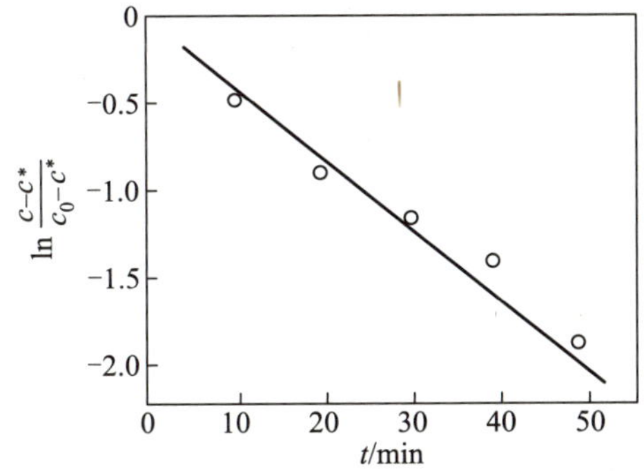

图 8-5　$\ln \frac{c-c^*}{c_0-c^*}-t$ 关系曲线

进一步由 $\delta_{有效}=\frac{D}{\beta}$ 求出有效浓度边界层厚度：$\delta_{有效}=0.13$ mm。

② 表面更新理论（也称溶质浸透模型）：表面更新理论与边界层理论的差别在于：表面更新理论认为流体表面不存在静止层，而是由内部移来的微元不断更新界面。一个微元体运动到界面，发生非稳态扩散使本身浓度变化并离开界面，而后再有新的微元体到来，重复上一个微元传质现象（见图 8-6）。

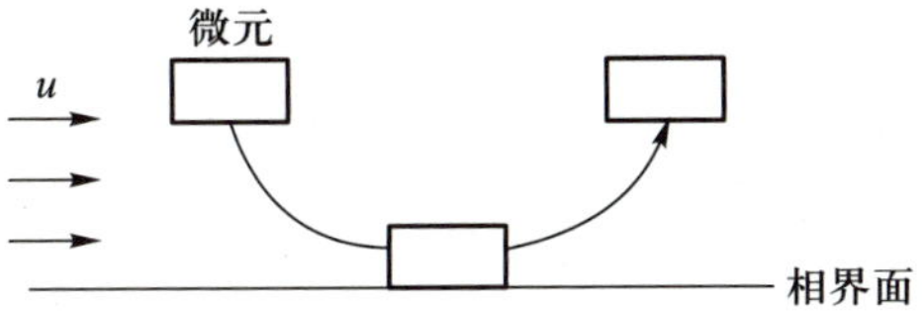

图 8-6　表面更新理论的示意图

表面更新理论的特点在于：微元在界面停留时间极短，微元在相界面可以认为是一维“半无限大扩散”过程，因此扩散通量为

$$J=-D\left(\frac{\partial c}{\partial x}\right)_{x=0}$$

前已述及,半无限大扩散的浓度分布为[见式(8-26)]:

$$\frac{c-c_0}{c^*-c_0}=1-erf\left(\frac{x}{2\sqrt{Dt}}\right)$$

式中, $erf(x)=\frac{2}{\sqrt{\pi}}\int_0^x \exp(-t^2)\mathrm{d}t$, 所以

$$\left.\frac{\partial c}{\partial x}\right|_{x=0}=(c^*-c_0)\frac{\partial}{\partial x}\left(-\frac{2}{\sqrt{\pi}}\int_0^{\frac{x}{2\sqrt{Dt}}}\mathrm{e}^{-t^2}\mathrm{d}t\right)$$

$$=-\frac{2(c^*-c_0)}{\sqrt{\pi}}\exp\left[-\left(\frac{x}{2\sqrt{Dt}}\right)^2\right]\cdot\left.\frac{1}{2\sqrt{Dt}}\right|_{x=0}$$

$$=-\frac{c^*-c_0}{\sqrt{\pi Dt}}$$

所以

$$\left.J\right|_{x=0}=-D\left(\frac{\partial c}{\partial x}\right)_{x=0}$$

$$=+D\frac{c^*-c_0}{\sqrt{\pi Dt}}$$

$$=\sqrt{\frac{D}{\pi t}}(c^*-c_0)$$

因此,微元体在平均停留时间 τ_e 的平均扩散通量为

$$\left.\bar{J}\right|_{x=0}=\frac{1}{\tau_e}\int_0^{\tau_e}\left.J\right|_{x=0}\mathrm{d}t$$

$$=\frac{1}{\tau_e}\int_0^{\tau_e}\sqrt{\frac{D}{\pi t}}(c^*-c_0)\mathrm{d}t$$

$$=2\sqrt{\frac{D}{\tau_e\pi}}(c^*-c_0)$$

令 $\beta=2\sqrt{\frac{D}{\pi\tau_e}}$,则

$$\left.\bar{J}\right|_{x=0}=\beta(c^*-c_0)$$

关于 τ_e 的确定,考察气泡在钢液中的上浮过程(见图 8-7),若气泡直径为 d,上浮速度为 u,则对于某固定液体点与气泡的接触时间为 $\frac{d}{u}$,所以 $\tau_e=\frac{d}{u}$,当 $t>\frac{d}{u}$ 时,气泡就被更新了,所以 β 是可求的。

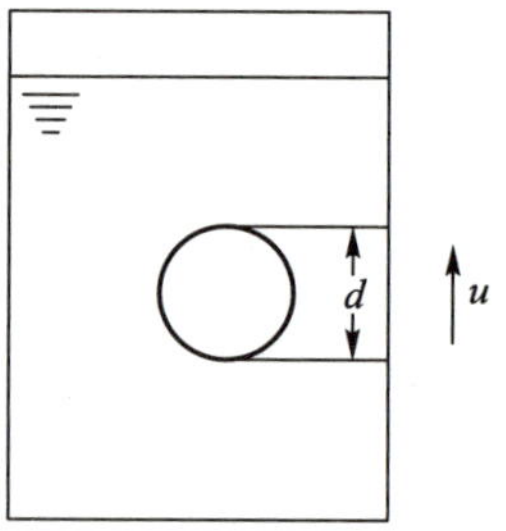

图 8-7 对于上浮气泡的停留时间的确定

(2) 量纲分析法 利用量纲一的准数关系

确定 β 的方法称为量纲分析法。关于准数之间的数学关系需由试验确定。

涉及传质系数 β 的准数为舍伍德(Sherwood)数 Sh:

$$Sh=\frac{\beta L}{D} \tag{8-35}$$

▶ 人物录 39. 舍伍德

托马斯·基尔戈·舍伍德(Thomas Kilgore Sherwood),美国著名化学工程师。1903 年 7 月生于美国俄亥俄州哥伦布市。舍伍德是美国国家工程院创始成员,美国文理科学院、国家科学院、国家工程院院士。1923 年获得麦吉尔大学学士学位,之后进入美国麻省理工学院攻读博士学位。取得博士学位一年后成为伍斯特理工学院助理教授,1930 年回到麻省理工学院任教授和工程院院长。

▶ 人物录 40. 雷诺

奥斯本·雷诺(Osborne Reynolds),英国皇家学会院士。1842 年 8 月出生于爱尔兰贝尔法斯特。雷诺在曼彻斯特大学度过了整个研究生涯,是英国流体力学领域杰出人物,其固液流体传热之间的研究为锅炉和冷凝器的改进提供了理论依据。1868 年被任命为曼彻斯特欧文斯学院教授。1877 年当选为英国皇家学会院士并获得 1888 年英国皇家勋章。

▶ 人物录 41. 施密特

施密特(Ernst Heinrich Wilhelm Schmidt),德国热力学专家。1892 年出生于吕纳堡。1919 年施密特在慕尼黑获得电气工程文凭。1920 年在慕尼黑科技大学应用物理实验室任助理,1937 至 1945 年间任德国布伦瑞克工业大学发动机学院教授。1945 至 1952 年任布伦瑞克大学热力学主席。他所发明的施密特数 $Sc=\frac{u}{\rho D}$,是表征流体物理化学性质的准数。

▶ 人物录 42. 兰兹

威廉·兰兹(William E. Ranz),1922 年生于美国俄亥俄州。兰兹 1947 年获得辛辛那提大学化学工程学士学位,于 1948 年和 1950 年在威斯康星大学麦迪逊分校获得化学工程硕士和博士学位,1952 至 1953 年间在剑桥大学做博士后。在明尼苏达大学其研究的溶胶技术、喷嘴性能、湍流混合和过程工程处于领先地位。由于兰兹卓越的教学成就,1965 年获得明尼苏达大学杰出教学奖。

式中，L 为代表尺寸，m；D 为扩散系数，$m^2 \cdot s^{-1}$。

对于单个球体（见图 8-8），

$$Sh=\frac{\beta L}{D}=2.0+0.6\,Re^{1/2}Sc^{1/3} \tag{8-36}$$

式中，L 为球的直径，m；Re 为雷诺数，$Re=\frac{uL\rho}{\mu}$；Sc 为施密特数，$Sc=\frac{\mu}{\rho D}$。

通常把式（8-36）称为 Ranz-Mashall 公式。

对于群体球的填充床：如高炉内球团填充床，舍伍德数的表达式为

$$Sh=\frac{\beta L}{D}=2.0+0.39\,Re^{1/2}Sc^{1/3} \tag{8-37}$$

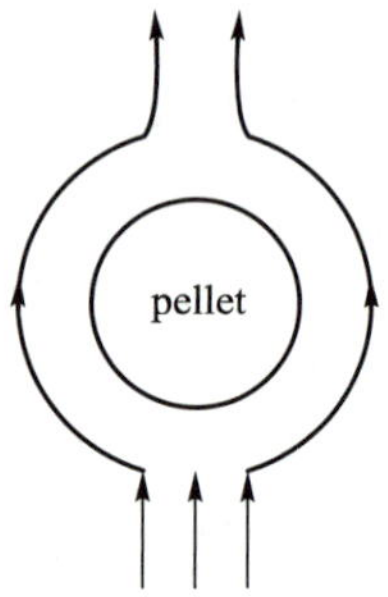

图 8-8 单个球体在流体介质中传质系数的确定

例 2 816 ℃、101 325 Pa 条件下，求算使用气流速度 $0.153\ m \cdot s^{-1}$ 的 CO 气体还原 $d=1.27\times10^{-2}$ m 单个氧化球团时 CO 的传质系数。已知：球团表面气体成分 95%CO，5%CO_2，816 ℃温度条件下，$\mu_{CO_2}=4.4\times10^{-5}\ Pa \cdot s$，$\mu_{CO}=4.2\times10^{-5}\ Pa \cdot s$，$D_{CO}=1.44\times10^{-4}\ m^2 \cdot s^{-1}$。

解：因为是单球，所以利用式（8-36）

$$Sh=\frac{\beta L}{D}=2.0+0.6Re^{1/2}Sc^{1/3}$$

又因为

$$Re=\frac{uL\rho}{\mu}$$

ρ 和 μ 均为混合气体的物性值，由于具有加和性，即

$$\rho=\frac{M}{V}\bigg|_{n=1\ mol}=M_{CO+CO_2}\cdot\frac{p}{RT}=(95\%M_{CO}+5\%M_{CO_2})\cdot\frac{p}{RT}=0.32\ kg \cdot m^{-3}$$

$$\mu=x_{CO}\mu_{CO}+x_{CO_2}\mu_{CO_2}=4.21\times10^{-5}\ Pa \cdot s$$

所以

$$Re=\frac{uL\rho}{\mu}\bigg|_{L=1.27\times10^{-2}\ m}=14.8$$

同理

$$Sc=\frac{\mu}{\rho D_{CO}}\bigg|_{D_{CO}=1.44\times10^{-4}\ m^2 \cdot s^{-1}}=0.91$$

因此

$$Sh=2.0+0.6Re^{1/2}Sc^{1/3}=4.24$$

所以求得

$$\beta=\frac{D}{L}Sh=4.81\times10^{-2}\ m \cdot s^{-1}$$

8.3 气-固相反应

生产实践中经常会遇到气-固相之间的反应，如铁矿石还原、氧化物或碳酸盐分解、碳的燃烧、金属被氧化，等等。对于气-固相反应的动力学模型一般有未反应核模型、多孔物料反应模型、核缩小模型、半无限大板状物体的反应速率模型等。受篇幅所限，以下仅介绍未反应核模型和半无限大板状物体的反应速率模型。

关于未反应核模型，假设：

① 固体反应物为球形；

② 固体生成物与固体反应物体积相等；

③ 忽略生成物(气体)的逆扩散；

④ 反应为一级可逆反应；

⑤ 稳态过程。

8.3.1 未反应核模型的建立

以铁矿石还原为例，介绍未反应核模型的建立过程。

采用 CO 气体还原铁矿石(球团)，若按一般的情况考虑，球团由 Fe_2O_3 还原为 Fe_3O_4，再还原为 FeO，最终为 Fe，为多界面反应，基本原理虽然与单界面一样但数学处理比较繁杂，因此这里假设球团由纯 FeO 构成，纯 FeO 的还原属于单界面反应。还原反应为

$$FeO+CO = Fe+CO_2 \tag{8-38}$$

对于单界面反应的还原气体浓度分布示于图 8-9。

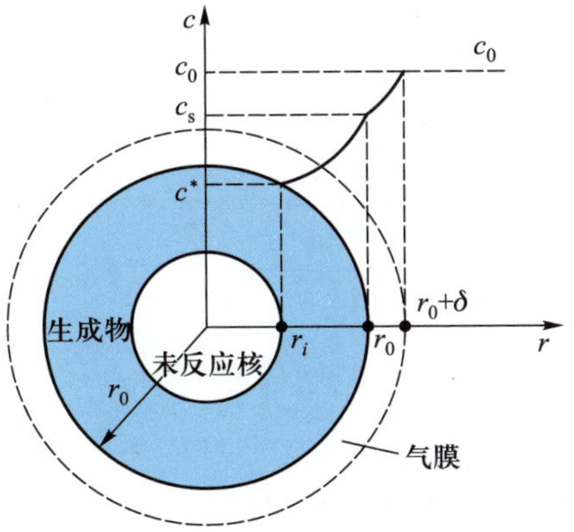

图 8-9 球团还原过程中还原气体的浓度分布图

对于初始半径为 r_0的球团，为了完成还原反应式(8-38)，首先 CO 还原气体在球团表面的浓度边界层内进行外扩散，然后在生成物层(多孔介质)内进行内扩散，到达反应界面时，再与 FeO 发生还原反应，并随着还原过程的不断进行，反应界面不断向球团的中心靠近，因为反应尚未进行的

部分呈核的形状，故称为未反应核模型。以下分别讨论 CO 还原气体在气膜中的外扩散、生成物层（多孔介质）内的内扩散和在界面发生的化学反应过程的传质现象。

1. 气膜外扩散传质通量

依据传质理论，气膜外扩散传质通量 J_G 为

$$J_G = 4\pi r_0^2 \beta (c_0 - c_S) \tag{8-39}$$

式中，J_G 为气膜外扩散传质通量，$mol \cdot s^{-1}$；β 为传质系数，$m \cdot s^{-1}$；c_0 为 CO 还原气体的本体浓度，$mol \cdot m^{-3}$；c_S 为 CO 气体在球团外表面的浓度，$mol \cdot m^{-3}$；r_0 为球团的初始半径，m。

2. 生成物层（多孔物质）内扩散传质通量

生成物层（多孔物质）内扩散传质通量 J_S 的表达式为

$$J_S = 4\pi r_i^2 D_e \left(\frac{\partial c}{\partial r}\right)_{r=r_i} \tag{8-40}$$

式中，J_S 为生成物层内扩散传质通量，$mol \cdot s^{-1}$；D_e 为有效扩散系数，$m^2 \cdot s^{-1}$。

$$D_e = D\varepsilon\xi \tag{8-41}$$

式中，D 为 CO 在气相中扩散系数，$m^2 \cdot s^{-1}$；ε 为孔隙度（$0 \leqslant \varepsilon \leqslant 1$），量纲一；$\xi$ 为迷宫度，量纲一。

令 $J' = \dfrac{J_S}{4\pi D_e}$，代入式（8-40），得 t 时刻的传质通量为

$$J' = r^2 \frac{\partial c}{\partial r} \tag{8-42}$$

积分

$$\int_{c^*}^{c_S} dc = \int_{r_i}^{r_0} J' \frac{dr}{r^2} = J'\left(\frac{1}{r_i} - \frac{1}{r_0}\right)$$

所以

$$J'\left(\frac{r_0 - r_i}{r_i r_0}\right) = c_S - c^* \tag{8-43}$$

即

$$J_S = 4\pi D_e J' = 4\pi D_e \frac{r_i r_0}{r_0 - r_i}(c_S - c^*) \tag{8-44}$$

3. 伴随界面反应的传质过程

设反应式（8-38）为一级可逆反应，

$$CO \xleftrightarrow{k_+/k_-} CO_2$$

所以界面反应的 CO 消耗量或传质通量 J_R：

$$\begin{aligned} J_R &= 4\pi r_i^2 (k_+ c_{CO}^* - k_- c_{CO_2}^*) \\ &= 4\pi r_i^2 k_+ \left(c_{CO}^* - \frac{c_{CO_2}^*}{K}\right) \end{aligned} \tag{8-45}$$

式中，J_R为界面反应 CO 还原气体的消耗量，$mol \cdot s^{-1}$；

K 为平衡常数，$K=\dfrac{k_+}{k_-}$；

k_+、k_-分别是正、逆反应速率常数，以下 k_+记为 k；

c_i^* 为反应界面处 i 气体的浓度，$mol \cdot m^{-3}$。

由于球团表面处的 c_{CO}^* 和 $c_{CO_2}^*$ 均未知，应设法消去，考虑到还原反应式(8-38)为等物质的量反应，所以有

$$c_{CO}^* + c_{CO_2}^* = c_{CO}^e + c_{CO_2}^e \tag{8-46}$$

式中，c_i^e 为反应平衡时 i 气体的浓度，$mol \cdot m^{-3}$。

又因为

$$K = \frac{c_{CO_2}^e}{c_{CO}^e}$$

将 K 代入式(8-46)，得

$$c_{CO_2}^* = c_{CO}^e(1+K) - c_{CO}^*$$

再代入式(8-45)，得

$$\begin{aligned} J_R &= 4\pi r_i^2 k\left[c_{CO}^* - \frac{c_{CO}^e(1+K)-c_{CO}^*}{K}\right] \\ &= 4\pi r_i^2 k\,\frac{1+K}{K}(c_{CO}^* - c_{CO}^e) \end{aligned} \tag{8-47}$$

因为假设还原过程为稳态过程，所以 CO 气体在气膜外扩散通量 J_G、在生成物层内扩散通量 J_S及在界面反应的消耗量 J_R必然相等，即

$$J_G = J_S = J_R = J \tag{8-48}$$

根据数学中的等比公式，若

$$\frac{a}{b} = \frac{c}{d} = \frac{e}{f} = B \tag{8-49}$$

则必然有

$$\frac{a+c+e}{b+d+f} = B \tag{8-50}$$

所以

$$\begin{aligned} J &= 4\pi r_0^2 \frac{[(c_0-c_S)+(c_S-c^*)+(c^*-c^e)]}{\dfrac{1}{\beta}+\dfrac{r_0^2}{D_e}\cdot\dfrac{r_0-r_i}{r_0 r_i}+\dfrac{K}{k(1+K)}\cdot\dfrac{r_0^2}{r_i^2}} \\ &= 4\pi r_0^2 \frac{(c_0-c^e)}{\dfrac{1}{\beta}+\dfrac{r_0^2}{D_e}\cdot\dfrac{r_0-r_i}{r_0 r_i}+\dfrac{K}{k(1+K)}\cdot\dfrac{r_0^2}{r_i^2}} \end{aligned} \tag{8-51}$$

定义反应率 f：

$$f = \frac{\dfrac{4}{3}\pi r_0^3 - \dfrac{4}{3}\pi r_i^3}{\dfrac{4}{3}\pi r_0^3} = 1-\left(\frac{r_i}{r_0}\right)^3 \tag{8-52}$$

将式(8-52)对时间求导数：

$$\frac{\mathrm{d}f}{\mathrm{d}t}=-3\,\frac{r_i^2}{r_0^3}\,\frac{\mathrm{d}r_i}{\mathrm{d}t} \tag{8-53}$$

为了确定$\frac{\mathrm{d}r_i}{\mathrm{d}t}$，设原矿中由还原反应去除的氧浓度为$\rho_0(\mathrm{mol}\cdot\mathrm{m}^{-3})$，同时考虑到 $\mathrm{d}t>0$、$\mathrm{d}r<0$，所以 $\mathrm{d}t$ 时间内还原去除的氧量为

$$J\mathrm{d}t=-4\pi r_i^2\rho_0\mathrm{d}r_i \tag{8-54}$$

即

$$\frac{\mathrm{d}r_i}{\mathrm{d}t}=-\frac{J}{4\pi r_i^2\rho_0} \tag{8-55}$$

代入式(8-53)，得

$$\frac{\mathrm{d}f}{\mathrm{d}t}=\frac{3J}{4\pi r_0^3\rho_0} \tag{8-56}$$

将 J 的表达式(8-51)代入式(8-56)，并考虑到

$$f=1-\left(\frac{r_i}{r_0}\right)^3$$

得

$$\frac{\mathrm{d}f}{\mathrm{d}t}=\frac{1}{\rho_0 r_0}\cdot\frac{3(c_0-c^e)}{\dfrac{1}{\beta}+\dfrac{r_0}{D_e}[(1-f)^{-1/3}-1]+\dfrac{K}{k(1+K)}(1-f)^{-2/3}} \tag{8-57}$$

积分式(8-57)，$t=0\to t$，$f=0\to f$，得

$$\frac{f}{3\beta}+\frac{r_0}{6D_e}[1-3(1-f)^{2/3}+2(1-f)]+\frac{K}{k(1+K)}[1-(1-f)^{1/3}]=\frac{c_0-c^e}{\rho_0 r_0}\cdot t \tag{8-58}$$

式(8-58)为铁矿石还原度与还原时间的关系式。

8.3.2 未反应核模型的应用

8.3.2.1 简化反应速率表达式

根据不同情况，可对反应速率表达式(8-51)进行简化。由式(8-51)知反应速率 J 为

$$J=4\pi r_0^2\frac{(c_0-c^e)}{\dfrac{1}{\beta}+\dfrac{r_0^2}{D_e}\cdot\dfrac{r_0-r_i}{r_0 r_i}+\dfrac{K}{k(1+K)}\cdot\dfrac{r_0^2}{r_i^2}}$$

令气膜外扩散阻力 $R_G=\frac{1}{\beta}$、生成物层内扩散阻力 $R_S=\frac{r_0^2}{D_e}\cdot\frac{r_0-r_i}{r_0 r_i}$、界面化学反应阻力 $R_R=\frac{K}{k(1+K)}\cdot\frac{r_0^2}{r_i^2}$，则式(8-51)可改写为

$$J=4\pi r_0^2\frac{(c_0-c^e)}{R_G+R_S+R_R} \tag{8-59}$$

可见式(8-59)类似于串联电路的欧姆定律形式。

根据气膜外扩散阻力、生成物层内扩散阻力及界面化学反应阻力的相对大小简化反应速率表达式。

(1) 气膜外扩散是还原过程的限制性环节　当气膜外扩散是还原过程的限制性环节时,表明气膜外扩散阻力非常大,即气膜外扩散阻力 $R_G=\dfrac{1}{\beta}\gg R_S$和 R_R,所以式(8-51)可简化为

$$J=4\pi r_0^2\beta(c_0-c^e) \tag{8-60}$$

将式(8-60)与式(8-39)进行比较,发现差别仅在于 c_S与 c^e的不同,实际上由于此时生成物层内扩散速率和界面反应速率远大于气膜外扩散速率,所以必然有

$$c_S=c^*=c^e$$

所以式(8-60)等同于式(8-39)。

(2) 生成物层内扩散是还原过程的限制性环节　与气膜外扩散为限制性环节分析类似,此时 $R_S=\dfrac{r_0^2}{D_e}\cdot\dfrac{r_0-r_i}{r_0r_i}\gg R_G$和 R_R,所以式(8-51)可简化为

$$J=4\pi D_e\frac{r_0r_i}{r_0-r_i}(c_0-c^e) \tag{8-61}$$

同理,由于此时气膜外扩散速率和界面反应速率远大于生成物层内扩散速率,所以必然有

$$c_0=c_S \quad 和 \quad c^*=c^e$$

(3) 界面化学反应是还原过程的限制性环节　同理式(8-51)可简化为

$$J=4\pi r_i^2k\frac{1+K}{K}(c_0-c^e) \tag{8-62}$$

此时,$c_0=c_S=c^*$。

若不考虑逆反应,即认为 $K\to\infty$、$\dfrac{1+K}{K}\to1$、$c^e\to0$,则式(8-51)可以进一步简化为

$$J=4\pi r_i^2kc_0 \tag{8-63}$$

8.3.2.2　确定限制性环节

1. 阻力法

分别计算各步骤(基元过程)的阻力,然后根据各步骤阻力的大小判断限制性环节。应注意:随着反应的进行各基元过程的阻力也将发生改变,限制性环节也会发生变化。根据阻力的大小判断限制性环节是经常使用的方法。例如,对于单个球团还原过程中限制性环节的变化可进行如下的判断。

令总阻力 $\sum R$ 为

$$\sum R=R_G+R_S+R_R \tag{8-64}$$

式中，R_G、R_S、R_R分别为前述的气膜外扩散阻力、生成物层内扩散阻力、界面化学反应阻力。

求出各环节的相对阻力$\left(\dfrac{R_i}{\sum R}\right.$，下角标 i 代表气膜、生成物层、界面$\left.\right)$，并将相对阻力随还原率（反应率）的变化作图（见图 8-10）。

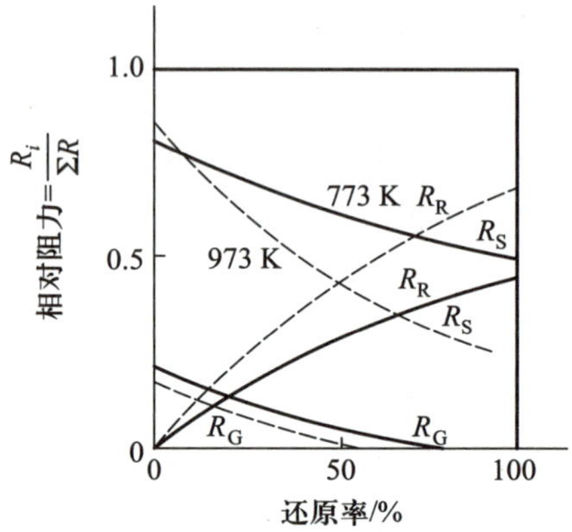

图 8-10 各环节相对阻力随还原率的变化

从图 8-10 可见，在反应初期即还原率较低的阶段，由于生成物层较薄，所以相对界面反应和气膜外扩散、生成物层内扩散阻力较小，因此反应初期时的限制性环节可能是界面反应或气膜外扩散：高温情况下，界面反应速率远高于气膜外扩散速率，所以气膜外扩散将成为为限制性环节；反之在温度较低的情况下，界面反应速率低于气膜外扩散速率，此时界面反应可能成为限制性环节。但是随着反应的不断进行，生成物层内扩散阻力逐渐增加，生成物层内扩散将可能成为限制性环节。

另外，如果两个或两个以上环节的阻力值相当，则可判断整个过程由这些环节混合控制。

2. 试算法

分别套用式（8-60）、式（8-61）、式（8-62）进行试算，试算结果与实际测试的数据相近的基元过程可以推断为限制性环节。

8.3.2.3 确定相关参数

通过实验数据并结合未反应核模型可以获得模型中的一些物性参数。以铁矿石球团还原为例介绍之。

例 利用热重法研究铁矿石还原速率（设铁矿石为纯 FeO）。

已知：还原反应 $FeO+H_2 \xlongequal{} Fe+H_2O$ 的平衡常数 $\lg K=\dfrac{-197.64}{T/K}+0.112$。

设矿石为球形 $d=1.2\times10^{-2}$ m，$\rho_{矿}=4.93\times10^3$ kg · m^{-3}。实验条件：高温炉管内径 $D=7.7\times10^{-2}$ m，实验在 N_2 中升温至 1 223 K 时改通 H_2-

N_2混合气体（$p_{N_2}=0.6p^{\ominus}$，$p_{H_2}=0.4p^{\ominus}$），$v_{混}=2.39\times10^{-4}\ m^2\cdot s^{-1}$，还原气体流量 $Q=8.33\times10^{-4}\ Nm^3\cdot s^{-1}$。查表知：$H_2$的扩散系数为 $D_{H_2}=1\times10^{-3}\ m^2\cdot s^{-1}$。试根据失重随时间变化的实验数据求出气膜内的扩散传质系数 β，生成物层内的有效扩散系数 D_e 及界面化学反应速率常数 k。

解：由单界面未反应核模型知：还原率与反应时间的关系为

$$\frac{f}{3\beta}+\frac{r_0}{6D_e}[1-3(1-f)^{2/3}+2(1-f)]+\frac{K}{k(1+K)}[1-(1-f)^{1/3}]=\frac{c_0-c^e}{\rho_0 r_0}\cdot t \quad ①$$

（1）确定 β

根据量纲分析法，

$$\beta=\frac{D}{L}Sh=\frac{D}{L}(2.0+0.6Re^{1/2}Sc^{1/3}) \quad ②$$

因为 $D_{H_2}=10^{-3}\ m^2\cdot s^{-1}$，又因为 H_2-N_2混合气体，$\frac{\mu_{混}}{\rho_{混}}=v_{混}=2.39\times10^{-4}\ m^2\cdot s^{-1}$

气体流速：

$$u=\frac{Q}{A}\frac{T}{T_0}=\frac{8.33\times10^{-4}}{\pi\left(\frac{7.7}{2}\times10^{-2}\right)^2}\times\frac{1\ 223}{273}\ m\cdot s^{-1}=0.82\ m\cdot s^{-1} \quad ③$$

所以

$$Re=\frac{d\cdot u}{v}=\frac{1.2\times10^{-2}\times0.82}{2.39\times10^{-4}}=41$$

$$Sc=\frac{v}{D}=\frac{2.39\times10^{-4}}{1\times10^{-3}}=0.239$$

因此气膜内的传质系数

$$\beta=\frac{1\times10^{-3}}{1.2\times10^{-2}}(2.0+0.6\times41^{1/2}\times0.239^{1/3})\ m\cdot s^{-1}=0.316\ m\cdot s^{-1}$$

（2）计算 D_e 与 k

因为反应为

$$FeO+H_2 =\!=\!= Fe+H_2O$$

$$\lg K=-\frac{197.64}{T/K}+0.112$$

所以计算 1 223 K 温度下的平衡常数 K：

$$K\Big|_{T=1\ 223\ K}=0.895=\frac{p^e_{H_2O}}{p^e_{H_2}} \quad ④$$

由已知条件：初始 H_2分压

$$\frac{p_{H_2}}{p^{\ominus}}=0.4$$

所以

$$\frac{p_{H_2}}{p^\ominus}+\frac{p_{H_2O}}{p^\ominus}=\frac{p^e_{H_2}}{p^\ominus}+\frac{p^e_{H_2O}}{p^\ominus}=0.4 \qquad ⑤$$

所以由式④和式⑤可得

$$p^e_{H_2}=0.211p^\ominus$$

$$p^e_{H_2O}=0.189p^\ominus$$

根据气体状态方程 $c=\frac{n}{V}=\frac{p}{RT}$,所以

$$c^0_{H_2}=\frac{0.4\times 101\ 325}{8.314\times 1\ 223}\ \text{mol}\cdot\text{m}^{-3}=4.0\ \text{mol}\cdot\text{m}^{-3}$$

$$c^e_{H_2}=2.1\ \text{mol}\cdot\text{m}^{-3}$$

$$c^e_{H_2O}=1.9\ \text{mol}\cdot\text{m}^{-3}$$

又因为单位体积的矿石失氧量:

$$\rho_{O(FeO)}=\left.\frac{\rho_{矿}\times\frac{16}{72}\times 1\ 000}{16}\right|_{\rho_{矿}=4.93\times10^3\text{kg}\cdot\text{m}^{-3}}=6.85\times10^4\ \text{mol}\cdot\text{m}^{-3}$$

定义:相对穿透深度 F 为

$$F=1-(1-f)^{1/3} \qquad ⑥$$

所以式①的 f-t 关系可改写为

$$t=t_G+t_S(3F^2-2F^3)+t_RF \qquad ⑦$$

式中,$t_G=\frac{\rho_O r_0 f}{3\beta(c^0_{H_2}-c^e_{H_2})}$称为气膜外扩散控制时完全反应时间,s;

$t_S=\frac{\rho_O r_0^2}{6D_e(c^0_{H_2}-c^e_{H_2})}$称为生成物层内扩散控制时完全反应时间,s;

$t_R=\frac{K\rho_O r_0}{k(1+K)(c^0_{H_2}-c^e_{H_2})}$称为界面化学反应控制时完全反应时间,s。

由于 t_G 所涉及的参数 β 和 f 均已获得(还原率 f 可根据实验数据获得),因此 t_G 可求。将式⑦进一步改写为

$$\frac{t-t_G}{F}=t_S(3F-2F^2)+t_R \qquad ⑧$$

作$\frac{t-t_G}{F}$-$(3F-2F^2)$关系曲线,见图 8-11。

由图 8-11 可知,$\frac{t-t_G}{F}$与$(3F-2F^2)$呈直线关系,

直线斜率 $=t_S=0.47$ s。

直线截距 $=t_R=0.62$ s。

所以

$$D_e=\frac{\rho_0 r_0^2}{6t_S(c_{H_2}^0-c_{H_2}^e)}\Bigg|_{\substack{\rho_0=6.85\times10^4 mol\cdot m^{-3}\\ r_0=0.6\times10^{-2}m\\ c_{H_2}^0=4.0\ mol\cdot m^{-3}\\ c_{H_2}^e=2.1\ mol\cdot m^{-3}\\ t_S=0.47\ s}}=0.460\ m^2\cdot s^{-1}$$

$$k=\frac{K\rho_0 r_0}{t_R(1+K)(c_{H_2}^0-c_{H_2}^e)}\Bigg|_{\substack{K=0.895\\ t_R=0.62\ s}}=164.8\ m\cdot s^{-1}$$

可见通过实验及未反应核模型可以求算β、D_e及k等参数。

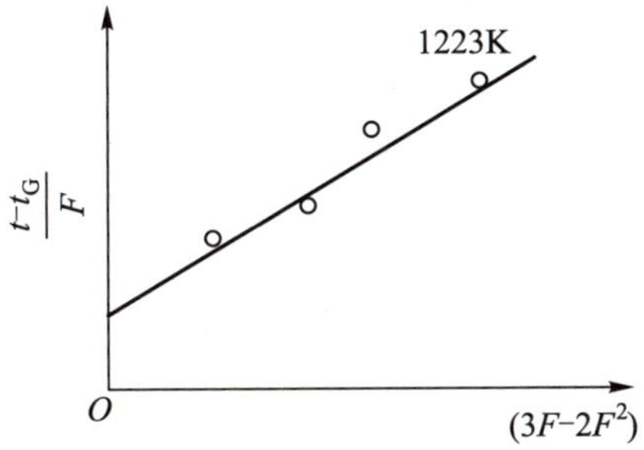

图 8-11 $\frac{t-t_G}{F}-(3F-2F^2)$关系曲线

8.3.3 半无限大板状物体的反应速率模型

对于板状物体,如果两侧的面积远大于其他周边面积,则可认为是半无限大板状物体。以下介绍半无限大板状物体表面发生化学反应时的反应速率模型。如铁板氧化,设表面气膜内的扩散速率较快,即气膜外扩散阻力远小于生成物层内扩散阻力和界面反应阻力。氧化介质浓度变化见图 8-12。

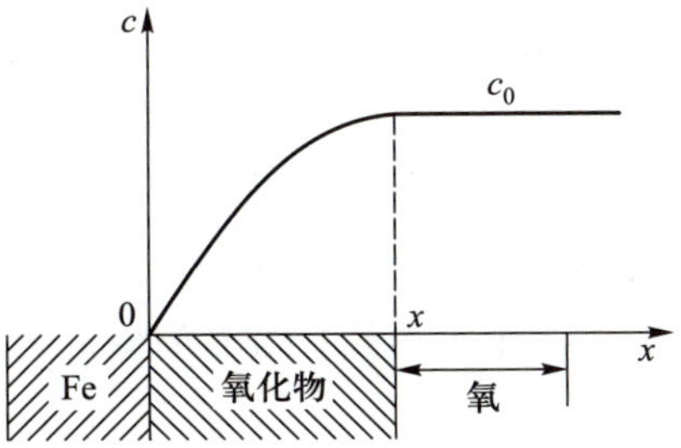

图 8-12 氧化介质浓度变化的示意图

若只考虑生成物层内扩散与界面反应步骤时单位面积的传质速率$J(mol\cdot m^{-2}\cdot s^{-1})$:

$$J=\frac{D_e}{x}(c_0-c^*) \tag{8-65}$$

另一方面,单位面积的反应速率(假设反应为一级不可逆反应):

$$r=\frac{dx}{dt}\rho=kc^* \tag{8-66}$$

考虑该过程处于稳态过程,则稳态下必有

$$J=r$$

所以,由式(8-65)和式(8-66)两式得

$$\frac{\mathrm{d}x}{\mathrm{d}t}\rho=\frac{D_e}{x}(c_0-c^*) \tag{8-67}$$

由反应速率式(8-66)知

$$c^*=\frac{\rho}{k}\frac{\mathrm{d}x}{\mathrm{d}t}$$

代入式(8-67),得

$$\frac{\mathrm{d}x}{\mathrm{d}t}\rho=\frac{D_e}{x}\left(c_0-\frac{\rho}{k}\frac{\mathrm{d}x}{\mathrm{d}t}\right) \tag{8-68}$$

整理

$$\frac{\mathrm{d}x}{\mathrm{d}t}\left[\rho\left(x+\frac{D_e}{k}\right)\right]=D_ec_0$$

积分:$t=0\rightarrow t, x=0\rightarrow x$

$$\frac{1}{2}x^2+\frac{D_e}{k}x=\frac{D_ec_0}{\rho}t \tag{8-69}$$

式(8-69)就是半无限大板状物体表面生成物层厚度 x 与时间 t 的关系。

讨论:

① 当反应初期生成物层(氧化层)厚度较薄时,由于 $x^2 \ll x$,则式(8-69)可简化为

$$x=\frac{kc_0}{\rho}t$$

即生成物层(氧化层)厚度与时间呈线性关系。

② 当生成物层(氧化层)厚度较大时,$x^2 \gg x$,则式(8-69)可简化为

$$x=\left(\frac{2D_ec_0}{\rho}t\right)^{\frac{1}{2}}$$

即生成物层(氧化层)厚度与时间呈二次抛物线关系。

所以若已知 D_e、c_0、k、ρ 则可求任一时刻的生成物层(氧化层)厚度 x。

8.4 液-液相反应

冶金反应过程中的渣-金相反应属于液-液相反应。对于液-液相反应,常采用的动力学模型是双膜理论。本节以渣-金脱硫反应为例介绍双膜理论及其应用。

8.4.1 双膜理论

参与渣-金脱硫反应物质浓度分布示意图示于图 8-13。

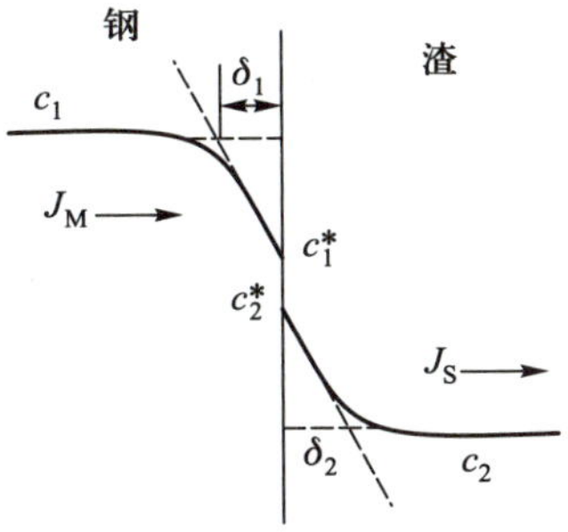

图 8-13　渣-金反应物质浓度分布示意图

通常,渣-金两相反应由三个步骤构成:

① 反应物(双方)由各自液相的内部向界面扩散;

② 在界面处发生界面反应;

③ 生成物(双方)离开界面向两相内部扩散。

为了建立动力学模型,首先需给出各步骤的反应速率或传质通量,然后再利用稳态过程原理建立动力学模型。

对于图 8-13,设钢液与渣相双方各存在一个浓度边界层。分别考察物质在两个边界层内的传质现象。

(1) 在钢液侧边界层内的传质通量　根据边界层理论,反应物在钢液侧的传质通量 J_M 为

$$J_M=\beta_M(c_1-c_1^*)=\frac{c_1-c_1^*}{\dfrac{1}{\beta_M}} \tag{8-70}$$

式中,J_M 为物质 1 在钢液侧的传质通量,$mol\cdot m^{-2}\cdot s^{-1}$;$\beta_M$ 为物质 1 在钢液中的传质系数,$m\cdot s^{-1}$;c_1、$c_1{}^*$ 分别是物质 1 在钢液中和界面处的浓度,$mol\cdot m^{-3}$。

(2) 在渣相侧边界层内的传质通量　与钢液侧传质相类似,生成物在渣相侧的传质通量 J_S 为

$$J_S=\beta_S(c_2^*-c_2)=\frac{c_2^*-c_2}{\dfrac{1}{\beta_S}} \tag{8-71}$$

式中,J_S 为物质 2 在渣相侧的传质通量,$mol\cdot m^{-2}\cdot s^{-1}$;$\beta_S$ 为物质 2 在渣相中的传质系数,$m\cdot s^{-1}$;c_2、$c_2{}^*$ 分别是物质 2 在渣相中和界面处的浓度,$mol\cdot m^{-3}$。

(3) 界面处化学反应速率　设界面反应为一级可逆反应,反应速率 J_R 为

$$J_R=k\left(c_1^*-\frac{c_2^*}{K}\right)=\frac{c_1^*-\dfrac{c_2^*}{K}}{\dfrac{1}{k}} \tag{8-72}$$

式中,J_R 为界面反应速率,$mol\cdot m^{-2}\cdot s^{-1}$;$k$ 为正反应速率常数,ms^{-1};K 为

反应平衡常数，量纲一。

为了数学处理方便，将式(8-71)改写为

$$J_S=\frac{\frac{c_2^*}{K}-\frac{c_2}{K}}{\frac{1}{K\beta_S}} \tag{8-73}$$

在稳态条件下，式(8-70)、式(8-72)、式(8-73)三式相等，即

$$J_M=J_R=J_S=J \tag{8-74}$$

所以液-液相间反应速率 J 为

$$J=\frac{(c_1-c_1^*)+\left(\frac{c_2^*}{K}-\frac{c_2}{K}\right)+\left(c_1^*-\frac{c_2^*}{K}\right)}{\frac{1}{\beta_M}+\frac{1}{K\beta_S}+\frac{1}{k}}=\frac{c_1-\frac{c_2}{K}}{\frac{1}{\beta_M}+\frac{1}{K\beta_S}+\frac{1}{k}} \tag{8-75}$$

式(8-75)就是液-液相间基于边界层理论建立的动力学模型，由于是从两个薄膜边界层推导而来，所以称为“双膜理论”。

生产实践中可以依据条件简化式(8-75)。

① 冶金渣-金反应多处于高温，反应速率较快，k 很大，所以式(8-75)可简化为

$$J=\frac{c_1-\frac{c_2}{K}}{\frac{1}{\beta_M}+\frac{1}{K\beta_S}} \tag{8-76}$$

② 在式(8-76)的基础上，若物质 2 在渣中扩散速率远小于物质 1 在钢液中的扩散，$\beta_M \gg \beta_S$，则式(8-76)可进一步简化为

$$J=\frac{c_1-\frac{c_2}{K}}{\frac{1}{K\beta_S}}=\beta_S(Kc_1-c_2) \tag{8-77}$$

应该注意的是：虽然双膜理论中假设液-液相的边界层内传质相互独立，实际上双方是有相互影响的，只是影响大小不同而已。

8.4.2 双膜理论的应用

以渣-金间脱 S 反应为例，介绍双膜理论的应用。

例 1 已知碱性渣脱 S 的限制性环节为 S^{2-} 在渣中的扩散，试建立描述[%S]随时间变化的数学模型。

解：因为 S^{2-} 在渣中的扩散是限制性环节，所以单位时间渣-金之间的脱硫反应速率为

$$J=A\beta_S(Kc_1-c_2)\ \mathrm{mol\cdot s^{-1}} \tag{8-78}$$

式中，A 为渣金接触面积，m^2。

以下推导[%S]随时间的变化规律表达式。首先确定式(8-78)中的各参数。

(1) 脱硫反应速率 J

稳态状态下脱硫反应速率等价于金属液相中 S 含量的减少速率,即

$$J=-\frac{\mathrm{d}n_{\mathrm{M}}}{\mathrm{d}t}=-\frac{\mathrm{d}\left(\dfrac{[\%\mathrm{S}]\cdot V_{\mathrm{M}}\cdot\rho_{\mathrm{M}}}{100M_{\mathrm{S}}}\right)}{\mathrm{d}t} \tag{8-79}$$

式中,n_{M} 为金属液相中 S 的物质的量,mol;M_{S} 为硫的摩尔质量,$\mathrm{g\cdot mol^{-1}}$;V_{M},ρ_{M} 分别为金属液相的体积和密度,$\mathrm{m^3}$和 $\mathrm{g\cdot m^{-3}}$。

(2) 平衡常数 K

$$K=\frac{c_{\mathrm{S}}^{\mathrm{e}}}{c_{\mathrm{M}}^{\mathrm{e}}}=\frac{\dfrac{(\%\mathrm{S})\cdot V_{\mathrm{S}}\cdot\rho_{\mathrm{S}}}{100\ M_{\mathrm{S}}}\cdot\dfrac{1}{V_{\mathrm{S}}}}{\dfrac{[\%\mathrm{S}]\cdot V_{\mathrm{M}}\cdot\rho_{\mathrm{M}}}{100M_{\mathrm{S}}}\cdot\dfrac{1}{V_{\mathrm{M}}}}=\frac{(\%\mathrm{S})}{[\%\mathrm{S}]}\cdot\frac{\rho_{\mathrm{S}}}{\rho_{\mathrm{M}}}=L_{\mathrm{S}}\frac{\rho_{\mathrm{S}}}{\rho_{\mathrm{M}}} \tag{8-80}$$

式中,L_{S}为硫的分配比,$L_{\mathrm{S}}=\dfrac{(\%\mathrm{S})}{[\%\mathrm{S}]}$;$c_{\mathrm{S}}^{\mathrm{e}}$,$c_{\mathrm{M}}^{\mathrm{e}}$ 分别为 S 在渣相和金属液相中的平衡浓度,$\mathrm{mol\cdot m^{-3}}$。

(3) 金属液相中[S]的浓度 c_{M}

$$c_1=c_{\mathrm{M}}=\frac{[\%\mathrm{S}]\cdot V_{\mathrm{M}}\cdot\rho_{\mathrm{M}}}{100M_{\mathrm{S}}}\cdot\frac{1}{V_{\mathrm{M}}} \tag{8-81}$$

(4) 渣相中(S)的浓度 c_{S}

$$c_2=c_{\mathrm{S}}=\frac{(\%\mathrm{S})\cdot V_{\mathrm{S}}\cdot\rho_{\mathrm{S}}}{100M_{\mathrm{S}}}\cdot\frac{1}{V_{\mathrm{S}}} \tag{8-82}$$

将式(8-79)~式(8-82)代入式(8-78),得

$$\begin{aligned}-\frac{\mathrm{d}\left(\dfrac{[\%\mathrm{S}]\cdot V_{\mathrm{M}}\cdot\rho_{\mathrm{M}}}{100M_{\mathrm{S}}}\right)}{\mathrm{d}t}&=A\beta_{\mathrm{S}}\left(L_{\mathrm{S}}\cdot\frac{\rho_{\mathrm{S}}}{\rho_{\mathrm{M}}}\cdot\frac{[\%\mathrm{S}]\rho_{\mathrm{M}}}{100M_{\mathrm{S}}}-\frac{(\%\mathrm{S})\rho_{\mathrm{S}}}{100M_{\mathrm{S}}}\right)\\&=A\beta_{\mathrm{S}}\frac{\rho_{\mathrm{S}}}{100M_{\mathrm{S}}}(L_{\mathrm{S}}[\%\mathrm{S}]-(\%\mathrm{S}))\end{aligned} \tag{8-83}$$

整理,得

$$-\frac{\mathrm{d}[\%\mathrm{S}]}{\mathrm{d}t}=\beta_{\mathrm{S}}'\{L_{\mathrm{S}}[\%\mathrm{S}]-(\%\mathrm{S})\} \tag{8-84}$$

式中,$\beta_{\mathrm{S}}'=\dfrac{A}{V_{\mathrm{M}}}\cdot\dfrac{\rho_{\mathrm{S}}}{\rho_{\mathrm{M}}}\cdot\beta_{\mathrm{S}}$;$L_{\mathrm{S}}=\dfrac{(\%\mathrm{S})}{[\%\mathrm{S}]}$。

由于式(8-84)中含有(%S),所以应用物质平衡原理消去(%S)项。根据硫平衡,任意时刻:

$$(\%\mathrm{S})=(\%\mathrm{S})_0+\frac{[\%\mathrm{S}]_0-[\%\mathrm{S}]}{\dfrac{W_{\mathrm{S}}}{W_{\mathrm{M}}}} \tag{8-85}$$

式中，$[\%S]_0$、$(\%S)_0$分别为金属液相及渣相中的初始含硫量；W_S/W_M为渣-金质量比。

将式(8-85)代入式(8-84)，得

$$-\frac{d[\%S]}{dt}=\beta_S'\left\{\left(L_S+\frac{W_M}{W_S}\right)[\%S]-\left[(\%S)_0+[\%S]_0\frac{W_M}{W_S}\right]\right\} \tag{8-86}$$

积分得

$$\ln\frac{[\%S]-\dfrac{b}{a}}{[\%S]_0-\dfrac{b}{a}}=-at \tag{8-87}$$

式中，$a=\beta_S'\left(L_S+\dfrac{W_M}{W_S}\right)=\dfrac{A}{V_M}\cdot\dfrac{\rho_S}{\rho_M}\cdot\beta_S\cdot\left(L_S+\dfrac{W_M}{W_S}\right)$

$$b=\beta_S'\left\{(\%S)_0+[\%S]_0\frac{W_M}{W_S}\right\}=\frac{A}{V_M}\cdot\frac{\rho_S}{\rho_m}\beta_S\left\{(\%S)_0+[\%S]_0\frac{W_M}{W_S}\right\}$$

所以得出任意时刻金属液相中的含硫量[%S]：

$$[\%S]=\left\{[\%S]_0-\frac{b}{a}\right\}\exp(-at)+\frac{b}{a} \tag{8-88}$$

例2 已知硫在渣中传质系数$\beta_S=3\times10^{-5}\ m\cdot s^{-1}$，硫的分配系数$L_S=6$，金属液相及渣相中初始含硫量分别为$[\%S]_0=0.05$、$(\%S)_0=0.05$，渣金接触面积与金属液相体积比$A/V_M=1.2\ m^{-1}$，渣金密度比$\dfrac{\rho_S}{\rho_M}=0.5$，渣金比$\dfrac{W_S}{W_M}=0.1$，求脱硫处理1 h时的脱硫速率及钢水中的[%S]。

解：应用式(8-88)：

$$[\%S]=\left\{[\%S]_0-\frac{b}{a}\right\}\exp(-at)+\frac{b}{a}$$

因为

$$a=\frac{A}{V_M}\cdot\frac{\rho_S}{\rho_M}\cdot\beta_S\cdot\left(L_S+\frac{W_M}{W_S}\right)$$
$$=2.88\times10^{-4}$$

$$b=\frac{A}{V_M}\cdot\frac{\beta_S}{\rho_M}\beta_S\left\{(\%S)_0+[\%S]_0\frac{W_M}{W_S}\right\}$$
$$=9.9\times10^{-6}$$

所以脱硫处理1 h时的含硫量$[\%S]_{t=3\,600\ s}$为

$$[\%S]\big|_{t=3\,600\ s}=\left(0.05-\frac{9.9\times10^{-6}}{2.88\times10^{-4}}\right)\exp(-2.88\times10^{-4}\times3\,600)+\frac{9.9\times10^{-6}}{2.88\times10^{-4}}=0.04$$

脱硫处理1 h时的脱硫速率，使用式(8-86)：

$$-\frac{\mathrm{d}[\%\mathrm{S}]}{\mathrm{d}t}\bigg|_{t=3\,600\ \mathrm{s}}=\frac{A}{V_{\mathrm{M}}}\cdot\frac{\rho_{\mathrm{S}}}{\rho_{\mathrm{M}}}\cdot\beta_{\mathrm{S}}\cdot\left\{\left(L_{\mathrm{S}}+\frac{W_{\mathrm{M}}}{W_{\mathrm{S}}}\right)[\%\mathrm{S}]-\left[(\%\mathrm{S})_0+[\%\mathrm{S}]_0\frac{W_{\mathrm{M}}}{W_{\mathrm{S}}}\right]\right\}=1.62\times10^{-6}\mathrm{s}^{-1}$$

冶金中脱氧过程及 Mn、P、Si 的氧化过程也可参照脱硫过程建立数学模型，不赘述。

8.5 气-液相反应

气-液相反应广泛存在于冶金过程中，气泡冶金就是典型的气-液相反应。本节以钢液中碳氧反应为例介绍有关气-液相反应动力学模型的建立方法。

对于碳氧反应，由以下步骤构成：

① 钢液中的[C]和[O]分别扩散至反应界面；

② [C]和[O]在界面处发生反应生成 CO 气体；

③ 生成的 CO 气体逸出，由于气体的逸出速率很快，一般不会成为限制性环节。

由于钢液中的碳氧反应处于 1 600 ℃以上的高温，反应物[C]和[O]的扩散速率一般要低于界面化学反应速率，所以反应物的扩散是碳氧反应的限制性环节。进而，对于 [C]或[O]来说，哪一个的扩散速率更慢一些呢？一般用钢液中碳含量的多寡评判：

① 当[%C]较高时，[O]的扩散将成为限制性环节；

② 当[%C]较低时，[C]的扩散将成为限制性环节。

上述①和②的临界碳含量 $[\%\mathrm{C}]_{临}=0.06\sim0.1$。

以钢液中碳含量高于临界碳含量情况为例介绍建立碳氧反应动力学模型的方法。

对于碳氧反应：

$$[\mathrm{C}]+[\mathrm{O}]=\!=\!=\mathrm{CO} \tag{8-89}$$

当钢液中[%C]高于临界碳含量$[\%\mathrm{C}]_{临}$，$[\%\mathrm{C}]>[\%\mathrm{C}]_{临}$，[O]传质过程是碳氧反应的限制性环节。氧的传质速率 J_{O} 为

$$J_{\mathrm{O}}=A\beta_{\mathrm{O}}(c_{\mathrm{O}}-c_{\mathrm{O}}^{*}) \tag{8-90}$$

式中，J_{O} 为氧的扩散速率，$\mathrm{mol\cdot s^{-1}}$；A 为 CO 气泡表面积，$\mathrm{m^2}$；β_{O} 为氧在钢液中的传质系数，$\mathrm{m\cdot s^{-1}}$；c_{O}、c_{O}^{*} 分别为氧在钢液中和在气泡表面处的浓度，$\mathrm{mol\cdot m^{-3}}$。

同时，由于碳氧反应速率等同于钢液中氧的减少速率。碳氧反应速率 J_{R} 为

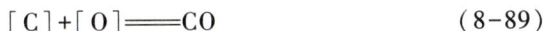

$$J_R=-\frac{dn_O}{dt}=-\frac{d\left(\frac{[\%O]\cdot V_M\cdot\rho_M}{100M_O}\right)}{dt}=-\frac{V_M\cdot\rho_M}{100\ M_O}\cdot\frac{d[\%O]}{dt}\tag{8-91}$$

式中,J_R 为碳氧反应速率,$mol\cdot s^{-1}$;n_O 为氧的物质的量,mol;t 为反应时间,s;V_M 为钢液的体积,m^3;ρ_M 为钢液密度,$g\cdot m^{-3}$;M_O 为氧的摩尔质量,$g\cdot mol^{-1}$。

在稳态条件下,式(8-90)与式(8-91)相等,即

$$J=-\frac{V_M\cdot\rho_M}{100M_O}\cdot\frac{d[\%O]}{dt}=A\beta_O(c_O-c_O^*)\tag{8-92}$$

以下确定式(8-92)中各参数。

(1) β_O 的确定　氧在钢液中的传质系数 β_O 可由表面更新理论确定,因为

$$\beta_O=2\sqrt{\frac{D_e u}{\pi d}}\tag{8-93}$$

式中,D_e 为氧的有效扩散系数,$m^2\cdot s^{-1}$;u 为气泡上浮速度,$m\cdot s^{-1}$;d 为气泡直径,m。

(2) c_O 的确定　根据浓度换算

$$c_O=\frac{[\%O]V_M\rho_M}{100M_O}\cdot\frac{1}{V_M}(mol\cdot m^{-3})\tag{8-94}$$

(3) c_O^* 的确定　与确定 c_O 方法类似:

$$c_O^*=\frac{\rho_M}{100M_O}[\%O]^*\tag{8-95}$$

以下确定$[\%O]^*$,对于碳氧反应:

$$[C]+[O]=\!=\!=CO\quad \Delta G^{\ominus}=(A+BT/K)\ J\cdot mol^{-1}\tag{8-96}$$

平衡常数 K:

$$K=\frac{\frac{p_{CO}}{p^{\ominus}}}{f_{[C]}\cdot[\%C]^e\cdot f_{[O]}\cdot[\%O]^e}\tag{8-97}$$

因为氧的传质为限制性环节,所以在反应界面处的氧浓度$[\%O]^*$与碳氧反应平衡时的氧浓度$[\%O]^e$相等,即

$$[\%O]^e=[\%O]^*\tag{8-98}$$

另外,同样是因为氧的传质是限制性环节,所以碳浓度存在下列关系:

$$[\%C]^e=[\%C]^*=[\%C]_{内}\tag{8-99}$$

式中,$[\%C]_{内}$为钢液内部碳的浓度。

将式(8-98)和式(8-99)代入式(8-97),得

$$[\%O]^* = \frac{\frac{p_{CO}}{p^{\ominus}}}{f_{[C]} \cdot [\%C]_{内} \cdot f_{[O]} \cdot K} \tag{8-100}$$

进而将式(8-100)代入式(8-95),得

$$c_O^* = \frac{\rho_M}{100M_O}[\%O]^* = \frac{\rho_M}{100M_O} \cdot \frac{\frac{p_{CO}}{p^{\ominus}}}{f_{[C]} \cdot [\%C]_{内} \cdot f_{[O]} \cdot K} \tag{8-101}$$

再将式(8-93)、式(8-94)、式(8-101)代入式(8-92),得

$$-\frac{d[\%O]}{dt} = 2\sqrt{\frac{D_e u}{\pi d}}\frac{A}{V_M}\left([\%O] - \frac{\frac{p_{CO}}{p^{\ominus}}}{f_{[C]} \cdot f_{[O]} \cdot [\%C]_{内} \cdot K}\right) \tag{8-102}$$

令

$$a = 2\sqrt{\frac{D_e u}{\pi d}}\frac{A}{V_M}$$

$$b = \frac{\frac{p_{CO}}{p^{\ominus}}}{f_{[C]} \cdot f_{[O]} \cdot [\%C]_{内} \cdot K}$$

则式(8-102)可改写为

$$\frac{d[\%O]}{\{[\%O]-b\}} = -a dt \tag{8-103}$$

设 $f_{[C]}$ 与 $f_{[O]}$ 与 $[\%O]$ 无关,为定值,积分式(8-103),$t=0 \to t$,$[\%O] = [\%O]_o \to [\%O]$

$$\ln\frac{[\%O]-b}{[\%O]_o - b} = -at$$

整理得,t 时刻钢液中的氧含量为

$$[\%O] = \{[\%O]_o - b\}\exp(-at) + b \tag{8-104}$$

式中,

$$a = 2\sqrt{\frac{D_e u}{\pi d}}\frac{A}{V_M}$$

$$b = \frac{\frac{p_{CO}}{p^{\ominus}}}{f_{[C]} \cdot f_{[O]} \cdot [\%C]_{内} \cdot K}$$

注意:若 $[\%C] < [\%C]_{临}$,则[C]扩散为限制性环节,此时有

$$[\%C]_{内} > [\%C]^* = [\%C]^e$$

$$[\%O]_{内} = [\%O]^* = [\%O]^e$$

8.6 液-固相反应

冶炼过程中时常遇到废钢熔化和钢液凝固等现象,这些过程均属于

液-固相反应的范畴。本节以废钢溶解和钢液凝固动力学为例，介绍液-固相反应动力学模型的建立方法。

8.6.1 废钢溶解动力学

在钢铁冶炼过程中，有时需加废钢，但由于废钢的含碳量可能与钢液的含碳量不同，因此依不同情况建立的废钢溶解动力学模型也不同。以下分别讨论之。

1. $[\%C]_{废}>[\%C]_{钢液}$

根据 Fe-C 状态图（见图 8-14），设图中 a 点为钢液，b_1 对应的含碳量为废钢的含碳量。

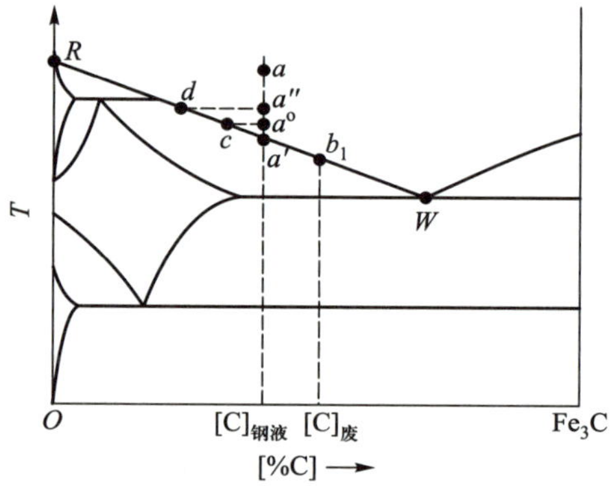

图 8-14 Fe-C 二元相图

从图 8-14 可见废钢的完全熔化温度低于钢液温度，因此废钢的熔化速率的限制性环节为传热，设此时的废钢溶化线速率为 $-\dfrac{dx}{dt}$，根据热平衡式：

$$A \cdot h(T_l - T_S)dt = -dx \cdot A \cdot \rho_S[\Delta H + (T_l - T_S)C_{p(l)}] \qquad (8-105)$$

式中，A 为液固相间接触面积，m^2；h 为传热系数，$kJ \cdot m^{-2} \cdot s^{-1} \cdot K^{-1}$；$T_l$、$T_S$ 分别为钢液及废钢熔化温度，℃；ρ_S 为废钢的密度，$kg \cdot m^{-3}$；ΔH 为废钢的熔化焓，$kJ \cdot kg^{-1}$；$C_{p(l)}$ 为废钢液体的热容，$kJ \cdot kg^{-1} \cdot K^{-1}$。

式(8-105)的左边为 dt 时间内钢液向废钢提供的热量，右边为 dx 厚的废钢层熔化、熔化的液体再升温至钢液温度所需的热量。所以废钢熔化线速率：

$$-\frac{dx}{dt} = \frac{h(T_l - T_S)}{\rho_S[\Delta H + (T_l - T_S)C_{p(l)}]} \qquad (8-106)$$

例 1 在 1 620 ℃熔池中加入厚度为 200 mm 废钢。T_S = 1 500 ℃，若熔化焓 $\Delta H = 250\ kJ \cdot kg^{-1}$，液态废钢热容 $C_{p(l)} = 0.84\ kJ \cdot kg^{-1} \cdot K^{-1}$，废钢密度 $\rho_S = 7\ 000\ kg \cdot m^{-3}$，传热系数 $h = 11.6\ kJ \cdot m^{-2} \cdot s^{-1} \cdot K^{-1}$，求熔化速率及废钢全部熔化的时间。

解： 由式(8-106)计算废钢的熔化速率：

$$-\frac{dx}{dt}=\frac{h(T_1-T_S)}{\rho_S[\Delta H+(T_1-T_S)C_{p(1)}]}$$

$$=\frac{11.6\times(1\ 620-1\ 500)}{7\ 000\times[250+(1\ 620-1\ 500)\times0.84]}\ \mathrm{m\cdot s^{-1}}$$

$$=5.67\times10^{-4}\ \mathrm{m\cdot s^{-1}} \qquad ①$$

关于废钢的全部熔化时间，对式①进行积分：

$$x=x\to0,\quad t=0\to t$$

所以熔化层厚度与熔化时间的关系：

$$x=5.67\times10^{-4}t \qquad ②$$

考虑到废钢熔化是从两个侧面同时进行，所以 200 mm 厚的废钢全部熔化的时间为

$$t=\frac{x}{5.67\times10^{-4}}\bigg|_{x=\frac{厚度}{2}}=176\ \mathrm{s}=2.94\ \mathrm{min} \qquad ③$$

2. $[\%C]_{废}<[\%C]_{钢液}$

若$[\%C]_{废}<[\%C]_{钢液}$，设图 8-14 的 d 点，此时应注意：

① 若钢液温度 T_1高于废钢的熔化温度 T_S，熔化过程受传热控制，可利用式(8-106)计算。

② 若钢液温度 T_1低于废钢的熔化温度 T_S，此时仅靠传热是不能完全熔化废钢的，在传热的同时还必须有钢液中的[C]向废钢内扩散的过程，使废钢[%C]达到可完全熔化时的含碳量。如图中设钢液温度为 $T_1=(T_1)_{a0}$，c 点是对应熔化温度为$(T_1)_{a0}$温度的含碳量，因此欲使含碳量为 d 的废钢在$(T_1)_{a0}$温度下能熔化，就必须使之渗碳，使废钢的含碳量达到 c 点对应的含碳量。

因为此时的熔化线速率为

$$-\frac{dx}{dt}=\frac{h(T_1-T_S)}{\rho_S[\Delta H+(T_1-T_S)C_{p(1)}]} \qquad (8-107)$$

根据质量平衡原理，钢液 dt 时间内给出的碳量应与 dx 厚度的废钢增加的碳量相等，即

$$A\beta_C\{[\%C]_1-[\%C]_S\}\frac{\rho_1}{100}dt=-dx\{[\%C]_1-[\%C]_0\}\frac{\rho_S}{100}A \qquad (8-108)$$

式中，β_C为碳的传质系数，$\mathrm{m\cdot s^{-1}}$；ρ_1、ρ_S分别为钢液和废钢的密度，$\mathrm{kg\cdot m^{-3}}$；$[\%C]_0$为废钢的初始含碳量。

所以由碳的传质亦可得到

$$-\frac{dx}{dt}=\frac{\beta_C\rho_1\{[\%C]_1-[\%C]_S\}}{\rho_S\{[\%C]_1-[\%C]_0\}} \qquad (8-109)$$

由于式(8-107)、式(8-109)两个等式中含有 3 个未知数：T_S、$[\%C]_S$和$\frac{dx}{dt}$，所以必须再寻求第 3 个等式。因为 Fe-C 二元相图中 RW 段的液相线温度与含碳量的关系为

$$T_S=1\ 536-54[\%C]_S-8.13[\%C]_S^2 \qquad (8-110)$$

式中，T_S为液相线温度，℃。联立式(8-107)、式(8-109)、式(8-110)，即可求出废钢的熔化线速率$-\frac{dx}{dt}$。

例 2 已知：钢液温度 $T_l=1\ 400$ ℃，钢液含碳量$[\%C]_l=3.60$，钢液密度 $\rho_l=7\ 000\ kg\cdot m^{-3}$，废钢含碳量$[\%C]_0=0.20$，密度 $\rho_S=7\ 800\ kg\cdot m^{-3}$，熔化焓 $\Delta H=250\ kJ\cdot kg^{-1}$，热容 $C_{p(1)}=0.84\ kJ\cdot kg^{-1}\cdot K^{-1}$，并已知钢液与废钢之间的传热系数 $h=5.28\ kJ\cdot m^{-2}\cdot s^{-1}\cdot K^{-1}$，传质系数 $\beta_C=2\times10^{-4}\ m\cdot s^{-1}$，求废钢熔化线速率。

解：绘制废钢熔化线速率$-\frac{dx}{dt}$与$[\%C]_S$之间的关系曲线。

因为$-\frac{dx}{dt}$与 T_S 有关，所以要确定 T_S 与$[\%C]_S$之间的关系。以$[\%C]_S$为参数，分别根据热平衡与碳平衡，求得$-\frac{dx}{dt}$与$[\%C]_S$之间的关系。

$[\%C]_S$	0	0.2	0.8	1.6	2.4	3.2	3.6
由热平衡式(8-107)$-\frac{dx}{dt}/(mm\cdot min^{-1})$	-40.7	-35.0	-20.2	-5.02	5.8	13.9	17.2
由碳平衡式(8-109)$-\frac{dx}{dt}(mm\cdot min^{-1})$	11.4	10.8	8.9	6.3	3.8	1.3	0
液相线温度式(8-110)T_S/ ℃	1 536	1 525	1 488	1 429	1 360	1 280	1 236

以$[\%C]_S$为横坐标，分别以热平衡$-\frac{dx}{dt}$和碳平衡$-\frac{dx}{dt}$为纵坐标作图(见图 8-15)，得到两条曲线，两曲线的交点就是所要求得的废钢熔化线速率。

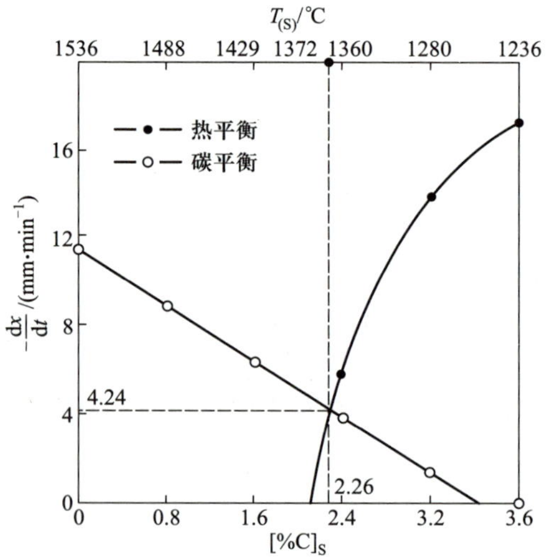

图 8-15 废钢熔化线速率$-\frac{dx}{dt}$与$[\%C]_S$的关系

$$-\frac{dx}{dt}=4.24\ mm\cdot min^{-1}$$

此时$[\%C]_S=2.26$，$T_S=1\ 372$ ℃。

8.6.2 钢液凝固动力学

钢液凝固是液-固相反应的一种。由于钢液凝固时出现的溶质成分偏析以及由偏析引发的化学反应会影响钢材的质量，因此有必要探讨钢液的凝固动力学。以下介绍平衡凝固条件下的动力学模型。

关于溶质偏析的分类，溶质偏析一般分为显微偏析和宏观偏析：前者不考虑流动现象，由相图决定凝固所产生的偏析；后者是在显微偏析之上叠加钢液流动的影响，此时的偏析行为更加复杂。引起钢液流动的原因有：浇铸时的动能、凝固时的体积收缩、由于温度分布不均匀造成的密度差以及气泡运动等。

8.6.2.1 显微偏析

1. 标准凝固方程

假设：

① 由于固相钢中的元素扩散系数很小，约 $10^{-10}\ m\cdot s^{-1}$，所以假设固相中的溶质扩散为零；

② 假设液相中溶质浓度始终呈均匀分布，不存在浓度梯度，换言之，假设溶质在液相中的扩散系数无穷大；

③ 溶质在两相中服从分配定律：

$$L=\frac{c_s}{c_l}\leqslant 1 \tag{8-111}$$

式中，c_s、c_l分别是溶质在固相和液相中的浓度（见图 8-16）。

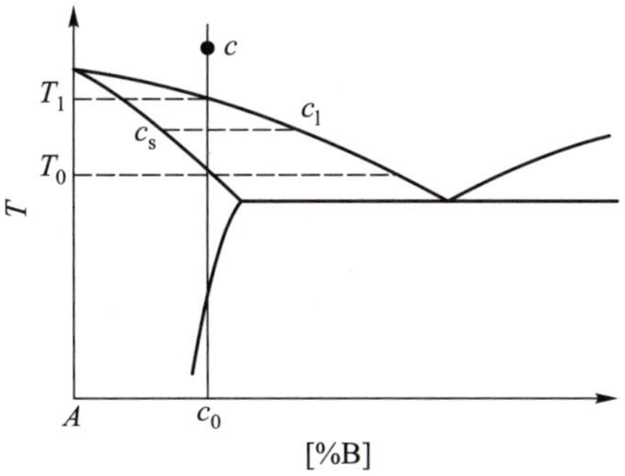

图 8-16　溶质在固相和液相中的浓度 c_s、c_l的示意图

④ 无液体流动；

⑤ 凝固后不发生体积收缩，即 $\rho_s=\rho_l$。

依据质量平衡原理，考察图 8-17 中 $z=z$ 处 dz 厚的微元体中溶质量。设微元体中液相含溶质量为

$$m_l=c_l\cdot A\cdot dz \tag{8-112}$$

微元体中液相凝固后，固相含溶质量为

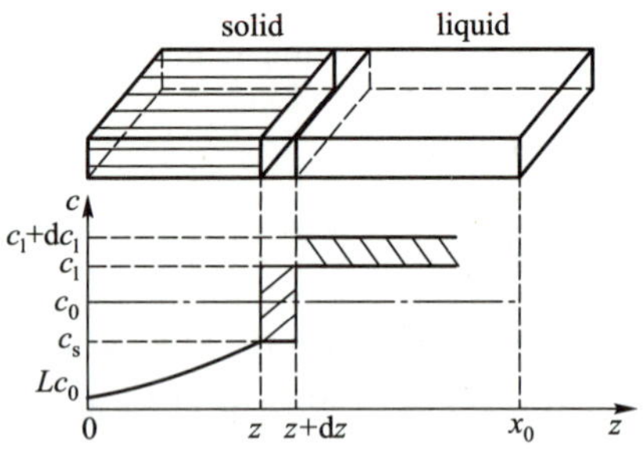

图 8-17 凝固时液固相界面处微元体内溶质的浓度分布图

$$m_2=c_s\cdot A\cdot dz \tag{8-113}$$

由凝固而排挤到剩余钢液中的溶质量 m_3 为

$$m_3=m_1-m_2=(c_l-c_s)\cdot A\cdot dz \tag{8-114}$$

另一方面，从溶液中溶质浓度的增加也可计算 m_3 的量：

$$m_3=dc_l\cdot A\cdot(x_0-z-dz) \tag{8-115}$$

因为式(8-114)与式(8-115)相等，所以

$$(c_l-c_s)\cdot A\cdot dz=dc_l\cdot A\cdot(x_0-z-dz) \tag{8-116}$$

又因为

$$L=\frac{c_s}{c_l}$$

舍去高阶无穷小，所以式(8-116)可改写为

$$c_l(1-L)dz=(x_0-z)dc_l \tag{8-117}$$

由边界条件：

$$z=0\text{ 时 }c_l=c_0、c_s=Lc_l=Lc_0$$

$$z=z\text{ 时 }c_l=c_l、c_s=Lc_l$$

积分：

$$\int_0^z(1-L)\frac{dz}{(x_0-z)}=\int_{c_0}^{c_l}\frac{dc_l}{c_l} \tag{8-118}$$

即

$$\frac{c_l}{c_0}=\left(1-\frac{z}{x_0}\right)^{L-1}$$

或

$$c_l=c_0\left(1-\frac{z}{x_0}\right)^{L-1} \tag{8-119}$$

可见，液相中的溶质浓度与位置 z 有关。因为位置不同导致溶质浓度 c_l 不同，因而出现偏析现象。

定义凝固分率 f_s：

$$f_s=\frac{V_{(s)}}{V}=\frac{z}{x_0} \tag{8-120}$$

所以液相及固相中的溶质浓度可写成

$$c_l=c_0(1-f_s)^{L-1} \tag{8-121}$$

$$c_s = Lc_l = Lc_0\,(1-f_s)^{L-1} \tag{8-122}$$

通常，将式(8-121)和式(8-122)称为标准凝固方程，也称为 Scheil 方程。

讨论：

① 若 $L=1$，则 $c_l=c_s=c_0$，表明分配率为 1 时没有溶质的偏析；

② 若 $L\ll1$，则 $c_l=\dfrac{c_0}{1-f_s}$，当 $f_s\to1$ 时，$c_l\to\infty$。

注意：Scheil 方程预测的偏析程度要大于实际的偏析程度，这是因为标准凝固方程没有考虑固相中存在溶质扩散的影响。

2. 溶质分配模型

由于标准凝固方程与实际情况相比存在误差，因此需要考虑固相中溶质扩散的影响。以下介绍由 Brody 和 Flemings 提出的溶质分配模型。

人物录 43. Brody

Harold D. Brody，主要研究铸件凝固，材料加工的计算机辅助设计等。Brody 通过研究丰富了枝晶凝固的基础知识，特别是溶质在二元和多元合金凝固过程中的再分配。铸造和凝固过程的数值模拟，包括微观、耦合传热和流体流动、凝固速率、热应力和孔隙度。开发了预测铸件质量和稳健性的量化标准，包括适合铸造工艺软件和计算机辅助设计的标准。

人物录 44. Flemings

Merton.C. Flemings，麻省理工学院名誉教授。Flemings 主要研究材料工程基础和材料加工。2004 年为了表彰 Flemings 教授在凝固和铸造领域中做出的杰出科学贡献，由瑞士洛桑联邦理工学院授予其荣誉博士学位。

◎ 豆知识 21. Scheil 方程

Scheil 方程(Scheil-Gulliver 方程)涉及合金凝固过程中溶质元素的再分配，又称非平衡结晶时的杠杆定律，它在比较广泛的实验条件范围内描述了固相无扩散、液相均匀混合条件下的溶质再分配规律。

凝固时固相中增加的溶质量为

$$\begin{aligned} dm_s &= d(V_0 f_s c_s) \\ &= V_0 c_s\, df_s + V_0 f_s\, dc_s \end{aligned} \tag{8-123}$$

式中，V_0为全体积；$V_0 f_s$为已凝固的体积。

式(8-123)中右边第 1 项是描述由于凝固分率的增加使得溶质量增加，第 2 项是f_s为一定时，液相向凝固相内扩散引起的溶质增加量，即由浓度差导致的扩散量：

$$V_0 f_s dc_s = J_s A dt$$

式中，J_s为扩散通量，$\mathrm{mol\cdot m^{-2}\cdot s^{-1}}$，$J_s=D_s\dfrac{\partial c_s}{\partial z}$；$D_s$为溶质在固相中的扩散系数，$\mathrm{m\cdot s^{-1}}$。

所以式(8-123)可改写为

$$dm_s = V_0 c_s\, df_s + A\cdot D_s\frac{\partial c_s}{\partial z}\cdot dt \tag{8-124}$$

另一方面，伴随凝固相中溶质的增加，相对应的液相中也要有溶质量的减少，其减少量为

$$\begin{aligned} dm_l &= d(V_0 f_l c_l) \\ &= V_0 c_l d f_l + V_0 f_l dc_l \end{aligned} \tag{8-125}$$

式中，f_l 为液相分率：

$$f_l = 1 - f_s \tag{8-126}$$

因为固相中的溶质增加量与液相中溶质减少量相等，即式(8-124)与式(8-125)绝对值相等，所以

$$dm_s = -dm_l$$

$$V_0 c_s d f_s + A \cdot D_s \frac{\partial c_s}{\partial z} \cdot dt = -V_0 c_l d f_l - V_0 f_l dc_l \tag{8-127}$$

由式(8-126)知

$$d f_l = -d f_s \tag{8-128}$$

且

$$A = \left.\frac{V_0}{x_0}\right|_{V_0=1} = \frac{1}{x_0} \tag{8-129}$$

并设

$$\frac{\partial c_s}{\partial z} = \frac{dc_s}{dz}$$

所以式(8-127)可写为

$$(1-f_s)\, dc_l + \frac{D_s}{x_0} \frac{dc_s}{dz} dt = (c_l - c_s)\, d f_s \tag{8-130}$$

式(8-130)的右边 $= (c_l - c_s)\, d f_s = (1-L) c_l d f_s$

$$左边 = (1-f_s)\, dc_l + \frac{D_s}{x_0} \frac{dt}{dz} dc_s$$

因为 $dc_l = \frac{1}{L} dc_s$，且令 $\frac{dt}{dz} = \frac{\Delta t_f}{x_0}$，$\Delta t_f$ 为钢液全部凝固时间。所以

$$\begin{aligned} 式(8-130)的左边 &= (1-f_s)\, dc_l + \frac{D_s}{x_0} \frac{\Delta t_f}{x_0} dc_s \\ &= \frac{(1-f_s) x_0^2 + L D_s \Delta t_f}{L x_0^2} dc_s \end{aligned}$$

故式(8-130)可写为

$$(1-L) c_l d f_s = \frac{(1-f_s) x_0^2 + L D_s \Delta t_f}{L x_0^2} dc_s \tag{8-131}$$

当 $f_s = 0$ 时，$c_s = Lc_l = Lc_0$，$f_s = f_s$ 时，$c_s = c_s$。积分式(8-131)，并考虑到 $Lc_l = c_s$，得

$$\int_0^{f_s} (1-L) \frac{df_s}{(1-f_s) + \frac{L D_s \Delta t_f}{x_0^2}} = \int_{Lc_0}^{c_s} \frac{dc_s}{c_s} \tag{8-132}$$

得

$$(1-L)\left\{-\ln\left[(1-f_s)+\frac{LD_s\Delta t_f}{x_0^2}\right]\right\}\Bigg|_0^{f_s}=\ln c_s\Bigg|_{Lc_0}^{c_s} \tag{8-133}$$

得

$$(L-1)\ln\frac{(1-f_s)+\dfrac{LD_s\Delta t_f}{x_0^2}}{1+\dfrac{LD_s\Delta t_f}{x_0^2}}=\ln\frac{c_s}{Lc_0} \tag{8-134}$$

即

$$c_s=L\cdot c_0\left(1-\frac{f_s}{1+\dfrac{LD_s\Delta t_f}{x_0^2}}\right)^{L-1} \tag{8-135}$$

令 $\omega=\dfrac{D_s\Delta t_f}{x_0^2}$，则

$$c_s=L\cdot c_0\left(1-\frac{f_s}{1+L\omega}\right)^{L-1} \tag{8-136}$$

式(8-136)就是考虑了溶质在固相即钢锭中扩散的溶质分配模型，与标准凝固方程式(8-122)相比，式(8-136)在括号中多了 $1/(1+L\omega)$ 项。可见：若$L\omega\ll 1$，式(8-136)就退化为标准 Scheil 方程式(8-122)。

应该注意到，溶质偏析会影响钢材的质量，但有利于提纯工艺，因此应充分利用凝固偏析现象，为生产实践服务。

8.6.2.2 宏观偏析

浇铸时的体积收缩、温度差、密度差、气泡运动等使钢液产生流动，使偏析现象变得更为复杂，此时的偏析称为宏观偏析。

建立宏观偏析凝固模型时假设：

① 钢液凝固时，溶质只能通过液相流动进入或离开微元体；

② 微元体内温度与成分分布均匀；

③ 不产生气孔或气泡。

图 8-18(a)是钢液树枝状凝固示意图，图中黑色越重表示溶质含量越高。从图可见，溶质多聚集在树枝(固体)的根部。

为了描述枝间液体流动对宏观偏析的影响，取微元体如图 8-18(b)，进行溶质质量的衡算：单位时间微元体内流入与流出溶质质量之差：

$$\frac{\partial\bar{\rho}\bar{c}}{\partial t}=-\left[\frac{\partial(f_l\rho_l c_l V_x)}{\partial x}+\frac{\partial(f_l\rho_l c_l V_y)}{\partial y}+\frac{\partial(f_l\rho_l c_l V_z)}{\partial z}\right] \tag{8-137}$$

式中，$f_l=1-f_s$，f_l 和 f_s 分别为液相和固相分率，量纲一；c_l 和 ρ_l 分别为液相的浓度与密度，$\mathrm{mol\cdot m^{-3}}$ 与 $\mathrm{kg\cdot m^{-3}}$；V_x、V_y、V_z 分别为 x、y、z 三维方向上的流速分量，$\mathrm{m\cdot s^{-1}}$；$\bar{c}$ 和 $\bar{\rho}$ 分别为固液两相区内的平均浓度与密度，$\mathrm{mol\cdot m^{-3}}$ 与 $\mathrm{kg\cdot m^{-3}}$；$\vec{V}$ 为枝间的液体流速，$\mathrm{m\cdot s^{-1}}$。

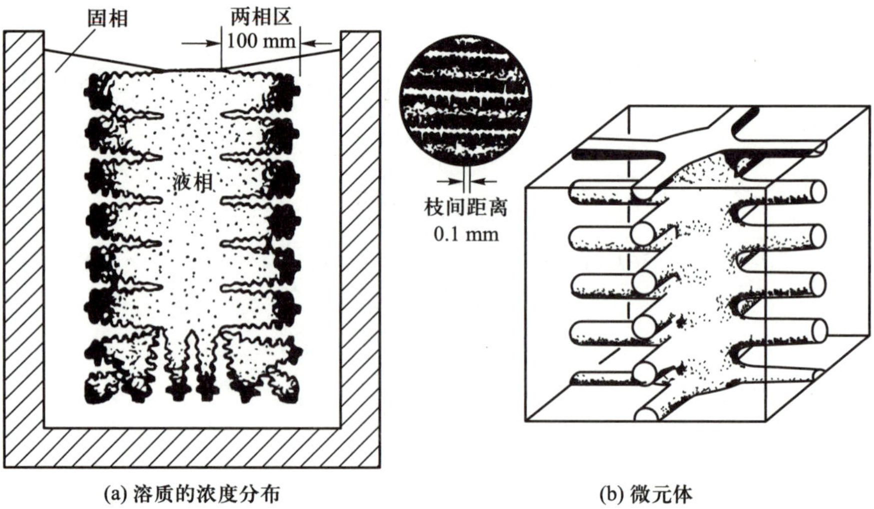

图 8-18 钢液树枝状凝固过程的示意图

式(8-137)的矢量表达式：

$$\frac{\partial \bar{\rho}\,\bar{c}}{\partial t}=-c_1\cdot\nabla(f_1\rho_1\vec{V})-f_1\rho_1\vec{V}\cdot\nabla c_1 \tag{8-138}$$

又因为由微元体内质量衡算得

$$\frac{\partial \bar{\rho}}{\partial t}=-\nabla(f_1\rho_1\vec{V}) \tag{8-139}$$

将式(8-139)代入式(8-138)，得

$$\frac{\partial \bar{\rho}\,\bar{c}}{\partial t}=+c_1\cdot\frac{\partial \bar{\rho}}{\partial t}-f_1\rho_1\vec{V}\cdot\nabla c_1 \tag{8-140}$$

根据质量守恒原理，单位时间微元体内质量变化必然等于液相与固相溶质量的变化量总和：

$$\frac{\partial \bar{\rho}\,\bar{c}}{\partial t}=\frac{\partial}{\partial t}(f_1\rho_1c_1+f_s\rho_s\bar{c}_s) \tag{8-141}$$

式中，$\bar{c}_s$ 为溶质在固相中的平均浓度，mol · m^{-3}。

设固液界面处的溶质的分配比 $L=\dfrac{c_s}{c_1}$，并设固相密度 ρ_s 为恒定值，所以有

$$\frac{\partial f_s\rho_s\bar{c}_s}{\partial t}=Lc_1\rho_s\frac{\partial f_s}{\partial t} \tag{8-142}$$

因为假设无气孔，所以有

$$f_1+f_s=1 \tag{8-143}$$

即

$$\partial f_s=-\partial f_1 \tag{8-144}$$

将式(8-142)和式(8-144)代入式(8-141)，得

$$\frac{\partial \bar{\rho}\,\bar{c}}{\partial t}=-Lc_1\rho_s\frac{\partial f_1}{\partial t}+f_1\rho_1\frac{\partial c_1}{\partial t}+c_1\frac{\partial(f_1\rho_1)}{\partial t} \tag{8-145}$$

所以式(8-145)改写为

$$-Lc_1\rho_s\frac{\partial f_1}{\partial t}+f_1\rho_1\frac{\partial c_1}{\partial t}=\frac{\partial\bar{\rho}\,\bar{c}}{\partial t}-c_1\frac{\partial(f_1\rho_1)}{\partial t}\tag{8-146}$$

将式(8-140)代入式(8-146),得

$$-Lc_1\rho_s\frac{\partial f_1}{\partial t}+f_1\rho_1\frac{\partial c_1}{\partial t}=\left(c_1\frac{\partial\bar{\rho}}{\partial t}-f_1\rho_1\vec{V}\cdot\nabla c_1\right)-c_1\frac{\partial(f_1\rho_1)}{\partial t}\tag{8-147}$$

另一方面,

$$\frac{\partial\bar{\rho}}{\partial t}=\frac{\partial}{\partial t}(f_1\rho_1+f_s\rho_s)\tag{8-148}$$

整理式(8-147),得

$$\frac{\partial c_1}{\partial t}=\left(\frac{Lc_1\rho_s}{f_1\rho_1}-\frac{c_1\rho_s}{f_1\rho_1}\right)\frac{\partial f_1}{\partial t}-\vec{V}\cdot\nabla c_1\tag{8-149}$$

令凝固收缩系数

$$E_s=\frac{\rho_s-\rho_1}{\rho_s}\tag{8-150}$$

则式(8-149)可写成

$$\begin{aligned}\frac{\partial c_1}{\partial t}&=\left(\frac{L\rho_s}{\rho_1}-\frac{\rho_s}{\rho_1}\right)\frac{c_1}{f_1}\frac{\partial f_1}{\partial t}-\vec{V}\cdot\nabla c_1\\&=\left(-\frac{1-L}{1-\dfrac{\rho_s-\rho_1}{\rho_s}}\right)\frac{c_1}{f_1}\frac{\partial f_1}{\partial t}-\vec{V}\cdot\nabla c_1\\&=\left(-\frac{1-L}{1-E_s}\right)\frac{c_1}{f_1}\frac{\partial f_1}{\partial t}-\vec{V}\cdot\nabla c_1\end{aligned}\tag{8-151}$$

以下介绍式(8-151)中∇c_1的确定方法。

设钢锭内的温度场分布为

$$T=f(x,y,z,t)\tag{8-152}$$

在 $\mathrm{d}t$ 时间内等温线移动矢量 $\mathrm{d}\vec{a}=\vec{i}\,\mathrm{d}x+\vec{j}\,\mathrm{d}y+\vec{k}\,\mathrm{d}z$,则

$$\mathrm{d}T=\mathrm{d}\vec{a}\;\nabla T+\frac{\partial T}{\partial t}\mathrm{d}t\tag{8-153}$$

式中, $\nabla T=\vec{i}\,\frac{\partial T}{\partial x}+\vec{j}\,\frac{\partial T}{\partial y}+\vec{k}\,\frac{\partial T}{\partial z}$。

因为微元体内温度均匀,即 $\mathrm{d}T=0$,所以式(8-153)可改写为

$$-\frac{\partial T}{\partial t}=\frac{\mathrm{d}\vec{a}}{\mathrm{d}t}\nabla T=-\vec{u}_T\tag{8-154}$$

式中,$\vec{u}_T$ 为直角坐标系内等温线移动速率。

同理,因为 c_1是位置和时间的函数,即

$$c_1=f(x,y,z,t)\tag{8-155}$$

所以可得

$$-\frac{\partial c_1}{\partial t}=\frac{\mathrm{d}\vec{a}}{\mathrm{d}t}\cdot \nabla c_1 \tag{8-156}$$

联立式(8-154)、式(8-156),得

$$\frac{\mathrm{d}\vec{a}}{\mathrm{d}t}=-\frac{\frac{\partial c_1}{\partial t}}{\nabla c_1}=-\frac{\vec{u}_T}{\nabla T} \tag{8-157}$$

$$\nabla c_1=\frac{\nabla T}{\vec{u}_T}\frac{\partial c_1}{\partial t} \tag{8-158}$$

将式(8-158)代入式(8-151),得

$$\frac{\partial c_1}{\partial t}=-\left(\frac{1-L}{1-E_s}\right)\frac{c_1}{f_1}\frac{\partial f_1}{\partial t}-\vec{V}\cdot\frac{\nabla T}{\vec{u}_T}\frac{\partial c_1}{\partial t} \tag{8-159}$$

整理得

$$\left(1+\vec{V}\cdot\frac{\nabla T}{\vec{u}_T}\right)\mathrm{d}c_1=-\left(\frac{1-L}{1-E_s}\right)\frac{c_1}{f_1}\mathrm{d}f_1 \tag{8-160}$$

所以

$$\frac{\mathrm{d}f_1}{\mathrm{d}c_1}=-\frac{1-E_s}{1-L}\cdot\frac{f_1}{c_1}\cdot\left(1+\vec{V}\cdot\frac{\nabla T}{\vec{u}_T}\right) \tag{8-161}$$

对于一维单方向凝固过程,

$$\frac{\mathrm{d}f_1}{\mathrm{d}c_1}=-\frac{1-E_s}{1-L}\cdot\frac{f_1}{c_1}\cdot\left(1+\frac{V_x\frac{\partial T}{\partial x}}{\vec{u}_T}\right) \tag{8-162}$$

定义 x 方向固相线移动速率:$\vec{u}_x=-\frac{\vec{u}_T}{\frac{\partial T}{\partial x}}$,则式(8-162)变为

$$\frac{\mathrm{d}f_1}{\mathrm{d}c_1}=-\frac{1-E_s}{1-L}\cdot\frac{f_1}{c_1}\cdot\left(1-\frac{V_x}{\vec{u}_x}\right) \tag{8-163}$$

式(8-163)称为单向凝固过程的区域溶质分配方程。式中的 L、E_s、V_x、$\vec{u}_x$ 分别为溶质在固液相之间的分配比、凝固收缩系数、x 方向的流速、x 方向固相线移动速率,这些参数均随时间发生变化,并对宏观偏析产生影响。

讨论:

① 若$\frac{V_x}{\vec{u}_x}=-\frac{E_s}{1-E_s}$,则式(8-163)变为

$$\begin{aligned}\frac{\mathrm{d}f_1}{\mathrm{d}c_1}&=-\frac{1-E_s}{1-L}\cdot\frac{f_1}{c_1}\cdot\left(1-\frac{V_x}{\vec{u}_x}\right)\\&=-\frac{1-E_s}{1-L}\cdot\frac{f_1}{c_1}\cdot\left(1+\frac{E_s}{1-E_s}\right)\\&=-\frac{1}{1-L}\cdot\frac{f_1}{c_1}\end{aligned} \tag{8-164}$$

积分式(8-164)，$f_1=1\to f_1$，$c_1=c_0\to c_1$，得

$$(L-1)\ln f_1=\ln\frac{c_1}{c_0}$$

即

$$c_1=c_0\ (1-f_s)^{L-1} \tag{8-165}$$

与标准凝固方程式(8-122)一致，此时相当于钢液流动方向与等温面移动方向垂直，没有产生宏观偏析。

② 若 $\frac{V_x}{\vec{u}_x}<-\frac{E_s}{1-E_s}$，则式(8-163)变为

$$\frac{df_1}{dc_1}>-\frac{1-E_s}{1-L}\cdot\frac{f_1}{c_1}\cdot\left(1+\frac{E_s}{1-E_s}\right) \tag{8-166}$$

积分得

$$c_1<c_0\ (1-f_s)^{L-1} \tag{8-167}$$

因为此时出现偏析程度低于标准凝固方程给出的偏析程度，相当于钢液运动方向与等温面移动方向反向，两相区内的液体从热区流向冷区，这种宏观偏析降低了区域溶质浓度，称为负偏析。

③ 若$\frac{V_x}{\vec{u}_x}>-\frac{E_s}{1-E_s}$，同理得到

$$c_1>c_0\ (1-f_s)^{L-1} \tag{8-168}$$

因此可判断此种情况下，相当于流动方向与等温面移动方向相同，两相区内的液体由冷区流向热区，此时的宏观偏析将增加区域溶质浓度，称为正偏析。

8.6.2.3 凝固速率对偏析的影响

液相凝固时，由于温度的降低和显微偏析的作用，凝固前沿的液相中富集了溶质，也使原来已达到平衡的体系转为不平衡，引发凝固过程一系列的化学反应，发生的反应将与溶质在固、液相中的扩散速率以及凝固速率有关。

以下介绍溶质的有效分配系数与凝固速率之间的数学关系。

在讨论标准凝固方程时，曾假设溶质在固相中不存在扩散且在液相中的扩散系数无穷大，即液相中溶质成分均匀，而实际上由于固相中存在溶质的扩散，液相中也存在溶质的浓度梯度(如凝固的前沿有溶质的富集)，因此，关于溶质的分配系数 $L=\frac{c_s}{c_1}$应该使用有效分配系数 L_E：

$$L_E=\frac{(c_s)_I}{(c_1)_B} \tag{8-169}$$

式中，L_E为溶质有效分配系数；$(c_s)_I$ 为与液相接触的界面固相中溶质浓度，mol · m^{-3}；$(c_1)_B$ 为液相内部溶质浓度，mol · m^{-3}；

由溶质流的连续方程：

$$\frac{\partial c}{\partial t}=-\mathrm{div}(c\cdot\vec{V}-D\cdot\nabla c) \qquad (8-170)$$

式中,c 为液体中某点的浓度,$\mathrm{mol\cdot m^{-3}}$。

式(8-170)右边括号中的第一项和第二项分别是流入和流出微元体的溶质量。稳态下由于微元体内的积蓄为零,即

$$\frac{\partial c}{\partial t}=0 \qquad (8-171)$$

对于一维稳态不可压缩流体有

$$D\frac{\mathrm{d}^2c}{\mathrm{d}x^2}-V_x\frac{\mathrm{d}c}{\mathrm{d}x}=0 \qquad (8-172)$$

关于式(8-172)的推导如下。

应用数学公式:

$$\mathrm{div}\vec{V}=\frac{\partial V_x}{\partial x}+\frac{\partial V_y}{\partial y}+\frac{\partial V_z}{\partial z}$$

$$\nabla c=\frac{\partial c}{\partial x}\vec{i}+\frac{\partial c}{\partial y}\vec{j}+\frac{\partial c}{\partial z}\vec{k}$$

$$\mathrm{div}(\nabla c)=\frac{\partial^2 c}{\partial x^2}+\frac{\partial^2 c}{\partial y^2}+\frac{\partial^2 c}{\partial z^2}$$

可将稳态下的式(8-170)改写为

$$\frac{\partial c}{\partial t}=-\mathrm{div}(c\cdot\vec{V}-D\cdot\nabla c)$$

$$=-(c\mathrm{div}\vec{V}+\vec{V}\mathrm{div}c)+D\mathrm{div}(\nabla c)$$

考虑到流速 $\vec{V}$ 为定值且是一维稳态,所以

$$0=-\left(c\cdot 0+V_x\frac{\mathrm{d}c}{\mathrm{d}x}\right)+D\frac{\mathrm{d}^2c}{\mathrm{d}x^2}$$

整理得到式(8-172)。

对于微元体在凝固过程中溶质浓度的变化见图 8-19。图中,实线为平衡凝固时液、固相中的溶质浓度变化,虚线为非平衡凝固时液、固相中的溶质浓度变化。可见溶质在液相侧的 δ 厚的边界层内有浓度分布。

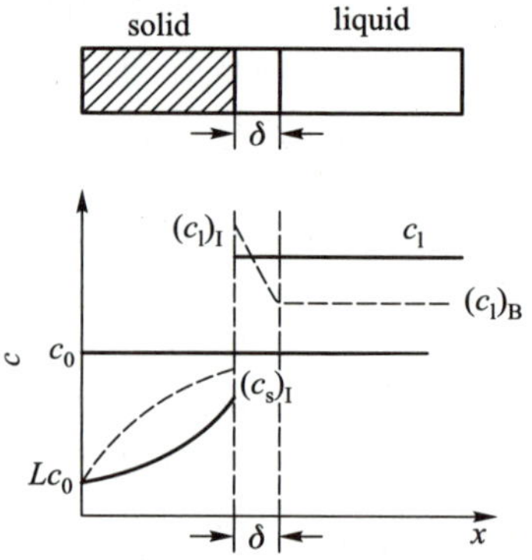

图 8-19 凝固过程中溶质浓度的分布

设凝固速率也就是固相线移动速率为 u_x，则 $V_x=-u_x$，所以式(8-172)可写为

$$\frac{\mathrm{d}^2 c}{\mathrm{d}x^2}+\frac{u_x}{D}\frac{\mathrm{d}c}{\mathrm{d}x}=0 \tag{8-173}$$

由边界条件：

$$x=0\text{ 时},c=(c_l)_I \tag{8-174}$$

$$x\geqslant\delta\text{ 时},c=(c_l)_B \tag{8-175}$$

因为是稳态过程，从凝固相中排出的溶质速率等于界面处向液相内扩散的速率。所以当 $x=0$ 时，

$$[(c_l)_I-(c_s)_I]u_x=-D\frac{\mathrm{d}c}{\mathrm{d}x} \tag{8-176}$$

式(8-176)左边相当于凝固相中排出的溶质量，右边是溶质的扩散量。

使用式(8-174)与式(8-175)的边界条件及式(8-176)，对式(8-173)进行积分，$x=0\to\delta$，$c=(c_l)_I\to(c_l)_B$，得

$$\frac{(c_s)_I-(c_l)_B}{(c_s)_I-(c_l)_I}=\mathrm{e}^{-\frac{\delta}{D}u_x} \tag{8-177}$$

将有效分配系数 $\left(L_E=\dfrac{(c_s)_I}{(c_l)_B}\right)$ 和普通的分配系数 $L=\dfrac{(c_s)_I}{(c_l)_I}$ 代入式(8-177)，得

$$\frac{(c_l)_B(L_E-1)}{(c_l)_I(L-1)}=\mathrm{e}^{-\frac{\delta}{D}u_x} \tag{8-178}$$

所以

$$\begin{aligned}L_E&=1+(L-1)\cdot\mathrm{e}^{-\frac{\delta}{D}u_x}\cdot\frac{(c_l)_I}{(c_l)_B}\cdot\frac{(c_s)_I}{(c_s)_I}\\&=1+(L-1)\cdot\mathrm{e}^{-\frac{\delta}{D}u_x}\cdot\frac{L_E}{L}\end{aligned} \tag{8-179}$$

整理得

$$L_E=\frac{L}{L+(1-L)\cdot\mathrm{e}^{-\frac{\delta}{D}u_x}} \tag{8-180}$$

讨论：

① $\dfrac{\delta}{D}u_x$ 越小，有效分配系数 L_E 就越接近普通的分配系数 L。若 $\dfrac{\delta}{D}u_x$ 增大，则 L_E 也随之增大，当 $\dfrac{\delta}{D}u_x\to\infty$，则 $\mathrm{e}^{-\frac{\delta}{D}u_x}\to0$，所以 $L_E\to1$，即 L_E 最大为 1（见图 8-20）。

② 若 $L_E\neq L$，将 L_E 代入标准凝固方程(8-122)替代 L，得

$$c_s=L_E c_0(1-f_s)^{L_E-1} \tag{8-181}$$

将式(8-181)与标准 Scheil 方程式(8-122)进行比较并作图，见图 8-21。

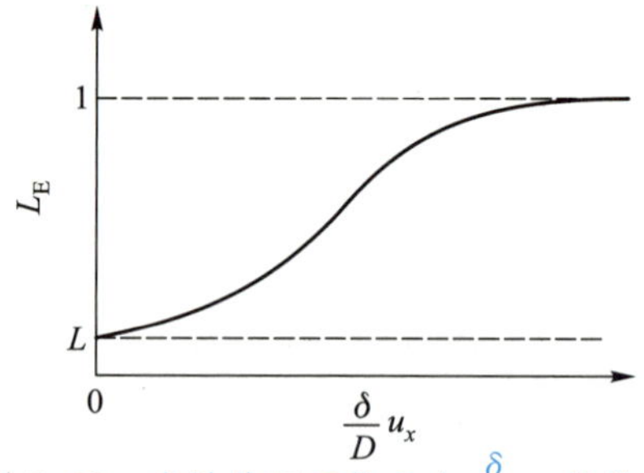

图 8-20 有效分配系数 L_E 与 $\frac{\delta}{D}u_x$ 的关系

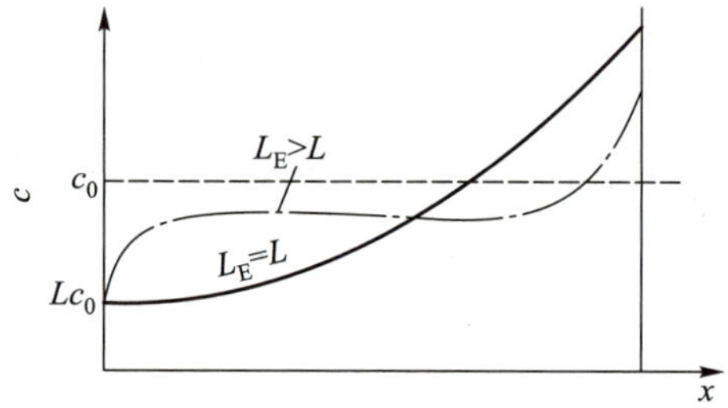

图 8-21 与标准凝固方程式相比考虑有效分配系数时的浓度分布

从图 8-21 可知：$L_E>L$ 时的浓度分布更均匀些。因此，

① 若凝固速率慢，即 u_x 值较小时，因为 $\frac{\delta}{D}u_x$ 小，$e^{-\frac{\delta}{D}u_x}$ 趋近于 1，所以 $L_E \to L = \frac{(c_s)_I}{(c_l)_I}$，使得成分分布更加不均匀，偏析程度变大。

② 若凝固速率快，即 u_x 值较大时，因为 $\frac{\delta}{D}u_x$ 大，$e^{-\frac{\delta}{D}u_x}$ 趋近于 0，所以 $L_E \to 1$，使得成分分布趋于均匀，偏析程度变小。

8.7 电化学动力学

本节从平衡态、非平衡态的电极过程、电极电位特征、电极极化及动力学特征等方面介绍电化学过程的动力学。

8.7.1 平衡态的电极过程

pH-电位图是描述指定离子浓度时电解液的 pH 与电极电位之间的平衡状态。关于平衡状态下的电极过程及电流特征，对于金属 M 的电极反应，图 8-22给出了电极过程的示意图。

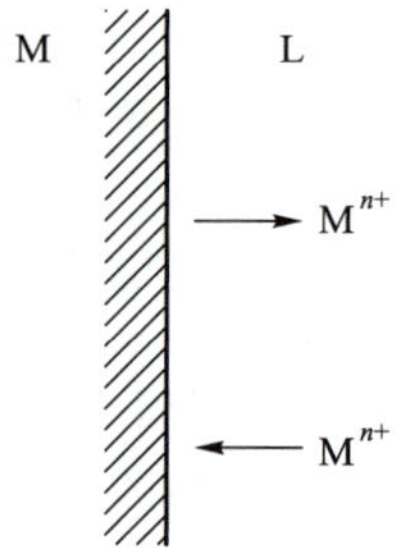

图 8-22 电极过程的示意图

如图 8-22 所示，将 M 置于含有 M^{n+} 的电解液中，将发生如下电极反应：

$$M^{n+}+ne^- \!=\!=\!= M \tag{8-182}$$

因为处于平衡状态，所以有

$$\vec{V}_c=\vec{V}_a \tag{8-183}$$

式中，$\vec{V}_c$、$\vec{V}_a$ 分别是电极反应(8-182)的正向还原和反向氧化速率，$mol \cdot m^{-3}$。

此时的电流密度：

$$i_c=i_a=i_o \tag{8-184}$$

式中，i_c 为还原过程电流密度，$A \cdot m^{-2}$；i_a 为氧化过程电流密度，$A \cdot m^{-2}$；i_o 为交换电流密度，与电极反应的物种有关，$A \cdot m^{-2}$。

8.7.2 非平衡态的电极过程

因为是非平衡态，所以

$$\vec{V}_c \neq \vec{V}_a \tag{8-185}$$

因此

$$i_c \neq i_a \neq i_o \tag{8-186}$$

若 $i_c>i_a$，反应式(8-182)正向进行，

$$M^{n+}+ne^- \longrightarrow M \tag{8-187}$$

此时的电极为还原电极，对于电解过程称为阴极。

反之，若 $i_c<i_a$，反应式(8-182)反向进行，

$$M^{n+}+ne^- \longleftarrow M \tag{8-188}$$

此时的电极为氧化电极，对于电解过程称为阳极。

8.7.3 电极电位特征

1. 平衡态

处于平衡态下电极电位 $\varepsilon_{实际}$ 就是平衡电位 $\varepsilon_{平衡}$，此时的平衡电位由能斯特方程描述：

$$\varepsilon_{实际}=\varepsilon_{平衡}=\varepsilon^{\ominus}-\frac{RT}{nF}\ln\frac{a_M}{a_{M^{n+}}} \tag{8-189}$$

式中，$\varepsilon_{实际}$、$\varepsilon_{平衡}$ 分别为实际电位和平衡电位，V；$\varepsilon^{\ominus}$ 为电极反应 $M^{n+}+ne^- \longrightarrow M$ 的标准还原电位，V；n 为电极反应的得失电子数，量纲一；F 为法拉第常数，$F=96\ 500\ C \cdot mol^{-1}$；$a_M$、$a_{M^{n+}}$ 分别是金属 M 与金属 M^{n+} 的活度，量纲一。

2. 非平衡态与过电位

处于非平衡态的电极电位，$\varepsilon_{实际} \neq \varepsilon_{平衡}$，由于偏离平衡态，所以定义偏离平衡电位的部分为过电位 η：

$$\eta=|\varepsilon_{实际}-\varepsilon_{平衡}| \tag{8-190}$$

过电位为绝对值，对于阳极，过电位向正偏离，对于阴极则过电位向

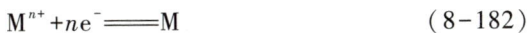

负偏离，偏离程度越大则电极上的电流密度 i_c 或 i_a 就越大（见图 8-23）。

过电位的物理意义：

① 表征了电极反应偏离平衡态的程度；

② 对于电解过程表征了额外消耗能量的多寡。

过电位的作用：实际生产过程中，控制电极过电位 η 可以实现选择性析出。

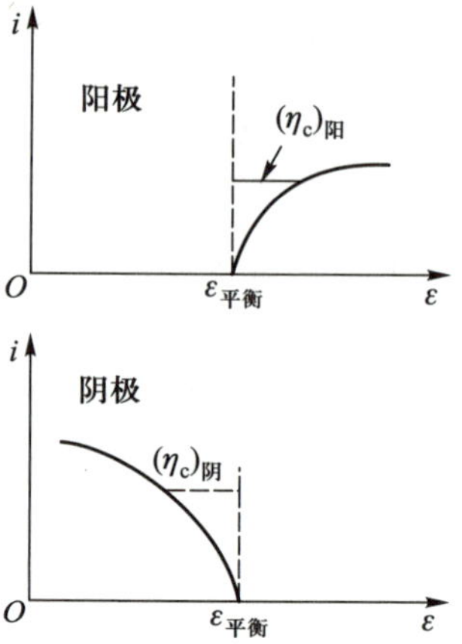

图 8-23　过电位与电流密度之间的关系

8.7.4　电极极化及动力学特征

若电极反应偏离平衡态，将产生电极极化现象，形成过电位。根据极化产生的原因不同可将电极极化分为电阻极化、浓差极化和电化学极化三种，伴随不同形式的电极极化，过电位也分为电阻过电位 η_r、浓差过电位 η_c 和电化学过电位 η_a 三类。

1. 电阻极化

电解过程中，若电极表面生成了氧化膜，将形成影响电流流动的阻抗。为了克服该阻抗，确保电极的电流密度不变，需提高电极电位，该过程称为电极极化，增加的电极电位就是电极过电位，由于是因电阻产生的电极极化，因此称为电阻极化。通常伴随电阻极化产生的过电位 η_r 较小，可以忽略。

2. 浓差极化

对于电极过程，若金属离子在电解液中的扩散较慢，而电极反应较快时，在电极表面就会形成浓度边界层，使得电极表面的浓度与电解液内部的浓度产生差异，由此出现的电极极化现象称为浓差极化，产生相应的过电位 η_c：

$$\eta_c = \left| \varepsilon_{实际} - \varepsilon_{平衡} \right| = \frac{RT}{nF} \ln \frac{c_s}{c_B} \tag{8-191}$$

式中，c_s、c_B 分别是金属 M 离子在电极表面和电解液内部的浓度，$mol \cdot m^{-3}$。此时电极的电流密度正比于浓度差：

$$i_c \propto (c_s - c_B) \tag{8-192}$$

对于电解过程，通电前，

$$\varepsilon_{平衡} = \varepsilon^{\ominus} - \frac{RT}{nF} \ln \frac{(a_M)_B}{(a_{M^{n+}})_B} \tag{8-193}$$

式中，$(a_M)_B$ 与 $(a_{M^{n+}})_B$ 分别是金属 M 和金属离子 M^{n+} 的本体活度，量纲一。

通电后，

$$\varepsilon_{实际} = \varepsilon^{\ominus} - \frac{RT}{nF} \ln \frac{(a_M)_s}{(a_{M^{n+}})_s} \tag{8-194}$$

式中，$(a_M)_s$ 与 $(a_{M^{n+}})_s$ 分别是电极表面处金属 M 和金属离子 M^{n+} 的活度，量纲一。所以，浓差过电位 η_c 为

$$\eta_c=|\varepsilon_{实际}-\varepsilon_{平衡}|=\left|\frac{RT}{nF}\ln\frac{(a_{M^{n+}})_s}{(a_{M^{n+}})_B}\right| \tag{8-195}$$

讨论：

① 对于阴极，浓差极化使 $c_s<c_B$，导致 $\varepsilon_{实际}<\varepsilon_{平衡}$，结果使电极电位变得更负。

② 对于阳极，浓差极化使 $c_s>c_B$，导致 $\varepsilon_{实际}>\varepsilon_{平衡}$，结果使电极电位变得更正（见图 8-24）。

由于测定电流密度比测定活度（浓度）更容易一些，所以一般使用电极电流密度计算过电位 η：

$$\eta=|\eta_r|+|\eta_c|=|\eta_r|+\left|\frac{RT}{nF}\ln\left(1-\frac{i}{i_d}\right)\right| \tag{8-196}$$

式中，i 与 i_d 分别是电极电流密度和极限电流密度，$A\cdot m^{-2}$。

关于式（8-196）中 $\eta_c=\left|\frac{RT}{nF}\ln\left(1-\frac{i}{i_d}\right)\right|$ 的证明，请参见式（8-200）的推导。

所谓极限电流密度是无 M^{n+} 扩散影响（即扩散环节是非限制性环节）时的电流密度，或者说电极反应为限制性环节时的电流密度。因为随着过电位 η 的提高电流密度 i 将随之增加。若电极表面浓度 $c_s\to c^e$（c^e 为电极反应的平衡浓度），则此时的电极电流密度也将趋近于极限电流密度 i_d。如果继续提高电极电位，电极上可能发生其他电极反应。图 8-25 是阴极电极电位与极限电流密度的关系图。

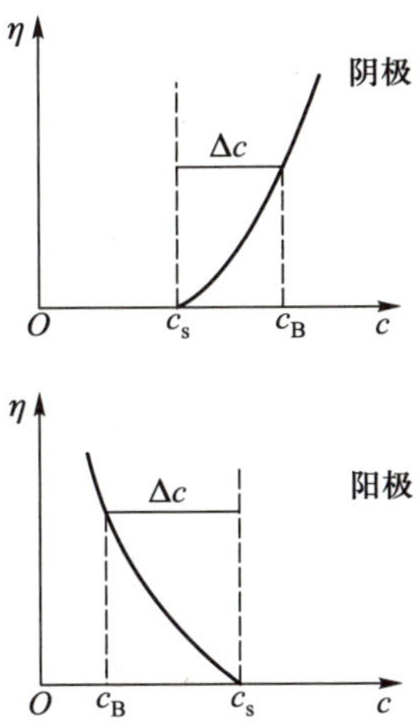

图 8-24 浓差对过电位的影响

关于最大浓差电位 $(\eta_c)_{max}$ 的计算方法，因为电极的电流密度正比于浓度差［参照式（8-192）］，所以对于阴极的电流密度 i_c

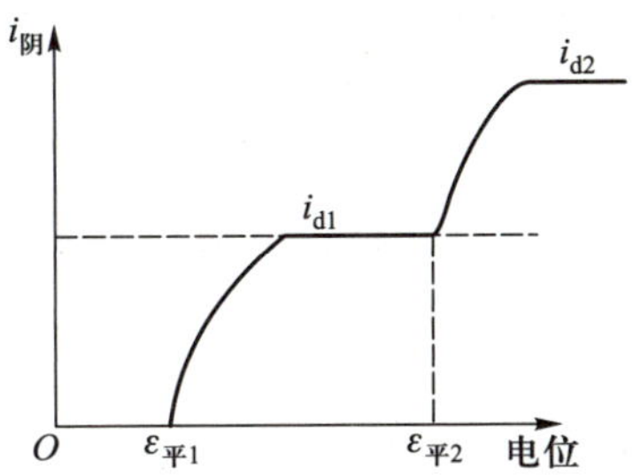

图 8-25 阴极电极电位与极限电流密度之间的关系

$$i_c = A(c_B - c_s) \tag{8-197}$$

式中,A 为常数。

当 $c_s = c^e$ 时,

$$i_c = A(c_B - c^e) = 常数 \tag{8-198}$$

此时,

$$c_s = c^e = c_B - \frac{i_c}{A} = c_B\left(1 - \frac{i_c}{Ac_B}\right) = c_B\left(1 - \frac{i_c}{i_d}\right) \tag{8-199}$$

代入式(8-195),并认为活度值等于浓度值,得

$$\begin{aligned}(\eta_c)_{max} &= \frac{RT}{nF}\ln\frac{(a_{M^{n+}})_s}{(a_{M^{n+}})_B} \\ &= \frac{RT}{nF}\ln\frac{c_s}{c_B}\bigg|_{c_s = c_B\left(1-\frac{i_c}{i_d}\right)} \\ &= \frac{RT}{nF}\ln\left(1 - \frac{i_c}{i_d}\right)\end{aligned} \tag{8-200}$$

关于式(8-200)的讨论:

① 确定电极反应的得失电子数 n:对于未知得失电子数的电极反应,若依据实验测定结果,以 $\ln\left(1-\frac{i_c}{i_d}\right)$ 为横坐标、η_c 为纵坐标绘制 η_c 和 $\ln\left(1-\frac{i_c}{i_d}\right)$ 关系图,由最小二乘法获得直线方程的斜率,进而计算得失电子数 n。

② 确定极限电流密度 i_d:实验测定过程中,在充分搅拌的同时不断增加电极电位,使电极电流密度达到恒定值,此电流密度值就是极限电流密度 i_d。若存在多个极限电流密度,则说明电解液中存在多种金属离子,这就是极谱分析的基本原理。

如果扩散是电极过程的限制性环节,则可通过加强搅拌或提高温度的方法提高反应速率,前者通过减薄浓度边界层提高扩散速率,后者通过提高温度增大扩散系数,有利于增加扩散速率。

3. 电化学极化

离子在电极上放电过程需要一定的能量,以克服反应的阻力,这种极化现象称为电化学极化,也称为活化极化,由此产生的电极过电位称为电化学过电位 η_a。

(1) 塔费尔公式 早在1905年,塔费尔(Tafel)根据大量的 H^+ 放电实验结果,归纳总结了在一定范围内,电极电化学过电位 η_a 与电极电流密度 i 之间的关系,提出了塔费尔经验公式:

$$\eta_a = a + b\lg i \tag{8-201}$$

式中,a、b 为塔费尔常数,取决于电极材料、电极表面状态、温度及电解液组成,是电解工业推算槽电压与电极电流密度关系的重要依据之一。

◎ 豆知识 22.塔费尔公式

塔费尔于1905年提出电极过电位与电流密度之间的经验公式,数学表达式为

$$\eta_a = a + b\lg i$$

η_a 为电流密度 i 时电极过电位,V;i 为阴极电流密度,$A \cdot m^{-2}$;a、b 为常数,与电极材料、表面状态及溶液组成、温度有关。

注意：

① 塔费尔常数 a 与交换电流密度 i_o 有关：

$$a=f(i_o) \tag{8-202}$$

由于交换电流密度 i_o 与电极材质有关，对于 i_o 较大的材质，即使电极电流密度较大时电极过电位的增加也比较小，说明该电极反应的可逆性好，或说电极极化容量大，该材质适宜作理想非极化电极，适于热力学研究。

例如，氢在铂金电极上析出时的交换电流密度 i_o($i_o|_{H_2在Pt电极上}$ = 7.9 A · m^{-2})远大于氢在铅电极上析出的交换电流密度 i_o($i_o|_{H_2在Pb电极上}$ = 1.0×10^{-8} A · m^{-2})，因此铂金电极上析氢时的电化学极化现象非常弱，氢在铂金上析出过电位几乎为零，有利于减小测定误差。

② 塔费尔公式只适用于电流密度较高的场合。对于电极电流密度较小($i\leqslant 1\times10^{-6}$ A · m^{-2}) 或过电位绝对值小于 0.03 V 时，过电位 η 与电流密度 i 呈线性关系：

$$\eta_a=Ki \tag{8-203}$$

式中，K 为比例常数。

(2) 影响电化学极化的因素　主要有电极材料、温度。

① 电极材料：前已述及，电极材料将影响交换电流密度 i_o 的大小，因而影响电化学过电位。通常，气体在电极上析出的电化学过电位与电极材料密切相关。例如，在温度 25 ℃、电解液金属离子 M^{n+} 浓度 $c_{M^{n+}}$ = 1 mol · kg^{-1}、电极电流密度 i = 1×10^4 A · m^{-2} 条件下，H_2 在不同材料电极上析出的电化学过电位差异较大，表 8-2 给出了不同材料电极上氢析出电极过程的塔费尔常数。

表 8-2　不同材料电极上氢析出电极过程的塔费尔常数

电极(阴极)材料	塔费尔常数	
	a	b
Pb 电极	1.56	0.120
Hg 电极	1.41	0.116
Pt 电极	0.10	0.030

与气体在电极上析出时的电化学极化现象相比，金属离子在金属电极上析出时的电化学极化程度较弱，金属之间析出的电化学过电位均较小。

② 温度：因为化学反应的活化能 E_a 远大于扩散活化能 E_d，对温度变化更加敏感，提高温度 T 将使过电位 η 发生显著变化。

8.7.5　过电位的利与弊

① 优点：利用过电位可以实现选择性析出；

► 人物录 45. 塔费尔

塔费尔(Julius Tafel) 德国化学家，1862 年 6 月出生于瑞士库朗德兰。塔费尔曾从事有机化学领域工作，而后转为电化学。他发现的塔费尔公式为电化学动力学提供了强有力的工具。

② 弊端:在电解过程中将增加电能的消耗。

8.7.6 电极电位与生产效率之间的关系

提高电极电位,可以增加电极电流密度,提高生产效率。但是实际生产过程中不能为了追求生产效率而无限制地提高电极电位,因为过电位过大可能会发生多种离子同时析出,反而导致电流效率下降,降低生产效率。

例1 25 ℃、用 Pt 电极电解浓度为 1 $mol\cdot kg^{-1}$的 $ZnSO_4$溶液,电极电流密度 $i=0.5\times10^4\ A\cdot m^{-2}$,若忽略浓差极化,且当 $p_{H_2}=p^{\ominus}$,问:

(1) 若溶液为中性时,Pt 阴极上最先析出是哪种物质?

(2) 若只让阴极上析出 Zn 而不析出 H_2的条件是什么?

已知:$\varepsilon^{\ominus}_{Zn^{2+}/Zn}=-0.763\ V$、$\varepsilon^{\ominus}_{H^+/H_2}=0.000\ V$

解:(1) 因为电解液中存在的离子种类有 Zn^{2+}、$SO_4{}^{2-}$、H^+、OH^-,由于只有正离子物质才能在阴极析出,所以 4 种离子中只有 Zn^{2+}和 H^+能析出,依照在阴极上析出电位越正越先析出的原则,比较 Zn^{2+}和 H^+的析出电位:

$$(\varepsilon_{析出})_{Zn}=\varepsilon^{\ominus}_{Zn^{2+}/Zn}-\frac{RT}{nF}\ln\frac{a_{Zn}}{a_{Zn^{2+}}}-(\eta_{阴})_{Zn} \qquad ①$$

因为金属之间析出时电化学过电位较小,即可认为(也可由 Tafel 公式计算)

$$(\eta_a)_{Zn}\approx0$$

因为忽略浓差极化,所以

$$(\eta_{阴})_{Zn}=(\eta_a)_{Zn}\approx0$$

所以,式①可写为

$$\begin{aligned}(\varepsilon_{析出})_{Zn}&=\varepsilon^{\ominus}_{Zn^{2+}/Zn}-\frac{RT}{nF}\ln\frac{a_{Zn}}{a_{Zn^{2+}}}-(\eta_{阴})_{Zn}\\&=-0.763\ V-\frac{RT}{nF}\ln\frac{1}{1}-0\\&=-0.763\ V\end{aligned}$$

又因为对于 H^+的析出电位:

$$(\varepsilon_{析出})_{H}=\varepsilon^{\ominus}_{H^+/H_2}-\frac{RT}{nF}\ln\frac{p_{H_2}/p^{\ominus}}{a^2_{H^+}}-(\eta_{阴})_{H} \qquad ②$$

由于氢离子在 Pt 金属电极上析出时电化学过电位较小,当电极电流密度 $i=0.5\times10^4\ A\cdot m^{-2}$时,

$$(\eta_a)_H=0.005\ V$$

同理,因为忽略浓差极化,所以

$$(\eta_{阴})_H=(\eta_a)_H=0.005\ V$$

又因为 $\varepsilon^{\ominus}_{H^+/H_2}=0.000\ V$,且 $p_{H_2}/p^{\ominus}$以及电解液为中性(pH=7),可知 $a^+_H=$

10^{-7} mol·kg^{-1},所以,式②可写为

$$(\varepsilon_{析出})_{H}=\varepsilon^{\ominus}_{H^+/H_2}-\frac{RT}{nF}\ln\frac{p_{H_2}/p^{\ominus}}{a^2_{H^+}}-(\eta_{阴})_{H}$$
$$=0.000\ V-0.059\ V\ pH-0.005\ V$$
$$=-0.418\ V$$

由于氢离子的析出电位(−0.418 V)比金属锌离子的析出电位(−0.763 V)要正一些,所以在 Pt 电极上先析出氢气。

(2) 抑制 H_2在阴极上析出的方法有:

① 改变电解液成分,即通过改变金属锌离子 Zn^{2+}或 H^+(pH)的浓度抑制氢气在阴极上的析出:通过计算,若 pH≥12.85 则可使$(\varepsilon_{析出})_H$低于$(\varepsilon_{析出})_{Zn}$,从而可抑制氢气在 Pt 阴极上的析出。但应注意:使用高碱性电解液,易腐蚀设备且高 pH 条件下控制电极电位难度较大。

② 改变阴极的材质,如使用 Zn 电极,通过查表知:H^+在 Zn 电极上析出 H_2的电化学过电位$(\eta_a)_H=0.7$ V,所以若其他条件不变,则氢离子的析出电位$(\varepsilon_{析出})_H=-1.113$ V,所以此时若控制阴极电极电位 $\varepsilon_{阴}$ 在 −1.113~−0.763 V 范围内,就可以确保在阴极上只析出金属锌,而抑制氢气的析出。

同理,可讨论并确定适宜的阳极电位 $\varepsilon_{阳}$,最终确定电解槽的槽电压 E:

$$E=\varepsilon_{阳}-\varepsilon_{阴} \tag{8-204}$$

例 2 已知:铁在 1 mol·L^{-1}$FeSO_4$溶液(pH=0)中析出时阴极过电位与电流密度之间的 Tafel 关系式为:$(\eta)_{Fe}=0.150+0.05\lg i$。

(1) 若不考虑氢气的析出,求阴极电流密度为 $i_{阴}=8\times10^{-2}$ A·m^{-2}时的铁析出电位$(\varepsilon_{阴})_{Fe}$。

(2) 已知氢气在 Fe 电极上析出时 Tafel 关系式:$(\eta)_{H_2}=0.480+0.12\lg i$,若铁在阴极沉积时的阴极电位 $\varepsilon_{阴}=-0.8$ V,计算此时的电流效率。

解:(1) 关于阴极电位 $\varepsilon_{阴}$

$$(\varepsilon_{阴})_{Fe}=\varepsilon^{\ominus}_{Fe^{2+}/Fe}-\frac{RT}{nF}\ln\frac{a_{Fe}}{a_{Fe^{2+}}}\bigg|_{\substack{a_{Fe}=1\\a_{Fe^{2+}}=1}}-(\eta_{阴})_{Fe}$$

根据 Tafel 公式计算求得$(\eta_{阴})_{Fe}$:

$$(\eta_{阴})_{Fe}=0.150+0.05\lg i\bigg|_{i=i_{阴}=8\times10^{-2}\text{A}\cdot\text{m}^{-2}}=0.095\ V$$

所以

$$(\varepsilon_{阴})_{Fe}=\varepsilon^{\ominus}_{Fe^{2+}/Fe}-\frac{RT}{nF}\ln\frac{a_{Fe}}{a_{Fe^{2+}}}\bigg|_{\substack{a_{Fe}=1\\a_{Fe^{2+}}=1}}-(\eta_{阴})_{Fe}=-0.44\ V-0.095\ V=-0.535\ V$$

(2) 关于电流效率

氢气在阴极上的析出将影响电流效率,电流效率的计算方法如下:

因为氢在阴极上的平衡析出电位 $\varepsilon_{平}$ 为

$$\varepsilon_{平}=\varepsilon^{\ominus}_{H^+/H_2}-0.059\ VpH\Big|_{pH=0}=\varepsilon^{\ominus}_{H^+/H_2}=0\ V$$

所以施加在阴极上的电位就是氢析出时的过电位。对于 $\varepsilon_{阴}=-0.8\ V$ 时氢气析出的阴极电流密度 $i_{析H_2}$ 可由 Tafel 公式计算：

$$(\varepsilon)_{H_2}=(\eta)_{H_2}=0.480+0.12\lg i_{析H_2}$$

$$i_{析H_2}=10^{\frac{|\varepsilon|-0.48}{0.12}}\Bigg|_{\varepsilon=-0.8\ V}=464\ A\cdot m^{-2}$$

对于 Fe 的析出，由于 Fe 析出的平衡电位 $\varepsilon^{\ominus}_{Fe^{2+}/Fe}=-0.44\ V$，所以当阴极电位为 $-0.8\ V$ 时，Fe 析出的过电位为 0.36 V，由此计算 Fe 析出时的电流密度 $i_{析Fe}$：

$$i_{析Fe}=10^{\frac{\eta_{析Fe}-0.15}{0.05}}\Bigg|_{\eta_{析Fe}=0.36\ V}=15\ 849\ A\cdot m^{-2}$$

所以此时的电流效率 η：

$$\eta=\frac{i_{析Fe}}{i_{析Fe}+i_{析H_2}}\times100\%=\frac{15\ 849}{15\ 849+464}\times100\%=97.16\%$$

习题

1. 冶金热力学与冶金动力学的研究内容主要有哪些？二者有何联系？

2. 何谓多相反应的限制性环节？确定多相反应的限制性环节有哪些方法？

3. 写出气-固反应未反应核模型的主要步骤，并根据该模型分析加快一氧化碳还原氧化铁球团的热力学及动力学措施。

4. 写出气-固反应未反应核模型的总速率方程及不同控制阶段的速率方程。

5. 简要叙述双膜理论。

6. 对于反应 A(l)→B(l)（下图），请画出当 B 物质扩散为限制性环节时的 A、B 两种物质的浓度分布图，并给出 A、B 两种物质的本体浓度、界面浓度及平衡浓度的关系。

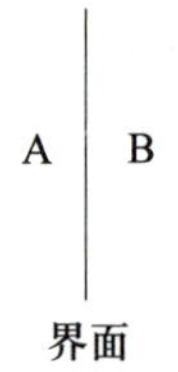

7. 将[%H]=0.003 的钢水在真空及 1 600 ℃下熔炼 25 min 后，[H]将会降到什么水平？已知：$D_H=6.0\times10^{-3}\ cm^2\cdot s^{-1}$，$\delta=0.003\ cm$，熔池深 50 cm。

8. 钢液在 1 600 ℃下[%H]$=10^{-5}$，熔池的脱碳速率为 $0.01\%\ min^{-1}$，试计算除去[H]的最大速率。

9. 对于渣-金两相反应，组元 A 在钢液相的浓度为 $c_{[A]}$，当其扩散到界面时，浓度下降为 $c_{[A]}^{i}$。经界面反应转变为产物，其浓度为 $c_{(B)}^{i}$。然后，产物离开界面向渣相内部扩散，其浓度下降为 $c_{(B)}$。

（1）何为多相化学反应的限制环节？

（2）根据双膜理论，用钢液中组元 A 的浓度 $c_{[A]}$ 和渣组元 B 的浓度 $c_{(B)}$ 导出渣-金界面反应的总速率方程。假设整个过程处于稳态过程，且渣-金界面的浓度趋近于平衡浓度，即 $c_{[A]}^{i} \to c_{[A]}^{e}$，$c_{(B)}^{i} \to c_{(B)}^{e}$。提示：

钢液中的扩散通量：$J_M = k_M(c_{[A]} - c_{[A]}^{i})$

界面化学反应速率：$J_R = k_R\left(c_{[A]}^{i} - \dfrac{c_{(B)}^{i}}{K}\right)$

渣中的扩散通量：$J_S = k_S(c_{(B)}^{i} - c_{(B)})$

$$K = \frac{c_{(B)}^{e}}{c_{[A]}^{e}} \approx \frac{c_{(B)}^{i}}{c_{[A]}^{i}}$$

已知组元 A 在钢液中的传质系数 k_M，界面化学反应速率常数 k_R，组元 B 在熔渣中的传质系数 k_S，界面化学反应平衡常数 K。

（3）根据（1）和（2），写出组元 A 在钢液中扩散为限制环节时，渣-金总反应速率方程的表达式。

附　　表

附表一　纯物质的恒压热容 C_p、焓 $\Delta H^{\ominus}_{298\ K}$、熵 $\Delta S^{\ominus}_{298\ K}$

$$C_p = a+b\times10^{-3}T+c\times10^{5}T^{-2}$$

Substance	$C_p/(J\cdot mol^{-1}\cdot K^{-1})$			T/K(range)	$\Delta H^{\ominus}_{298\ K}/(kJ\cdot mol^{-1})$	$\Delta S^{\ominus}_{298\ K}/(J\cdot mol^{-1}\cdot K^{-1})$
	a	b	c			
Al	20.68	12.39		298～931	0	28.34
Al(l)	29.30				$\Delta H^{\ominus}_{f(931)}$ = 10.47	
AlN	22.90	32.65		298～900	−320.23	20.93
Al_2O_3	114.61	12.89	−34.33	298～1 800	−1 674.40	51.07
Al_2SiO_5						
Silliman*	167.82	24.53	−42.40	298～1 600	−192.14	96.28
Andalus*	193.56		−52.45	298～1 600	−164.51	93.35
Kyanite*	189.71	9.80	−66.98	298～1 700	−166.18	83.72
Cgraphite	17.16	4.27	−8.79	298～2 300	0.00	5.70
CH_4(g)	23.65	47.89	−1.93	298～1 500	−74.89	186.28

* Al_2SiO_5 from $Al_2O_3+SiO_2$

续表

Substance	$C_p/(J \cdot mol^{-1} \cdot K^{-1})$			T/K(range)	$\Delta H^{\ominus}_{298\ K}/(kJ \cdot mol^{-1})$	$\Delta S^{\ominus}_{298\ K}/(J \cdot mol^{-1} \cdot K^{-1})$
	a	b	c			
CO(g)	28.42	4.10	-0.46	298~2 500	-110.51	198.00
CO_2(g)	44.16	9.04	-8.54	298~2 500	-393.69	213.90
Ca(α)	22.23	13.94		298~713	0	41.65
Ca(β)	6.28	32.40	10.47	713~1 123	$\Delta H^{\ominus}_{\alpha\to\beta}=1.00$	
Ca(l)	30.98			1 123~1 220	$\Delta H^{\ominus}_{f(1\ 123)}=8.79$	
CaC_2(α)	68.65	10.38	-8.67	298~720	-59.02	70.32
CaC_2(β)	64.46	8.37		720~1 275	$\Delta H^{\ominus}_{\alpha\to\beta}=5.57$	
$CaCO_3$	104.57	21.93	-25.95	298~1 200	-1 207.24	92.93
Ca_3N_2	85.56	92.09		298~800	-439.53	106.32
CaO	49.65	4.52	-6.95	298~1 177	-634.18	2.09
CaS	42.70	15.91		298~1 000	-460.46	56.51
$Ca_3(PO_4)_2$ †	201.93	166.10	-20.93	298~1 373	-686.50	241.11
$CaSiO_3$ ‡ (Wollastonite)	111.52	15.07	-27.21	298~1 450	-90.00	82.05
Ca_2SiO_4(β) §	151.74	36.96	-30.31	298~1 200	-126.42	127.67

† from $3CaO+P_2O_5$, ‡ from $CaO+SiO_2$

§ from $2CaO+SiO_2$

续表

Substance	$C_p/(J\cdot mol^{-1}\cdot K^{-1})$			T/K(range)	$\Delta H^{\ominus}_{298\ K}/(kJ\cdot mol^{-1})$	$\Delta S^{\ominus}_{298\ K}/(J\cdot mol^{-1}\cdot K^{-1})$
	a	b	c			
Cr	24. 45	9. 88	-3. 68	298~2 123	0	23. 78
Cr(l)	39. 35			2 123~	$\Delta H^{\ominus}_{f(2\ 123)}$ = 19. 26	
Cr_3C_2	125. 71	23. 36	-30. 98	298~1 500	-87. 91	85. 39
Cr_4C	122. 86	30. 98	-21. 01	298~1 700	-68. 65	105. 91
Cr_7C_3	238. 43	60. 86	-42. 36	298~1 500	-177. 91	200. 93
CrN	41. 19	16. 33		298~800	118. 05	33. 49
Cr_2O_3	119. 43	9. 21	-15. 66	350~1 800	-1 130. 22	81. 21
Cu	22. 65	6. 28		298~1 357	0	33. 36
Cu(l)	31. 40			1 357~1 600	$\Delta H^{\ominus}_{f(1\ 357)}$ = 12. 98	
CuO	38. 80	20. 09		298~1 250	-155. 30	42. 70
Cu_2O	62. 37	23. 86		298~1 200	-167. 44	93. 98
$CuSO_4$	78. 57	72. 00		298~900	-770. 22	105. 91
$Cu_2S(\alpha)$	81. 63			298~376	-82. 05	119. 30
$Cu_2S(\beta)$	97. 32			376~623	$\Delta H^{\ominus}_{f(776)}$ = 3. 85	
Cu_2S	85. 06			623~1 400	$\Delta H^{\ominus}_{f(623)}$ = 0. 84	
Fe(α)	17. 50	24. 78		298~1 033	0	27. 17

续表

Substance	$C_p/(\mathrm{J \cdot mol^{-1} \cdot K^{-1}})$			T/K(range)	$\Delta H^{\ominus}_{298\ \mathrm{K}}/(\mathrm{kJ \cdot mol^{-1}})$	$\Delta S^{\ominus}_{298\ \mathrm{K}}/(\mathrm{J \cdot mol^{-1} \cdot K^{-1}})$
	a	b	c			
Fe(β)	37.67			1 033～1 181	$\Delta H^{\ominus}_{\alpha\to\beta(1\,033)}=2.76$	
Fe(γ)	7.70	19.51		1 181～1 674	$\Delta H^{\ominus}_{\beta\to\gamma(1\,181)}=0.92$	
Fe(δ)	43.95			1 674～1 808	$\Delta H^{\ominus}_{\gamma\to\delta(1\,674)}=0.88$	
Fe(l)	41.86			1 808～1 873	$\Delta H^{\ominus}_{f(1\,808)}=15.49$	
Fe_3C(α)	82.21	83.72		298～463	22.60	101.30
Fe_3C(β)	107.25	12.56		463～1 500	$\Delta H^{\ominus}_{\alpha\to\beta(463)}=0.75$	
Fe_3C(l)	128.18			1 500～1 900	$\Delta H^{\ominus}_{f(1\,500)}=51.49$	
FeO	51.82	6.78	-1.59	298～1 200	-270.00	56.09
Fe_2O_3	97.78	72.17	12.89	298～1 100	-817.11	90.00
Fe_3O_4	167.11	78.95	-41.90	298～1 100	-1 116.82	146.51
$FeCr_2O_4$	163.09	22.35	-31.90	298～1 700	-5.44	146.09
Fe_2SiO_4	152.83	39.18	-28.05	298～1 493	-1 448.36	145.25
Fe_2SiO_4(l)	24.07			1 493～1 724	$\Delta H^{\ominus}_{f(1\,493)}=92.09$	
Fe_4N	112.35	34.16		298～1 000	-10.88	156.14
FeS(α)	21.73	110.51		298～411	-95.44	67.39
FeS(β)	72.84			411～598	$\Delta H^{\ominus}_{\alpha\to\beta(411)}=2.39$	

续表

Substance	C_p/(J·mol^{-1}·K^{-1})			T/K(range)	$\Delta H^{\ominus}_{298\ K}$/(kJ·mol^{-1})	$\Delta S^{\ominus}_{298\ K}$/(J·mol^{-1}·K^{-1})
	a	b	c			
FeS(γ)	51.07	9.96		598~1 468	$\Delta H^{\ominus}_{\beta\to\gamma(598)}=0.50$	
FeS(l)	71.16			1 468~1 500	$\Delta H^{\ominus}_{f(1\ 468)}=32.36$	
FeS_2	74.85	5.53	-12.77	298~1 000	-177.49	53.16
FeSi	44.87	18.00		298~900	-80.37	50.23
H_2(g)	27.29	3.27	0.50	298~3 000	0	130.65
H_2O(l)	75.47			298~373	-285.99	70.12
H_2O(g)	30.01	10.72	0.33	298~2 500	-241.95	188.91
H_2S(g)	29.39	15.40		298~1 800	-20.09	205.53
Mg	22.31	10.26	-0.43	298~923	0	32.53
Mg(l)	33.91			923~1 130	$\Delta H^{\ominus}_{f(923)}=8.79$	
Mg_3N_2(α)	86.94	46.88		298~823	-461.72	87.91
Mg_3N_2(β)	84.01	44.62		823~1 061	$\Delta H^{\ominus}_{\alpha\to\beta(823)}=0.46$	
Mg_3N_2(γ)	119.30			1 061~1 300	$\Delta H^{\ominus}_{\beta\to\gamma(1\ 061)}=0.92$	
$MgCO_3$	77.94	57.77	-17.41	298~750	-1 096.73	65.72
MgO	42.61	7.28	-6.20	298~2 100	-601.53	27.42

续表

Substance	$C_p/(J\cdot mol^{-1}\cdot K^{-1})$			T/K(range)	$\Delta H^{\ominus}_{298\ K}/(kJ\cdot mol^{-1})$	$\Delta S^{\ominus}_{298\ K}/(J\cdot mol^{-1}\cdot K^{-1})$
	a	b	c			
$MgSiO_3$	102.77	19.84	−26.29	298～1 600	−36.42	67.81
Mg_2SiO_4	149.90	27.38	−35.66	298～1 808	−63.21	95.23
Mn(α)	21.60	15.95		298～1 000	0	31.81
Mn(β)	34.87	2.76		1 000～1 374	$\Delta H^{\ominus}_{\alpha\to\beta(1\ 000)}=2.01$	
Mn(γ)	44.79			1 374～1 400	$\Delta H^{\ominus}_{\beta\to\gamma(1\ 374)}=2.30$	
Mn(δ)	47.30			1 410～1 517	$\Delta H^{\ominus}_{\gamma\to\delta(1\ 410)}=1.80$	
Mn(l)	46.05			1 517～2 368	$\Delta H^{\ominus}_{f(2\ 368)}=13.40$	
Mn_3C(α)	105.74	23.44	−17.04	298～1 310	−15.07	98.79
Mn_3C(β)	159.07	0.00	0.00	1 310～1 500	$\Delta H^{\ominus}_{\alpha\to\beta(1\ 310)}=14.94$	0.00
$MnCO_3$	92.05	38.93	−19.63	298～700	−895.39	85.81
MnO	46.51	8.12	−3.68	298～1 800	−385.11	59.86
MnO_2	69.49	10.21	−16.24	298～780	520.32	53.16
Mn_3O_4(α)	145.00	45.29	−9.21	298～1 445	−1 387.66	148.60
Mn_3O_4(β)	210.14			1 445～1 800	$\Delta H^{\ominus}_{\alpha\to\beta(1\ 445)}=20.93$	
MnS	47.72	7.53		298～1 803	−205.11	78.28

续表

Substance	$C_p/(J \cdot mol^{-1} \cdot K^{-1})$			T/K(range)	$\Delta H^{\ominus}_{298\ K}/(kJ \cdot mol^{-1})$	$\Delta S^{\ominus}_{298\ K}/(J \cdot mol^{-1} \cdot K^{-1})$
	a	b	c			
$MnSiO_3^*$	110. 59	16. 24	-25. 79	298~1 500	-24. 70	89. 16
Mo	22. 94	5. 44		298~1 800	0	28. 59
MoO_2	84. 01	24. 70	-15. 40	298~1 808	-745. 95	77. 86
Mo_2N	46. 84	57. 77		298~800	-69. 49	87. 91
N_2(g)	27. 88	4. 27		298~2 500	0	191. 59
NH_3(g)	29. 76	25. 12	-1. 55	298~1 800	-46. 05	192. 43
NO(g)	29. 43	3. 85	-0. 59	298~2 500	90. 42	210. 72
N_2O(g)	45. 71	8. 62	-8. 54	298~2 000	81. 63	219. 97
Na	20. 93	22. 44		298~371	0	51. 49
Na(l)	31. 40			371~500	$\Delta H^{\ominus}_{f(371)}$ = 2. 64	
Na_2O	65. 72	22. 60		298~1 100	-421. 53	71. 16
Na_2CO_3	58. 52	227. 72	-13. 08	298~500	-1 136. 92	136. 05
Na_2SiO_3	130. 35	40. 19	-27. 08	298~1 361	-232. 32	113. 86
Na_2SiO_3(l)	179. 16			1 361~1 800	$\Delta H^{\ominus}_{f(1\ 361)}$ = 52. 33	
Ni(α)	25. 24	-10. 42		298~630	0	29. 80

* from oxides

续表

Substance	C_p/(J · mol^{-1} · K^{-1})			T/K(range)	$\Delta H^{\ominus}_{298\ K}$/(kJ · mol^{-1})	$\Delta S^{\ominus}_{298\ K}$/(J · mol^{-1} · K^{-1})
	a	b	c			
Ni(β)	24.40	8.58		630~1 728	$\Delta H^{\ominus}_{\alpha\to\beta}=0.59$	
Ni(l)	38.51			1 728~1 900	$\Delta H^{\ominus}_{f(1\ 728)}=17.66$	
NiO	54.04			523~1 110	−240.70	38.09
NiS	38.72	53.58		298~600	−92.93	67.39
O_2(g)	29.97	4.19	−1.67	598~3 000	0	205.16
P(red)	19.84	16.33		298~800	−18.42	30.98
P_2(g)	34.79	1.93	−3.01	298~2 000	140.65	218.09
PH_3	38.13	11.97	−7.16	298~631	18.42	210.97
P_2O_5	35.04	226.04	0.00	298~631	−1 548.82	136.05
Pb	23.57	9.75		298~600	0	64.88
Pb(l)	32.44	−3.10		600~1 200	$\Delta H^{\ominus}_{f(600)}=4.81$	
$PbCO_3$	51.86	119.72		298~800	−700.32	131.02
PbO(red)	44.37	16.74		298~900	−219.35	67.81
PbO(yellow)	37.88	26.79		298~1 000	−217.67	69.49
PbO_2	53.16	32.65		298~1 000	−276.69	76.60

续表

Substance	$C_p/(J\cdot mol^{-1}\cdot K^{-1})$			T/K(range)	$\Delta H^{\ominus}_{298\,K}/(kJ\cdot mol^{-1})$	$\Delta S^{\ominus}_{298\,K}/(J\cdot mol^{-1}\cdot K^{-1})$
	a	b	c			
PbS	44.62	16.41		298~900	−94.19	91.25
$PbSO_4$	45.88	129.77		298~1 100	−918.83	147.35
S(rhomb.)	14.99	26.12		298~369	0	31.90
S(monoc.)	14.90	29.13		369~392	$\Delta H^{\ominus}_{r\to m}=0.36$	
S(l)	22.60	23.02		392~718	$\Delta H^{\ominus}_{f(392)}=1.26$	
S_2(g)	35.75	1.17	−3.31	298~2 000	129.77	227.72
SO(g)	32.23	3.52	−2.72	298~2 000	25.12	222.28
SO_2(g)	43.45	10.63	−5.94	298~1 800	−297.00	248.02
SO_3(g)	57.35	26.87	−13.06	298~1 200	−395.16	256.18
Si	23.86	2.34	−4.56	298~1 700	0	18.84
Si(l)	25.62			1 700~1 873	$\Delta H^{\ominus}_{f(1\,700)}=50.65$	
SiO_2(α−qua)	46.97	34.33	−11.30	298~848	−879.90	41.86
SiO_2(β−qua)*	60.32	8.12		848~2 000	$\Delta H^{\ominus}_{\alpha\to\beta}=0.63$	0.00
SiO_2(α−cris)	17.92	88.16		298~523	−864.83	42.70
SiO_2(β−cris)†	60.28	8.54		523~2 000	$\Delta H^{\ominus}_{\alpha\to\beta}=1.30$ $\Delta H^{\ominus}_{f(1\,986)}=15.07$	

* not stable after 1 743 K

† stable after 1 743 K

续表

Substance	$C_p/(J \cdot mol^{-1} \cdot K^{-1})$			T/K(range)	$\Delta H^{\ominus}_{298\ K}/(kJ \cdot mol^{-1})$	$\Delta S^{\ominus}_{298\ K}/(J \cdot mol^{-1} \cdot K^{-1})$
	a	b	c			
SiC	37.38	12.56	-12.85	298~1 700	-51.91	16.53
Si_2N_4	70.45	98.79		298~900	-749.29	96.28
Sn(white)	18.50	26.37		298~505		51.49
Sn(l)	30.56			505~1 300	$\Delta H^{\ominus}_{f(505)} = 7.07$	
SnO	39.98	14.65		298~1 273	-286.32	56.51
SnO_2	73.92	10.05	-21.60	298~1 500	-580.60	48.56
SnS_2	64.92	17.58		298~1 000	-169.11	87.49
V	22.60	8.37		298~1 900	0	29.30
V_2O_3	122.86	19.93	-22.69	298~1 800	-1 230.68	98.37
V_2O_5	194.82	-16.33	-55.34	298~943	-1 556.35	131.02
V_2O_5(l)	190.88			943~1 500	$\Delta H^{\ominus}_{f(943)} = 65.30$	
VN	45.79	8.79	-9.25	298~1 600	-251.16	37.26
VC	38.43	13.81	-8.16	298~1 600	-52.33	28.34
W	24.03	3.18		298~2 000	0	33.49

续表

Substance	C_p/(J·mol^{-1}·K^{-1})			T/K(range)	$\Delta H^{\ominus}_{298\ K}$/(kJ·mol^{-1})	$\Delta S^{\ominus}_{298\ K}$/(J·mol^{-1}·K^{-1})
	a	b	c			
WC	33.40	9.08		298~3 000	−38.09	35.58
WO_3	73.17	28.42		298~1 550	−837.20	83.30
Zn	22.40	10.05		298~693	0	41.65
Zn(l)	31.40			693~1 700	$\Delta H^{\ominus}_{f(693)}=7.28$	
ZnO	49.02	5.11	−9.13	298~1 600	−348.28	43.53
ZnS	50.90	5.19	−5.69	298~1 200	−201.77	57.77
$ZnSO_4$	91.67	76.19		298~1 000	−979.11	128.09
$ZnCO_3$	38.93	138.14		298~	−812.92	82.46
Zr(α)	28.59	4.69	−3.81	298~1 125	0	38.93
Zr(β)	30.43			1 125~1 400	$\Delta H^{\ominus}_{\alpha\to\beta}=38.51$	
ZrO_2(α)	69.66	7.53	−14.06	298~1 478	−1 086.27	50.65
ZrO_2(β)	74.51			1 478~1 850	$\Delta H^{\ominus}_{\alpha\to\beta}=5.94$	
ZrN	46.46	7.03	−7.20	298~1 700	−365.44	38.93

附表二　反应标准 Gibbs 自由能变化

d:分解温度、m:熔点温度、b:沸点温度

$\Delta G^\ominus=\Delta H^\ominus-\Delta S^\ominus T\pm\delta(\Delta G^\ominus)$				
<>solid,{ } liquid,( ) gas	$-\Delta H^\ominus$ kJ · mol^{-1}	$-\Delta S^\ominus$ J · K^{-1} · mol^{-1}	$\delta(\Delta G^\ominus)$ kJ · mol^{-1}	温度范围 ℃
$<Al>=\{Al\}$	−10. 8	11. 5	0. 2	660 m
$2\{Al\}+3/2(O_2)=<Al_2O_3>$	1 682. 9	323. 2	68	660～1 700
$\{Al\}+1/2(N_2)=<AlN>$	328. 3	115. 5	4	660～1 700
$<C>+2(H_2)=(CH_4)$	91. 0	110. 7	2	25～2 000
$<C>+1/2(O_2)=(CO)$	114. 4	−85. 8	2	25～2 000
$<C>+(O_2)=(CO_2)$	395. 3	−0. 5	2	25～2 000
$<Ca>=\{Ca\}$	−8. 5	7. 7	0. 5	842 m
$\{Ca\}=(Ca)$	153. 6	87. 4	0. 5	842～1 500 b
$\{Ca\}+1/2(O_2)=<CaO>$	900. 3	275. 1	6	842～1 500 b
$\{Ca\}+1/2(S_2)=<CaS>$	548. 1	103. 8	4	842～1 500 b
$<CaO>+<Al_2O_3>=<CaAl_2O_4>$	19. 1	−17. 2	8	25～1 605 m
$<CaO>+(CO_2)=<CaCO_3>$	161. 3	137. 2	4	25～880 d
$2<CaO>+<SiO_2>=<Ca_2SiO_4>$	118. 8	−11. 3	10	25～1 700
$<CaO>+<SiO_2>=<CaSiO_3>$	92. 5	2. 5	12	25～1 540 m
$<Cr>=\{Cr\}$	−16. 9	7. 9	—	1 857 m
$2<Cr>+3/2(O_2)=<Cr_2O_3>$	1 110. 3	247. 3	2	900～1 650
$<Fe>=\{Fe\}$	−13. 8	7. 6	1	1 537 m
$0.947<Fe>+1/2(O_2)=<Fe_{0.947}O>$	263. 7	64. 3	4	25～1 371 m
$\{Fe\}+1/2(O_2)=\{FeO\}$	225. 5	41. 3	4	1 537～1 700
$3<Fe>+2(O_2)=<Fe_3O_4>$	1 102. 2	307. 4	4	25～1 597 m
$2<Fe>+3/2(O_2)=<Fe_2O_3>$	814. 1	250. 7	4	25～1 500
$<Fe>+1/2(S_2)=<FeS>$	154. 9	56. 9	4	25～988 m
$\{Fe\}+1/2(O_2)+<Cr_2O_3>=<FeCr_2O_4>$	330. 5	80. 3	2	1 537～1 700
$2<FeO>+<SiO_2>=<Fe_2SiO_4>$	36. 2	21. 1	4	25～1 220 m
$(H_2)+1/2(O_2)=(H_2O)$	247. 3	55. 9	1	25～2 000
$(H_2)+1/2(S_2)=(H_2S)$	91. 6	50. 6	1	25～2 000
$3/2(H_2)+1/2(N_2)=(NH_3)$	53. 7	32. 8	0. 5	25～2 000
$\{K\}=(K)$	−84. 5	82. 0	0. 5	63～759 b

续表

$\Delta G^{\ominus}=\Delta H^{\ominus}-\Delta S^{\ominus}\ T\pm\delta(\Delta G^{\ominus})$				
<>solid, { } liquid, ( ) gas	$-\Delta H^{\ominus}$ / $kJ\cdot mol^{-1}$	$-\Delta S^{\ominus}$ / $J\cdot K^{-1}\cdot mol^{-1}$	$\delta(\Delta G^{\ominus})$ / $kJ\cdot mol^{-1}$	温度范围 / ℃
(K)+<C>+1/2(N_2)={KCN}	171.5	93.5	16	622~1 132 b
{KCN}=1/2$(KCN)_2$	109.2	76.7	4	622~1 132 b
<Mg>={Mg}	-9.0	9.7	0.5	649 m
{Mg}=(Mg)	129.6	95.1	2	649~1 090 b
(Mg)+1/2(O_2)=<MgO>	759.4	202.6	10	1 090~2 000
(Mg)+1/2(S_2)=<MgS>	539.7	193.0	8	1 090~2 000
2<MgO>+<SiO_2>=<Mg_2SiO_4>	67.2	4.3	8	25~1 898 m
<MgO>+<SiO_2>=<$MgSiO_3$>	41.1	6.1	8	25~1 577 m
<MgO>+(CO_2)=<$MgCO_3$>	116.3	173.4	8	25~402 d
<Mn>={Mn}	-14.6	9.6	1	1 244 m
<Mn>+1/2(O_2)=<MnO>	391.9	78.3	4	25~1 244 m
{Mn}+1/2(O_2)=<MnO>	406.5	87.9	4	1 244~1 700
<Mn>+1/2(S_2)=<MnS>	277.9	64.0	4	25~1 244 m
{Mn}+1/2(O_2)={MnO}**	352.2	61.5	4	1 500~1 700
{Mn}+1/2(S_2)=<MnS>	292.5	73.6	4	1 244~1 530 m
{Mn}+1/2(S_2)={MnS}	265.0	66.1	4	1 530~1 700
<MnO>+<SiO_2>=<$MnSiO_3$>	28.0	2.8	12	25~1 291 m
<Mo>={Mo}	-27.8	9.6	6	2 620 m
<Mo>+(O_2)=<MoO_2>	578.2	166.5	12	25~2 000
<Mo>+3/2(O_2)=(MoO_3)	359.8	59.4	20	25~2 000
1/2(N_2)+3/2(H_2)=(NH_3)	53.7	116.5	0.5	25~2 000
1/2(N_2)+1/2(O_2)=(NO)	-90.4	-12.7	0.5	25~2 000
1/2(N_2)+(O_2)=(NO_2)	-32.3	63.3	1	25~2 000
{Na}=(Na)	-101.3	87.9	1	98~883 b
(Na)+<C>+1/2(N_2)={NaCN}	152.3	83.7	16	833~1 530 b
2(Na)+1/2(O_2)={Na_2O}	518.8	234.7	12	1 132~1 950 d
<Nb>={Nb}	-26.9	9.8	—	2 477 m
2<Nb>+1/2(N_2)=<Nb_2N>	251.0	83.3	16	25~2 400 m
<Nb>+1/2(N_2)=<NbN>	230.1	77.8	16	25~2 050 m
2<Nb>+5/2(N_2)=<Nb_2O_5>	1 888.2	419.7	12	25~1 512 m
<Ni>={Ni}	-17.5	10.1	2	1 453 m

续表

$\Delta G^{\ominus}=\Delta H^{\ominus}-\Delta S^{\ominus}T\pm\delta(\Delta G^{\ominus})$				
$<>$solid, $\{\}$ liquid, ( ) gas	$-\Delta H^{\ominus}$ $kJ\cdot mol^{-1}$	$-\Delta S^{\ominus}$ $J\cdot K^{-1}\cdot mol^{-1}$	$\delta(\Delta G^{\ominus})$ $kJ\cdot mol^{-1}$	温度范围 ℃
$<Ni>+1/2(O_2)=<NiO>$	235.6	86.1	2	25～1 984 m
$<Ni>+1/2(S_2)=<NiS>$	146.4	72.0	6	25～600
$3<Ni>+(S_2)=<Ni_3S_2>$	331.5	163.2	8	25～790 m
$1/2(S_2)+(O_2)=(SO_2)$	361.7	72.7	0.5	25～700
$<Si>=\{Si\}$	−49.3	30.0	2	1 412 m
$\{Si\}+1/2(O_2)=(SiO)$	154.7	−52.5	12	1 412～1 700
$<Si>+(O_2)=<SiO_2>$	902.3	172.9	12	400～1 412 m
$\{Si\}+(O_2)=<SiO_2>$	952.5	202.8	12	1 412～1 723 m
$<Ti>=\{Ti\}$	−18.6	9.6	—	1 660 m
$<Ti>+1/2(N_2)=<TiN>$	336.3	93.3	6	25～1 660 m
$<Ti>+(O_2)=<TiO_2>$	941.0	177.6	2	25～1 660 m
$<V>=\{V\}$	−22.8	10.4	—	1 920 m
$<V>+1/2(N_2)=<VN>$	214.6	82.4	16	25～2 346 d
$2<V>+3/2(O_2)=<V_2O_3>$	1 202.9	237.5	8	25～2 070 m
$\{Zn\}=(Zn)$	−118.1	100.2	1	420～907 b
$(Zn)+1/2(O_2)=<ZnO>$	460.2	198.3	10	907～1 700
$\{Zn\}+1/2(S_2)=<ZnS>$	277.8	107.9	10	420～907 b
$(Zn)+1/2(S_2)=(ZnS)$	−5.0	30.5	10	1 182～1 700
$<Zr>=\{Zr\}$	−20.9	9.8	—	1 850 m
$<Zr>+1/2(N_2)=<ZnN>$	363.6	92.0	16	25～1 850 m
$<Zr>+(O_2)=<ZrO_2>$	1 092.0	183.7	16	25～1 850 m
$<Zr>+(S_2)=<ZrS_2>$	698.7	178.2	20	25～1 550 m
$<ZrO_2>+<SiO_2>=<ZrSiO_4>$	26.8	12.6	20	25～1 707 m

** super-cooled liquid below the melting point 1 785 ℃

附表三　1 600 ℃铁液中元素的活度相互作用母系数 ε_i^j

j / i	Al	As	Au	B	C	C_{sat}	Co	Cr	Cu	Ge	H	Mn	Mo
Al	5. 30				5. 30	7. 10					1. 96		
As						10. 9							
Au						3. 53							
B						8. 26					3. 04		
C	5. 30				9. 9		2. 86	-5. 08	4. 06		3. 76	-1. 54	-4. 28
C_{sat}	7. 61	10. 7	4. 83	8. 61		9. 9	1. 56	-3. 15	4. 56	9. 95			-3. 50
Co					2. 86	-0. 55		-4. 6			0. 38		
Cr					-5. 08	-6. 48	-4. 6	5. 30	-23. 0		0. 40		0
Cu					4. 06	3. 20		-23. 0	-5. 50		-0. 005		
Ge						9. 95					2. 67		
H	1. 96			3. 04	3. 76		0. 38	-0. 40	-0. 005	2. 67		-0. 32	-0. 16

续表

j \ i	Al	As	Au	B	C	C_{sat}	Co	Cr	Cu	Ge	H	Mn	Mo
Mn						−4.47					−0.32	−0.59	
Mo					−4.28	−6.94					−0.16		
N	1.19	5.22		6.5	7.22	13.8	1.7	−9.6	2.22			4.52	−10.6
Nb					−23.7	−11.8					−1.55		
Ni					2.85	1.2		−2.3			−0.05		
O	−110		−6.60		−21.0	−21.0	1.61	−8.5	−2.63			−4.5	0.67
P					12.8	12.3		18.8			1.85	0	
Pt						1.58							
S	6.7				6.37	16.5			−3.54		1.49	−5.64	
Sb						12.0							
Si	7.0				12.4	10.5		3.2			3.60	63.6	
Sn						10.4					1.47		
Ta						−11.5					−17.15		
Ti						−11.9					−11.7		
V					−7.88	−9.12					−1.89		
W					−4.56	−7.23					1.35		

续表

j / i	N	Nb	Ni	O	P	Pt	S	Sb	Si	Sn	Ta	Ti	V	W
Al	1.19			-110			6.7			7.0				
As	5.22													
Au				-6.60										
B	6.5													
C	7.22	-23.7	2.85	-21.0	7.72		12.3		12.9				-7.88	-4.56
C_{sat}	13.1	-7.39	2.93	-18.8	11.8	3.28	14.6	11.6	10.4	10.3	-7.19	-7.45	-5.26	-3.74
Co	1.64			1.61										
Cr	-9.6		-2.3	-8.73	0				3.2					
Cu	2.22			-2.63			-3.54							
Ge														
H		-1.55	-0.05		1.85		-1.49		3.60	1.47	-17.15	-11.7	-1.89	1.35

续表

i \ j	N	Nb	Ni	O	P	Pt	S	Sb	Si	Sn	Ta	Ti	V	W
Mn	4.52			-4.5	0		-5.64		63.6					
Mo	-10.6			0.67										
N		-26.3	2.37	-9.8	6.19		2.14	3.24	8.05	2.30	-27.6	-124	-21.0	-3.43
Nb	-26.3													
Ni	2.37		0.45	1.40	0									
O	-9.8		1.40	-12.4	-18.3	1.13	-17.1	-13.0	-14.7	-7.0			-23.0	4.5
P	6.19		0	-18.3	16.0		5.94		14.2					
Pt				1.13										
S	2.14			-17.1	5.94		-3.30		8.02					
Sb	3.24			-13.0										
Si	8.05			-14.7	-14.2		8.02		12.9				31.6	
Sn	2.30			-7.0										
Ta	-27.6													
Ti	-124													
V	-21.0			-23.0					31.6					
W	-3.43			4.5										

附表四　1 600 ℃铁液中元素的活度相互作用系数 e_i^j

i \ j	Al	As	Au	B	C	C_{sat}	Co	Cr	Cu	Ge	H	Mn	Mo
Al	0.043				0.091	−0.019					0.234		
As						0.134							
Au						−0.069							
B						0.009					0.485		
C	0.042				0.19		0.012	−0.024	0.016		0.492		−0.009
C_{sat}	0.006 9	0.036	0.012	0.021			0.006 6	−0.015	0.018	0.034		−0.007	−0.007
Co					0.042	−0.046		−0.022			−0.010		
Cr					−0.118	−0.139	0.019	0.024	−0.87		−0.14		0.002
Cu					0.066	0.014 5		−0.107	−0.021		−0.236		
Ge						0.118					0.410		
H	0.013			0.05	0.06		0.001 8	−0.002 2	0.000 5	0.010		−0.001 4	0.001 4

续表

i \ j	Al	As	Au	B	C	C_{sat}	Co	Cr	Cu	Ge	H	Mn	Mo
Mn						-0. 108					-0. 311	-0. 002 7	
Mo					-0. 102	-0. 192					-0. 274		
N	0. 006	0. 018		0. 13	0. 130	-0. 18	0. 007 2	-0. 040	0. 009			-0. 020	-0. 025
Nb					-0. 492	0. 276					-0. 607		
Ni					0. 042	-0. 018		-0. 011			-0. 25		
O	-1. 0		-0. 005		-0. 44	-0. 44	0. 007	-0. 041	-0. 009 5			-0. 02	0. 003 5
P					0. 24	-0. 005		0. 083			0. 21	0	
Pt						-0. 151							
S	0. 054				0. 113	0. 003			-0. 013		0. 120	-0. 025	
Sb						0. 108							
Si	0. 059				0. 24	0. 177		0. 015			0. 630	0. 281	
Sn						0. 095					0. 118		
Ta						-0. 363					-4. 4		
Ti						-0. 229					-3. 05		
V					-0. 174	-0. 181					-0. 72		
W					-0. 108	-0. 294					0. 086		

续表

i \ j	N	Nb	Ni	O	P	Pt	S	Sb	Si	Sn	Ta	Ti	V	W
Al	0.007 6			−1.68			0.047 8		0.056					
As	0.078													
Au				−0.113										
B	0.10													
C	0.112	−0.060	0.012	−0.34	0.057		0.09		0.106				−0.038	−0.003
C_{sat}	0.134	−0.018	0.012	−0.22	0.013	0.007	0.015	0.025	0.085	0.023	−0.006 8	−0.039	−0.025	−0.002
Co	0.016			0.014										
Cr	−0.14		−0.009	−0.143	−0.004				0.023					
Cu	0.025			−0.050			−0.030							
Ge														
H		−0.002 3	0		0.011		0.008		0.026	0.005 3	−0.02	−0.06	−0.009	0.004 8

续表

j / i	N	Nb	Ni	O	P	Pt	S	Sb	Si	Sn	Ta	Ti	V	W
Mn	0. 065			−0. 079			−0. 046		0. 546					
Mo	−0. 197			−0. 000 7										
N		−0. 067	0. 010	−0. 16	0. 045		0. 013	0. 008 8	0. 065	0. 007	−0. 034	−0. 63	−0. 10	0. 001 5
Nb	−0. 468													
Ni	0. 028		0. 002 1	0. 014										
O	−0. 183		0. 006	−0. 20	−0. 147	0. 004 5	−0. 133	−0. 012	−0. 131	−0. 012			0. 11	0. 009
P	0. 094		0	−0. 288	0. 122		0. 042		0. 118					
Pt				0. 006 3										
S	0. 024			−0. 27	0. 043		−0. 028		0. 065					
Sb	0. 045			−0. 94										
Si	0. 135			−0. 234			0. 057		0. 112				0. 15	
Sn	0. 027			−0. 117										
Ta	−0. 492													
Ti	−2. 24													
V	−0. 373			−0. 369	−0. 008				0. 27					0. 02
W	−0. 073			−0. 057										

附表五　铁液中元素的活度相互作用系数与温度的关系

$e_{Al}^{Al}=\frac{63}{T}+0.011$	$e_{N}^{Nb}=\frac{-260}{T}+0.079\ 6$
$e_{C}^{C}=\frac{158}{T}+0.058\ 1$	$e_{V}^{N}=\frac{-1\ 270}{T}+0.33$
	$e_{N}^{V}=\frac{-350}{T}+0.094$
$e_{S}^{S}=\frac{233}{T}-0.153$	$e_{Ti}^{N}=\frac{-13\ 900}{T}+5.61$
	$e_{N}^{Ti}=\frac{-4\ 070}{T}+1.643$
	$e_{Ta}^{N}=\frac{-1\ 960}{T}+0.581$
	$e_{N}^{Ta}=\frac{-152}{T}+0.049$
$e_{Si}^{Si}=\frac{3\ 910}{T}-1.77$	$e_{Si}^{C}=\frac{380}{T}-0.023$
	$e_{C}^{Si}=\frac{162}{T}+0.008$
$e_{O}^{O}=\frac{-1\ 750}{T}+0.76$	$e_{O}^{Al}=\frac{-20\ 600}{T}+7.15$
$e_{Zr}^{Zr}=\frac{1\ 341.7}{T}$	$e_{Al}^{O}=\frac{-34\ 740}{T}+11.95$
$e_{Cr}^{S}=\frac{-153}{T}+0.062$	$e_{O}^{V}=\frac{-2\ 500}{T}+1.01$ $[V]=0.03\%\sim0.1\%$
$e_{S}^{Cr}=\frac{-94.2}{T}+0.039\ 6$	$e_{V}^{O}=\frac{-7\ 950}{T}+3.20$
$e_{S}^{Ge}=\frac{-21\ 300}{T}+94$	$e_{O}^{Cr}=\frac{-557.8}{T}+0.24$
$e_{Al}^{N}=\frac{1\ 650}{T}-0.94$	$e_{H}^{Al}=\frac{38.3}{T}-0.009\ 7$
$e_{N}^{Al}=\frac{859}{T}-0.487$	$e_{H}^{Zr}=\frac{-76.5}{T}+0.031$

续表

$e_{B}^{N}=\frac{714}{T}-0.307$	$e_{Mn}^{C}=\frac{-1\ 371}{T}+0.69$（1 550～1 600 ℃）
$e_{N}^{B}=\frac{975}{T}-0.40$	$e_{Mn}^{Si}=\frac{-1\ 838}{T}+0.964$（1 545～1 620 ℃）
$e_{Nb}^{N}=\frac{-1\ 720}{T}+0.503$	$e_{Mn}^{B}=\frac{180}{T}+0.074$ （1 550～1 600 ℃）
$e_{Mn}^{Nb}=\frac{413}{T}-0.217$ （1 550～1 600 ℃）	$e_{P}^{C}=\frac{3\ 070}{T}-1.57$
$e_{Mn}^{W}=\frac{236}{T}-0.120$ （1 550～1 600 ℃）	$e_{Cr}^{O}=\frac{-1\ 235}{T}+0.481$
	$e_{O}^{Cr}=\frac{-380}{T}+0.151$
	$e_{Nb}^{O}=\frac{-22\ 066}{T}+11.01$
$e_{H}^{Ti}=\frac{-126}{T}+0.048\ 5$	$e_{O}^{Nb}=\frac{-3\ 400}{T}+1.717$
$e_{Ti}^{H}=\frac{-5\ 988}{T}+2.10$	$e_{H}^{Ni}=\frac{-10.4}{T}+0.004$
$e_{O}^{Ti}=\frac{-1\ 040}{T}+0.245$	$e_{Ni}^{H}=\frac{-606}{T}-0.016$
$e_{Ti}^{O}=\frac{-3\ 114}{T}+0.725$	$e_{H}^{Nb}=\frac{-37.3}{T}+0.016\ 6$
$e_{O}^{Ta}=\frac{-1\ 830}{T}+0.874$	$e_{Nb}^{H}=\frac{-3\ 438}{T}+1.08$
$e_{Ta}^{O}=\frac{-20\ 696}{T}+9.8$	$e_{Mn}^{Nb}=\frac{413}{T}-0.217$
$e_{Ta}^{Ta}=\frac{4\ 737}{T}-2.42$	$e_{Nb}^{Mn}=\frac{698}{T}-0.37$
$e_{Si}^{Mn}=\frac{-940}{T}+0.495$	$e_{B}^{Mn}=\frac{-35.4}{T}+0.018$
$e_{C}^{P}=\frac{1\ 190}{T}-0.608$	$e_{C}^{Mn}=\frac{-300}{T}+0.154$

附表六　1 600 ℃铁液组分(以假想质量 1%为标准态)的溶解标准 Gibbs 自由能变化 $\Delta G_i^{\ominus}$

组分 i	$\Delta G^{\ominus}/(\mathrm{J\cdot mol^{-1}})$	$\gamma_i^{\ominus}$(1 600 ℃)
$Al_{(l)}$	$-63\ 180-27.91T$	0.029
$B_{(s)}$	$-65\ 270-21.55T$	0.022
$C_{(石墨)}$	$22\ 590-42.26T$	0.57
$Ca_{(g)}$	$-39\ 500+49.4T$	2 240
$Ce_{(l)}$	$-54\ 400-46.0T$	0.03
$Co_{(l)}$	$1\ 000-38.7T$	1.07
$Cr_{(l)}$	$-37.7T$	1.0
$Cr_{(s)}$	$19\ 250-46.86T$	1.14
$Cu_{(l)}$	$33\ 470-39.37T$	8.6
$\frac{1}{2}H_{2(g)}$	$36\ 480+30.46T$	—
$Mn_{(l)}$	$4\ 080-38.16T$	1.3
$Mo_{(s)}$	$27\ 600-52.38T$	1.86
$\frac{1}{2}N_{2(g)}$	$3\ 600+23.89T$	—
$Nb_{(l)}$	$-42.7T$	1
$Nb_{(s)}$	$23\ 000-52.3T$	1.4
$Ni_{(l)}$	$-20\ 920-31.05T$	0.66
$\frac{1}{2}O_{2(g)}$	$-117\ 150-2.89T$	—
$\frac{1}{2}P_{2(g)}$	$-122\ 200-19.25T$	—
$\frac{1}{2}S_{2(g)}$	$-135\ 060+23.43T$	—
$Si_{(l)}$	$-131\ 500-17.24T$	0.001 3
$Ti_{(l)}$	$-46\ 000-37.03T$	0.05
$Ti_{(s)}$	$-31\ 130-44.98T$	0.052
$V_{(l)}$	$-42\ 260-35.98T$	0.08
$V_{(s)}$	$-20\ 710-45.61T$	0.1
$W_{(l)}$	$-48.12T$	1
$W_{(s)}$	$31\ 380-63.60T$	1.2
$Zr_{(l)}$	$-51\ 040-42.38T$	0.037
$Zr_{(s)}$	$-34\ 730-50.0T$	0.043

读者意见反馈

为收集对教材的意见建议,进一步完善教材编写并做好服务工作,读者可将对本教材的意见建议通过如下渠道反馈至我社。

咨询电话 400-810-0598

反馈邮箱 hepsci@pub.hep.cn

通信地址 北京市朝阳区惠新东街4号富盛大厦1座

高等教育出版社理科事业部

邮政编码 100029